目标特性分析基础

李邦杰　武　健　李亚雄
赵久奋　郝　辉　李　冰　编著

西北工业大学出版社
西　安

【内容简介】 本书是作者在系统总结已有目标特性原理的基础上，结合近年来目标特性分析教学和研究的相关经验编写而成的。全书共分6章，围绕目标主要物理特性产生的机理，系统地阐述了目标可见光、红外、电磁、高光谱、声呐等物理特性涉及的基本原理、外在表象和性能特点，具有一定的广度和深度。本书强调系统性、简明性、可读性、实用性与科学性的结合，内容精练，简明易懂。

本书主要用作高等院校地理信息系统、武器系统工程、弹药工程、毁伤工程等相关学科的教材，也可作为科学研究、工程应用等专业部门的科技人员了解目标特性原理的参考书。

图书在版编目(CIP)数据

目标特性分析基础 / 李邦杰等编著．—西安：西北工业大学出版社，2023.6

ISBN 978-7-5612-8758-3

Ⅰ．①目… Ⅱ．①李… Ⅲ．①目标-系统分析 Ⅳ．①N945.11

中国国家版本馆CIP数据核字(2023)第095533号

MUBIAO TEXING FENXI JICHU

目 标 特 性 分 析 基 础

李邦杰　武健　李亚雄　赵久奋　郝辉　李冰　编著

责任编辑：张　潼　　**策划编辑：**梁　卫

责任校对：孙　倩　　**装帧设计：**李　飞

出版发行：西北工业大学出版社

通信地址：西安市友谊西路127号　　邮编：710072

电　　话：(029)88491757，88493844

网　　址：www.nwpup.com

印 刷 者：西安五星印刷有限公司

开　　本：787 mm×1 092 mm　　1/16

印　　张：16.375

字　　数：409千字

版　　次：2023年6月第1版　　2023年6月第1次印刷

书　　号：ISBN 978-7-5612-8758-3

定　　价：62.00元

前　言

在信息化战争中，目标发现、目标识别、目标跟踪是实现远程打击的前提。其中目标识别既是确定目标身份、属性、类型的关键步骤，也是开展目标跟踪监视和实施战役战术行动的基础。对目标识别的主要方法有雷达探测、辐射源侦测、航天侦察、水声对抗侦察等，各种手段均是通过目标特性来识别确定目标的身份信息。目标特性在军事领域特指军用目标及其所处战场环境固有的，并可被光、电、声等传感器感知的物理属性。

本书共 6 章。第一章阐述了目标特性的概念和应用，分析了目标特性研究的现状与发展；第二章从光学特性的角度，介绍了目标的亮度、颜色、红外特性等理论，阐述了实际光学成像的原理和成像系统评价方法；第三章介绍了电磁场和均匀平面电磁波理论，分析了电磁波传播特性；第四章介绍了电磁波基本辐射单元、典型天线辐射特性、不同频段天线特性和目标散射特性；第五章讲述了高光谱遥感主要特性和成像机理、成像设备和应用，介绍了用 ENVI 处理数据。第六章介绍了目标声呐特性产生的机理及运用。

本书的编写得到了笔者所在学校学院领导及有关同志的大力支持和帮助，在此表示诚挚的感谢。

由于水平有限，本书无论在内容上或编排上肯定会有很多不足之处，希望广大读者批评指正。

编著者

2023 年 3 月

目　录

第一章　绪　　论

信息化战争时代，战场目标信息的获取、处理、应用是决定战场胜负的关键。对目标特性的分析研究是战场目标信息保障与应用的重要组成部分，贯穿于情报侦察、武器打击、指挥控制、作战评估等各个环节。目标特性研究水平和技术手段的提升将大大提升武器装备的性能与作战效能。

第一节　目标特性的概念

一、目标特性的定义

目标特性广义上是指人造目标和自然环境客观存在的基本性质，狭义上是指目标自身具有的、彼此独立的内在属性特征和外部运行规律。目标特性在军事领域特指军用目标及其所处战场环境固有的，并可被光、电、声等传感器感知的物理属性。

目标特性技术是研究目标特性信息及其应用的技术。研究内容包括目标及其环境的光、电、声辐射和散射特性及其变化规律，研究方法主要是通过建模计算、实验测量等手段，获得高置信度的目标、环境特性数据，经分析处理得到可与其他目标区分的特征信息，这些特征信息可用于对目标进行探测、分类、识别。

二、目标特性的类型

目标特性主要包括目标及其所处环境的光、电、声的辐射、散射和传输特性。各种特性的物理现象和主要探测传感器如图1－1所示。

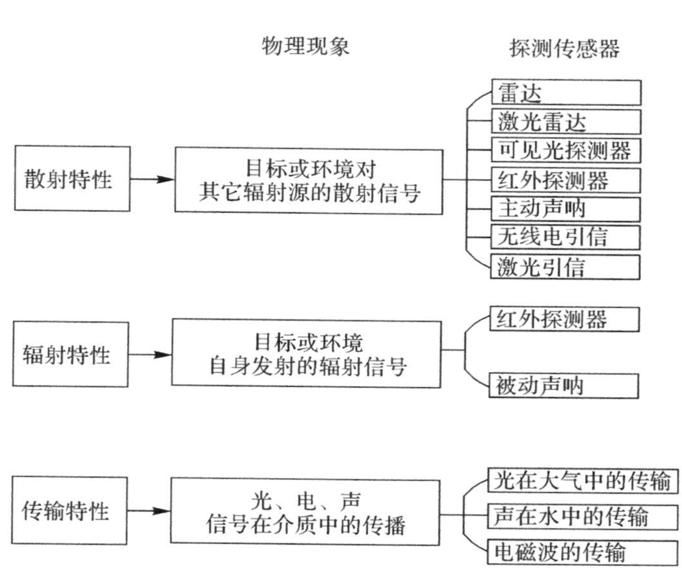

图1－1　目标特性的探测传感器

广义的目标特性通常包括七个方面，即基本特性、运动特性、散射特性、辐射特性、传输特性、对抗特性、易损特性等，如图 1－2 所示。

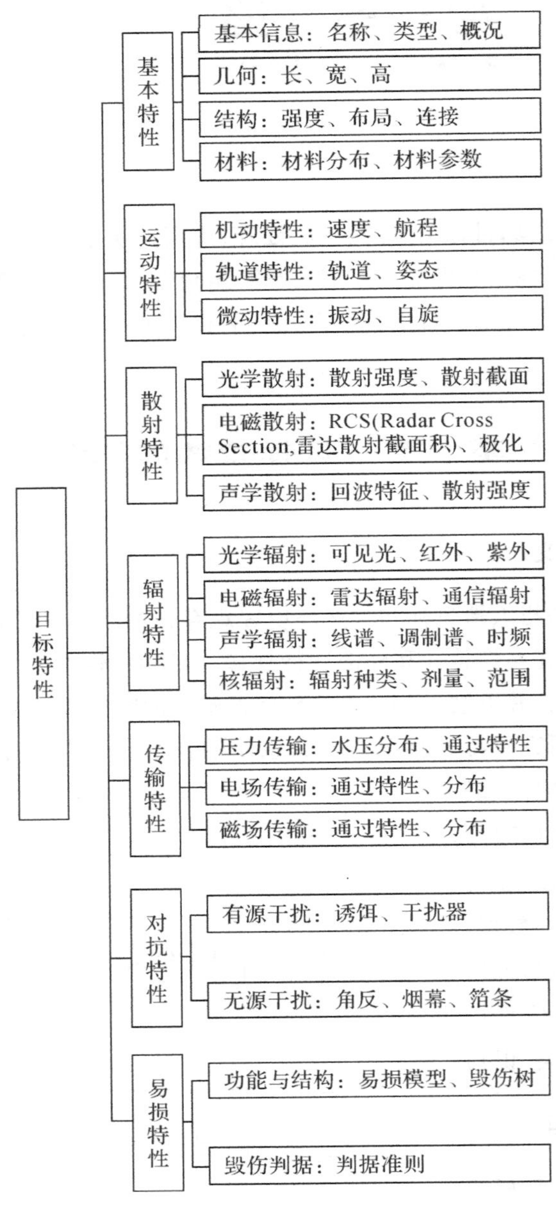

图 1－2　目标特性的类型

第二节　目标特性研究的现状与发展

目前，获取目标特性的途径和方法主要包括建模计算、模拟测量和现场实测三种方法。其中，建模计算主要包括基于物理学原理的方法、工程方法、半经验模型方法和统计方法等。模拟测量主要包括室内静态模拟测量、外场静态模拟测量和外场动态模拟测量等方法。现场实测主要包括目标跟踪测量、飞行测量和伴随跟踪测量等方法。

一、目标特性研究的现状

欧美地区的国家对目标特性领域的研究起步较早，发展相对成熟，在目标特性理论研究、特征采集、数据应用、信息管理等方面的建设相对完善。在理论研究方面，其对目标散射、辐射特征形成机理的研究已取得突破，形成了相对完善的目标特性与数据理论，建立了部分目标特性模型和基于模型的数据生成模型，从而打破了传统基于“先验知识”的研究模式。在目标特征采集方面，其已实现对时、空、频、环境及各种变换域的联合特征数据提取和分析，极大地提高了目标特性数据的准确性、置信度和可用性。在数据应用方面，目标特性研究和管理不但始终贯穿于装备研制、试验和使用的全寿命周期，而且在战场侦察、目标打击、指挥决策、战场评估等方面积累了丰富的经验。在体系建设方面，美国已将目标特性数据作为国家战略信息资源，成立了中央测量与特征情报机构，其直接隶属于国防情报局，建立了国家目标与威胁特性数据库系统，实现了目标特性数据在国家层面的统管和共享应用。

美国为了发展弹道导弹防御系统、战区导弹防御系统和国家导弹防御系统，早在 20 世纪 60 年代，就开始对全球导弹目标进行长期测量与深入研究，并通过“观察岛”“洛伦岑”导弹观测船等移动平台长期采集外军导弹、火箭等目标特性数据，建立并完善了数据库；美国“无暇”号水声监测船、P－3C 反潜巡逻机长期搜集全球尤其是亚太地区各类水面、水下目标的特征数据；美军的联合建模与仿真系统将武器装备的射频、光电、红外与环境特性相结合，能有效模拟电磁、红外、可见光、声波等辐射与传输，可为作战指挥、辅助决策提供客观依据；加拿大专门为目标特性研究与综合测试建造的“寻求”号试验船，搭载了目标特性综合分析与数据库系统，可实现目标实时监测与试验验证，能够为舰艇目标特性研究和作战应用探索有效的技术途径。北约一直致力于目标特性理论、数据建设和应用研究，并在非合作目标识别领域取得较大突破，尤其是毫米波雷达识别能力，已经初具实战能力。此外，欧美一些国家不仅在目标特性相关基础建设、数据资源、体系优化等方面发展成熟，还建立了盟国间的资源共享、利益互惠机制，如大西洋地区海上网络项目能够为所有欧盟成员国提供外军舰船技术性能、试验数据等服务。

二、目标特性研究的发展

（一）目标特性的大数据应用

目标特性数据作为国防大数据的重要组成部分，具有数据量大、来源和种类多、时效性强和实用价值高等特征。未来，大数据分析技术将在信息化作战指挥中发挥重要作用，有助于进一步聚合信息资源优势，提升体系对抗能力。

目前，战场目标特性大数据分析技术还相对薄弱，距离“数据力转化为战斗力”还存在一定差距，难以满足目标数据融合需求，需在以下几个方面有所突破。

1. 基于多源目标特性的数据深度融合

目前，基于目标特性数据的多传感器手段协同、融合识别能力初步形成，但数据融合的深度和广度还不够，现有系统处理架构、数据建设方式与战场大数据应用不适应，难以实现战场情报、战场环境、目标特性等战场大数据的快速采集、检索。依托人工智能、大数据等技术，突破大差异目标时空关联、非结构化数据融合、异构知识融合等关键技术，是实现目标数据深度融合的有效途径。

2. 作战目标特征的规律挖掘

现有目标特性数据生产和管理方式往往与目标特定功能或测量手段相关，这些数据形成一个个独立的知识点，描述了特定目标在特定条件下的特征。如果利用大数据技术从这些数据中找出关联、发现规律，一方面可极大提高数据的准确性和可靠性；另外一方面，形成的目标特性数据关联关系、规律等衍生信息将为作战目标数据保障提供更加精准、全面的目标信息。

(二)多手段目标特性的获取

在目标特性获取过程中，目标实测是取得高价值、高置信度的目标特性数据的最重要来源。由于具体测量工作一般受测量时机、距离、环境等不可控因素条件影响，往往不可能实现各种环境下全要素、全方位、多手段的目标实测，且实测数据的质量和可用性往往难以保证，因此，基于目标实测数据的模型仿真和数据增强、增广是取得高置信度目标特性数据的途径之一，通常有基于半实物模型的数据实测和基于全数字化模型的数据仿真两种技术路线。

基于半实物模型的数据实测主要是根据公开资料和实测数据建立目标模型，通常采用缩比结构模型或物理场缩比模型，并利用实际测量手段获取缩比目标数据，最后利用缩比关系将测量数据等效为目标实测数据。该方法具有测量成本低、环境因素可重构、数据置信度较高等优点。

基于全数字化模型的数据模拟仿真，主要是利用计算机技术，通过基于实测数据研究的虚拟建模、模拟仿真，实现目标特性数据模拟、修正等，如以CAD(Computer Aided Design，计算机辅助设计)技术为代表的目标三维实景建模等。该方法生成的数据置信度完全依赖于目标模型、环境模型的逼真度，在目标特性和数据研究领域应用较广泛，但距离满足实战化应用还有一定差距。

(三)目标特性形成机理与战场环境的关系研究

战场环境是战场及其对作战活动有影响的各类情况和条件的统称，是作战目标、传感器的依存背景，是一个多维的作战空间，包括地理环境、气象环境、电磁环境、核生化环境等。为确保目标特性数据的可用性，在获取目标特性数据时尽可能较少或弱化战场环境的影响，或使用时目标特性数据尽可能抵消战场环境影响因素。因此，目标特性与战场环境关系的研究主要有以下3个方向：目标特性形成机理研究，目标特性抗环境敏感性研究，战场环境与目标特性关系研究。

例如，直升机螺旋桨转动、机体振动、导弹弹体振动等目标微动特性会对雷达回波信号产生调制，出现微多普勒效应，从而引起雷达目标特性的细微变化，且该特征往往具有一定唯一性。通过目标“微动-微多普勒”特性研究，搞清不同类型直升机、不同类型浆叶在不同飞行状态下雷达回波微多普勒效应，尤其是雷达目标特性的变化机理，不但可以实现目标类型、型号甚至个体的识别，甚至还可获取目标质量分布、发动机状态、直升机类型、飞行状态等战场目标情报信息，为战场信息保障提供更加精准、全面的目标信息。目标特性的光谱特性不仅与目标几何、材料、有效面积、目标姿态等结构特性有关，还与当时所处光学环境、温度环境、电磁环境等相关。但由于在采集和使用这些特性时往往难以消除环境影响，因此仅适用于与采集时刻相似的战场环境，难以适应未来复杂战场环境下的目标特性保障需求。

第三节　目标特性的应用

目标信息是作战指挥决策的重要依据，其主要内容包括目标的位置、性质、作用、规模、材质、特征、构造、要害、防护、环境等，目标特性是形成目标信息的主要依据和重要组成部分。作战指挥决策的核心问题是解决目标“在哪里”“是什么”“在干什么”“如何应对”“应对效果如何”等问题，即预警侦察、目标识别、跟踪监视、指挥决策、效果评估等。因此，目标特性研究和应用分析的开展也必将着眼于以上几个方面。

一、在目标识别中的应用

在信息化战争中，目标发现、目标识别、目标跟踪是实现远程打击的前提。其中目标识别既是确定目标身份、属性、类型的关键步骤，也是开展目标跟踪监视和实施战役战术行动的基础。对目标的识别主要有雷达探测、辐射源侦测、航天侦察、水声对抗侦察等，各种手段均需通过目标特性识别来确定目标身份信息。

比如，雷达目标识别是利用在雷达探测回波中提取目标时域、频域、极化域等方面的雷达目标特征，对目标类型、属性、威胁等级进行判断的过程。雷达目标特性反映了雷达波照射下的被观测目标的电磁散射特性。传统的雷达目标特征主要包括高度、速度、加速度、多普勒特性、低分辨率起伏特性等，可根据目标运动、尺寸等特性的明显差异进行目标类型的识别，也可根据目标 RCS 时间序列获取其几何特征和形状特性从而开展目标识别。近年来，新体制、超宽带、高分辨率雷达技术逐渐成熟，使实现目标型号甚至目标个体识别成为可能。如，一维距离像因与目标外形具有强相关性，利用目标一维距离像特征可以获取目标尺寸、形状等目标信息，超分辨率雷达的二维 ISAR(Inverse Synthetic Aperture Radar，逆合成孔径雷达)成像可同时反映目标在距离分辨率和角度分辨率上的反射特性，利用人工智能技术在视觉识别上的成功经验，基于目标一维距离像、二维 ISAR 成像特性，可将雷达目标识别等效为一个图像识别问题。

再如，辐射源识别是利用目标通信、雷达等设备发射的各类电磁辐射源特征开展目标识别，主要包括雷达辐射源识别和通信辐射源识别。其中，雷达辐射源识别因技术发展相对成熟、实战化能力强，而得到广泛应用。传统的雷达辐射源识别主要根据雷达信号脉冲描述字(Pulse Description Word，PDW)形成的特征向量。从 20 世纪末开始，随着脉冲压缩雷达的广泛使用，PDW 已经逐渐难以准确描述雷达辐射源的信号特征，因此脉内调制（如相位编码、频率编码、线性调频等）、脉间调制（如组变、参差、滑变、捷变频等）等细微特征逐渐成为雷达辐射源识别的主要依据。

此外，航天侦察具有作用有效距离远、范围广、载荷手段多等优点，因此天基战场目标信息支援是提升战场侦察预警能力的重要手段。常用的航天侦察手段主要有电子侦察、光学遥感、SAR（Synthetic Aperture Radar，合成孔径雷达）等。其中，电子侦察卫星中的目标识别与辐射源识别类似；光学、遥感卫星可利用目标遥感影像、高光谱图像、可见光侦照等数据支撑实现战场目标检测与识别。SAR 手段除了利用 SAR 图像进行目标识别外，还能利用目标介电常数、极化等特性辅助实现目标材质、反射体面特征的判读，从而提高目标识别的准确度。水声对抗侦察是对敌方目标的各类声信号进行侦察，主要是舰船或鱼雷动力装置引起的噪声信号、主动声学装备发射的探测信号等，为水声对抗和水下作战提供敌方目标声学信息。常用的水声目标特性包括噪声线谱、强度、时频、声纹等声辐射特征，回声亮点、回波强度等声散射特征，以及水中电场、水中磁场、水压力场等非声特性。其中，舰艇目标的辐射噪声特性是水下作战领域进行目标识别、对抗侦察的重要依据，这些特性既包括机械噪声特性，又包括螺旋桨噪声特性和水动力噪声特性；且这些噪声特性受水下战场环境的复杂性影响呈时变、非高斯、非线性、非平稳、多剖面分布。

二、在目标指示中的应用

目标指示就是将拟攻击目标的特征信息传输给武器系统，从而保障火力打击的准确性和有效性。在现代战争中，随着武器系统攻击距离的不断延伸和精确制导技术、多模复合制导技术的发展，对目标指示的精度、类型和方式提出了更高的要求。目前，常用的目标指示技术主要有：雷达引导、电视制导、红外制导、反辐射制导、主/被动声呐引导、毫米波制导、激光制导、微波制导等。一般通过以下两种方式实现：一是武器系统自身传感器指示，如弹载雷达、目标指示雷达、火控雷达等；二是外部传感器信息引导，如卫星引导、预警机引导、直升机引导、协同探测引导等。无论何种技术或方式，武器系统在进行目标检测、命中点选择、寻的跟踪时，均需要目标特性的支撑，且随着多模复合制导技术的发展应用，有时候往往需要多种类型的特性支撑。

三、在指挥决策中的应用

目标威胁评估、意图预测是作战指挥决策的基础，是指挥员准确掌握战场综合态势、形成指挥决策方案的依据和前提。战场情报、战场环境、目标特性是支撑威胁评估和意图预测的主要信息来源。以对空威胁判断为例，除相关情报信息、战场环境数据支撑外，还需要作战性能、电子干扰能力、攻击样式、攻击火力、最佳截击位置等目标特性数据。以目标意图预测为例，对目标特性数据的要素应包括机动性能、载弹能力、作战方式、辐射源工作模式及对应参数特征等。

作战指挥决策中，弹目匹配和火力分配是作战方案生成的两个重要环节，旨在选择恰当类型、数量的武器攻击/拦截适合的敌方目标，达到最佳的作战效能。而制定弹目匹配方案和火力分配方案时，除当前战场综合态势、武器系统战斗部毁伤性能外，主要依据为拟攻击目标的目标特性，如局部结构、强度模型、抗冲击波爆破性能、抗破片杀伤性能、抗侵彻爆破性能等易损特性。

四、在毁伤效果评估中的应用

毁伤效果评估是作战的重要环节，既能检验打击方案实施情况和打击效果的有效性，也是调整打击方案和实施后续压制的依据。在进行毁伤效果评估时，对“硬毁伤”的效果评估一般通过打击前后的目标图像对比，分析其几何特征、结构特征、文理特征的变化情况，判断其毁伤程度。对“软毁伤”的效果评估一般通过对打击前后目标的通信、雷达、导航设备发射电磁信号情况的对比，判断对敌方指挥、控制、通信、情报和网络系统的毁伤程度。此外，还需利用计算机仿真技术，通过目标易损性/战斗部威力分析模型，结合战场监视情报，评估特定武器打击特定目标的毁伤效果。

习　　题

1. 狭义的目标特性有哪些？广义的目标特性包含哪些方面？
2. 目标散射特性获取传感器主要有哪些？
3. 目标辐射特性获取传感器主要有哪些？
4. 目标对抗特性有哪些？
5. 目标特性获取的方法主要有哪些？
6. 目标特性建模计算有哪些方法？
7. 目标特性模拟测量有哪些方法？
8. 目标特性现场实测有哪些方法？
9. 欧美目标特性研究的现状是什么？
10. 目标特性大数据应用急需解决的问题是什么？
11. 未来目标特性获取的方法手段会有哪些创新？
12. 雷达对目标识别的参数主要有哪些？
13. 目标指示的实现方式有哪些？
14. 目标特性如何支撑弹目匹配？
15. 目标特性如何支撑“软毁伤”？

第二章　可见光/红外特性

可见光和红外光都属于电磁波，但它们具有不同的特性。可见光是电磁波谱中人眼可以感知的部分，不同波长的可见光呈现出不同的颜色。红外光是一种具有强热作用的放射线。虽然红外光的波长比可见光长，无法被人眼直接识别，但可以通过红外光谱仪器来检测并测量红外光。与可见光相比，红外光波长长，能够穿透一些物体。可见光和红外光在电磁波谱中各有其独特的性质和用途。

第一节　光学特性现象

一、光的本性

（一）光学的发展简史

从 17 世纪开始，牛顿提出微粒说，认为光是按照惯性定律沿直线飞行的微粒流。惠更斯（C. Huygens）提出的光的波动理论，认为光是在一种特殊弹性介质中传播的机械波。但在 17—18 世纪，主要是光的微粒理论起着主导作用，得出了光在水中的速度比在空气中大的错误结论。

19 世纪初，托马斯·杨（Thomas Young）和菲涅耳（A. J. Fresnel）等人的实验和理论工作把光的波动理论大大推向前进，用波动理论解释了光的干涉、衍射现象，初步测定了光的波长，并根据光的偏振现象确认光是横波。光在水中的速度比在空气中小的正确结论，是在 1862 年由傅科（J. B. L. Foucault）的实验所证实。因此，19 世纪中叶，光的波动说战胜了微粒说。

惠更斯、菲涅耳旧波动理论的弱点和微粒理论一样，在于它们都带有机械论的色彩，有着很大的局限性。

重要的突破发生在 19 世纪 60 年代，麦克斯韦（J. C. Maxwell）提出了著名的电磁理论，这个理论预言了电磁波的存在，并指出电磁波的速度与光速相同。因此麦克斯韦确信光是一种电磁现象，即光是一种波长较短的电磁波。

光的电磁理论以大量无可辩驳的事实赢得了普遍的认可。19 世纪末 20 世纪初是物理学发生伟大革命的时代。正当人们在欢庆宏伟的经典物理学大厦落成的时候，一个个使经典物理学理论陷入窘境的惊人发现接踵而至。当时物理学界的权威开尔文（Lord Kelvin）把光以太和能均分定理的困难比作笼罩在物理学晴朗天空中的两朵“乌云”。为了解决在黑体辐射实验中的“紫外灾难”问题，1900 年普朗克（M. Planck）提出了量子假说。

光的某些方面的行为像经典的“波”,另一些方面的行为却像经典的“粒子”。这就是所谓的“光的波粒二象性”。

一般情况下,在描述光的传播和光波的叠加时,光主要表现出它的波动性;在描述光与物质相互作用时,光主要表现出它的粒子性。

(二)光源与光谱

1. 光源

任何发光的物体都可以叫作光源。如:太阳、蜡烛的火焰、日光灯等。

光是一种电磁辐射,按照能量补给方式不同,大致可分为以下两大类。

(1)热辐射

若不断给物体加热来维持一定的温度,物体就会持续地发射光,包括红外线、紫外线等不可见光。在一定温度下处于热平衡状态物体的辐射叫作热辐射或温度辐射。

(2)光的非热辐射

1)电致发光。各种气体放电管(如日光灯、水银灯)管内的发光过程是靠电场来补给能量的,这样发光的过程称为电致发光。

2)荧光。某些物质在放射线、X 射线、紫外线、可见光或电子束的照射或轰击下,可以发出可见光,这样发出的光称为荧光。

3)磷光。有的物质在各种射线的辐照之后,可以在一段时间内持续发光,这种发光称为磷光。夜光表上磷光物质的发光属于此类。

4)化学发光。由于化学反应而发光的过程,叫作化学发光。

5)生物发光。生物体的发光称为生物发光。它是特殊类型的化学发光过程。

2. 光谱

电磁波谱的波长大约范围如下:

γ 射线:小于 10^{-3} nm。

X 射线:0.1～5 nm。

紫外线:5～400 nm。

可见光:400～760 nm。

红外光:760～10^5 nm。

无线电波:大于 10^5 nm。

光波是电磁波中的一个很小的范围。一般情况下认为能被人眼所感受到的电磁波段为 400～760nm 的狭小范围,这个波段内的电磁波称为可见光。

可见光的波长与颜色对应关系如图 2-1 所示。

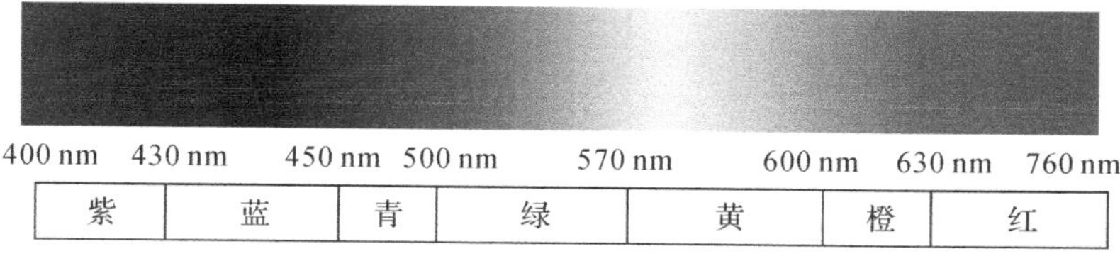

图 2-1　可见光的波长与颜色对应关系

3．光谱的性质

单一波长的光称为单色光，否则是非单色光。如果用棱镜或其它分光仪器对各种普通光源发出的光进行分析，发现绝大部分都不是单色光。

不同的光源有不同的光谱，光强在很大波长范围内连续分布，称为连续光谱；光强集中在一些离散的波长值附近而形成一条条谱线，称为线光谱。

对于线光谱，每条谱线只是近似的单色光，它们的光强分布有一定的波长范围，这个波长范围称为谱线宽度。谱线宽度愈小，表示单色性愈好。如激光器的谱线宽度比普通光源小得多。

太阳光谱除了一些暗线外，基本上是连续光谱，它所发出的各种波长的可见光混合起来，给人的感觉是白色。光学中所谓白光，经常指具有和太阳连续光谱相近的多色混合光。

(三)光学的研究对象、分支与应用

1．研究对象

光学是研究光的传播以及它和物质相互作用问题的学科。

若不涉及光的发射和吸收等与物质相互作用过程的微观机制，光学在传统上分为两大部分：①当光的波长可视为极短时，其波动效应不明显，人们把光的能量看成是沿着直线传播，它们遵从直线、反射、折射等定律，这便是几何光学。②研究光的波动性（干涉、衍射、偏振）的学科，称为物理光学（或波动光学）。

当涉及光的发射和吸收等与物质相互作用过程的微观机制时，通常是在分子或原子的尺度上研究的，在这个领域内有时可用经典理论，有时则需用量子理论，通常把这类问题称为“分子光学”或“量子光学”，也有人把其归纳为物理光学。

2．分支及应用

光学的应用十分广泛。几何光学本来就是为设计各种光学仪器而发展起来的专门学科。随着科学技术的进步，物理光学也愈来愈显示出它的威力。例如：光的干涉用于精密测量，衍射光栅则是重要的分光仪器。

光谱在人类认识物质的微观结构（如原子结构、分子结构等）方面发挥了关键性作用，现在它不仅是化学分析中的先进方法，还为天文学家提供了关于星体的化学成分、温度、磁场、速度等大量信息。近来，人们把数学、信息论与光的衍射结合起来，发展起一门新的学科，即傅里叶光学，该学科已被应用到信息处理、像质评价、光学计算等技术中。

激光的发明，可以说是光学发展史上的一个革命性的里程碑。由于激光的强度大、单色性好、方向性强等一系列独特性能，已被广泛地运用到材料加工、精密测量、通信、全息检测、医疗、农业等领域。此外，激光还应用于同位素分离、催化、信息处理、受控核聚变以及军事等方面。

二、光的几何光学传播规律

几何光学有以下三大定律。

(一)直线传播定律

光的直线传播定律被描述为光在均匀介质中沿直线传播。

(二)反射定律

当光入射至两种不同的透明均匀介质的分界面上时，有一部分光被界面反射回到入射光所在的介质，另一部分光则穿过界面进入另一种介质，如图 2－2 所示。

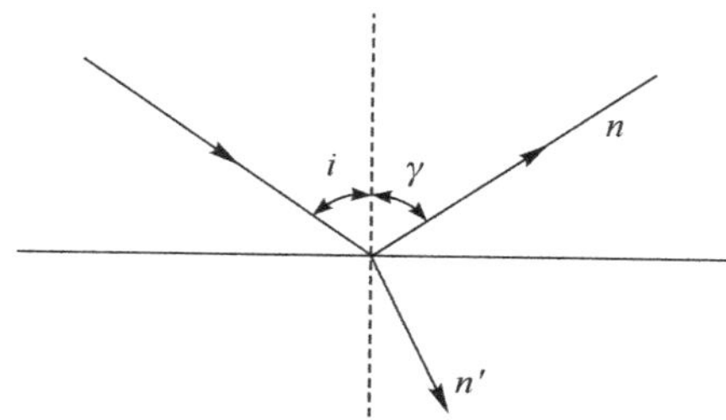

图 2－2　光在界面上的反射定律

光在界面上的反射定律如下：

1)入射角 i 等于反射角 γ，即 $i=\gamma$。

2)入射线、反射线各界面法线在同一平面内(此平面称为入射面，即由入射线与界面法线组成的平面)，且反射线与入射线以界面法线为对称轴。

(三)折射定律

光的折射定律描述如下：

入射角的正弦与折射角的正弦之比为常数，它等于折射线所处介质的折射率 n' 与入射线所处介质的折射率 n 之比，即

$$\frac{\sin i}{\sin i'}=\frac{n'}{n} \quad 或 \quad n\sin i = n'\sin i'$$

入射线、折射线和界面法线在同一平面内，且分别在法线的两侧。

(四)光路可逆原理

如果使光线行进方向反向，即原来的出射光线成为入射光线，则这时的出射光线必然为原来的入射光线。

(五) 全反射与光纤传输

1. 光的全反射(见图 2－3)

当光从光密媒质射向光疏媒质，即 $n > n'$ 时，由折射定理 $\frac{\sin i}{\sin i'}=\frac{n'}{n}$ 知，当 $i'=90°$ 时，有

$$\sin i_c=\frac{n'}{n}，i_c=\arcsin\frac{n'}{n}$$

当 $i > i_c$ 时，将出现全反射。i_c称为临界角。

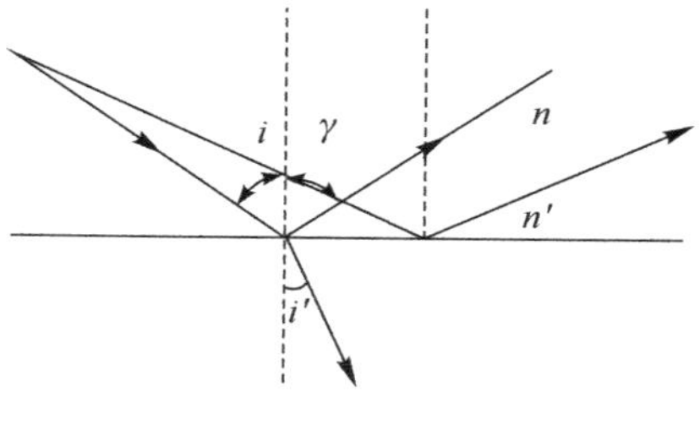

图 2－3　光的全反射

2. 光学纤维

如图 2－4 所示，在一根折射率较大的玻璃纤维外包一层折射率较小的玻璃媒质，即 $n_2 > n_1$，$n_2 > n_0$，光线经多次全反射可沿着它的一端传到另一端。由于光纤较细，可以将

大量的这样的玻璃纤维组成一束，光在各条纤维之间不会相互干扰。

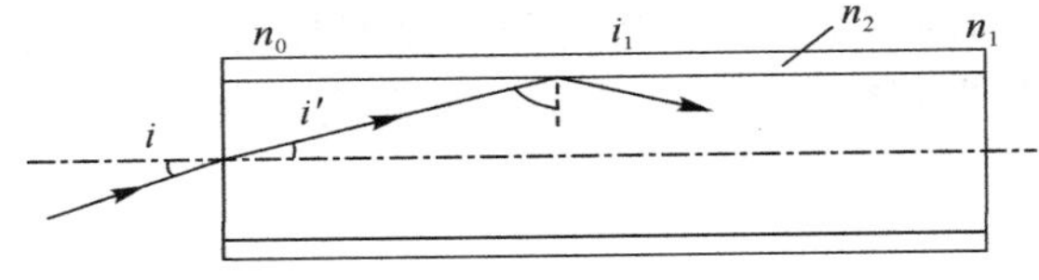

图 2-4 光学纤维

利用光在两折射率不同的透明介质分界面上的折射定理及全反射的性质可知

$$\frac{\sin i}{\sin i'} = \frac{n_1}{n_0}$$

且 i_1 的取值应为

$$i_1 \geqslant \arcsin \frac{n_2}{n_1} \text{。}$$

由 $i' + i_1 = 90°$ 可得

$$i \leqslant \arcsin \frac{1}{n_0} \sqrt{n_1^2 - n_2^2}$$

当入射角满足上述条件时，这些光束将能被传输。

纤维光学近年来得到突飞猛进的发展，它广泛地用于内窥光学系统及光纤通信。尤其在光纤通信中，它相比于电通信有许多优点，如抗电磁干扰强、频带宽、容量大、保密性好等等。

三、惠更斯原理

(一)波的几何描述

在同一振源的波场中，波动同时到达的各点具有相同的相位，这些点的集合组成一曲面，称为波面(或波振面)。

如图 2-5 所示，由一个点振源发出的波，在各向同性的均匀介质中的波面是以振源为中心的球面，这种波称为球面波；在离振源无穷远处，波面趋于平面，称为平面波。

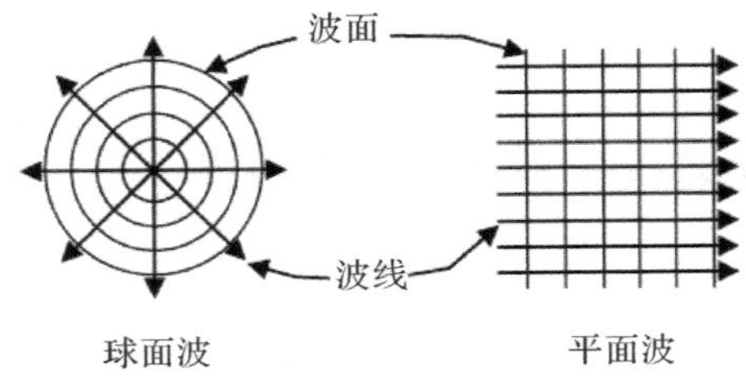

图 2-5 波的几何描述

在波场中绘出一线族，它们每点的切线方向代表该点波的传播方向(或者说代表能量流动的方向)。这样的线族称为波线。在各向同性介质中，波线总是与波面正交的。因此球面波的波线通过共同的中心点，构成同心波束。平面波的波线构成平行波束。

所谓“光线”，就是光波的波线。

(二)惠更斯原理的表述

惠更斯原理是关于波面传播的理论。

在某一时刻 t 由振源发出的波扰动传播到波面 S。惠更斯提出：S 上的每一面元可认为是次波的波源，由面元发出的次波向外发出球面波，在以后的时刻 t' 形成次波波面，这些波面的包络面 S' 是 t' 时刻总扰动的波面。在各向同性的均匀介质中，次波面是半径为 $v\Delta t$ 的球面，v 为波速，$\Delta t = t' - t$ 。

(三)反射定律和折射定律的解释

根据惠更斯原理，可以解释光的反射定律和折射定律，并给出折射率的物理意义，光在两种介质中速度之比为

$$n_{12} = \frac{n_2}{n_1} = \frac{v_1}{v_2}$$

一种介质的绝对折射率为

$$n = \frac{c}{v}$$

式中：c 为真空中光速；v 为光在介质中的传播速度。

(四)直线传播问题

作为几何光学的基础，光的直线传播定律、反射定律和折射定律都是在波长很小的条件下近似成立的，所以几何光学原理的适用范围是有限的，在必要的时候需要用更严格的波动理论来代替它。

四、费马原理

(一)光程

光程指的是光在真空中行进的路程。这是光学中一个非常重要的概念。

如图 2-6 所示，光在折射率为 n 的均匀介质中走过的距离为 d，那么其光程定义为

$$\Delta = nd$$

光在折射率为 $n(x, y, z)$ 的非均匀介质中从 A 点经过曲线到 B 点，那么其光程为

$$\Delta = \int_{A\to B} n(x,y,z)\mathrm{d}s$$

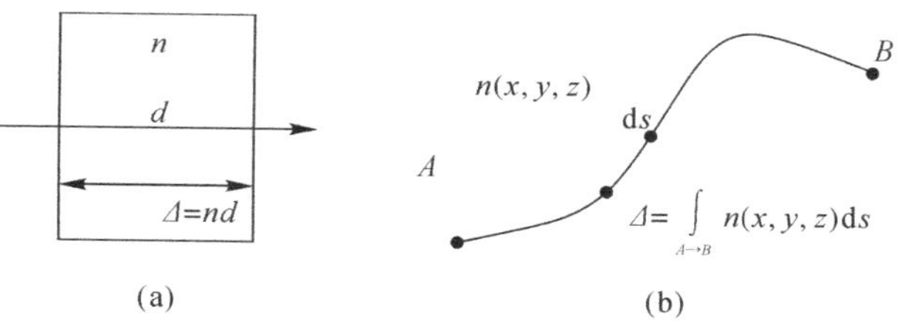

图 2-6　光程

(二)费马原理的表述

费马原理的表述为:两点间光线的实际路径,是光程(或者说所需的传播时间)为平稳的路径。

费马原理的另一种表述方式为:光从某点传播到另一点取的实际路径是所花费的时间为极值的路径。此原理即为费马原理。

其物理含义是:光在任意两点之间传播时,光程的变分为零,表示光程可取极大、极小以及常量。

可以证明,在均匀介质中的两点间(直线传播)、经平面反射和折射的两点间实际的光程取极小值;在透镜成像系统物点与像点之间的光程取定值(即常量);而凹球面反射镜成像过程中某些光程取极大值。在几何光学中,大多数情况下的光程都是取极小值和稳定值。

(三)由费马原理推导几何光学三定律

1. 直线传播定律

光在同种均匀介质中始终沿直线传播,通常简称光的直线传播。它是几何光学的重要基础,利用它可以简明地解决成像问题。人眼就是根据光的直线传播来确定物体或像的位置的。直线传播定律可由费马定律和两点之间直线最短一起推导得出。

2. 反射定律

反射光线和入射光线与法线在同一平面上;反射光线和入射光线分居法线的两侧;反射角等于入射角。如图 2-7 所示,由光源 Q 发出的光线经反射面 Σ 到达 P,相对于平面 Σ 取 P 点的镜像对称点 P' 点,从 Q 点到 P 点任意可能路径 $QM'P$ 的长度与 $QM'P'$ 相等,且

$$QM' + M'P > QMP'$$

显然,直线 QMP' 即 QMP 的长度最短。根据费马原理,QMP 是实验光线。由对称性不难看出:$i = i'$ 。

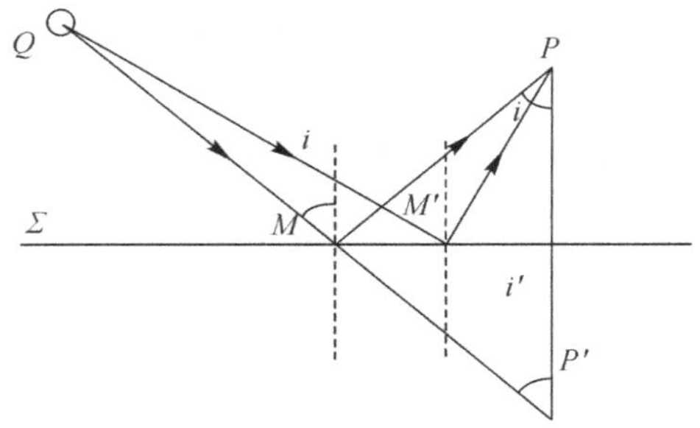

图 2-7　光程反射定律

3. 折射定律

首先应证明入射光线与折射光线共面,再计算由光源到达光点的光程,根据费马原理对光程取极值。

第二节　目标的亮度

一、辐射能通量和光能量

可见光在电磁辐射中只占一个很窄的波段。研究光的强弱的学科称为光度学。而研究各种电磁辐射强弱的学科，称为辐射度量学。

(一)辐射能通量

定义：单位时间内光源发出或通过一定接收截面的辐射能，称为辐射能通量，或辐射功率，用 Ψ 表示，单位：W(瓦)或 kW(千瓦)。

对于非单色辐射，辐射能通量的概念不能准确地描述能量的分布情况。因此需要引入辐射能通量的谱密度概念。

Ψ 表示辐射能通，$\Delta\Psi_\lambda$ 表示在波长范围 λ 到 $\lambda+\Delta\lambda$ 中的辐射能通量。当 $\Delta\lambda$ 足够小时，$\Delta\Psi_\lambda \propto \Delta\lambda$，则：

$$\Delta\Psi_\lambda = \psi(\lambda)\Delta\lambda$$

$$\Psi = \sum_\lambda \Delta\Psi_\lambda = \sum_\lambda \psi(\lambda)\Delta\lambda$$

取 $\Delta\lambda\to 0$ 的极限，则有

$$\Psi = \int \psi(\lambda)\Delta\lambda$$

这里 $\psi(\lambda)$ 描述辐射能在频谱中的分布，称为辐射能通量的谱密度。

(二)光通量

当研究光的强度，或更广泛地研究电磁辐射的强度时，都离不开观察仪器或检测器件，如光学仪器、人眼、光电池、感光乳胶等。一般来说，每种检测器件对不同波长的光或电磁辐射有不同的灵敏度。检测器件的这种特性用其光谱响应曲线来表征。光谱响应 R_λ 的定义是检测器件的输出信号(通常是电压或电流)的大小与某个波长 λ 的入射光功率之比。

在光学的发展史中可见光波段曾占有特殊的地位。因为这是人眼能感觉到的电磁波段，照明技术就是直接为人类创造适当的工作环境而服务的，它就必须考虑人类眼睛对光的适应性。这里我们主要讨论人类眼睛的光谱响应特征。

光使眼睛产生亮暗感觉的程度是无法作定量比较的，但人们的视觉能够相当精确地判断两种颜色的光明暗感觉是否相同。对大量具有正常视力的观察者所做的实验表明，在较明亮环境中人的视觉对波长为 555.0 nm 左右的绿色光最敏感。则定义视见函数为

$$V(\lambda) = \frac{\Psi_{555.0}}{\Psi_\lambda}$$

实验表明，要引起与 1 mW 的 555.0 nm 绿光相同明暗感觉的 400.0 nm 紫光需要 2.5 mW 辐射能。

表 2－1 与图 2－8 中分别给出的是国际上公认的视见函数值和视见函数曲线。可见，在波长 400.0～760.0 nm 范围以外，$V(\lambda)$ 实际上已趋于零。

应当注意：在比较明亮的环境中（如白昼，即明视觉）和比较昏暗的环境中（如夜晚，即暗视觉），视见函数是不同的，图 2－8 中粗线代表明视觉时的视见函数、细线代表暗视觉时的视见函数曲线。可见，在昏暗环境中，视见函数的极大值向短波方向移动。

视见函数的这种差异来源于视网膜上有两种感光单元，一种呈圆锥状，称为圆锥视神经细胞，它在明亮环境中起作用；另一种呈圆柱状，称为圆柱视神经细胞，它在昏暗环境中起作用；而这两种感光系统有不同的光谱响应特性，故形成两个不同的视见函数曲线。

表 2－1　视见函数值

λ/nm	V/λ	λ/nm	V/λ	λ/nm	V/λ	λ/nm	V/λ
390	0.000 1	490	0.208	590	0.757	690	0.008 2
400	0.000 4	500	0.323	600	0.631	700	0.004 1
410	0.001 2	510	0.503	610	0.503	710	0.002 1
420	0.004 0	520	0.710	620	0.381	720	0.001 05
430	0.011 6	530	0.862	630	0.265	730	0.000 52
440	0.023	540	0.954	640	0.175	740	0.000 25
450	0.038	550	0.995	650	0.107	750	0.000 12
460	0.060	560	0.995	660	0.061	760	0.000 06
470	0.091	570	0.952	670	0.032	770	0.000 03
480	0.139	580	0.870	680	0.017	780	0.000 015

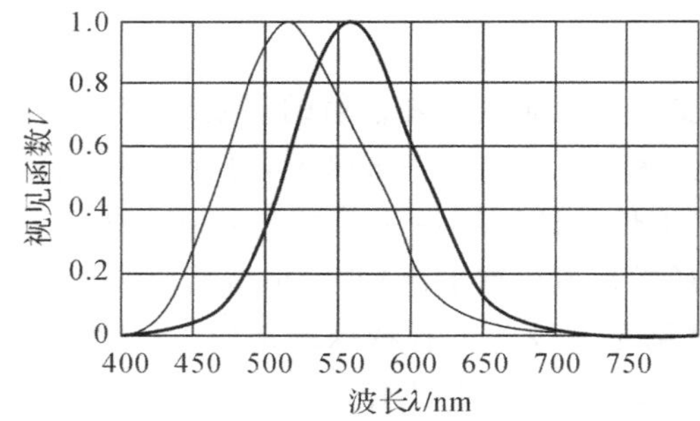

图 2－8　视见函数曲线

因此，对于人眼而言，量度光通量要将辐射能通量以视见函数为权重因子折合成对眼睛的有效数量。

对波长为 λ 的光，光通量为 $\Delta\Phi_\lambda$ 与辐射能通量 $\Delta\Psi_\lambda$ 的关系为

$$\Delta\Phi_\lambda = V(\lambda)\Delta\Psi_\lambda$$

多色光的总光通量

$$\Phi \propto \sum_\lambda V(\lambda)\Delta\Psi_\lambda = \sum_\lambda V(\lambda)\psi(\lambda)\Delta\lambda$$

取 $\Delta\lambda \to 0$ 的极限，则有

$$\Phi = K_{max}\int V(\lambda)\psi(\lambda)\mathrm{d}\lambda$$

式中：K_{max}是波长为 555.0 nm 的光功当量，也可叫作最大光功当量，其值由 Φ 和 Ψ 的单位决定。光通量单位为 lm(lumen，流明)

$$K_{max} = 683\ \mathrm{lm} / \mathrm{W}$$

二、发光强度和亮度

(一)发光强度

1. 点光源

当光源的几何尺寸足够小，或距离足够远，眼睛无法分辨其形状时，则称其为点光源。

2. 面光源

若看到的光源有一定的发光面积，这种光源叫作面光源，或扩展光源。

3. 发光强度

点光源 Q 沿某一方向 r 的发光强度 I 定义为：沿此方向上单位立体角内的光通量 Φ。如图 2－9 所示，则

$$I = \frac{\mathrm{d}\Phi}{\mathrm{d}\Omega}$$

发光强度单位为 cd(candela，坎德拉)。

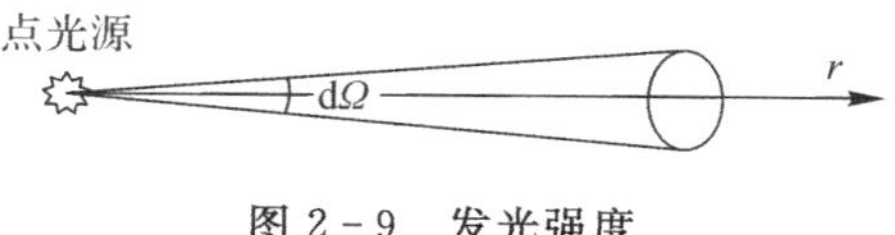

图 2－9　发光强度

(二)亮度

大多数光源的发光强度因方向而异。扩展光源表面的每块面元 $\mathrm{d}S$ 沿某方向 $\boldsymbol{r}$ 有一定的发光强度 $\mathrm{d}I$，如图 2－10 所示，设 $\boldsymbol{r}$ 与法线 $\boldsymbol{n}$ 的夹角为 θ，当一个观察者迎着 $\boldsymbol{r}$ 方向观察 $\mathrm{d}S$ 时，它的投影面积为 $\mathrm{d}S' = \mathrm{d}S\cos\theta$，面元 $\mathrm{d}S$ 沿 $\boldsymbol{r}$ 方向的光度学亮度(简称亮度)B 的定义为：在此方向上单位投影面积的发光强度。

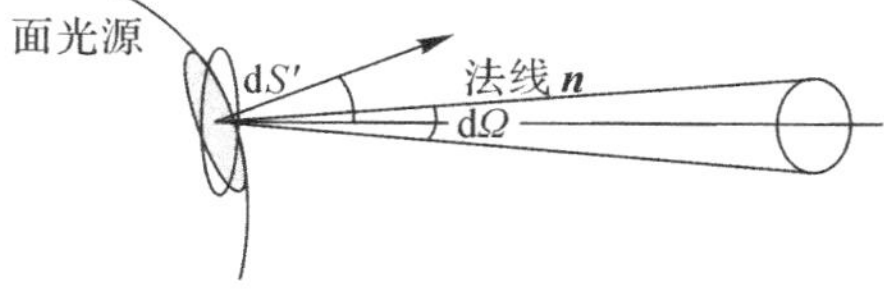

图 2－10　亮度

用数学形式表示为

$$B = \frac{\mathrm{d}I}{\mathrm{d}S'} = \frac{\mathrm{d}I}{\mathrm{d}S\cos\theta}$$

或

$$B = \frac{\mathrm{d}\Phi}{\mathrm{d}\Omega \cdot \mathrm{d}S'} = \frac{\mathrm{d}\Phi}{\mathrm{d}\Omega \cdot \mathrm{d}S\cos\theta}$$

则光度学亮度 B 的单位为 lm /(m² · sr)[流明/(米² · 球面度)]或为 lm /(cm² · sr)[流明/(厘米² · 球面度)，也称为熙提(sb)，即 1 sb = 1 lm /(cm² · sr)]。

三、照度

(一)余弦发光体

如果一面光源(扩展光源)的发光强度 $dI \propto \cos\theta$,而其亮度 B 与方向无关。这类发射体称为余弦发光体,或朗伯(J. H. Lambert)发光体。这种按 $\cos\theta$ 规律发射光通量的规律,叫作朗伯余弦定律。

如太阳看起来近似于一个亮度均匀的圆盘,这表明它接近于一个余弦发光体。

发光强度和亮度的概念不仅适用于自己发光的物体,还可应用到反射体。如光线射到光滑的表面上,会定向反射出去,而射到粗糙的表面上,它将朝所有方向漫射。一个理想的漫射面,应是遵循朗伯定律的,亦即不管入射光来自何方,沿各方向漫射光的发光强度总与 $\cos\theta$ 成正比,从而亮度相同。

积雪、粉刷的白墙以及十分粗糙的白纸表面,都接近理想的漫射面,这类物体称为朗伯反射体。

(二)定向发光体

若发出的光束集中在一定的立体角 $\Delta\Omega$ 内,即亮度有一定的方向性,称为定向发光体。如成像光学仪器——投影仪、激光器等。则辐射亮度为

$$B = \frac{\Delta\Phi}{\Delta\Omega\Delta S\cos\theta}$$

(三)照度

1. 定义

一个被光线照射的表面上的照度为照射在单位面积上的光通量。设面元 dS'上的光通量为 $d\Phi'$,则此面元上的照度为 $E = \frac{d\Phi'}{dS'}$,此式中将光通量换成辐射能通量,即为辐射照度或称为辐射能流密度。

照度的单位为 lx(lux,勒克斯)或 ph(phot,辐透)。

$$1\ \text{lx} = 1\ \text{lm/m}^2$$
$$1\ \text{ph} = 1\ \text{lm/cm}^2$$
$$1\ \text{lx} = 10^{-4}\ \text{ph}$$

2. 照度

(1)点光源产生的照度

如图 2-11 所示,设点源的发光强度为 I,被照射面元 dS'对它所张的立体角为 $d\Omega$,则照射在 dS'的光通量为

$$d\Phi' = Id\Omega = IdS'\cos\theta'$$

则照度为

$$E = \frac{d\Phi'}{dS'} = \frac{I\cos\theta'}{r^2}$$

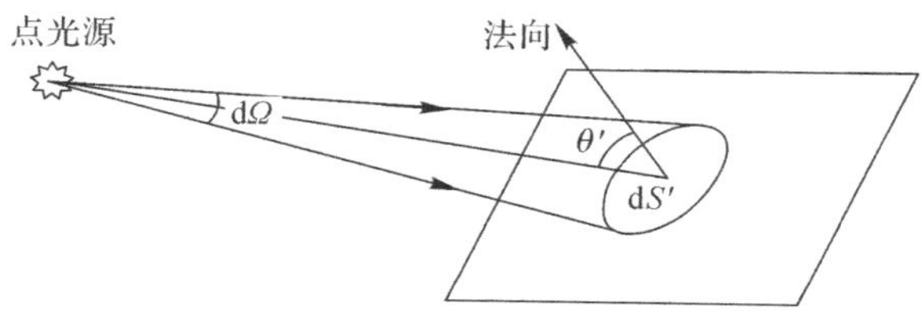

图 2-11　点光源产生的照度

(2)面光源产生的照度

如图 2-12 所示，在光源表面和被照射面上各取一面元 $\mathrm{d}S$ 和 $\mathrm{d}S'$，令二者连线与各自的法线 n、n' 的夹角分别为 θ、θ'，面光源的亮度为 B，则由 $\mathrm{d}S$ 发出并照射在 $\mathrm{d}S'$ 上的光通量为

$$\mathrm{d}\Phi' = B\mathrm{d}\Omega\mathrm{d}S = B\left(\frac{\mathrm{d}S'\cos\theta'}{r^2}\right)\mathrm{d}S'\cos\theta' = \frac{B\mathrm{d}S\mathrm{d}S'\cos\theta\cos\theta'}{r^2}$$

式中：$\mathrm{d}S'\cos\theta'/r^2 = \mathrm{d}\Omega$，$\mathrm{d}\Omega$ 是 $\mathrm{d}S'$ 对 $\mathrm{d}S$ 的中心 O 点所张的立体角。则上式对 $\mathrm{d}S$ 积分并除以 $\mathrm{d}S'$ 可得 $\mathrm{d}S'$ 上的照度为

$$E = \iint_{\text{光源表面}S} \frac{B\,\mathrm{d}S\cos\theta\cos\theta'}{r^2}$$

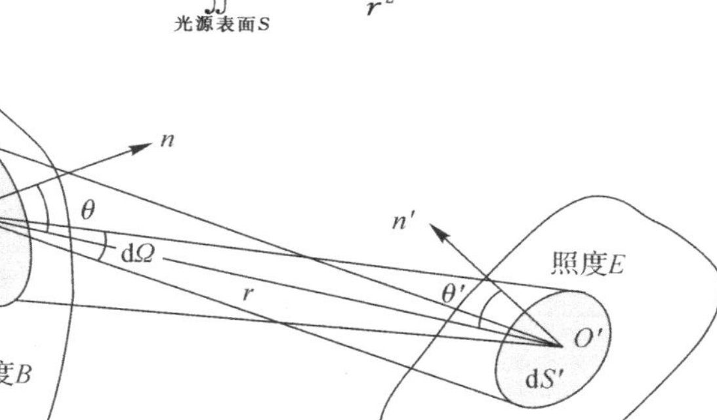

图 2-12　面光源产生的照度

注意：面元 $\mathrm{d}S$ 和 $\mathrm{d}S'$ 在光通量表达式中的地位是对称的，即 $\mathrm{d}S'$ 是亮度为 B 的面光源，它将产生同样的通量照射在 $\mathrm{d}S$ 上。

四、光度学单位的定义

以上引进了一系列光度学单位：lm、cd、sb、lx 等，选择其中之一为基本单位，其它则可作为导出单位。

早年发光强度单位叫作烛光(candle)，它是通过一定规格的实物为基准来定义的。最初的基准是标准蜡烛，后来用一定燃料的标准火焰灯再到标准电灯，但所有这些标准具在一般实验室中都不易复制，很难保证其客观性和准确性。

1948 年第 9 届国际计量大会决定用一种绝对黑体辐射器作标准具，并给予发光强度以现在的命名——candela(cd，坎德拉)。其定义为：坎德拉是发出 5×10^{12} Hz 频率的单色辐射源在给定方向上的发光强度，该方向上的辐射强度为(1/683) W/ sr。

为了使读者更易理解光度学单位的大小，表 2－2 和表 2－3 分别给出一些常见的实验情况中的照度和亮度值。

表 2－2 一些实际情况下的照度

情　景	照度/lx
无月夜天地面上的光	3×10^{-4}
天顶满月地面上的光	0.2
办公室工作必需的照度	20～100
晴朗夏日在采光良好的室内	100～500
夏天太阳不直接照到的露天地面上	10^3～10^4

表 2－3 常见光源的亮度

情　景	照度/sb
在地球大气层外看到的太阳	约 190 000
通过大气看到的太阳	约 150 000
钨丝白炽灯	约 500
蜡烛火焰	约 0.5
通过大气看到的满月	约 0.25
晴朗的白昼天空	约 0.15
没有月亮的夜空	约 10^{-3}

第三节　目标的颜色

色度学是 20 世纪发展起来的以物理光学、视觉生理学和视觉心理学等学科领域为基础的综合性学科。它超出了通常意义下的物理学范围，但又常常在物理学中介绍它。在科学研究、生产和生活中有许多现象往往和视觉联系在一起，这些现象是物理过程和生理过程的一种混合。要完全理解这些现象，必须研究视觉这个领域，特别是色的视觉，即色度学所涉及的问题。

一、色度学基本术语

(一)颜色

在色度学中，颜色通常定义为一种通过眼睛传导的感官印象，即一种视觉。视觉如同味觉、嗅觉和痛觉一样，来源于刺激。对颜色来说，刺激是光辐射。颜色定义说明，眼睛起着决定性作用。

(二)消色和彩色

在色度学中，白色、灰色和黑色统称为消色，它们可以排成一个系列，由白色逐渐到浅灰，再到深灰，直到黑色。消色系列的黑白变化对应于白色光的亮度变化。在色度学中，除消色以外的一切颜色统称为彩色。

(三)光谱色和混合色

由单一波长的光所构成的颜色叫单色光。所有单色光的颜色都叫光谱色。两种以上的波长的光混一起所呈现的颜色叫作混合色。白色是一种混合色。太阳光就是白色光，它由红、橙、黄、绿、青、蓝、紫七色混合而成。这只是就便于区别的颜色而言的，其实任何二色之间还可以再细分，一般人可分辨 120 种颜色。有经验的人可分辨 13 000 多种颜色。因此不要以为日光中就只包括这七种颜色。有的两种颜色光按一定比例混合就可以获得白色光。能配合成白光的两颜色称为互补色。例如红与青、黄与绿皆为互补色。

1. 颜色随光强的变化

人眼睛视网膜上的锥体细胞和柱体细胞执行着不同的视觉功能，前者是明视觉器官，在亮光条件下作用，能够分辨物体的细节和颜色；后者是暗视觉器官，在暗光(指光非常微弱而不是完全黑暗无光)条件下起作用，不能分辨物体的细节和颜色，只能有黑白之感。锥体细胞能看到的深红色，柱体细胞却误认为是黑色。

人眼所能适应的光的强度适应范围是由在亮光条件下起作用的锥体细胞和在暗光条件下起作用的柱体细胞的相互间转移完成的。如果光的强度比较强，我们就能识别颜色；如果光很弱人就不能识别颜色。众所周知，没有人直接用肉眼看到过星云的色彩，这不是因为星云本身无色彩，而是由于光的强度还不足以使人眼中的锥体细胞起作用。威尔逊和帕罗马天文台的密勒(W. C. Miller)曾经拍摄了某些星云的彩色图象。其中有巨蟹座星云呈现蓝色的云雾，并有明亮桔红色的细丝渗入其中；还有呈现美丽的蓝色内核，并带有亮红色外晕的环状星云。

即使在光强能达到使人眼分辨出颜色的情况下，颜色仍随光强有微小的变化。光谱中除了 572 nm(黄色)、503 nm(绿色)、478 nm(蓝色)是不随光强度变化的颜色之外，其它颜色在光强度增加时有的略向红色变化，有的则向蓝色变化。例如 660 nm 红光投射到视网膜上的照度由原来的某一个值降低到该值的 1/20 时，必须减小波长 34 nm，才能保持原来的色调；525 nm 绿光在同样条件下则需增加波长 21 nm，才能保持原来的色调不变，颜色随光强而变化的这种现象叫贝楚德朴克效应(Bezold - Brucke effect)。

2. 颜色适应和颜色对比

人眼在颜色刺激的作用下所造成的颜色视觉变化叫作颜色适应。眼睛对某一颜色光适应以后，再观察另一颜色时，在开始阶段会发生失真，而带有前者的补色成分，这种现象就是颜色适应现象。例如，在一块暗背景上投射一小块黄光，用眼睛看，当然是黄色的；但是当眼睛先注视一块大面积强烈红光一段时间后，再看原来的暗背景上的一小块黄光，这时眼睛感到黄光会呈现出绿色。经过几分钟以后，眼睛会从红光的适应中恢复过来，绿色逐渐消失，又成为原来的黄色。再例如，在白色或灰色背景上注视一块彩色纸片一段时间(1～2 min 以上)，然后取走彩色纸片，仍继续注视背景的同一地点，背景上就会出现原来颜色的补色，而且这一诱导出的补色时隐时现多次起伏，直到最后完全消失。

在视场中，相邻区域的不同颜色的相互影响叫作颜色对比。在一块红色背景上放一小块白纸或灰纸，用眼睛注视白纸中心几分钟，白纸会呈现出绿色，即诱导出红色的补色。如果在一块彩色背景上放上另一彩色色块，由于颜色对比，两颜色互相影响，使每种颜色的色调向另一彩色的补色方向变化。如果两彩色是互补色，则彼此加强饱和度，在两彩色的边界处，颜色对比现象最明显。

二、色调、饱和度和明度

就单色光而言，波长的标度与颜色的标度是一一对应的，即两束波长相同的光，观察者看到的颜色相同，反之，两束看来颜色相同的光，一定具有基本相同的波长。但是，这个波长与颜色一一对应的关系对于一个波长以上的混合光却不成立。实验表明，具有不同光谱分布的两束光，观察者只能感受到具有同样混合后波长的光的颜色，例如绿光与红光以适当的比例混合，可与黄光与蓝光的混合所产生的颜色相同，所以颜色的感觉特征仅用光谱波长的标志是不够的，还必须增加其它的标志。

(一)色调

用色调来标志颜色的区别。实验证明，自然界的大多数颜色都可用某一单色光和白光按一定比例配成，则这个颜色的色调用此单色光的波长(称主波长)表示。非单色光和白光按一定比例配成的颜色的色调可用非单色光的补色波长(主波长)表示。

(二)饱和度

用饱和度来标志颜色的纯洁程度。单色光是饱和度最高的颜色。当单色光掺入白光成份越多时，就越不饱和。饱和度的表示式为

$$饱和度 = 单色光流明数/(单色光流明数+白光流明数)$$

(三)明度

用明度来标志颜色的明亮程度，以颜色的总流明数表示。

色调和饱和度合称色品，是颜色的色度学特征；亮度是颜色的光度学特征。色调、饱和度和明度这三个感觉量一起决定了颜色的特征。

三、三原色原理

在近处或通过放大镜观察彩色电视荧光屏上的彩色图象时会发现，它是由密密麻麻的红、绿、蓝色发光小点相嵌集合成的，而且各个彩色小点的亮度是不同的。在绿色小块里，绿色小点发光特别明亮，在黄色小块里红色和绿色小点发光明亮，蓝色小点暗黑，而在白色小块里三种小点全都发光明亮。

在较远的距离观察彩色电视机，就看不出各个彩色小点，见到的只是均匀地带着某种颜色的小块。这是因为眼睛离荧光屏的距离已达到视觉锐度不再能区分开各个彩色小点的程度，各个彩色小点射出的光线同时作用到人眼视网膜的视觉细胞上，使之产生一个整体的彩色感觉。因此，可以说，彩色电视里的五颜六色的画面是由红色、绿色和蓝色三种颜色相加混合产生的。

实验表明:任何一种颜色都可以用三种颜色组成。红、绿、蓝三色按不同比例混合能配出范围相当大的常规颜色。这就是三原色原理。红、绿、蓝三色光称为相加三基色。

三基色的选择不是唯一的。由于红、绿、蓝相加三基色能配出的色域较广,品种较多,所以人们愿意选用红、绿、蓝作为相加三基色。原则上,只要三种颜色的任一种都不能被其余两种相加配出,那么这三种颜色就是一组三基色。

需要说明的是,任何实际的三基色,即使较好的红、绿、蓝,也不能配出自然界所有的一切颜色。增加基色总数,才能扩大配色的色域。但是基色过多,使用起来不方便。事实上,红、绿、蓝三种基色已基本满足了需要。三原色原理给了人们一种表示颜色的途径。假设把红、绿和蓝三种颜色,用 A、B 和 C 来标记,于是,某一种颜色就可以由一定数量(彩色量)的这三种颜色制成。比如,由数量 a 的颜色 A,数量 b 的颜色 B 和数量 C 的颜色 c 制成颜色 x,则

$$x=a\mathrm{A}+b\mathrm{B}+c\mathrm{C}$$

a、b 和 c 称为三色系数。显然,选用不同的三基色,去标定(配成)同一颜色将有不同的三色系数。由此选用不同的三基色将产生不同的三色系统。

四、色品图

现代色度学采用国际照明委员会(International Commission on Illumination,采用法语简称 CIE)所规定的一套颜色测量原理、数据和计算方法,称为 CIE 标准色度学系统。在这个系统中,CIE1931 色品图(见图 2-13)占有相当重要的地位。它明确表示了颜色视觉的基本规律以及颜色混合的一般规律,是色度学的实际应用工具。很多有关色度学的计算和延伸都是由此出发的。

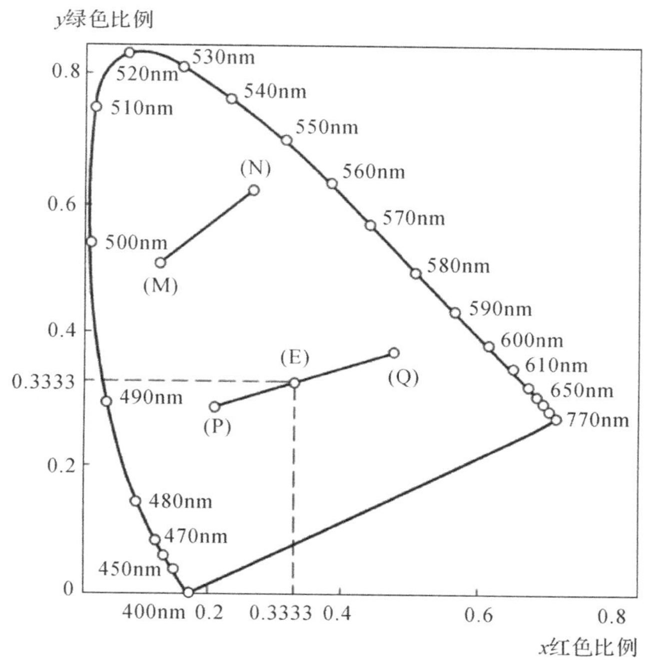

图 2-13　CIE1931 色品图

CIE1931 色品图，又称舌形色品图。色品图围线上各点代表光谱色，下缘直线上各点代表非光谱色(即品红色)。它是以三个虚拟基色量(x，y，z)为标准规定出来的。

色品图是根据三原色原理绘制的，它用匹配某一颜色的三原色比例来规定这一颜色，x 色品坐标相当于红原色的比例，y 色品坐标相当于绿原色比例，图中没有 z 色品坐标，因为 $x+y+z=1$，所以 $z=1-(x+y)$。

谱轨迹曲线以及连接光谱轨迹两端所形成的舌形内部包括一切物理上能实现的颜色。

色品图中的 E 点是白光，由三原色各 1/3 彩色量产生，所以也称为等能白光，其色品坐标为($x_E=0.3333$；$y_E=0.3333$；$z_E=0.3333$)。E 点是 CIE 标准光源的色光，相当于中午阳光的光色。

在 700～770 nm 的光谱波段有一恒定的色度值，都是 $x=0.7347$，$y=0.2652$，$z=0$，在色品图上只由一个点来表示。这表明，只要将 700～770 nm 这段光谱上的任何不同波长的两个颜色调整到相同亮度，则这两个颜色在人眼看来都是一样的。

光谱轨迹 540～700 nm 近似是一条直线，这意味着，在这段光谱范围内的任何光谱色都是可以通过 540 nm 和 700 nm 两种波长的光线以一定比例相混合而产生。

光谱轨迹 380～540 nm 是一段曲线，它意味着，在此范围内的一对光线的混合不能产生两者之间的位于光谱轨迹上的颜色，而只能产生光谱轨迹所包围面积内的混合色。

在色品图上很容易确定一对光谱色的补色波长，从光谱轨迹上的一点通过等能白光点 E 的直线抵达对侧光谱轨迹的点，直线与两侧轨迹的相交点就是一对补色的波长。可以看出，380～494 nm 之间的光谱的补色位于 570～700 nm 之间，反之亦然。在 494～570 nm 之间的补色只能由或至少由两种光线相混合而产生，因为这段通过 E 点的直线恰好与连接光谱轨迹两端的直线相交，而这段直线是由光谱两端色相加的混合色的轨迹。

第四节　实际光学成像

一、非理想光学系统和像差

所谓理想光学系统，就是能够对任意大的空间以任意宽的光束成完善像的光学系统。一个物体发出的光经过理想光学系统后将产生一个清晰的、与物貌完全相似的像。理想光学系统具有下述性质：

1)光学系统物方一个点(物点)对应像方一个点(像点)，这两个点称为共轭点。

2)物方每条直线对应像方的一条直线，称共轭线；物方每个平面对应像方的一个平面，称为共轭面。

3)主光轴上任一点的共轭点仍在主光轴上。任何垂直于主光轴的平面，其共轭面仍与主光轴垂直。

4)对垂直于主光轴的共轭平面，横向放大率为常量。

实际中不存在真正的理想光学系统，平面反射镜是个例外，但其横向放大率恒为 1。虽然在近轴区域共轴球面系统可近似地满足理想光学系统的要求，但是实际光学系统成像都是需要一定大小的成像空间以及光束孔径的，同时还由于成像光束多是由不同颜色的光组成(同一种介质的折射率随波长而异)。所以实际的光学系统成像都不是理想的,存在着一系列缺陷,这就是像差。

像差是指在光学系统中由透镜材料的特性或折射率(或反射)表面的集合形状引起实际像与理想像的偏差。用高斯公式、牛顿公式或近轴光线追迹计算得到的像的位置和大小可以作为理想像的位置和大小,而实际光线追迹计算得到的像的位置和大小相对于理想像的偏差就可以作为像差的量度。

描述像差可以用几何像差和波像差(又叫光程差)。

二、几何像差

几何像差主要有 7 种,其中单色像差有 5 种,即球差、彗差、像散、场曲和畸变,复色光成像像差有轴向色差和垂轴色差 2 种。

(一)球差

图 2-14 表示的是轴上有限远同一物点发出的不同孔径的光线通过系统后不再交于一点,成像不理想。为了表示这些对称光线在光轴方向上的离散程度,用不同孔径的光线对理想像点 A'_0 的距离 $A'_0A'_{1.0}$ 、$A'_0A'_{0.85}$ 、…… 表示,称为球差。球差是球面像差的简称,是由光学系统的口径而引起的,是光学系统口径的函数。用符号 $\delta L'$ 表示,计算公式为

$$\delta L' = L' - l' \tag{2-1}$$

式中:L' 代表宽孔径高度光线的聚焦点的像距;l' 为近轴像点的像距。

轴上点的单色像差只有球差。修球差一般是利用透镜半径的弯曲来实现。

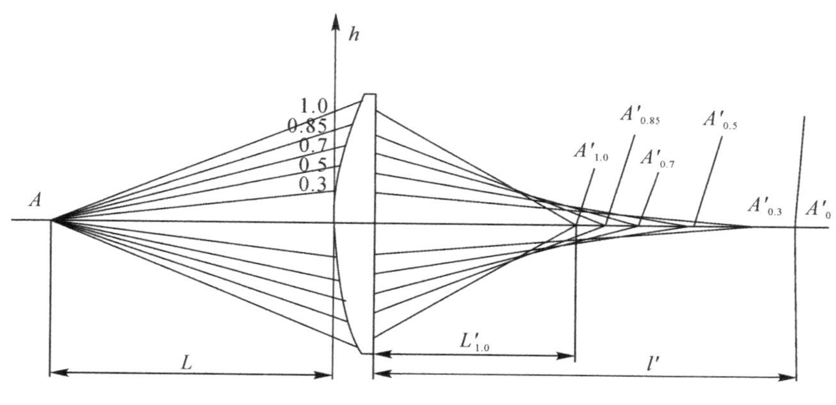

图 2-14　球差形成示意图

(二)彗差

彗差是指轴外点和轴上点发出的宽光束通过光学系统后,不会聚在一点,而呈彗星状图形的一种相对主光线失去对称的像差。具体地说,在轴外物点发出的光束中,对称于主光线的一对光线经光学系统后,失去对主光线的对称性,使交点不再位于主光线上,对整个光束而言,与理想像面相截形成一彗星状光斑的一种非轴对称性像差。彗差通常用子午面和弧矢面上对称于主光线的各对光线,经系统后的交点相对于主光线的偏离来度量,分别称为子午彗差和弧矢彗差,分别用 K'_T 和 K'_S 来表示。如图 2-15、图 2-16 所示,BP 是主光线,

BM^+ 和 BM^- 是子午光线对，BD^+ 、BD^- 是弧矢光线对，物体 AB 所成的理想像为 $A'_0B'_0$ ，B'_P 是主光线与理想像面的交点。图 2－17 是最终的彗差形成示意图。

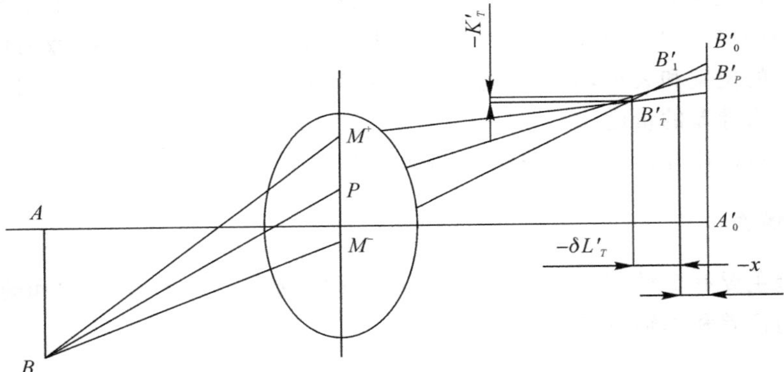

图 2－15　子午面光线像差

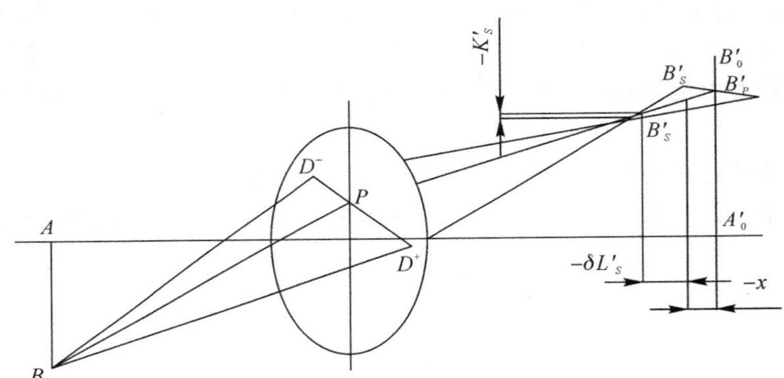

图 2－16　弧矢面光线像差

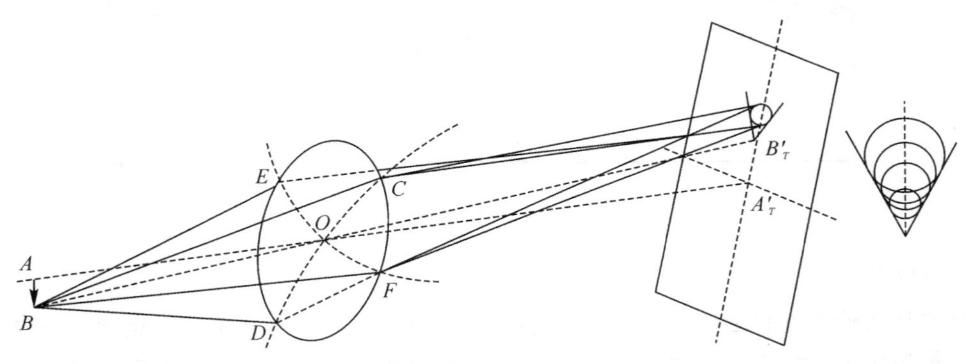

图 2－17　彗差形成示意图

彗差对于大孔径系统或望远系统影响很大。它的大小与光束的宽度、物体的大小、光阑位置、光组内部结构(如透镜的折射率、曲率、孔径等)有关。改变透镜的形状或组合，可较好地消除彗差。如能对该透镜组消除球差，则彗差也可以得到改善。

对于某些小视场大孔径的光学系统(如显微镜),由于高本身较小,彗差的实际数值很小,因此用彗差的绝对数量不足以说明系统的彗差特性。此时,常用“正弦差”来描述小视场的彗差特性。正弦差用符号 SC' 表示,有

$$SC' = \lim_{y \to \infty}(K'_S/y') \tag{2-2}$$

(三)像散

像散是由轴外物点用细光束成像时形成两条相互垂直且相隔一定距离的短线像的一种非对称像差,如图 2-18 所示。

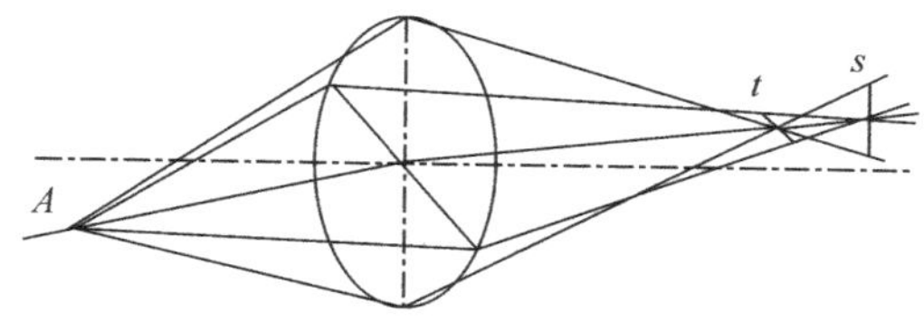

图 2-18　像散示意图

轴外物点发出细光束,经光学系统后其像点不再是一个点。由子午光束所成的像是一条垂直子午面的短线 t,称为子午焦线。由弧矢光束所成的像是一条垂直弧矢面的短线 s,称为弧矢焦线。这两条短线不相交而互相垂直且间隔一定距离。两短线间的沿光轴方向的距离表示像散的大小,用符号 x'_{ts} 表示

$$x'_{ts} = x'_t - x'_s \tag{2-3}$$

其中:x'_t、x'_s 分别是子午、弧矢细光束与主光线的交点到理想像面的距离;B'_t、B'_s 分别是子午、弧矢细光束在主光线上的交点。

像散是物点远离光轴时的像差,且随着视场的增大而迅速增大。

(四)场曲

场曲是像场弯曲的简称,是物平面形成曲面像的一种像差。如果光学系统还存在像散,则实际像面还受像散的影响而形成子午像面和弧矢像面,因此场曲需以子午场曲和弧矢场曲来表征。

子午(弧矢)细光束交点相对于理想像面的偏离,称为细光束子午(弧矢)场曲,如图 2-19(a)所示,用符号 x'_t(x'_s)表示

$$x'_t = l'_t - l', \quad x'_s = l'_s - l' \tag{2-4}$$

子午(弧矢)宽光束交点相对于理想像面的偏离,称为宽光束子午(弧矢)场曲,如图 2-19(b)所示,用符号 X'_t、X'_s 表示

$$X'_T = L'_T - l', \quad X'_S = L'_S - l' \tag{2-5}$$

如果光学系统不存在像散(即子午像和弧矢像重合),垂直于光轴的一个物平面经实际光学系统后所得到的像面也不一定是与理想像面重合的平面。由于 t、s 的重合点随视场的增大偏离理想像面越严重,所以仍形成一个曲面(纯场曲)。

光学系统存在场曲时,将不能使一个较大的平面物体上的各点同时在同一像面上成清晰的像。若按中心调焦,中心清晰,边缘则模糊;反之,边缘调清晰了,中心又模糊。

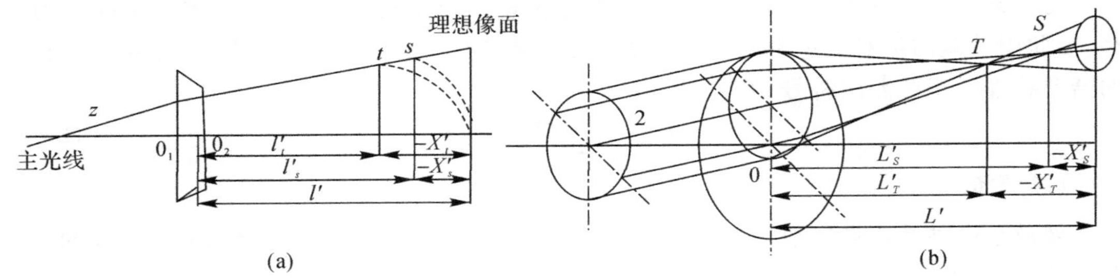

图 2-19　场曲示意图

(a)细光束场曲;(b)宽光束场曲

此外,看回图 2-15 和图 2-16, B'_T 、B'_t (B'_S 、B'_s)分别为子午(弧矢)面上宽光束、细光束的交点,它们沿光轴的距离和轴上点的球差具有类似的意义,因此被称为轴外子午(弧矢)球差,用 $\delta L'_T$ ($\delta L'_S$),可用以下式计算:

$$\delta L'_T = X'_T - x'_t, \quad \delta L'_S = X'_S - x'_s \tag{2-6}$$

(五)畸变

畸变是横向(垂轴)放大率随视场的增大而变化所引起一种失去物像相似的像差。畸变的存在使物平面内轴外直线形成曲线像。畸变分为枕形畸变和桶形畸变。枕形畸变又称为正畸变,即垂轴放大率随视场角的增大而增大的畸变;桶形畸变又称为负畸变,即垂轴放大率随视场角的增大而减少的畸变。图 2-20 所示的是垂直于光轴的方格子,由于系统存在畸变,形成变形格子像的情况。

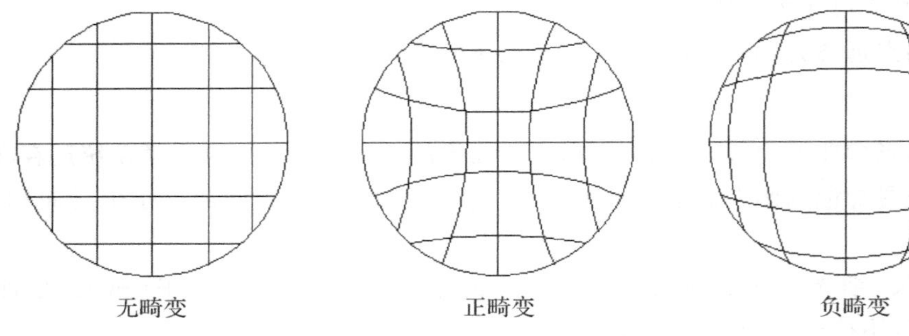

图 2-20　畸变

描述畸变有两种方法,一种是用线畸变 $\delta y'_z$,即

$$\delta y'_z = y'_z - y'_0 \tag{2-7}$$

其中: y'_z 是实际主光线决定的像高; y'_0 是理想像高。

线畸变 $\delta y'_z$ 与理想像高 y'_0 的百分比称为相对畸变,用符号 q 表示,则

$$q = \frac{\delta y'_z}{y'_0} \times 100\% \tag{2-8}$$

畸变与其它的像差不同,它仅由主光线的光路决定,引起像的变形,并不影响成像清晰度。对于一般光学系统,只要眼睛感觉不出像的明显变形(相当于 $q \approx 4\%$)则无碍。

(六)色差

上面所述的五种都是单色像差。但光学系统多是白光成像,白光是由各种不同波长的单色光组成的。光学材料对不同波长的色光折射率不同,白光经光学系统第一表面折射后,各种色光被分开,在光学系统内以各自的光路传播,造成各色光之间成像位置和大小的差异,在像面上形成彩色的弥散圆。复色光成像时,由于不同色光而引起的像差成为色差。

1. 轴向色差

光学系统中介质对不同的波长光线的折射率是不同的。薄透镜的焦距公式为

$$\frac{1}{f'}=(n-1)\left(\frac{1}{r_1}-\frac{1}{r_2}\right) \tag{2-9}$$

可见,同一薄透镜对不同的色光具有不同的焦距。对于透镜组也是如此。所以当透镜对于一定物距成像时,由于各色光的焦距不同,不同颜色的光线所成的像的位置也就不同。把不同颜色光线理想像点位置之差称为近轴位置色差,通常用 C 和 F 两种波长光线的理想像平面间的距离来表示近轴位置色差,也称为近轴轴向色差。若 l'_F 、l'_C 分别表示 C 和 F 两种波长近轴光线的近轴像距,则近轴轴向色差

$$\Delta l'_{FC}=l'_F-l'_C \tag{2-10}$$

2. 垂轴色差

由于光学材料对不同的色光的折射率不同,所以同一入射角同一孔径高不同波长的光线在某一基准像面上将有不同的像高,这就是垂轴色差(倍率色差),它代表不同颜色光线的主光线和同一基准像面交点高度(即实际像高)之差。通常这个基准像面选定为中心波长的理想像面,例如 D 光的理想像平面。若 y'_{ZF} 、y'_{ZC} 分别表示 F 和 C 两种波长光线的主光线在 D 光理想像平面上的交点高度,则垂轴色差

$$\Delta y'_{FC}=y'_{ZF}-y'_{ZC} \tag{2-11}$$

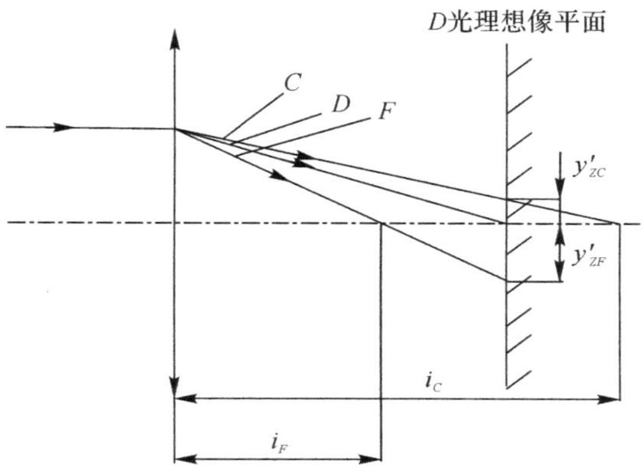

图 2-21 轴向色差、垂轴色差

三、薄透镜系统的初级像差理论

(一)初级像差理论

在像差理论中,把各项像差和物高 y(或视场角 ω)、光束孔径 h(或孔径角 u)的关系用幂级数的形式表示出来。把最低次幂对应的像差量称为初级像差,而把较高次幂对应的像差量称为高级像差。初级像差理论忽略了 y 及 h 的高次项,在 y 及 h 均不大的情况下,初级像差理论能够很好地近似代表光学系统的像差性质,为研究和设计工作带来极大的方便。

(二)薄透镜系统的初级像差方程组

如果一个透镜组的厚度和它的焦距相比可以忽略,这样的透镜组称为薄透镜组。由若干个薄透镜组组成的系统,称为薄透镜系统(透镜组间的间隔是可以任意的)。对这样的系统在初级像差的范围内,可以建立像差和系统结构参数之间的直接函数关系。

图 2-22 所示为一个简单的薄透镜系统示意图。取两条辅助光线,第一辅助光线是由轴上点发出的经过孔径边缘的光线,它在第 i 个透镜上的投射高为 h_i;第二辅助光线是轴外点发出的经过孔径中心的光线,它在第 i 个透镜上的投射高为 h_{zi}。第 i 个透镜的光焦度也是已知的为 φ_i。每个透镜组的 h_i、h_{zi} 和 φ_i 叫作透镜组的外部参数,都是已知的,和薄透镜组的具体结构无关;对应地,每个透镜组的 r_i、d_i、n_i 称为透镜组的内部结构参数。

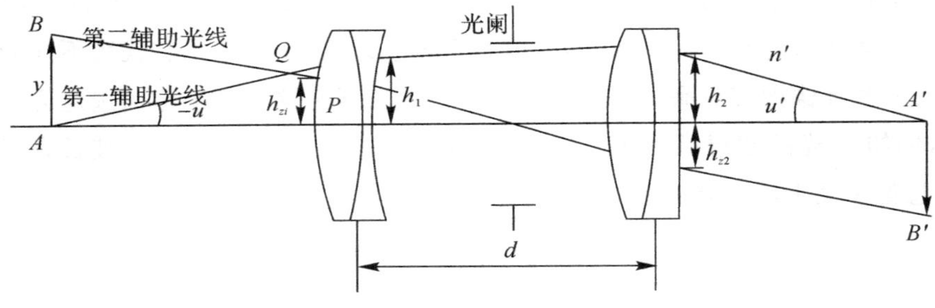

图 2-22　简单薄透镜系统

像差既和外部结构参数有关,也和内部结构参数有关。薄透镜系统初级像差方程组的作用是把系统中各个薄透镜组已知的外部参数和未知的内部结构参数与像差的关系分离开来,便于研究。下面是各像差公式。

球差

$$S_{\mathrm{I}} = -2n'u'^2\delta L' = [\sum_i h_i p_i] \tag{2-12}$$

弧矢彗差

$$S_{\mathrm{II}} = -2n'u'K'_S = [\sum_i h_{zi} p_i - J\sum_i W_i] \tag{2-13}$$

像散

$$S_{\mathrm{III}} = -n'u'^2 x'_{ts} = [\sum_i \frac{h_{zi}^2}{h_i} p_i - 2J\sum_i \frac{h_{zi}}{h_i} W_i + J^2\sum_i \varphi_i] \tag{2-14}$$

像弯

$$S_{\mathrm{IV}}=-2n'u'^{2}x'_{P}=\left[\sum_i \frac{h_{zi}^2}{h_i}p_i-2J\sum_i \frac{h_{zi}}{h_i}W_i+J^2\sum_i \varphi_i(1+\mu_i)\right] \tag{2-15}$$

畸变

$$S_{\mathrm{V}}=-2n'u'\delta y'_{z}=\left[\sum_i \frac{h_{zi}^3}{h_i^2}p_i-3J\sum_i \frac{h_{zi}^2}{h_i^2}W_i+J^2\sum_i \frac{h_{zi}}{h_i}\varphi_i(3+\mu_i)\right] \tag{2-16}$$

轴向色差

$$S_{\mathrm{I}C}=-n'u'^{2}\Delta L'_{FC}=\left[\sum_i h_i{}^2 C_i\right] \tag{2-17}$$

垂轴色差

$$S_{\mathrm{II}C}=-n'u'\Delta y'_{FC}=\left[\sum_i h_{zi}h_i C_i\right] \tag{2-18}$$

其中，n'、u'为系统最后像空间的折射率和孔径角，$J=n'u'y'$是系统的拉格朗日不变量，它们以及每个透镜组的外部参数h_i、h_{zi}和φ_i可以当成已知常数，在方括号里的求和式中，每个透镜组对应一项。

在以上公式中，每个透镜组只出现四个未知的参数：μ_i、P_i、W_i和C_i，它们与透镜组的内部结构参数间有对应关系，设第i个透镜组中有若干片薄透镜，j是其中的一片，则

$$\mu_i=\sum_j \frac{\varphi_{ij}}{n_i}\Big/\varphi_i\approx 0.7 \tag{2-19}$$

$$C_i=\sum_j \frac{\varphi_{ij}}{\nu_{ij}} \tag{2-20}$$

$$P_i=\sum_j \left(\frac{\Delta u_{ij}}{\Delta(1/n_{ij})}\right)^2\Delta\frac{u_{ij}}{n_{ij}} \tag{2-21}$$

$$W_i=\sum_j \left(\frac{\Delta u_{ij}}{\Delta(1/n_{ij})}\right)\Delta\frac{u_{ij}}{n_{ij}} \tag{2-22}$$

其中：ν_{ij}为该片单透镜玻璃的阿贝数；$\Delta u_{ij}=u'_{ij}-u_{ij}$，$\Delta(1/n_{ij})=\frac{1}{n'_{ij}}-\frac{1}{n_{ij}}$，$\Delta\frac{u_{ij}}{n_{ij}}=\frac{u'_{ij}}{n'_{ij}}-\frac{u_{ij}}{n_{ij}}$，$u_{ij}$、$n_{ij}$和$u'_{ij}$、$n'_{ij}$分别为该片单透镜物、像方的孔径角和折射率。

利用式(2-12)～式(2-18)可以由初级像差直接求解出薄透镜系统的初始结构参数，具体步骤如下：

1)根据整个系统的像差要求，求出相应的像差和数（$S_{\mathrm{I}}\sim S_{\mathrm{V}}$，$S_{\mathrm{I}C}$，$S_{\mathrm{II}C}$），把已知的各个透镜组的外部参数$h_i$、$h_{zi}$、$\varphi_i$和系统的拉格朗日量$J$代入，列出只剩下各个透镜组的像差特性参数$P_i$、$W_i$和$C_i$的初级像差方程组；

2)求解初级像差方程组得到对每个薄透镜组要求的P_i、W_i和C_i值；

3)由P_i、W_i和C_i和式(2-19)～式(2-22)求各个透镜组的内部结构参数r_i、d_i和n_i。最后得到整个系统的初始结构参数。

当今有很多种光学设计软件可以对系统参数进行优化，从而得到更完善的系统。但是所有的设计软件优化均是在给定的初始结构下找到一个局部最佳解，它们并不能够给出一个全局的绝对的最优结构。所以即使是计算机技术如此发达的今天，利用上述像差方程组得出一个合理的初始结构仍然是决定光学设计成功的关键。

第五节　成像系统评价方法

光学设计必须校正光学系统的像差，但既不可能也无必要把像差校正到完全理想的程度，因此选择像差校正的最佳方案，也需要确定校正到怎样的程度才能满足使用要求，即确定像差容限。

一个光学系统对点目标所成的像，即弥散斑的尺寸有多大？它是衍射效应占主导地位还是几何像差占主导？多大尺寸的弥散斑是可以接受的？弥散斑内的能量是如何分布的？图像的对比度降低了多少？该系统的整体质量如何？这些问题集中起来就是像质评价要解决的主要问题。

任何物体都可以分解为物点，也可以分解为各种频率的谱。两种不同的分解方法构成两类评价光学系统的方法。第一类以物点所发出的光能在像空间的分布状况作为质量评价的依据。事实上，即使理想光学系统也会由于衍射使物点不能成点像而形成一个衍射光斑。点像的衍射图样中，光斑主要集中在中央亮斑中，这一亮斑称为艾里斑，而像差的存在使衍射光斑的能量比无像差的时候更为分散。属于这一类的像质评价方法有斯特列尔判断、瑞利判断和分辨率。对于大像差系统，通常用几何光线的密集度来表示，与此对应的评价方法有点列图。第二类方法是仿效电信系统而得到的。大多数情况下，可把光学系统看成是线性系统，并用傅里叶分析法将物体分解为一系列不同频率的正弦分布，它们经线性系统传递到像空间时频率不变，但对比度要下降，要发生相移，并截止于某一频率。对比度的降低和相移与频率之间的函数关系称为光学传递函数，它与像差有关，因此光学传递函数是评价光学系统的像质的更全面、客观的一项指标。

一、典型光学系统的像差公差

光学系统的像差公差的制定是一个十分复杂的问题，不仅要考虑光学系统本身的质量，还要考虑目标特征、探测器的情况以及具体的使用要求等。对于小像差系统，以瑞利判断为依据：如果实际波前与参考波前的光程差在 $\lambda/4$ 范围内，则认为成像是理想的。

望远镜、显微镜为小像差系统，要求这类物镜的像差控制在瑞利极限之内，至少球差是如此。有些系统，比如照相物镜、投影物镜、以及各种摄像机所使用的镜头等大像差系统，是无法把像差控制在瑞利极限以内的，实际上也没有必要，以几何像差来评价其成像质量就可以了。

(一)望远物镜和显微物镜的像差公差

望远镜和显微镜由于视场较小，并且多用于目视或其他对成像质量要求较高的场合。因此，应该保证轴上点及光轴附近区域内有良好的成像质量，必须校正好球差、位置色差和正弦差，使之符合瑞利判断的要求。在这种小像差系统中，当波像差 W 控制在瑞利极限范围内（$W \leqslant \lambda/4$）时，可以求出球差、彗差等像差公差。

1. 球差

当仅有初级球差存在时，边缘球差的允许量为（LA'_m）。

$$LA'_{\mathrm{m}} = \pm \frac{4\lambda}{n'\sin^2 U'_{\mathrm{m}}}$$

有初级和二级球差存在时，边缘球差和带球差(0.707 带)的允许量分别为

$$LA'_{\mathrm{m}} = \pm \frac{4\lambda}{n'\sin^2 U'_{\mathrm{m}}}$$

$$LA'_{\mathrm{z}} = \pm \frac{6\lambda}{n'\sin^2 U'_{\mathrm{m}}}$$

允许离焦量为

$$\delta = \pm \frac{\lambda}{2n'\sin^2 U'_{\mathrm{m}}}$$

2. 彗差

(1)弧矢彗差($\mathrm{Coma_s}$)

$$\mathrm{Coma_s} = \pm \frac{\lambda}{2n'\sin U'_{\mathrm{m}}}$$

(2)子午彗差($\mathrm{Coma_t}$)

$$\mathrm{Coma_t} = \pm \frac{3\lambda}{2n'\sin U'_{\mathrm{m}}}$$

(3)正弦差(OSC)

$$\mathrm{OSC} = \frac{\lambda}{2n'h'\sin U'_{\mathrm{m}}}$$

或者 OSC ＝± 0.0025。

3. 像散($\Delta x'$)

$$\Delta x' = \frac{\lambda}{n'\sin^2 U'_{\mathrm{m}}}$$

(1)像面弯曲

弧矢像面弯曲(场曲) x'_{s} 和子午像面弯曲 x'_{t} 均应在人眼调节范围内。

(2)畸变

$$\frac{\delta y'}{y'_0} \leqslant 5\% \sim 10\%$$

4. 色差

(1)轴向色差 (LchA′)

$$\mathrm{LchA'} = \pm \frac{\lambda}{n'\sin^2 U'_{\mathrm{m}}}$$

(2)倍率色差

不同颜色光线倍率色差允许的最大角度为 2′ ～ 4′。

(3)色差波像差

$$\sum (d' - D)\delta n'_{FC} \leqslant \lambda/4$$

式中：λ 为波长；n' 是像方介质的折射率；U'_{m} 为像方孔径角；h' 为像高。

在像差公差的表达式中，除了彗差和正弦差之外，像差是沿纵向量度的。对于轴向色

差，实际上的允许值比这个值要大，因为对于一个目标系统，人眼的灵敏波长是 $\lambda = 0.55\ \mu m$，对 F 光和 C 光的灵敏度明显降低，因此，实际允许的 LchA′ 值要比所规定的大 2～3 倍。

彗差和正弦差的实际允许值也常常超过上述的规定值。因为要把一个系统的彗差或正弦差校正到上述规定值以内是很困难的。康拉德(Conrady)给出下面的经验值：对于望远系统，OSC $=\pm 0.0025$；对于照相物镜，OSC $=\pm 0.001$ 是允许的。

离焦量可用于对场曲的限制，然而实际上的弧矢场曲 x'_s 和子午场曲 x'_t 值均要超过这个值，通常要求 x'_t 和 x'_s 不要超过规定值的 2～3 倍。

(二)望远目镜和显微目镜的像差公差

目镜是小相对孔径、大视场光学系统，对于轴上点像差(包括球差和轴向色差)可按小像差系统来要求。对于球差，一般不用特殊校正就会满足要求。

轴外点像差是设计目镜系统要考虑的主要像差。像散 $(x'_t - x'_s)$ 对像的清晰度影响很大，其公差要与弧矢彗差一样来考虑。像面弯曲(x'_s 和 x'_t)可以用焦深加以限制。如果视场很大，可以用人眼的调节范围来估计。畸变只改变像的大小，不影响其清晰度，因此对它的要求不严格，一般以不为人眼发现为准则，具体要求如下

(1)子午慧差

$$\text{Coma}'_T \leqslant \frac{3\lambda}{2n'\sin U'_m}$$

(2)像散

$$x'_t - x'_s \leqslant \frac{\lambda}{2n'\sin^2 U'_m}$$

(3)场曲

$$x'_t \leqslant \frac{\lambda}{2n'\sin^2 U'_m}, \quad x'_s \leqslant \frac{\lambda}{2n'\sin^2 U'_m}$$

(4)畸变

$$D'_T \leqslant 3\% \sim 5\%$$

(5)垂轴色差

通常用目镜焦平面上的垂轴色差与目镜焦距的比值，即角像差来衡量。

目镜视场 $2\omega < 30°$ 时，$\dfrac{\Delta y'_{FC}}{f'_{目}} \leqslant 0.0015$ rad(约为 5′)，

目镜视场 $2\omega = 30° \sim 60°$ 时，$\dfrac{\Delta y'_{FC}}{f'_{目}} \leqslant 0.001$ rad(约为 3.4′)，

目镜视场 $2\omega > 60°$ 时，$\dfrac{\Delta y'_{FC}}{f'_{目}} \leqslant 0.003$ rad(约为 10′)

(三)照相物镜的像差公差

照相物镜为大像差光学系统，属于这一类的物镜还有投影物镜(包括电影放映物镜)、电影和电视摄影物镜、CCD(Charge - Coupled Dence，电荷耦合元件)摄像机物镜等。这类物镜的像差公差制定起来比较困难，因为影响因素比较复杂，除了要考虑镜头本身的质量，还要考虑接受器的类型和质量、目标的特性以及使用要求等。目前常用的接受器有胶片、电荷耦合器件、各种投影屏等。这些接受器件的质量差别很大。

照相物镜的像质一般不以瑞利判断为评价标准。应用上多以像差在像面上形成的弥散斑大小作为衡量成像质量的标准。这是一种综合性的像质衡量标准，包括各种像差的影响。通常要求弥散斑的直径不超过 0.01～0.03 mm。由于垂轴色差引起各色光弥散斑的不重合，也就是说增大了总的弥散斑，故要求较严，一般要求垂轴色差不超过 0.01 mm。畸变应以使人感觉不出像有变形为限，一般要求相对畸变不超过 2%。

对于这类大像差系统要根据实际情况进行考虑。也可以将质量优良的同类物镜的质量指标作为依据来加以考虑。

二、斯特列尔判断

K. Strehl 于 1894 年提出了判断小像差光学系统像质的标准。光学系统有像差时，衍射图样中心亮斑（艾里斑）占有的光强度要比理想成像时有所下降，两者的光强度比称为 Strehl（斯特列尔）强度比，又称为中心点亮度，以 S. D. 表示。Strehl 判断认为，中心点亮度 S. D. ≥0.8 时，系统是完善的。

如图 2－23 所示，根据惠更斯-菲涅尔原理，点光源 S 对 P 点的作用，可以看成是 S 与 P 之间的任何一个波面上各点所发出的次波在 P 点的叠加结果。基尔霍夫（Kirchhoff）从波动方程出发，由场论推导出求 P 点振幅的比较严格的公式：

$$\psi_P = \frac{i\psi_Q}{\lambda}\iint_M \frac{1+\cos\theta}{2}\frac{e^{-ikl}}{l}d\sigma$$

式中，ψ_Q 为波面 M 上 Q 点处的复振幅；$d\sigma$ 为波面元；$k=2\pi/\lambda$；l 是 Q、P 之间的光路长度。

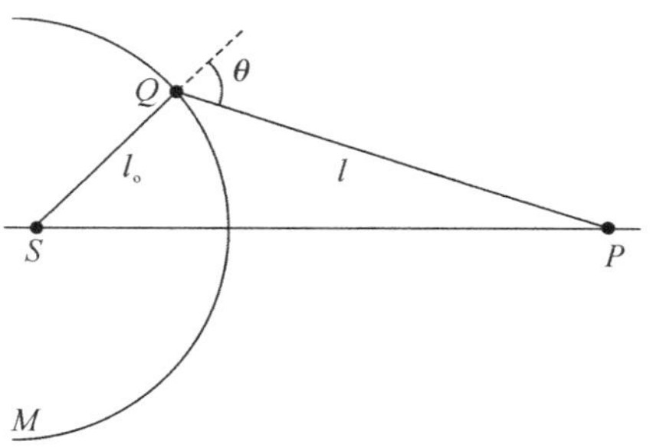

图 2－23　惠更斯—菲涅尔原理

可以把 M 看作是由 S 点光源发出的光经过出射光瞳时的波面。当出射光瞳通光孔不很大时，可认为 $\cos\theta \approx 1$。若以 M 面上发出的光振动为 1 个单位，即 $\psi_Q = 1$，并设像面坐标为 x、y、z，出射光瞳极坐标为 r、φ，令 z 轴与光轴重合，并对一般具有圆形通光孔的光学系统，取通光孔半径为 1，则

$$\psi_P = \psi(\Delta x, \Delta y, \Delta z) = \frac{i}{\lambda}\int_0^1\int_0^{2\pi}\frac{e^{-ikl}}{l}r\,dr\,d\varphi$$

物点发出的波面经过理想光学系统后，在出射光瞳处得到的是球面波，而实际光学系统的像差使像方的波面不再是球面波。像差的影响就是通过这种相位的变化而反映为衍射图的变化。若像差引起的光程差，即波像差为 W，则只需将指数上的 l 变为 $l+W$，即可计算

有像差存在时的 ψ_P 。相应的中心点亮度可表示为

$$\text{S. D.} = \frac{|\psi_{P,W\neq 0}|^2}{|\psi_{P,W=0}|^2} = \frac{1}{\pi^2}\left|\int_0^1\int_0^{2\pi} e^{-ikW} r\,\mathrm{d}r\mathrm{d}\varphi\right|^2$$

当像差很小时，可把积分中指数函数展开成幂级数。若 $|W| < 1/k = \lambda/2\pi$ ，则取展开式的前三项即可。由此得到：

$$\text{S. D.} = \frac{1}{\pi^2}\left|\int_0^1\int_0^{2\pi}(1 + ikW - \frac{k^2}{2}W^2) r\,\mathrm{d}r\mathrm{d}\varphi\right|^2$$

$$\approx \left|1 + ik\overline{w} - \frac{k^2}{2}\overline{w^2}\right|^2 \approx 1 - k^2[(\overline{w})^2 - \overline{w^2}]$$

式中：$\overline{w}$ 是波像差的平均值；$\overline{w^2}$ 是波像差的二次方平均值，而且 $(\overline{w^2})^2 \approx 0$，有

$$\overline{w} = \frac{1}{\pi}\int_0^1\int_0^{2\pi} W r\,\mathrm{d}r\mathrm{d}\varphi\ ,\ \overline{w^2} = \frac{1}{\pi}\int_0^1\int_0^{2\pi} W^2 r\,\mathrm{d}r\mathrm{d}\varphi$$

由于计算波像差 W 时，参考球面的半径是可以任意选择的，故 W 中可以有常数项。适当选择常数项，总可以使 $\overline{w} = 0$ 。作此选择后，S. D. 就只与波像差的二次方平均值有关了，即 $\text{S. D.} = 1 - k^2\overline{w^2}$ 。

可见，一个像差很小的光学系统，中心点亮度与波像差之间有简单的关系。利用这一关系和上述 S. D. ≥0. 8 的判断，就可以决定像差的最佳校正方案和像差公差。

斯特列尔提出的中心点亮度 S. D. ≥0. 8 的判断是评价小像差系统成像质量的一个比较严格而又可靠的方法，但是计算起来相当复杂，不便于实际应用。

三、瑞利判据

1879 年瑞利(Rayleigh)在观察和研究光谱仪成像质量时，提出了一个简单的判断：实际波面与参考球面之间的最大偏离量，即最大波像差，不超过四分之一波长时，此实际波面可以认为是无缺陷的，这称为瑞利判据。

瑞利判据提出了两个标准。首先，有特征意义的是波像差最大值，而参考球面的选择标准是使波像差的最大值为最小。这实际上是最佳像面位置的选择问题。其次，提出在这种情况下波像差的最大值允许量不超过四分之一波长时，认为成像质量是好的。实际上，通过计算的最大波像差不超过四分之一波长的瑞利判据与斯特列尔提出的中心点亮度 S. D. ≥0. 8 的判断是一致的。

从光波传播光能的观点来看，瑞利判据是不够严密的。因为它只考虑波像差的最大值，而不考虑波面上的缺陷部分在整个面积中所占比例。例如，在透镜中的小气泡或表面划痕等，可引起很大的局部波像差，这按瑞利判断是不允许的，但是实际上这些占波面整个面积的比值接近于零的缺陷，对成像质量并无明显的影响。

瑞利判据的优点是便于实际应用。由于波像差与几何像差之间的关系比较简单，其值容易计算，特别是由几何像差曲线可以很方便地用图形积分的方法求出波像差曲线。对于同时存在几种像差的轴外点，可以按综合的波像差曲线作出判断，无需个别地对各种像差作过多的计算，便可判断成像质量的优劣。瑞利判据的另一个优点是，对通光孔径不必作任何假定，只要计算出波像差曲线，便可用瑞利判据进行评价，因此，瑞利判据在实际中得到了广泛的应用。

对于小像差系统，例如望远镜和显微镜，可以用瑞利判据和斯特列尔判断来评价其成像质量。

四、图像分辨率

（一）图像分辨率判断

在光学设计中，常对极限分辨率提出要求。由于光的衍射效应，点目标经过光学系统，即使是无像差的理想光学系统，成像后也不是一个点像，而是一个有一定几何尺寸的衍射图样。因此，当光学系统对彼此接近的两个点目标成像时，在像面上形成两个衍射图样，如图2-24所示。当两个点目标靠得足够近，使得两个衍射图样混淆在一起，无法分开，则这样的两个点目标是无法分开的。当两个点目标逐渐分离，使得两个衍射像的图像的能量达到足够被人眼分开时，就认为这两个点目标是可以分辨的。

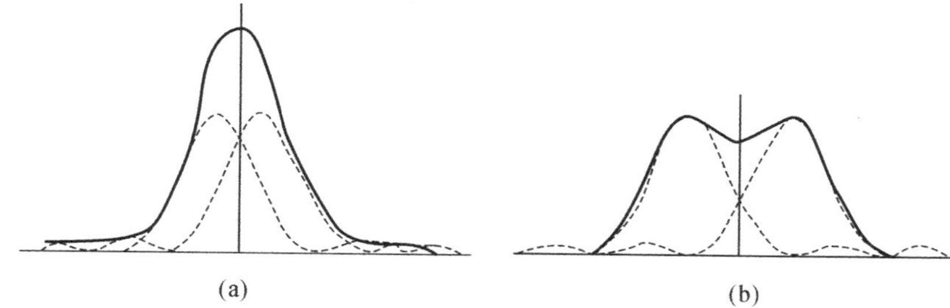

图2-24　两个点物成像

按照瑞利准则，当一个点目标的衍射图样的中央亮斑的峰值正好落在另一个点目标的衍射图样的第一个暗环处，那么这样的两个点目标被认为是可以分辨的，如图2-25所示。这时两个像点衍射图样的能量合成曲线的能量峰值和谷值之比为1:0.735，能分辨的最小线度为

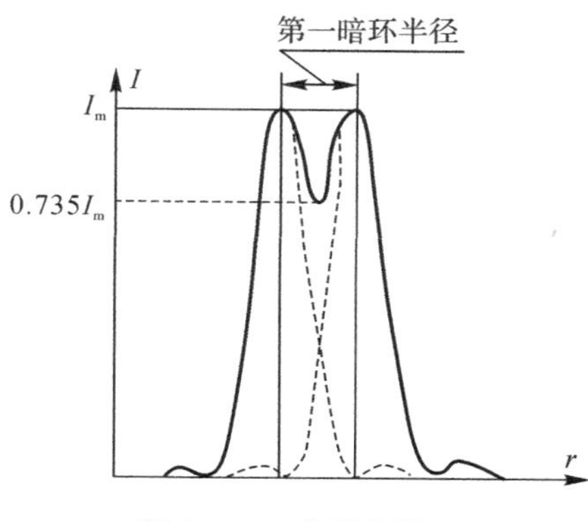

图2-25　瑞利准则

$$b = \frac{1.22\lambda f}{D}$$

在显微镜中，上式常转化成分辨率表达式

$$b = \frac{0.61\lambda}{n\sin U}$$

式中：λ 为波长；D 为光瞳口径；f 为物镜焦距；$n\sin U$ 为显微镜的数值孔径。

斯帕罗（Sparrow criterion）准则是把两个相邻的点目标成的像的光强分布的峰谷值相等时作为分辨率的极限，如图2-26所示，由此得到能分辨的最小线度为

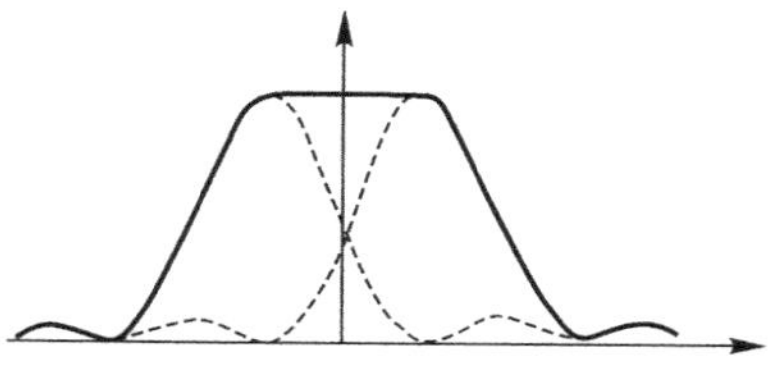

图2-26　斯帕罗准则

$$b = \frac{2.976\lambda f}{\pi D}$$

对于显微镜物镜，上式可转化为

$$b = \frac{0.474\lambda}{n\sin U}$$

一般情况下，可将两个准则加以平均，得出当两个点目标所成的像光强分布的峰谷值的比值为 1∶0.95 时，比瑞利准则高，但比斯帕罗准则略低的分辨率

$$b = \frac{0.5\lambda}{n\sin U}$$

(二)望远和照相物镜的分辨率

对于望远镜系统，常以角分辨率来计算，即

$$b = \frac{2.976\lambda f}{\pi D}$$

当所使用的波长 $\lambda = 0.55\mu\text{m}$ 时，

$$\beta = \frac{140''}{D}$$

其中，D 以毫米计。

对于照相系统，常用每毫米能分辨的线对数(也叫空间频率)来表明其质量优劣。每毫米可分辨的线对数(SF)等于能分辨的最小线度的倒数，即

$$\text{SF} = \frac{1}{b} = \frac{D}{1.22\lambda f} = \frac{1}{1.22\lambda} \cdot \frac{D}{f}$$

当 $\lambda = 0.55\mu\text{m}$ 时，$\text{SF} = 1\ 490 \times \dfrac{D}{f}$。

(三)图像鉴别率板

常常采用鉴别率板作为目标来检查镜头的极限分辨率，如图 2－27 所示。鉴别率板由若干组具有不同空间频率的黑白相间的条带组成，每条组带的空间频率相同，但具有不同的方向，用以检查镜头在不同方向下的成像情况。

对于望远物镜和显微物镜，通常采用目视观察方法来判断其极限分辨率。首先使鉴别率板通过望远镜或显微镜成像，然后用高分辨率显微镜来观察所成的像，判断该物镜能分辨到哪一组条带。由于每组都对应一定的空间频率，由此可以知道该物镜的极限分辨率。

对于照相物镜，常采用照相的方法。待检查的照相物镜把鉴别率板成像在高分辨率胶片或干板上，经过冲洗后，判断该物镜能分辨到哪组条带。

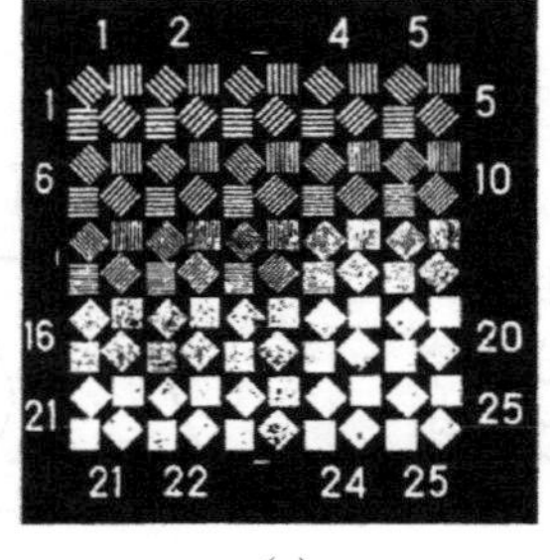

(a)

(b)

图 2－27　图像鉴别率板

五、点列图和能量集中度

像差超过瑞利极限几倍的光学系统，通常称为大像差系统。对于大像差系统，不能用评价小像差系统的方法来评价它们的成像质量，而要用几何光线追迹的方法来评价质量。

（一）点列图

对于大像差系统，一个点目标发出的若干条光线，经过光学系统成像后在像面上的焦点并不重合，而是弥散地分布在像面上。对于轴上点目标，由该点发出的光线与参考焦面的交点对称地分布在有限尺寸的弥散圆内；而对轴外点，由于各种轴外像差的影响，其弥散的像点并不是对称地分布。

可以这样来追迹光线：把入射光瞳分割成大量的等面积区域；从物点开始，通过每个小面积的中心追迹一条光线，每一条光线与预先选定的像面形成一个交点；把这些代表相等面积的光线的交点画成图。由于每条光线所代表的光能量相同，图中点的密度表明了光能量的集中程度。这样得到的光线截面图叫点列图（spot diagram）。显然，分割的等面积单元越多，要追迹的光线也越多，点列图也就越精确。

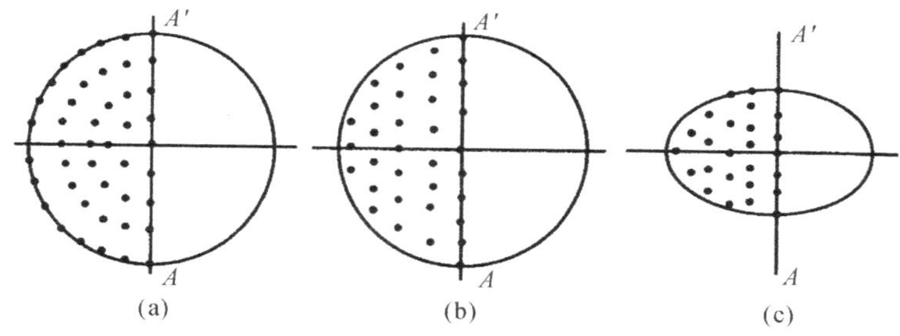

图 2－28　入射光瞳点列图的不同分割方法

（a）极坐标式分割；（b）直角坐标式分割；（c）有渐量的入射光瞳等面积分割

图 2－28 所示为入射光瞳等面积的不同分割方法。实际上，只要追迹以子午面为界的一半入射光瞳上的光线即可以了。

彩色点列图通常选择三个波长的光，比如对目视系统为 D 光、F 光、C 光，这样，光线的追迹量为单色光的 3 倍。

点列图是评价大像差系统成像质量的比较好的方法，它表示来自点目标的光线在像面上的交点的集中程度和弥散范围。集中程度越高，弥散半径越小，成像质量也就越好。

用点列图来评价大像差系统成像质量，如照相物镜等的成像质量，可以用集中 30％以上的点或光线的圆形区域为其实际有效的弥散斑，它的直径倒数为系统能分辨的条数。

（二）能量集中度

在点列图基础上，发展起来的一种叫作能量集中度（encircled energy）的评价成像质量方法，它更直观地表达了像点的光强分布，它是在点列图的基础上描绘出能量随弥散半径的变化。

图 2－29（a）表示点列图，图 2－29（b）表示能量集中度，它的横坐标为弥散半径，纵坐标

是在所选的半径范围内的光强占总光能的百分比。

能量集中度图的关键问题是坐标原点，即弥散斑中心如何选择，可以以主光线作为弥散圆的中心，也可以找出点列图的形心(centroid)或者中点(middle)作为弥散圆的圆心(即坐标原点)。

能量集中度也需要追迹大量的光线，而且追迹的光线越多，精度越高。

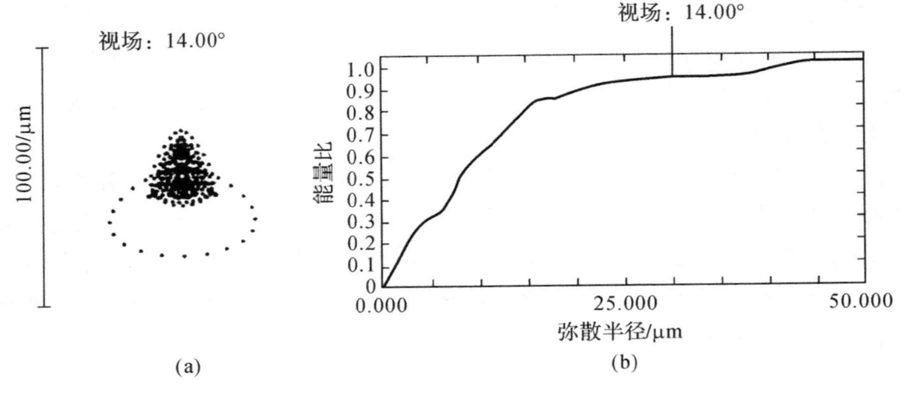

图 2-29　点列图与能量集中度的关系

(a)点列图；(b)能量集中度

六、星点检测

在光学仪器或镜头加工装调过程中或装调完成之后，常常采用星点法来评价它们的成像质量，找出使像质降低的原因，提出改善成像质量的方法等。

(一)星点检测原理

光学系统对被动照明或自发光的物体成像时，可以把物体看作无数个具有不同光强的独立发光点的集合。由于光学系统是衍射成像的，再加上像差的存在，每个发光点的像不是一个点，而是一个有一定几何尺寸的弥散斑，这个弥散斑实际上就是点扩散函数(PSF，Pi-ont Spread Function)。在等晕区内各个目标点所形成的点扩散函数的形状是相同的。由于每个物点的光强不同，相应的各个点的扩散函数的能量也不尽相同，但点扩散函数的形状是相同的。因此，光学系统对物体所成的像实际上是无数个弥散斑的叠加。在空间域，其数学表示就是目标函数同点扩散函数的卷积。

在空间不变系统中，点扩散函数(弥散斑)的质量在很大程度上反映了整个光学系统的成像质量。星点检测法就是检测点目标的成像质量，也就是点扩散函数的质量。

如图 2-30 所示，星点检测装置主要由三部分组成：星点目标形成装置；待检测的光学系统(或镜头)；目视观察系统。在这里，由于被形成的星点目标实际上在无穷远处，因此该装置主要用来检查望远物镜和照相物镜的质量。

在理论上，点目标是无限小的，因此要求所形成的星点要尽量小。这就要求形成星点的装置满足如下要求：星点目标形成装置的通光口径要大于待检镜头的入射光瞳，而且成像质量要尽量好。

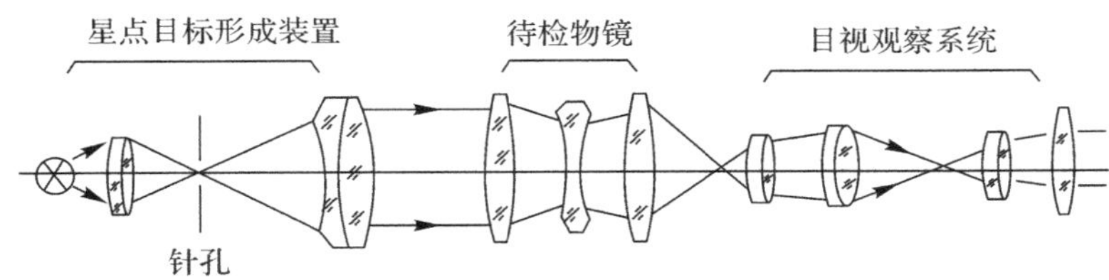

图 2-30　星点检测装置

为使星点直径尽量小，针孔光阑的直径要小于待检镜头艾里斑中央直径的 1/4，即

$$d_{max} = \frac{0.61\lambda}{D_0} f'_T$$

式中：D_0 为待检物镜口径；f'_T 为平行光管物镜焦距。

待检物镜对星点成像通常用观察显微镜来检查这个像。为了获得高的检测精度，观察系统需要满足如下条件：

观察显微镜的数值孔径要大于待检物镜的像方孔径角，即 $(NA)_G > u'$。观察显微镜的总放大率 m 的选择原则是：保证人眼能分清星点像的第一和第二衍射亮环。由于第一暗环张角为

$$\theta_1 = \frac{0.61\lambda}{n'\sin U'} \frac{1}{f'} = \frac{1.22\lambda}{D}$$

第二暗环的张角为

$$\theta_2 = \frac{2.24\lambda}{D}$$

二者之差为

$$\Delta\theta = \theta_2 - \theta_1 = \frac{1.02\lambda}{D}$$

人眼的角分辨率为 1′即 0.000 29 rad。在明视距离(250 mm)处能分辨的线度为

$$250\ \text{mm} \times 0.000\ 29\ \text{rad} = 0.072\ 5\ \text{mm}$$

即

$$\Delta\theta = \theta_2 - \theta_1 = \frac{1.02\lambda}{D}$$

由此，得

$$m \geqslant \frac{0.072\ 5}{1.02\lambda} \frac{D}{f} = 129 \frac{D}{f}$$

(二)星点检测的应用

星点检测通过观察光学系统对点目标的成像特性，可以检测出镜头的多种像差和缺陷。

1. 光学系统共轴性的检测

观察轴上点目标像点，如果有衍射环不同心，或者同一亮环上的光能分布不均匀，或者对于彩色光的颜色有差别，且不对称分布这些特征，则表明光学系统中的某些元件可能有偏心，共轴性不好，需要进行调整。在调整过程中观察星点，直到上述现象消失，可保证光学系统的共轴性。

2. 球差的检测

如果星点在光轴上，当待检镜头有球差存在时，衍射图样虽然仍然是中心对称的，但各环带能量分布有变化，中央亮斑尺寸变大，能量降低，其他各环带能量增加。

图 2－31 所示为负球差系统。图(a)中，焦点前截面的衍射图样是中央亮斑较暗，而环带较明亮；焦点后截面是中央亮斑明亮而环带较暗。图(b)表示边缘带球差为零的情况，此时焦前和焦后的光斑基本上是相同的。

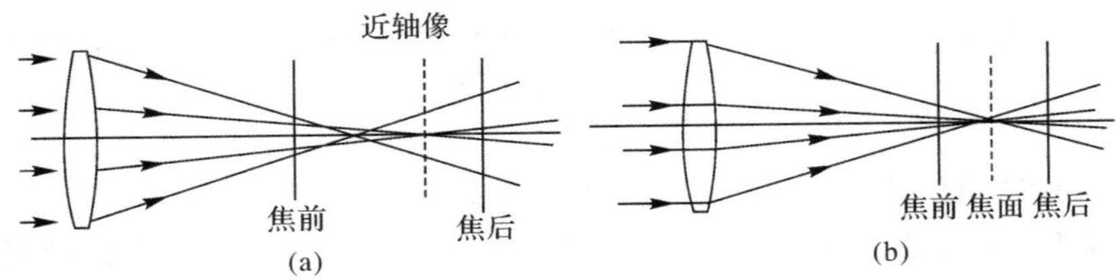

图 2－31　球差的星点检测

3. 彗差的检测

使待检物镜与观察显微镜一起移动一个小角度，则星点处在待检物镜的邻轴点外，如果此时是在待检物镜的等晕区内，则弥散斑仍然保持对称分布。当有彗差存在时，星点像便会呈现出彗星状。

4. 像散的检测

星点检测还可以检测轴外点的像差，如像散、畸变、倍率色差等。当检验轴外像差时，只要把待检物镜和观察显微镜一起按要求旋转一定的角度就可以了。前后移动观察显微镜，如果有像散存在，则会在不同距离处观察到两条互相垂直的焦线。即使不移动观察显微镜，在参考像面处有时也会出现十字形的像。

七、光学传递函数

前面所述的像质评价方法是在光学设计和光学系统质量检验中长期实际应用的传统方法，但他们各有其适用范围和局限性，是把物点看作发光点的集合，并以一点成像的能量集中度表征光学系统成像质量的。

瑞利判断主要用于要求成像质量较高的系统，它给出一个比较可靠的容限。但对于一些大像差系统就无法使用，这种系统不能满足瑞利判断，但仍可以得到满意的使用效果。如照相物镜一般都是不满足瑞利判断的，实际拍摄时仍可以得到满意的像质，对这种系统瑞利判断就不能作为一个衡量像质的标准。中心点亮度法，也是仅仅适合于小像差系统。点列图法对于大像差系统是可靠的，对小像差系统不可靠。因为它完全忽略了衍射效应。对于小像差系统来说，分辨率与像差关系不大；对大像差系统虽然与像差有关，但它不能准确反映成像质量。这些像质评价方法大都是把物体分解为一个个的发光点，研究一个物点经过光学系统成像的情况。

对物体的发光结构还可以采用另一种分解方法，即分解为各种频率的光谱，也就是将物的亮度分布函数展开为傅里叶级数(对周期性物函数)或傅里叶积分(对非周期性物函数)。

于是光学系统的特性就表现为对各种频率的正弦光栅的传递和反应能力，从而建立了另一种像质评价方法，称为光学传递函数(OTF, Optical Transfer Function)，这是目前认为较好的一种像质评价方法，它既有明确的物理意义，又和使用性质有密切联系，可以计算和测量，对大像差系统和小像差系统均适用，是一种有效、客观而全面的像质评价方法。

1946年法国的杜斐尔(P. U. Duffieux)首先应用傅里叶积分方法研究光学成像问题，认为非相干光学成像系统可看作是一个低通线性滤波器，并提出了光学传递函数的概念。

1948年美国的Schade第一次应用光学传递函数来评定电视摄影系统的成像质量。我国的蒋筑英也在光学传递函数方面做了大量的卓有成效的工作，并研制出我国第一台光学传递函数的测量设备。

目前光学传递函数不仅能用于光学系统设计结果的评价，还能用于控制光学系统设计过程，光学镜头检验和光学信息处理等各方面。

光学传递函数能够比较客观地、全面地评价一个信息传递和转换系统的质量，而且计算方法和测量技术已经成熟，已经成为评价光学系统质量的最普遍采用的方法。

(一)基本思想

用明暗相间且宽度相等的条带组成的检测板(也叫鉴别率板)来监测光学系统性能。待检测的光学系统对鉴别率板成像。如图2-32所示，鉴别率板(目标)透光率是空间周期性变化的。这就与电信号的时间周期性有类似的性质。可以将电信号中的时间周期(频率)变换为光强度的空间周期(频率)。

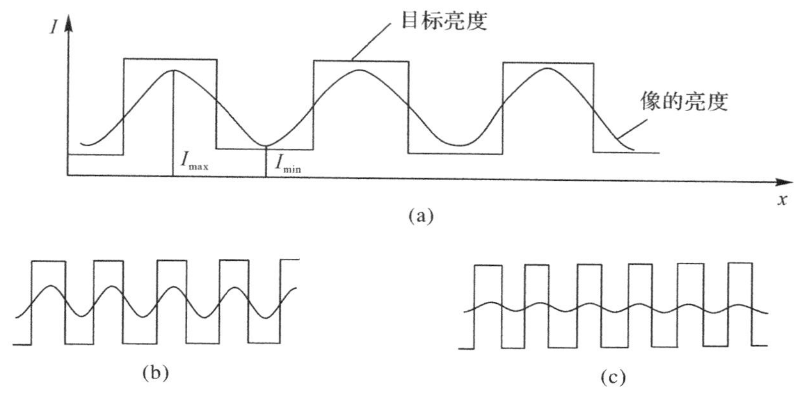

图2-32　矩形光栅及其成像

当这类目标图样被光学系统成像时，目标中的每条几何线(即宽度为无限细的线)成像后均被模糊了，即几何线被展宽了。它们的剖面成为线展宽函数。实际上，几何线所形成的线展宽函数的锐度、宽度、形状以及相对移动对于不同的光学系统是不一样的，因此，它在很大程度上表征了系统的成像特征。

为了表达目标和其经过光学系统成像后的明暗对比程度，定义对比度 M，也称调制度，有

$$M=\frac{I_{\max}-I_{\min}}{I_{\max}+I_{\min}}$$

式中，I_{max} 和 I_{min} 分别为图样的最大和最小光强。

对于不同空间频率的条带，经过光学系统成像后的调制度均有所降低，在通常情况下，空间频率越高调制度降低得越严重，如图 2－32(b)(c)所示。当条带密到一定程度时，其对应的像的调制度将下降到使像无法分清的程度。可以把调制度随条带空间频率的变化曲线画成图线来表示，其中纵坐标为调制度，横坐标为空间频率，如图 2－33 所示。另外，在调制度-空间频率曲线中，有一条水平的虚线，它表明可探测的最低调制度阈值。当调制度降至该虚线以下时，就认为是不可分辨了。调制度与该虚线的空间交点所对应的分辨率称为截止分辨率。

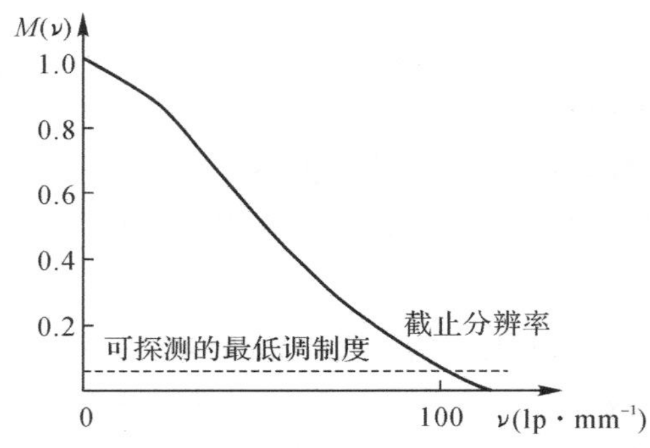

图 2－33　调制度-空间曲线

如果待成像的目标是方波函数，它经过光学系统成像后被平滑和圆化了，所成的像已经不是方波了。这样，物和像之间虽然空间频率相同，但形状发生了变化。实际上，由傅里叶分析知，所成的像已经包含了比方波还要高的空间频率。

如果光学系统不产生像差(理想成像)，则像的对比度与物的对比度是一样的。实际上，由于有衍射作用和像差的存在，实际像的对比度会降低。定义：在相同的空间频率下，像面的调制度 $M_i(\nu)$ 与目标的调制度 $M_0(\nu)$ 之比

$$\mathrm{MTF}(\nu)=\frac{M_i(\nu)}{M_0(\nu)}$$

为调制传递函数(MTF，Modulation Transfer Function)。MTF 是随空间频率变化的。另外，$M_0(\nu)$ 实际上就是理想成像时的像面对比度。

如果目标图样的光强变化是正弦(或余弦)波形式，可以证明，被光学系统所成的像仍然是正弦(或余弦)波，而且空间频率也保持不变，只是调制度和相位发生了变化。因此，使用正弦图样(正弦光栅)作为目标来评价光学系统的质量就方便多了。这是目前计算和测量光学传递函数普遍采用的方法。实际上，由傅里叶分析得知，任何实际的目标都可以分解成不同频率的正弦波的线性叠加。

正弦波光栅成像后，除了对比度降低外，还可能产生相位移动，就是实际成像位置不在理想成像的线条位置上，而是在空间上横向移动了一段距离。如图 2－34 所示，反映到像的正弦波函数上就是有一个相位移动 θ。这种现象叫作“相位传递”，这个相位移动量也是随着空间频率 ν 而变化的，称为相位传递函数(PTF，Phase Transfer Function)，记为 $\theta(\nu)$。

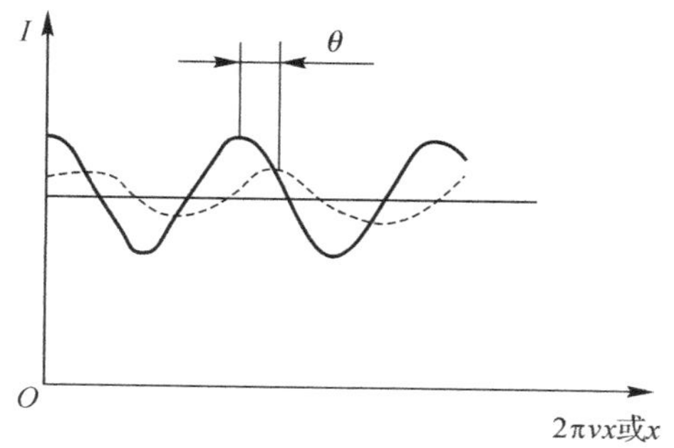

图 2-34 正弦光栅及其成像

光学传递函数理论是把傅里叶分析法应用到光学领域内的结果。傅里叶分析法早已应用到电信系统中,用以分析电信系统的频率反应特性。在电学中,随时间作周期变化的电信号输入系统中,经过电系统的作用,其输出信号的强度与输入信号的频率(时间域上的频率)有关,某些频率的信号可能衰减得很厉害,甚至不能通过系统产生输出信号。电学系统的这种频率反应特性可以用傅里叶分析法予以说明。同样,物面上一个周期变化的光强分布经过光学系统后,其光强的衰减情况也与物方光强分布的空间频率(空间域上的频率)有关,也可以用傅里叶分析法来阐明。把傅里叶分析法应用到光学成像的分析上,就产生了光学传递函数理论。

(二)光学传递函数

设物面的光强分布为 $o(x,y)$,像面的光强分布为 $i(x',y')$,光学系统的变换函数为 $h(x,y,x',y')$。物面是由无数多个光强不同的点目标组成的,对于线性系统,物体的像就是无数个点形成的弥散斑(点扩散函数)线性叠加的结果,其数学表达式为

$$i(x',y') = \iint o(x,y) \cdot h(x,y,x',y')\mathrm{d}x\mathrm{d}y$$

上式的含义是:将物体分解为一个一个的点,把每个点通过光学系统形成的点扩散函数对像分布函数的贡献作积分,而求得像面光强分布函数。

光学系统的空间不变性是指物面上不同的物点在像面上有相同的光能分布。虽然光学系统在不同视场,像差会有所不同。但对经过像差校正的光学系统,像差随着视场的变化是缓慢的,像面上总能划出许多小区域,在每个区域内的点像的光能分布可以认为是相同的。这样的小区域,就是等晕区,在等晕区光学系统为空间不变线性系统,则像面光强分布为

$$i(x',y') = \iint o(x,y) \cdot h(x'-x,y'-y)\mathrm{d}x\mathrm{d}y = o(x,y) * h(x,y)$$

式中, $*$ 为卷积符号。

对于线性目标,只考虑一维情况即可有

$$i(x') = \int o(x)h(x'-x)\mathrm{d}x = \int h(x)o(x'-x)\mathrm{d}x$$

式中 $h(x)$ 为线状扩散函数。这一积分是很难计算的,因为扩散函数 $h(x)$ 与光瞳形状、像

差校正状况、像面离焦等因素有关。一般采用傅里叶频谱分析方法计算。

设 $o(x,y)$ 、$h(x,y)$ 、$i(x,y)$ 的傅里叶变换分别为 $O(\nu,\mu)$ 、$H(\nu,\mu)$ 、$I(\nu,\mu)$ ，即：

$$O(\nu,\mu)=\int o(x,y)\cdot\exp[-\mathrm{j}2\pi(\nu x+\mu y)]\mathrm{d}x\mathrm{d}y$$

$$H(\nu,\mu)=\int h(x,y)\cdot\exp[-\mathrm{j}2\pi(\nu x+\mu y)]\mathrm{d}x\mathrm{d}y$$

$$I(\nu,\mu)=\int i(x,y)\cdot\exp[-\mathrm{j}2\pi(\nu x+\mu y)]\mathrm{d}x\mathrm{d}y$$

根据傅里叶变换性质，卷积的傅里叶变换等于卷积函数的傅里叶变换的乘积，即

$$I(\nu,\mu)=H(\nu,\mu)\cdot O(\nu,\mu)$$

这一结果的意义为一个任意的非相干的光强分布 $o(x,y)$ ，可以看作是各种空间频率的正弦光强分布的组合。每个正弦分量 $O(\nu,\mu)$ 称为物面的光强分布为 $o(x,y)$ 中频率为 (ν,μ) 的频谱。光学系统对 $o(x,y)$ 的成像过程，就是将 $o(x,y)$ 中的每一正弦分量 $O(\nu,\mu)$ 乘上一个相应的因子 $H(\nu,\mu)$ ，构成像面的光强分布为 $i(x',y')$ 的对应正弦分量 $I(\nu,\mu)$ ，即像面的光强分布为 $i(x',y')$ 的频谱。

$H(\nu,\mu)$ 表征了光学系统的频率响应特征，描写了光学系统对各种正弦分布的传递情况，光学系统的成像特性完全由 $H(\nu,\mu)$ 反映出来，实际上就是光学系统的光学传递函数。一般记为 $\mathrm{OTF}(\nu,\mu)$。

为了进一步说明光学传递函数的物理意义，讨论物是一维余弦光栅分布的这一最简单、最基本的情况，物面光强分布函数为

$$o(x)=a_0+a_1\cos(2\pi\nu x)$$

式中：ν 是光强度（亮度）变化的频率（空间）；x 是与条带方向垂直的空间坐标。

该目标的调制度为

$$M_o=\frac{I_{\max}-I_{\min}}{I_{\max}+I_{\min}}=\frac{(a_0+a_1)-(a_0-a_1)}{(a_0+a_1)+(a_0-a_1)}=\frac{a_1}{a_0}$$

该目标经过光学系统后的像面光强分布函数为

$$\begin{aligned}i(x')&=\int h(x)o(x'-x)\mathrm{d}x\\&=\int h(x)[a_0+a_1\cos2\pi\nu(x'-x)]\mathrm{d}x=a_0\int h(x)\mathrm{d}x\\&\quad+a_1\cos(2\pi\nu x')\int h(x)\cos(2\pi\nu x)\mathrm{d}x\\&\quad+a_1\sin(2\pi\nu x')\int h(x)\sin(2\pi\nu x)\mathrm{d}x\end{aligned}$$

式中，$\int h(x)\mathrm{d}x$ 是物面上一条无限细亮线在像面上所产生的总光能，它取决于物面亮度和光学系统透过率等光度性能，与成像质量无关，故可以将它规化为 1，即将其取为能量单位 $\int h(x)\mathrm{d}x=1$ ，由此得到：

$$
\begin{aligned}
i(x') &= a_0 + a_1\cos(2\pi\nu x')\int h(x)\cos(2\pi\nu x)\,\mathrm{d}x \\
&\quad + a_1\sin(2\pi\nu x')\int h(x)\sin(2\pi\nu x)\,\mathrm{d}x \\
&= a_0 + a_1 H_C(\nu)\cos(2\pi\nu x') + a_1 H_S(\nu)\sin(2\pi\nu x') \\
&= a_0 + a_1\,|H(\nu)|\cos(2\pi\nu x' - \Phi)
\end{aligned}
$$

式中：

$$
|H(\nu)| = [H_C^2(\nu) + H_S^2(\nu)]^{\frac{1}{2}}
$$

$$
H_C(\nu) = \int h(x)\cos(2\pi\nu x)\,\mathrm{d}x
$$

$$
H_S(\nu) = \int h(x)\sin(2\pi\nu x)\,\mathrm{d}x
$$

$$
\cos\Phi = \frac{H_C(\nu)}{|H(\nu)|}
$$

$$
\tan\Phi = \frac{H_S(\nu)}{H_C(\nu)}
$$

这就是余弦分布的目标经过光学系统成像后的亮度分布。图 2-35 表示了上述计算过程：图(a)表示光强为余弦分布的一维光栅，图(b)为线扩散函数，图(c)表示一维光栅与线扩散函数的卷积成像过程，图(d)为最后成像。由图(d)可以看出，所成的光栅的像的调制度明显降低，而且还有一个相位移动 $\Phi(\nu)$ 。

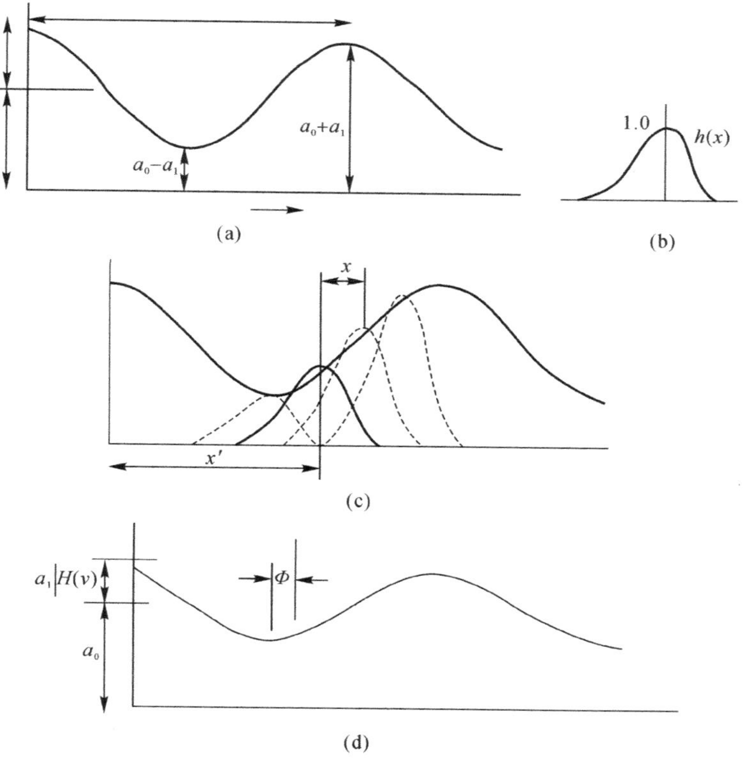

图 2-35　一维余弦光栅及其成像

(a)正弦光栅目标；(b)扩散函数；(c)卷积积分；(d)光栅像

光强为余弦分布的一维光栅经过光学系统成像后，像面的光强度分布仍然是余弦分布，除有一个相位移动 $\Phi(\nu)$ 外，其像面对比度（调制度）为

$$M_i = \frac{I_{\max} - I_{\min}}{I_{\max} + I_{\min}} = \frac{(a_0 + a_1 |H(\nu)|) - (a_0 - a_1 |H(\nu)|)}{(a_0 + a_1 |H(\nu)|) + (a_0 - a_1 |H(\nu)|)} = \frac{a_1}{a_0} |H(\nu)| = M_o |H(\nu)|$$

定义像面调制度与物面调制度的比为调制传递函数 MTF(υ)，相位移动为相位传递函数 PTF(ν)则有

$$\mathrm{MTF}(\nu) = \frac{M_o(\nu)}{M_i(\nu)} = |H(\nu)|, \quad \mathrm{PTF}(\nu) = \Phi(\nu)$$

扩散函数 $h(x)$ 的傅里叶变换，即 $h(x)$ 的频谱为

$$\begin{aligned} H(\nu) &= \int h(x)\exp[-\mathrm{j}2\pi(\nu x)]\mathrm{d}x \\ &= \int h(x)\cos[2\pi(\nu x)]\mathrm{d}x - \mathrm{j}\int h(x)\sin[2\pi(\nu x)]\mathrm{d}x \\ &= H_C(\nu) - \mathrm{j}H_S(\nu) = |H(\nu)|[\cos\Phi(\nu) - \mathrm{j}\sin\Phi(\nu)] \\ &= |H(\nu)|\mathrm{e}^{-\mathrm{j}\Phi(\nu)} = \mathrm{MTF}(\nu)\mathrm{e}^{-\mathrm{jPTF}(\nu)} \end{aligned}$$

其实，$h(x)$ 的频谱就是光学传递函数。因此，余弦光栅（目标），经过光学系统成像后的变化（对比度、相移），可用下式表示

$$\mathrm{OTF}(\nu) = \mathrm{MTF}(\nu)\exp[-\mathrm{jPTF}(\nu)]$$

式中，OTF(ν)就是光学传递函数。

上述讨论中，假定物面光强分布是余弦分布，根据卷积公式求出像面光强分布也是余弦分布的，光学传递函数反映了二者的振幅之比，即对比度的比值。对于物面光强分布为任意函数的情况，由傅里叶分析可以将其分解为若干余弦波之和，对于其中任一频率的谐波分量，按上述讨论可知，在像面上也对应有同一频率的余弦波，它们的振幅比，或者说对比度之比也由调制传递函数 MTF(ν)决定。

相位传递函数 PTF(ν)，一般不影响像的清晰度，实际计算中，多用调制传递函数来代替光学传递函数。

对于物面和像面光强分布是二维的情况，也有同样的结果。像面光强分布是物面光强分布与点扩散函数 $h(x,y)$ 的卷积，即

$$i(x',y') = \iint o(x,y)h(x'-x,y'-y)\mathrm{d}x\mathrm{d}y = o(x,y) * h(x,y)$$

对上述卷积应用傅里叶变换的卷积定理，得到：

$$I(\nu,\mu) = H(\nu,\mu) \cdot O(\nu,\mu)$$

其中：

$$O(\nu,\mu) = \int o(x,y)\exp[-\mathrm{j}2\pi(\nu x + \mu y)]\mathrm{d}x\mathrm{d}y$$

$$I(\nu,\mu) = \int i(x,y)\exp[-\mathrm{j}2\pi(\nu x + \mu y)]\mathrm{d}x\mathrm{d}y$$

它们是物面和像面光强分布的傅里叶变换，代表物面和像面的频谱。$H(\nu,\mu)$ 是点扩散函数

的傅里叶变换，即是系统的光学传递函数：

$$H(\nu,\mu)=\int h(x,y)\exp[-\mathrm{j}2\pi(\nu x+\mu y)]\mathrm{d}x\mathrm{d}y$$

也可以写成如下的形式：

$$\mathrm{OTF}(\nu,\mu)=\mathrm{MTF}(\nu,\mu)\exp[-\mathrm{j}(\nu,\mu)]$$

调制传递函数 MTF(ν,μ)、相位传递函数 PTF(ν,μ)的意义与一维情况相同。要求出光学传递函数，首先要求得扩散函数，这是很困难的。根据光学系统的不同，光学传递函数分为几何光学传递函数和物理光学传递函数。

(三)几何光学传递函数

对于大像差系统，由其点列图来求其点扩散函数，进而得到其光学传递函数，称为几何光学传递函数。计算的大体步骤为，用几何光学光线光路计算方法求出点列图，以点列图中像面交点的密度作为像面光强度，求出点扩散函数，再作傅里叶变换，得到光学传递函数。

第六节　目标红外特性理论

一、红外辐射理论基础

(一)波谱理论

1. 电磁波谱

1800 年英国威廉・赫谢尔(W. Herschel，1738—1922 年)发现红外线，迄今仅 200 余年。第一个百年，人们不断观察、实验、积累资料并吸收电磁学等相关学科的成果，终于认识了红外线的本质，掌握了红外辐射的基本规律。第二个百年，人们深入地研究了红外与物质的相互作用并不断融进其它学科，形成了以光学和凝聚态物理为主的交叉学科——红外物理学；同时，技术开发和技术创新一波高过一波，使红外应用从军事国防迅速朝着资源勘探、环境监测、气象预报、海洋研究、医学诊治等关系到国计民生的各个领域扩展。如今可以不夸张地说，红外这一“看不见”的射线同“可见光”一样，“照耀”着人类社会活动的方方面面；尤其是在军事、遥感等高科技中，红外线与可见光、微波各以不同的功能，起着同等重要的作用。

在空间传播着的交变电磁场即电磁波。它在真空中的传播速度约为 30×10^{8} m/s。电磁波包括的范围很广，实验证明，无线电波、红外线、可见光、紫外线、X 射线、γ 射线都是电磁波。光波的频率比无线电波的频率要高很多，光波的波长比无线电波的波长短很多；而 X 射线和 γ 射线的频率则更高，波长则更短。为了对各种电磁波有个全面的了解，人们将这些电磁波按照它们的波长或频率、波数、能量的大小顺序进行排列，这就是电磁波谱，如图 2-36 所示。

依照波长的长短、频率以及波源的不同，电磁波谱可大致分为：无线电波、微波、红外线、可见光、紫外线、X 射线和伽马射线。

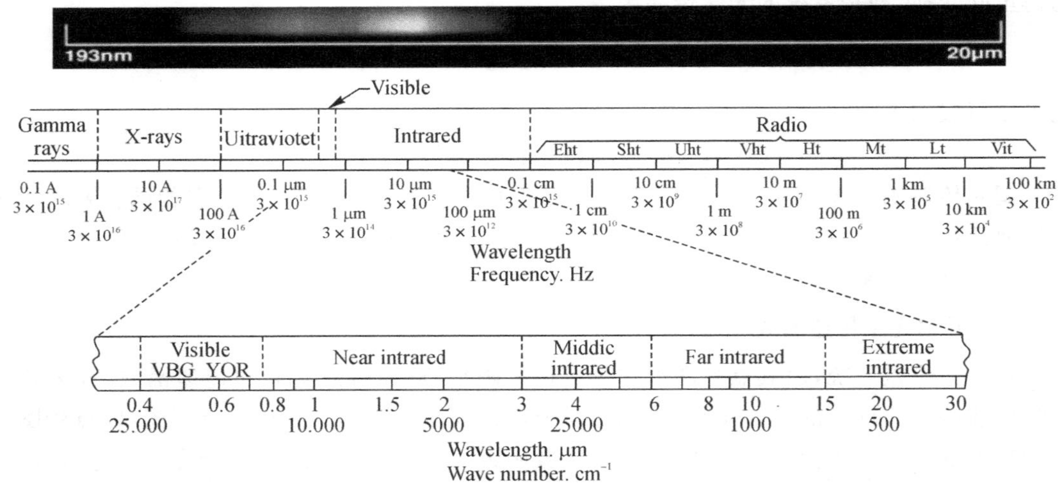

图 2-36 电磁波波长分布

无线电波为波长从 3 km 到 10^{-3} m，一般电视和无线电广播、手机等的波段就是用这种波；微波为波长从 1 m 到 0.1 cm，这些波多用在雷达或其它通信系统；红外线是波长从 10^{-3} m 到 7.8×10^{-7} m，红外线的热效应特别显著；可见光是人们所能感光的极狭窄的一个波段，可见光的波长范围很窄，大约在 7 600～4 000 Å（在光谱学中常采用 Å 作长度单位来表示波长，1Å$=10^{-10}$ m）。

从可见光向两边扩展，波长比它长的称为红外线，波长大约从 7 600Å（直到十分之几毫米。波长比可见光短的称为紫外线，它的波长从$(380\sim10)\times10^{-9}$ m，它有显著的化学效应和荧光效应。这种波产生的原因和光波类似，常常在放电时发出。由于它的能量和一般化学反应所牵涉的能量大小相当，因此紫外光的化学效应最强。红外线和紫外线都是人类看不见的，只能利用特殊的仪器来探测。无论是可见光、红外线或紫外线，它们都是由原子或分子等微观客体激发的。一方面由于超短波无线电技术的发展，无线电波的范围不断朝波长更短的方向发展；另一方面由于红外技术的发展，红外线的范围不断朝长波长的方向扩展。目前超短波和红外线的分界已不存在，其范围有一定的重叠；伦琴射线这部分电磁波谱，波长从 10×10^{-9} m～0.01×10^{-9} m。伦琴射线（X 射线）是电原子的内层电子由一个能态跳至另一个能态时或电子在原子核电场内减速时所发出的；X 射线，它是由原子中的内层电子发射的。随着 X 射线技术的发展，它的波长范围也不断朝着两个方向扩展。在长波段已与紫外线有所重叠，短波段已进入 γ 射线领域。

放射性辐射 γ 射线的波长可以到无穷短，γ 射线（伽马射线）是波长从 $10^{-10}\sim10^{-14}$ m 的电磁波。这种不可见的电磁波是从原子核内发出来的，放射性物质或原子核反应中常有这种辐射伴随着发出。γ 射线的穿透力很强，对生物的破坏力很大。由于辐射强度随频率的减小而急剧下降，因此波长为几百千米的低频电磁波强度很弱，通常不为人们注意。实际中用的无线电波是从波长约几千米（频率为几百千赫兹）开始。波长 3 000～50 m（频率 100～6 MHz）的属于中波段；波长 50～10 m（频率 6～30 MHz）的为短波；波长 10 m～1 cm（频率 $30\sim3\times10^4$ MHz）甚至达到 1 mm（频率为 3×10^5 MHz）以下的为超短波（或微波）。

有时按照波长的数量级大小也常出现米波、分米波、厘米波、毫米波等名称。中波和短波用于无线电广播和通信，微波用于电视和无线电定位技术(雷达)。电磁波谱中上述各波段主要是按照得到和探测它们的方式不同来划分的。随着科学技术的发展，各波段都已冲破界限与其他相邻波段重叠起来。在电磁波谱中除了波长极短($10^{-4}\sim10^{-5}$ Å 以下)的一端外，不再留有任何未知的空白了。

按照各种电磁波产生的方式，可将其划分成三个组成部分：高频区、长波区和中间区。高频区(高能辐射区)包括 X 射线，γ 射线和宇宙射线。它们是利用带电粒子轰击某些物质而产生的。这些辐射的特点是他们的量子能量高，当它们与物质相互作用时，波动性弱而粒子性强。长波区(低能辐射区)包括长波、无线电波和微波等最低频率的辐射。它们是由电子束管配合电容、电感的共振结构来产生和接收的，也就是能量在电容和电感之间振荡而形成的。它们与物质间的相互作用更多地表现为波动性。中间区(中能辐射区)包括红外辐射、可见光和紫外辐射。这部分辐射产生于原子和分子的运动，在红外区辐射主要产生于分子的转动和振动；而在可见与紫外区辐射主要产生于电子在原子场中的跃迁。这部分辐射统称为光辐射，这些辐射在与物质的相互作用中，显示出波动和粒子双重性。

不同的电磁波产生的机理和产生方式不同。无线电波是可以人工制造的，是振荡电路中自由电子的周期性运动产生的。红外线、可见光、紫外线、伦琴射线、γ 射线分别是原子的外层电子、内层电子和原子核受激发后产生的。

在电磁波谱中各种电磁波由于频率或波长不同而表现出不同的特性，如波长较长的无线电波很容易表现出干涉、衍射等现象，但对于波长越来越短的可见光、紫外线、伦琴射线、γ 射线而言，要观察到它们的干涉、衍射现象就越来越困难。但是从电磁波谱中可以看到各种电磁波的范围已经衔接起来，并且发生了交错，因此它们本质上相同，服从共同的规律。

电磁波是由光子组成的，宇宙深处的星体发射的电磁波含有大量光子，光子在传递过程中由于分散，距离星体越远，单位时间内单位面积上获得的光子数越少，表现为电磁波的能量的衰减。而电磁波频率的改变量很小。

自然界中各类辐射源的电磁波谱是相当丰富、相当宽阔的，与光电子成像技术直接有关的是其中的 X 线、紫外线、可见光线、红外线和微波等电磁波谱，它们的特征参量是波长 λ、频率 f 和光子能量 E。三者的关系是 $f=c/\lambda$，$E=hf=hc/\lambda$ 和 $E=1.24/\lambda$，式中，E 和 λ 的单位分别是 eV(电子伏)和 μm；h 为普朗克常数；c 为光速，其真空中的近似值等于 3×10^5 m/s。在工程实践中，根据不同的需要和习惯，采用不同的频谱参量计量单位。

由物理学可知，“辐射”的本质是原子中电子的能级跃迁并交换能量的结果，低能级电子受到某种外界能量激发，可跃迁至高能级，当这些处于不稳定状态的受激电子落入较低能级时，就会以辐射的形式，向外传播能量。上述 $E=1.24/\lambda$，正好将辐射的波长 λ 与其能量 E 联系起来。例如，当 $E_{高}-E_{低}=1.24$ eV 时，辐射的波长 $\lambda=1$ μm。

2. 红外光谱

一切温度高于绝对零度的有生命和无生命的物体时时刻刻都在不停地向外辐射红外线。红外线无处不在。电磁波通过大气层较少被反射、吸收和散射的那些透射率高的波段称为大气窗口。

根据红外辐射在地球大气层中的传输特性划分见表 2-4。

表 2－4　红外光谱划分

名称	英文缩写	波长范围/μm
近红外/短波红外	NIR/SWIR	0.78～3
中红外/中波红外	MIR/MWIR	3～6
远红外/长波红外/热红外	FIR/LWIR/TIR	6～15
极远红外	XIR	15～1 000

根据红外辐射产生的机理进行划分，分为近红外区：0.78～2.5 μm，对应于原子能级之间的跃迁和分子振动泛频区的振动光谱带；中红外区：2.5～25 μm，对应分子转动能级和振动能级之间的跃迁；远红外区：25～1 000 μm，对应分子转动能级之间的跃迁。

(二)红外辐射特点

红外线的热效应是共振效应(极性是物体与红外线可以发生共振的一个因素)。电磁波的热效应是指物质内部有些分子是具有极性的，可以理解为一端带正电，另一端带负电。按照正负相吸的原理，这样的分子会随外界电场取向。电磁波是交变的电磁场，会使极性分子反复改变方向，分子的运动就是“热”，即一定波长的红外线光波穿透到被加热体内部后引起分子振动而产生热量。电磁波的频率越高，热效应越强。红外线的生物效应是指红外线对人体皮肤、皮下组织具有强烈的穿透力。外界红外线照射人体可以使皮肤和皮下组织的温度相应增高，促进血液的循环和新陈代谢。红外线理疗对组织产生的热作用、消炎作用及促进再生作用已为临床所肯定，通常治疗均采用对病变部位直接照射。近红外微量照射治疗对微循环的改善效果显著，尤以微血流状态改善明显。

红外线的光电效应是指一定波长的光(可见光或不可见光)照射到某些金属等材料表面时，金属等材料会发射电子流，称为光电效应，例如，红外夜视仪。红外夜视仪可将自然界物体辐射(或反射)出来的、人眼看不见的红外光，通过光电望远镜的物镜，投射到光电变换器的光电阴极上。根据光电效应，这时就有电子流从光电阴极跑出来，并以很快的速度射向带正电的荧光屏。在电子射向荧光屏的途中，科学家设计了一种电子透镜，它使电子按一定的路线射向荧光屏，同时把被物镜翻转的倒立像再翻转为正像。为了更好地观察所得到的像，在荧光屏和眼睛之间装一目镜，这样通过光电望远镜就可以清楚地看见夜间的景物。

电磁波具有与可见光相似的特性，如反射、折射、干涉、衍射和偏振。人眼对红外辐射不敏感，需用红外探测器才能探测到，红外辐射的热效应比可见光要强很多，红外辐射更容易被物质吸收，但对薄雾来说，长波红外辐射更容易通过。

红外线波长较长，给人的感觉是热的感觉，产生的效应是热效应，那么红外线在穿透的过程中穿透达到的范围是在一个什么样的层次？如果红外线能穿透到原子、分子内部，那么会引起原子、分子的膨大而导致原子、分子的解体。真的是这样吗？红外线频率较低，能量不够，远远达不到使原子、分子解体的效果。因此，红外线只能穿透到原子分子的间隙中，而不能穿透到原子、分子的内部。由于红外线只能穿透到原子、分子的间隙中，会使原子、分子的振动加快、间距拉大，即增加热运动能量。从宏观上看，物质在熔化、在沸腾、在汽化，但物质的本质(原子、分子本身)并没有发生改变，这就是红外线的热效应。

因此可以利用红外线的这种激发机制来烧烤食物，使有机高分子发生变性，但不能利用红外线产生光电效应，更不能使原子核内部发生改变。

同样的道理，不能用无线电波来烧烤食物，无线电波的波长实在太长无法穿透到有机高分子间隙，更不用说使其变性达到烤熟食物的目的。

通过上述可知：波长越短、频率越高、能量越大的波穿透达到的范围越大；波长越长，频率越低、能量越小的波穿透达到的范围越小。

(三)黑体辐射

1. 黑体辐射

自从英国天文学家赫谢耳(Herschel)在1800年发现红外线以来，随着红外辐射理论、红外探测器、红外光学以及红外探测及跟踪系统等的发展，红外技术在国民经济、国防和科学研究中得到了广泛的应用，已成为现代光电子技术的重要组成部分，受到世界各国的普遍关注。

其中研究热辐射的基本规律是红外物理的基本内容，首先讨论任意物体在热平衡条件下的辐射规律，即基尔霍夫定律。接着讨论黑体的辐射规律，即基尔霍夫辐射定律、维恩位移定律、普朗克定律、斯蒂藩-玻尔兹曼定律。基尔霍夫定律是热辐射理论的基础之一。它不仅把物体的发射与吸收联系起来，而且还指出：一个好的吸收体必然是一个好的发射体。普朗克公式在近代物理发展中占有极其重要的地位。普朗克关于微观粒子能量不连续的假设，首先用于普朗克公式的推导上，并得到了与实验一致的结果，从而奠定了量子论的基础。维恩位移定律给出了黑体光辐射出射度的峰值 M_{λ_m} 所对应的峰值波长 λ_m 与黑体绝对温度 T 的关系表示式。斯蒂芬-玻尔兹曼定律给出了黑体辐射度与温度的关系。

绝对黑体是指一个物体对于任何波长的电磁辐射都能全部吸收，且具有最大辐射率。它能够在任何温度下，全部吸收任何波长的入射辐射功率，即吸收率 $\alpha B(\lambda,T)\equiv 1$。黑体必然是最理想的辐射体。

实际上，在自然界中并不存在完全理想的黑体。但通过对理想物体的研究，可使所研究的问题得以简化。为了研究黑体辐射，人们用空腔开孔的容器来模拟黑体。

一个恒温空腔，它的辐射与黑体相似，其全部能量不断为其内壁所吸收和辐射，即其辐射通量与同一温度下发射的通量相等。使用置于腔外的探测器测定上述辐射时，在空腔包壁上开一个小孔，其孔径与空腔尺寸相比足够微小，如图2-37所示。

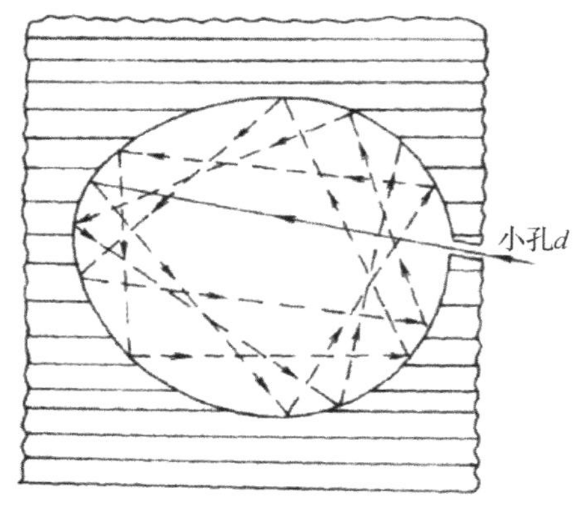

图2-37　空腔及红外线进入空腔后的情况

由小孔 d 进入空腔的光线，在每一投射点上，一部分辐射被吸收，其余部分被反射，经过多次投射，实际上全部能量都被吸收了。

黑体空腔的形状对辐射性能影响较大，采用相同腔心材料的不同的腔体形状，其有效比辐射率各不相同。腔体形状可采用球形、圆柱形和圆锥形等。球形墙体的有效比辐射率最高，但加工制作困难，且不易保持整个腔体等温或温度均匀。

2.基尔霍夫辐射定律

德国物理学家基尔霍夫(Gustav Robert Kirchhoff，1824—1887 年)早在其他科学家引入“黑体”的概念以及用实验方法描绘黑体辐射曲线和建立辐射基本定律的完整公式之前，就曾开始研究物质的热特性，并最终在研究辐射传输过程中，于 1859 年根据热平衡原理导出了著名的关于热的转换的基尔霍夫辐射定律。

基尔霍夫辐射定律(以下简称基氏辐射定律)指出：在热平衡条件下，所有物体在一定温度下的辐射功率密度 M 和辐射吸收比 α 的比值都相同，并等于一个黑体在同一温度下的辐射功率密度 M_0。在数值上，对全辐射而言，仅为其温度的函数；对光谱辐射而言，则为其波长(或频率)和温度函数，但都与物体性质无关。该定律的核心就是：物体对电磁辐射的发射率与吸收比成正比。

假设在全辐射时，用 $M, M_1, M_2, \cdots$，和 $\alpha, \alpha_1, \alpha_2, \cdots$，分别表示几个普通物体(即非黑体)在其温度为 T 时的辐射功率密度和辐射吸收比，而 M_0 和 α_0 则分别为黑体在同一温度下的辐射功率密度和辐射吸收比，那么，因黑体的辐射吸收比为 1，故基氏辐射定律可写成如下的数学形式：对全辐射而言，有

$$\frac{M}{\alpha}=\frac{M_1}{\alpha_1}=\frac{M_2}{\alpha_2}=\cdots=\frac{M_0}{\alpha_0}=M_0=f(T) \tag{2-23}$$

其次，假设在光谱辐射时，相应地用 $M_\lambda, M_{1\lambda}, M_{2\lambda}, \cdots$，和 $\alpha_\lambda, \alpha_{1\lambda}, \alpha_{2\lambda}, \cdots$分别表示之，有

$$\frac{M_\lambda}{\alpha_\lambda}=\frac{M_{1\lambda}}{\alpha_{1\lambda}}=\frac{M_{2\lambda}}{\alpha_{2\lambda}}=\cdots=\frac{M_{0\lambda}}{\alpha_{0\lambda}}=M_{0\lambda}=f(T) \tag{2-24}$$

可见，根据基氏辐射定律，有

$$\alpha=M/M_0 \tag{2-25}$$

$$\alpha_\lambda=M_\lambda/M_{0\lambda} \tag{2-26}$$

然而根据发射率 ε 的定义，则有

$$\varepsilon=M/M_0 \tag{2-27}$$

$$\varepsilon=M_\lambda/M_{0\lambda} \tag{2-28}$$

同时，基氏辐射定律又可用文字阐明如下：在一定温度下，任何物体的发射率之值与其吸收比之值都相等。还可用一句话表达，好的吸收体也是好的发射体。显然，物体的吸收比越大，则其发射率也越大，反之亦然。

鉴于基氏辐射定律从数学上将材料处于热平衡时热辐射的一些性质联系起来，总结了所有材料在热平衡条件下的辐射规律，内涵丰富，故常被称作辐射系统的热力学第二定律，并且至今仍然是辐射理论的重要基础。附带说明一下，基氏辐射定律的正确性，可用能量守恒观点证明，也可通过物理实验方法证明，还可在两个非常大的、彼此平行的、并以微小间距相对的物体之间，反复相互辐射和吸收的热转换情况下，来作热收支计算而得到证明。

基氏辐射定律在科研和生产实践过程中具有广泛用途，扼要言之，计有以下 10 点。

1)根据基氏辐射定律和发射率定义可得“$\varepsilon=\alpha$”和“$\varepsilon_\lambda=\alpha_\lambda$”这两个关系式。由于事实上 ε

和 α_λ 之值都不容易直接测得，所以常通过测定 α 或 α_λ 值来确定 ε 或 ε_λ 的值。

2)从此定律可认识到 ε 和 ε_λ 都主要是材料表面状态的函数，而不是材料整体特性的函数。故有包皮或涂层的材料表面的 ε 和 ε_λ 之值，均取决于包皮本身或涂层本身，而不取决于包皮内或涂层下的真实表面。这一认识非常重要，因而在设计制造红外辐射加热的辐射元件或加热炉炉腔内壁时，应予以充分的注意。

3)当一束红外线投射到某物体表面或某介质的分界面上时，通常，发生入射能的一部分被吸收(设为 α)，另一部分被反射(设为 ρ)，其余部分被透射(设为 τ)的三种现象，然而，根据能量守恒原则，必有"$\alpha+\rho+\tau=1$"这一关系式。由于大多数辐射体材料对红外辐射来说都是不透明的，即 $\tau=0$，故 $\rho=1-\alpha$ 或 $\alpha=1-\rho$；同理，必有 $\rho_\lambda=1-\alpha_\lambda$ 或 $\alpha_\lambda=1-\rho_\lambda$。因此，对于不透明体材料，测得 α 或 α_λ 之值就可确定 ρ 或 ρ_λ 之值，进而可确定 ε 或 ε_λ 之值。

4)因为认识到对不透明体材料有 $\alpha=1-\rho,\alpha_\lambda=1-\rho_\lambda,\varepsilon=\alpha,\varepsilon_\lambda=\alpha_\lambda$ 这些关系式，所以在设计制造远红外辐射加热装置时，尽管所用辐射涂层材料的成分和结构都一定，但必须注意到涂层的 ε 和 ε_λ 的值，还特别与涂层的表面状态密切相关。所谓涂层的表面状态，通常指涂层的粗糙度、表面积、色度和厚度等的大小。这些因素在设计应用红外技术时，都必须充分考虑到。比如，若将辐射元件基体预先打毛后，才涂布涂层，则不但会因加强涂层的表面粗糙度，致使其成为弱的反射体，得以提高其发射率，而且会因扩大涂层的表面积，导致其总辐射能的增加。又如，由于色度大的涂层的反射比较色度小的涂层的反射比为小，因而前者较后者的辐射能量为高。再如，选择适当的涂层厚度(一般应控制在 0.1～0.4 mm 之间)，不但能使辐射元件成为弱的反射体，有良好的辐射效果，而且能够提高涂层与辐射元件之间的黏结强度，延长辐射元件的使用寿命，导致原材料消耗量的降低。

5)好的反射体和透明体，都不是好的发射体，而且是不良的吸收体，即是不良的发射体。这表明，红外辐射加热效果好坏，主要取决于被照射物体(即被加热工件)的吸收比之大小。因吸收比大的物质，能够吸收大量的红外辐射能量，进而转变成大量的热能。基于这一认识，我们懂得在钢铁的远红外热处理的加热过程中，由于毛坯和半成品(即仅经粗加工品)的吸收比大于成品(即经精加工品)，所以它们在接受红外加热时，就加热效率而言，前者为高；但对需要被加热的精加工成品的表面，则最好在加热前，预先涂敷一薄层吸收促进剂。

6)好的吸收体必然是好的发射体。这还表明，物质的吸收比愈大，则其发射率亦愈大。同理，物质的吸收比最大的波段的发射率最大。由此可见，我们不应该把固定的一种远红外辐射元件或一个远红外加热炉当作"万灵丹"加以应用，而应该针对用以制造被加热工件的材料来选择。在选择红外辐射涂层材料时，就要求尽量保证加热装置或加热炉所发射的波谱分布与被加热物料所吸收的波谱分布，两者完全匹配或接近匹配。这里之所以无需考虑辐射元件材料本身或加热炉内腔材质本身之波谱分布，就是因为物体的发射率大小只与其表面状态有关，而与其内部性质无关。

7)在较深入地研究基氏辐射定律的过程中，了解到太阳也是一个天然的、巨大的红外辐射体。已经证实，尽管地球大气中有一层稳定的水蒸气、CO_2 和臭氧等气体，在太阳所发射的相当广阔的波段起着削弱太阳辐射的作用。然而，水蒸气在波长 3 μm 以内，5～7 μm，14～16 μm 各波段之间都具有强烈的吸收带，因而对红外线的透射有强烈的衰减作用；CO_2 在波长 2.6 μm、4.3 μm，特别在 13～17 μm 处都有强烈的吸收带；臭氧的吸收带主要表现在波长 10 μm 附近。除此之外，对于空气分子本身，空气中存在的悬浮粒子、较大的粒子和吸水性的晶体、尘土、灰烟等微粒杂质都对太阳辐射造成散射从而带来辐射的削弱。因此，根据基氏辐射定律所概括的辐射过程存在的客观规律，来认识和避免红外辐射的衰减现象，具有头等重要的意义。具体地讲，在设计制造和改造远红外辐射加热装置时，应该尽量采取措施，使其辐射体所发出的远红外线在最小的衰减程度下，投射到被加热工件上，借以保证加热效率。国内现今已有红外辐射加热炉和真空热处理炉的生产，如果注意到这一问题，对其产品加以技术革新，则将大放异彩。

8）因任何物质所吸收的能量绝不可能大于辐射到其上面的能量，故 α 和 ε 不但相等，而且其数值绝不可能大于 1。其次，因任何物质所发出的辐射能绝不可能较同一温度下的黑体所发出的辐射能为多，故选用远红外辐射涂层原材料时，其辐射特性以愈接近黑体愈好。

9）一个良好的吸收体必须具有低的表面反射比和足够高的内部吸收比，以期能够阻止辐射的反射和透过。若有非常细小的金属微粒沉积在其基体材料表面，其结果就会使该辐射体表面具有低的反射比。这种效应加之该辐射体具有高的吸收比，必须形成一个良好的吸收体。这就是形成金属“黑”的原理。在红外技术中，常用碳黑、铂黑、金黑，就是因为它们吸收辐射能的本领十分接近黑体的缘故。这也是广泛应用金属“黑”原理的典型例子。

10）在研究基氏辐射定律过程中还认识到，在不管用什么材料制成的恒温真空容器内，其辐射功率密度总是与温度同容器内壁相同的黑体发射的辐射功率密度相等，因空腔内壁上每一点所发射的辐射能都为空腔内壁上其他任意一点所吸收。因此，空腔的辐射与黑体的辐射极其相似。这一特征就成为设计现代化空腔辐射器的理论依据。

（四）红外辐射理论

1. 维恩位移定律

根据普朗克辐射定律所描述的黑体在不同温度下辐射能量与波长的关系，可以明显地看出：

1）黑体在任何温度辐射时都只有一个辐射强度极大值和一个与之相对应的峰值波长；

2）当提高黑体辐射的温度时，其辐射能谱就向短波方向移动，反之亦然。

普朗克并未指出温度与峰值波长变化的定量关系。1893 年，德国物理学家维恩（1864—1928 年）从理论上研究确定、并于次年发表了重要的辐射定律之一的维恩位移定律，该定律的数学表达式为

$$\lambda_m T = a \tag{2-29}$$

式中：λ_m 为峰值波长，μm；T 为绝对温度，K；α 为常数，其值为 2 897.8±0.4。

式（2－29）表明，黑体辐射的峰值波长与其绝对温度成反比。将式（2－29）代入普朗克辐射定律的数学表达式，有

$$M_\lambda = c_1 \lambda^{-5} \left[\exp\left(\frac{c_2}{\lambda T}\right) - 1\right]^{-1} \tag{2-30}$$

得到黑体单色辐射功率密度的极大值

$$M_{\lambda_m} = bT^5 \tag{2-31}$$

式（2－31）为维恩位移定律的另一形式。该式表明，黑体单色辐射功率密度的极大值与

其绝对温度的五次方成正比。因此，当黑体的绝对温度升高一倍时，其单色辐射强度的极大值就增加 25～32 倍。式中，

$$b = 1.286\ 2 \times 10^{-15} \tag{2-32}$$

用光子数量表示的普朗克辐射定律的数学表达式，有

$$M_{\varphi\lambda} = c'_1 \lambda^{-4} \left[\exp\left(\frac{c_2}{\lambda T}\right) - 1\right]^{-1} \tag{2-33}$$

对波长 λ 求导，并令其等于零，则可证明，与黑体光谱辐射光子密度极大值相对应的峰值波长(λ'_m)应满足下面关系式：

$$\lambda'_m T = 3\ 669.73 \tag{2-34}$$

式(2－34)给出了黑体光谱辐射光子密度的峰值波长随温度变化的定量关系，可以看作反应黑体光子辐射特性的维恩位移定律。由此可知，单色辐射功率密度与光谱辐射光子密度有不同的与之相对应的峰值波长。

将式(2－34)代入用光子数表示的普朗克辐射定律，可得到黑体光谱辐射光子密度的极大值，即

$$M_{\varphi\lambda} = b' T^4 \tag{2-35}$$

式(2－35)为维恩位移定律的另一种形式。式中，$b' = 2.100\ 741 \times 10^7\ \mathrm{s^{-1}cm^{-2}\mu m^{-1}K^{-4}}$。

1893 年维恩利用热力学和电磁学理论证明了黑体辐射中电磁波谱密度具有如下公式：

$$R_0(\nu, T) = c v^3 \varphi\left(\frac{\nu}{T}\right)$$

或者

$$R_0(\lambda, T) = \frac{c^5}{\lambda^5} \varphi\left(\frac{c}{\lambda T}\right)$$

上式的意义在于把两个独立变量 ν 和 T 的元函数 $R_0(\nu, T)$ 归纳为一个已知的函数 ν^3 和一个变量为 ν/T 的函数。这样就把一个寻找两个独立变量函数 $R_0(\nu, T)$ 的问题归结为寻找函数 $\varphi(\nu/T)$ 了。

下面为维恩定律导出过程。由于黑体辐射与空腔的材质和形状无关，不失一般性，不妨考查一个管状容器辐射空腔，如图 2－38 所示。腔内有黑体辐射能量密度为 $\rho_0(\nu)$，管子的右端有一反射镜以速度 v 向外移动，设频率为 ν 的辐射以入射角为 θ 射向镜面，由纵向多普勒效应得反射后频率为 $\nu' = \nu\sqrt{\dfrac{c - v\cos\theta}{c + v\cos\theta}} \approx \nu\left(1 - \dfrac{2v}{c}\cos\theta\right)$ 。如果原频率为

$$\nu'' = \nu\left(1 + \frac{2v}{c}\cos\theta\right) \tag{2-36}$$

则反射后频率变为 ν' 。Δt 时间内立体角 $\Delta\Omega$ 的光线打到镜面的辐射能为

$$\Delta E = \frac{\Delta\Omega}{4\pi} \rho_0(\nu'') \mathrm{d}\nu'' c \Delta t A \cos\theta \tag{2-37}$$

式中，$\mathrm{d}\nu'' = \mathrm{d}\nu(1 + 2v\cos\theta/c)$ 。设入射辐射强度为 I''，辐射压 $P = 2I''\cos\theta/c$ 做功使得镜子外移，每秒做功为 $PAv = I''A2v\cos\theta/c$ 。$I''A = \rho_0(\nu)\mathrm{d}\nu$ 表示未做功前辐射到镜子的能量，于是由于光压做功镜子获得能量将损失 $\rho_0(v)\mathrm{d}v 2v\cos\theta/c$ 。

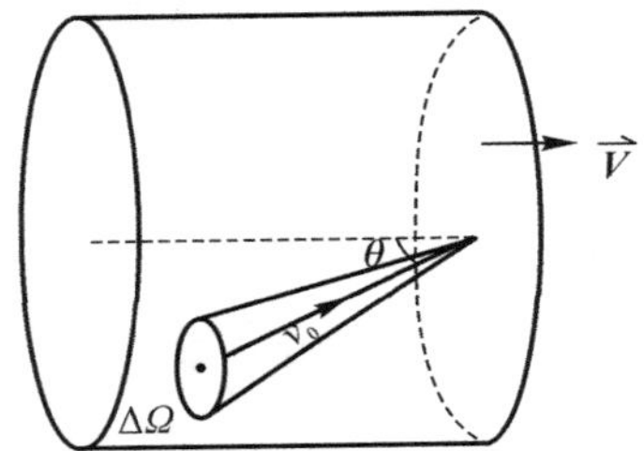

图 2-38 管状辐射空腔

由式(2-37)得多普勒应造成镜子的反射能量密度较入射前减小量为

$$\rho_0(v'')-\rho_0(v)=\frac{\partial\rho_0}{\partial v}(\nu\frac{2v}{c}\cos\theta) \tag{2-38}$$

这样考虑镜面对光的反射、光压做功的能量损失后，镜面获得辐射能的增量为

$$\frac{\Delta\Omega}{4\pi}\{[\rho_0(\nu)+\frac{\partial\rho_0}{\partial\nu}(\nu\frac{2v}{c}\cos\theta)][\mathrm{d}\nu+\mathrm{d}\nu\frac{2v}{c}\cos\theta]-\rho_0(\nu)\mathrm{d}\nu-\rho_0(\nu)\mathrm{d}\nu\frac{2v}{c}\cos\theta\}c\Delta A\cos\theta$$

$$=\frac{1}{2\pi}\nu\frac{\partial\rho_0}{\partial v}\mathrm{d}\nu A\nu\Delta t\cos^2\theta\Delta\Omega$$

式中忽略了 v/c 的二次项。令 $\Delta V=A\nu\Delta t$ ，$\Delta\Omega=\sin\theta\mathrm{d}\theta\mathrm{d}\varphi$ ，注意积分限的选取上式对立体角 $\Delta\Omega$ 积分后，镜子获得辐射能量的增量为

$$\mathrm{d}(\rho_0V)\mathrm{d}\nu=\frac{1}{2\pi}\nu\frac{\partial\rho_0}{\partial v}\mathrm{d}\nu\mathrm{d}V\int_0^{\pi/2}\cos^2\theta\sin\theta\mathrm{d}\theta\mathrm{d}\int_0^{2\pi}\mathrm{d}\varphi=\frac{1}{3}\nu\frac{\partial\rho_0}{\partial v}\mathrm{d}\nu\mathrm{d}V \tag{2-39}$$

此方程整理为如下的形式 $V\frac{\partial\rho_0}{\partial V}=\frac{1}{3}\nu\frac{\partial\rho_0}{\partial\nu}-\rho_0$ 。方程隐函数形式的解为

$$\rho_0=\nu^3\varphi(\nu^3V) \tag{2-40}$$

式中，$\varphi(\nu^3V)$ 为未知函数。

辐射压 $p=\rho_0/3$ ，于是由热力学第一、第二定律，$T\mathrm{d}S=\mathrm{d}(\rho_0V)+V\mathrm{d}\rho_0$ 化为

$$T\mathrm{d}S=\frac{4}{3}\rho_0\mathrm{d}V+V\mathrm{d}\rho_0 \tag{2-41}$$

将斯特藩-玻尔兹曼定律 $\rho_0=\sigma'T^4$（σ' 为一常数）代入式(2-41)得 $\mathrm{d}S=4\sigma'T^3\mathrm{d}V/3+4\sigma'T^2V\mathrm{d}T$ 。此方程式的解为 $S=4\sigma'T^3V/3+$ 常数 。管状空腔镜面移动为绝热过程，熵为一常数，即 $T^3V=$ 常数 ，将此关系代入，消去 V，得

$$\rho_0=\nu^3\varphi(\frac{v}{T}) \tag{2-42}$$

联合 $R_0(\nu)=c\rho_0(\nu)/4$ 和式(2-42)即得维恩定律。

维恩定律可以导出十分有用的维恩位移定律，事实上维恩定律式对 λ 微分并令其等于零得

$$\frac{\mathrm{d}R_0(\lambda,T)}{\mathrm{d}\lambda}\Big|_{\lambda=\lambda_m}=0\Rightarrow-5\varphi\left(\frac{c}{\lambda_m T}\right)+\lambda_m T\frac{\mathrm{d}\varphi\left(\frac{c}{\lambda_m T}\right)}{\mathrm{d}\lambda_m T}=0 \tag{2-43}$$

令 $\lambda_m\equiv b$ ，方程变为 $-5\varphi(b)+b\frac{\mathrm{d}\varphi(b)}{\mathrm{d}b}=0$ ，原则上由此方程解出 b，即得维恩位移定

律。但由于 $\varphi\left(\frac{c}{\lambda T}\right)$ 是未知的，无法推出维恩位移定律中常数 b 的值。为拟合黑体辐射的实验数据，维恩假设气体分子辐射的频率 ν 只与其速度有关，列出了 $R_0(v,T)$ 的一个经验公式，被称为维恩公式，即

$$R_0(\lambda,T)=c'_1\lambda^{-5}\mathrm{e}^{-\frac{c'_2}{\lambda T}} \tag{2-44}$$

这个结果只在高频部分和实验相符，而在低频部分和实验不符合。

2. 瑞利-金斯公式

另一个较为成功地基于经典电动力学和统计力学导出的结论为瑞利-金斯公式，瑞利-金斯公式适用于低频部分的黑体辐射实验结果，在高频部分黑体辐射本领 $R_0(\nu,T)$ 趋向于无穷大，与实验矛盾，史称紫外灾难。空腔内电磁波和腔壁做简谐振动的原子交换能量达到平衡时满足的条件是

$$\rho(\nu,T)=g(\nu)\bar{\varepsilon}(\nu,T) \tag{2-45}$$

$\rho(\nu,T)$ 为辐射场的谱能量密度，$g(\nu)=8\pi v^2/c^3$ 为单位体积，v 附近单位频率区间内电磁波振动模式数目，$\bar{\varepsilon}(\nu,T)$ 为空腔器壁原子做谐振动的平均能量。为了计算谐振子的平均能量 $\bar{\varepsilon}(\nu,T)$，瑞利和金斯采用统计力学中的能均分定理

$$\varepsilon(\nu,T)=\frac{\int_0^\infty \varepsilon\mathrm{e}^{-\varepsilon/kT}\mathrm{d}\varepsilon}{\int_0^\infty \mathrm{e}^{-\varepsilon/kT}\mathrm{d}\varepsilon}=kT \tag{2-46}$$

将式(2-46)代入式(2-44)得到黑体辐射的瑞利-金斯公式

$$R_0(\lambda,T)=\frac{c}{\lambda^2}\frac{c}{4}\rho_0(\nu,T)=\frac{2\pi c}{\lambda^4}kT \tag{2-47}$$

很明显，瑞利-金斯也符合维恩定律式的形式，不过没有出现位移的峰值。黑体辐射的高频部分当 $\lambda\to 0$，$R_0(\lambda,T)\to\infty$，实验结果是 $R_0(\lambda,T)\to 0$。瑞利-金斯公式和实验的矛盾表明，该公式在推导过程中使用的能均分定理有问题，事实上求解谐振子平均能量时的积分表明瑞利和金斯默认了能量无限可分的观念。

3. 普朗克公式

普朗克假设在一个等温空腔内，电磁波的每一模式的能量是不连续的，只能取 $E_n=nh\nu$ $(n=1,2,3,\cdots)$ 中的任意一个值。而空腔内电磁波的模式与光子态相对应，即每一光子态的能量也不能取任意值，而只能取一系列不连续值。

根据普朗克的这一假设，每个模式的平均能量为

$$\overline{E}=\frac{\sum_{n=0}^{\infty}nh\nu\mathrm{e}^{-nh\nu/K_BT}}{\sum_{n=0}^{\infty}\mathrm{e}^{-nh\nu/K_BT}}=\frac{\sum_{n=0}^{\infty}nh\nu\mathrm{e}^{-nx}}{\sum_{n=0}^{\infty}\mathrm{e}^{-nx}} \tag{2-48}$$

式中，T 为空腔的绝对温度(K)，K_B 为玻尔兹曼常数，其值为 1.38×10^{-23} (J/K)，$x=$

$h\nu/(K_BT)$ 。因为 $\sum_{n=0}^{\infty}\mathrm{e}^{-nx}=1/(1-\mathrm{e}^{-x})$ ，所以上式可写为

$$\bar{E}=h\nu(1-\mathrm{e}^{-x})\sum_{n=0}^{\infty}n\mathrm{e}^{-nx}=\frac{h\nu}{e^{h\nu/K_BT}-1} \tag{2-49}$$

因为处于频率 ν 到 $\nu+\Delta\nu$ 内的模式数

$$g_{\mathrm{d}v}=\frac{8\pi\nu^2V\mathrm{d}\nu}{c^3} \tag{2-50}$$

所以处于这个范围的总能量为

$$E_{\mathrm{d}v}=\frac{8\pi h\nu^3}{c^3}V\frac{1}{\mathrm{e}^{h\nu/K_BT}-1}\mathrm{d}\nu \tag{2-51}$$

将上式除以 V,可得单位体积和 $\mathrm{d}\nu$ 范围内的能量为

$$\omega_\nu\mathrm{d}\nu=\frac{8\pi h\nu^3}{c^3}\cdot\frac{1}{\mathrm{e}^{h\nu/(K_BT)}-1}\mathrm{d}\nu \tag{2-52}$$

式中，ω_ν 为单位体积和单位频率间隔内的辐射能量，即为辐射场的光谱能量密度，其单位是 $\mathrm{J/(m^3\cdot Hz)}$。

也可根据 $\omega_v\mathrm{d}\nu=\omega_\lambda(-\mathrm{d}\lambda)$ 以及 $\lambda=c/\nu$ 和 $\mathrm{d}\lambda=-c\mathrm{d}\nu/\nu^2$ ，由上式求得单位体积和单位波长间隔的辐射能量为

$$\omega_\lambda=\frac{8\pi hc}{\lambda^5}\frac{1}{\mathrm{e}^{h\nu/(\lambda K_BT)}-1} \tag{2-53}$$

这就是以波长为变量的普朗克公式。

维恩公式和瑞利-金斯公式分别在黑体辐射的高频部分和低频部分成立，显然还需要一个更好的公式在整个频率范围内都成立。谐振子的平均能量的维恩表达式为 $\bar{\varepsilon}(\nu,T)_{\mathrm{W}}=c_1\nu\mathrm{e}^{-\frac{c_2\nu}{T}}$ ，相应的温度 $\frac{1}{T}=-\frac{1}{c_2\nu}\ln\frac{\bar{\varepsilon}_{\mathrm{W}}}{c_1\nu}$ 。1900 年普朗克从热力学的角度发现，谐振子的平均能量维恩表达式对应的熵对平均能量的一阶导数 $\frac{\partial S}{\partial\bar{\varepsilon}_{\mathrm{W}}}=\frac{1}{T}=-\frac{1}{c_2v}\ln\frac{\bar{\varepsilon}_{\mathrm{W}}}{c_1v}$ ，进一步得二阶导数 $\frac{\partial^2S}{\partial^2\bar{\varepsilon}_{\mathrm{W}}}=-\frac{1}{c_2\nu\bar{\varepsilon}_{\mathrm{W}}}$ 即 $\frac{\mathrm{d}^2S}{\mathrm{d}^2\bar{\varepsilon}}\sim-\frac{1}{\bar{\varepsilon}}$ ，而谐振子平均能量的瑞利-金斯表达式为 $\bar{\varepsilon}(\nu,T)_{\mathrm{RJ}}=k_{\mathrm{B}}T$ ，得到 $\frac{1}{T}=\frac{k_{\mathrm{B}}}{\bar{\varepsilon}_{\mathrm{RJ}}}$ ，熵对平均能量的一阶导数 $\frac{\partial S}{\partial\bar{\varepsilon}_{\mathrm{RJ}}}=\frac{1}{T}=\frac{k_{\mathrm{B}}}{\bar{\varepsilon}_{\mathrm{RJ}}}$ ，熵对平均能量的二阶导数 $\frac{\partial^2S}{\partial^2\bar{\varepsilon}_{\mathrm{RJ}}}=-\frac{k_B}{\bar{\varepsilon}^2{}_{\mathrm{RJ}}}$ 即 $\frac{\mathrm{d}^2S}{\mathrm{d}^2\varepsilon}\sim-\frac{1}{\bar{\varepsilon}^2}$ 。既然黑体辐射的维恩公式和瑞利-金斯公式分别在高频和低频区间成立，普朗克想到用内插法把维恩公式和瑞利-金斯公式综合起来，导出的公式可能在整个频谱范围都成立。于是普朗克把熵 S 对平均能量的二阶导数写为如下形式：

$$\frac{\mathrm{d}^2S}{\mathrm{d}^2\bar{\varepsilon}}=-\frac{\alpha}{\bar{\varepsilon}(\beta+\bar{\varepsilon})} \tag{2-54}$$

式中，α,β 为拟合参数，对上式积分并注意到 $\frac{\mathrm{d}S}{\mathrm{d}\bar{\varepsilon}}=\frac{1}{T}$ ，得谐振子的平均能量 $\bar{\varepsilon}=\frac{\beta}{\mathrm{e}^{\beta/(\alpha T)}-1}$ ，再由黑体特性、平衡条件和维恩定律，考虑到腔内电磁波的振动模数，普朗克得到了一个完整描述黑体辐射谱的公式：

$$R_0(\lambda, T) = \frac{c}{\lambda^2} R_0(\nu, T) = \frac{C_2 \lambda^{-5}}{e^{C_1/\lambda T} - 1} \tag{2-55}$$

普朗克的黑体辐射公式包含了两个常量 C_1 和 C_2，而不再使用参数 α，β。由内插维恩公式和瑞利-金斯公式得到的黑体辐射公式能和当时最精确的黑体辐射实验结果相符合。

4. 斯特藩-玻尔兹曼定律

基尔霍夫辐射定律指出，黑体辐射的总能量只是温度的函数。1879 年，斯特藩对物质的辐射问题进行研究，由实验得出结论：黑体辐射的总能量与波长无关，仅与绝对温度的四次方成正比，1884 年玻尔兹曼把热力学和麦克斯威电磁理论综合起来，从理论上证明了斯特藩的结论是正确的，并指出这一定律只适用于绝对黑体，从而建立了斯特藩-玻尔兹曼辐射定律(Stefan - Boltzmann 定律)，即著名的全幅射能量的普遍方程式，简称四次方定律，其数学表达式为

$$M = \sigma T^4 \tag{2-56}$$

式中：M 为黑体的辐射功率密度；σ 为斯特藩-玻尔兹曼常数；T 为绝对温度。

由实验测得 $\sigma = (5.670\ 32 \pm 0.000\ 71) \times 10^{-12}\ \mathrm{W/(cm^2 K^4)}$。

在实际应用中，常采用

$$M = \varepsilon_0 \left(\frac{T}{100}\right)^4 \tag{2-57}$$

式中：ε_0 为黑体的发射率，其值为 $4.89 \times 4.18\ \mathrm{J/(cm^2 K^4)}$。

从斯特藩-玻耳兹曼辐射定律可知，当黑体表面温度增高 1 倍，其辐射能量将增大 $2^4 \sim 16$ 倍。例如，一个温度为 50 K 的黑体，当把其温度提高到 200 K 时，其辐射能量将增加 256 倍。斯特藩-玻耳兹曼辐射定律意义深刻，用途广泛。

二、红外传输理论

红外辐射在大气中的传输问题一直受到人们的普遍重视。其中主要有三方面的研究人员对此比较关注：首先是分子光谱研究工作者，他们试图通过大气中出现的分子吸收光谱来研究分子结构与分子吸收和散射的机理；其次是大气物理工作者，他们希望把红外辐射通过大气的分子吸收光谱作为一种工具，借此研究大气中的许多物理量，如辐射热平衡、大气的热结构、大气的组成成分等；最后是红外系统与天文工作者，他们关心的是被测目标所发出的红外辐射在大气中发生的变化，借助大气红外透过特性来考虑目标探测问题或考察星体的物理性质等。因此，了解红外辐射在大气中的传输特性，对于红外技术的应用是相当重要的。

(一)红外辐射在大气中的传输

1. 大气的组成

大气是由多种气体分子和悬浮微粒(固态、液态)组成的混合体。多种气体按混合比例可分为不变和可变成分。不变成分：它们的相对比例在直到 80 km 的高度上几乎不变。可变成分：它们的含量随温度、高度和位置而变化。

2. 大气吸收

大气的分子吸收是使红外线衰减的重要原因大气中所含重要吸收成分：水蒸气(H_2O)、

臭氧(O_3)、二氧化碳(CO_2)。它们有强的吸收带,并有相当高的含量,见表 2-5。

表 2-5　大气吸收

吸收分子	红外吸收带(中心)波长/μm						
H_2O	0.94	1.14	1.38	1.87	2.7	3.2	6.3
CO_2	1.4	1.6	2.0	2.7	4.3	4.8	5.2
O_3	4.8	9.6	14				

在波长大于 15 μm 的光谱区,H_2O、CO_2有非常多的吸收带,因此,只要在大气中经过几米长的路程,波长在这个光谱区的红外辐射多数被吸收。实际上,几米厚的大气对于 15 μm 以上的红外辐射就不透明了。

3. 大气散射

大气中悬浮微粒有云、雾、雨、雪、尘埃、烟等。这些微粒直径在 0.01μm 到几十 μm。在低空大气中,大气悬浮物多散射较高空严重;但农村好天气里悬浮物密度大约在 100 个/cm;工厂区的悬浮物密度大约在十万个/cm。在吸收很小的大气窗口中,散射是衰减的重要原因。散射引起的辐射衰减的公式为

$$\tau_S = e^{-\gamma x} \tag{2-58}$$

当 $\lambda \gg$ 粒子大小时产生瑞利散射 $\gamma \propto 1/\lambda^4$;当 λ 与粒子大小相当时,产生米氏散射。

大气中的雾和云颗粒大小与散射有关,5～15 μm 间分布较多对 $\lambda < 15$ μm 的红外线与雾、云大小差不多,米氏散射为主,透过率很低。可见,常用的红外装置不可能是全天候工作的。当微粒大小远大于 15 μm 时,对 $\lambda < 15$ μm 的红外线散射是不显著的。雨滴的大小远大于 15 μm。可见,红外线在雨中的散射要比在雾或云中小得多,传输性能要好。在小雨以至大雨时红外辐射仍能保持一定的透过率。

电磁波在穿过大气层时,会受到大气层的反射、吸收和散射,因而使透过大气层的电磁波能量受到衰减。电磁波通过大气层较少被反射、吸收和散射的那些透射率高的波段成为大气窗口。大气窗口的光谱段主要有:微波波段(1 mm～1 m),热红外波段(8～14/μm),中红外波段(3.5～4/μm),可见光和近红外波段(0.4～2.5/μm)。

红外线根据不同的应用领域可划分为 4 个更小的波段:

- 近红外线波段:0.75～3 μm;
- 中红外线波段:3～6 μm;
- 远红外线波段:6～15 μm;
- 极远红外线波段:15～1 000 μm。

目前商业领域中常用的热成像仪有 8～14 μm 的长波热像仪和 3～5 μm 的短波热像仪以及一些针对特殊应用的热像仪。

太阳辐射通过大气层时,未被反射、吸收和散射的那些透射率高的光辐射波段范围称之为"大气窗口"。在红外波长段也存在大气窗口,在 8～14 μm 范围的红外波段有稳定的大气透射率。因此,在此波段使用红外技术测量的效果也尤为明显。大家都知道太阳辐射之所以能传输到地球上,是因为有大气窗口,有了这些大气窗口,部分太阳辐射才能照射到地

球上，地球上的生命才会存在。所谓的大气窗口是指太阳辐射在通过大气层时，未被反射、吸收和散射的那些透射率高的电磁辐射的波段范围。同样，红外波段也存在的大气窗口，在1～3 μm、3～5 μm 以及 8～14 μm 范围的红外波段有稳定的大气透射率，因此在这些波段使用红外技术测量的效果也尤为明显。

2. 朗伯余弦定律

与一般激光辐射源的辐射有较强的方向性不同，红外辐射源大都不是定向发射辐射的，而且，它们所发射的辐射通量在空间的分布角不均匀，往往有很复杂的角分布。例如，若不知道辐射亮度 L 与方向角 θ 的明显函数关系，则由 L 计算辐射出射度 M 是很复杂的。

在生活实践中有这样的现象，即对于一个磨得很光或镀得很好的反射镜，当有一束光入射到它上面时，反射的光线具有很好的方向性，只有恰好逆着反射光线的方向观察时，才感到十分耀眼，这种反射称为镜面反射。然而，对于一个表面粗糙的反射体(如毛玻璃)，其反射的光线没有方向性，在各个方向观察时，感到没有什么差别，这种反射称为漫反射。对于理想的漫反射体，所反射的辐射功率的空间分布由下式描述

$$\Delta^2 P = B\cos\theta\Delta A\Delta\Omega \tag{2-59}$$

也就是说，理想反射体单位表面积向空间某方向单位立体角反射(发射)的辐射功率和该方向与表面法线夹角的余弦成正比。这个规律就称为朗伯余弦定律。式中 B 是一个与方向无关的常数。凡遵守朗伯余弦定律的辐射表面称为朗伯面，相应的辐射源称为朗伯源或漫反射源。

由辐射亮度的定义式，和朗伯余弦定律的表示式，我们可以得出朗伯辐射源辐射亮度的表示式为

$$L = \lim_{\substack{\Delta A\to 0\\ \Delta\Omega\to 0}} \frac{\Delta^2 P}{\cos\theta\Delta A\Delta\Omega} = B \tag{2-60}$$

此式表明：朗伯辐射源的辐射亮度是一个与方向无关的常量。这是因为辐射源的表观面积随表面法线与观测方向夹角的余弦而变化，而朗伯辐射源的辐射功率的角分布又遵守余弦定律，所以观测到辐射功率大的方向，所看到的辐射源的表观面积也大。两者之比，即辐射亮度，应与观测方向无关。

如图 2-39 所示，设面积 ΔA 很小的朗伯辐射源的辐射亮度为 L，该辐射源向空间某一方向与法线成 θ 角，$\Delta\Omega$ 立体角内辐射的功率为

$$\Delta P = L\Delta A\cos\theta\Delta\Omega \tag{2-61}$$

由于该辐射源面积很小，可以看成是小面源，可用辐射强度度量其辐射空间特性。因为该辐射源的辐射亮度在各个方向上相同，则与法线成 θ 角方向上的辐射强度 ΔI_θ 为

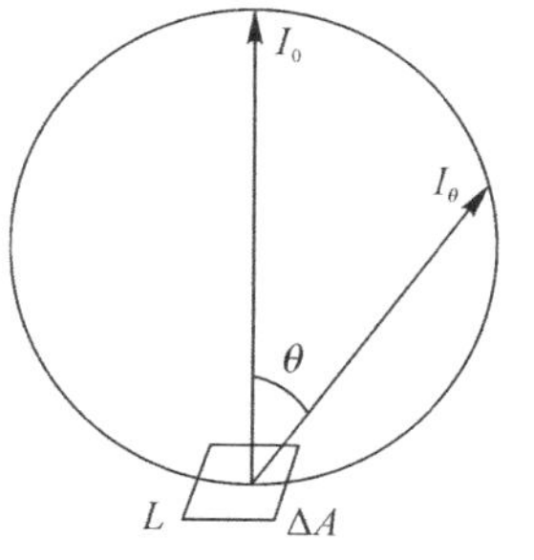

$$I_\theta = \frac{\Delta P}{\Delta\Omega} = L\Delta A\cos\theta = I_0\cos\theta \tag{2-62}$$

图 2-39　朗伯辐射源的特征

其中 $I = L\Delta A$ 为其法线方向上的辐射强度。

式(2-62)表明，各个方向上辐射亮度相等的小面源，在某一方向上的辐射强度等于这个面垂直方向向上的辐射强度乘以方向角的余弦，这就是朗伯余弦定律的最初形式。

式(2－62)可以描绘出小朗伯辐射源的辐射强度分布曲线,它是一个与发射面相切的整圆形。在实际应用中,为了确定一个辐射面或漫反射面接近理想的朗伯面的程度,通常可以测量其辐射强度分布曲线。如果辐射强度分布曲线很接近图 2－39 所示的形状,我们就可以认为它是一个朗伯面。

三、红外探测技术

黑体只是一种理想化的物体,而实际物体的辐射与黑体的辐射有所不同。为了把黑体辐射定律推广到实际物体的辐射,引入一个叫作发射率的物理量,来表征实际物体的辐射接近于黑体辐射的程度。所谓物体的发射率(也叫做比辐射率)是指该物体在指定温度 T 时的辐射量与同温度黑体的相应辐射量的比值。很明显此比值越大,表明该物体的辐射与黑体辐射越接近。并且,只要知道了某物体的发射率,利用黑体的基本辐射定律就可找到该物体的辐射规律,或可计算出其辐射量。

(一)实际物体的辐射力

同温度下,黑体发射热辐射的能力最强,包括所有方向和所有波长。真实物体表面的发射能力低于同温度下的黑体。因此定义发射率(也称为黑度)为相同温度下,实际物体的辐射力与黑体辐射力之比

$$\varepsilon_\lambda = E_\lambda / E_{b\lambda} \tag{2-63}$$

实际物体的辐射力

$$E_\lambda = \varepsilon_\lambda E_{b\lambda} \tag{2-64}$$

式(2－63)和式(2－64)只是针对方向和光谱平均的情况,但实际上,真实表面的发射能力是随方向和光谱变化的。

实际材料表面的光谱辐射力不遵守普朗克定律,或者说不同波长下光谱发射率随波长的变化比较大,并且不规则。光谱发射率是实际物体的光谱辐射力与黑体的光谱辐射力之比

$$\varepsilon_\lambda = \frac{E_\lambda}{E_{b\lambda}} \tag{2-65}$$

光谱发射率与实际物体的发射率之间的关系

$$\varepsilon = \frac{E}{E_b} = \frac{\int_0^\lambda \varepsilon(\lambda) E_{b\lambda}\,\mathrm{d}\lambda}{\sigma T^4} \tag{2-66}$$

实际物体的辐射力不是与温度严格地成四次方关系,实际中用此关系,修正系数 ε 与 T 有关。

(二)实际物体的定向辐射强度

定向发射率是实际物体的定向辐射强度与黑体的定向辐射强度之比。

$$\varepsilon(\theta) = \frac{I(\theta)}{I_b(\theta)} = \frac{I(\theta)}{I_b} \tag{2-67}$$

定向辐射强度随 θ 角的变化规律。漫射体是表面的定向发射率 $\varepsilon(\theta)$ 与方向无关,即定向辐射强度与方向无关,满足上述规律的物体称为漫射体,这是对大多数实际表面的一种很

好的近似。

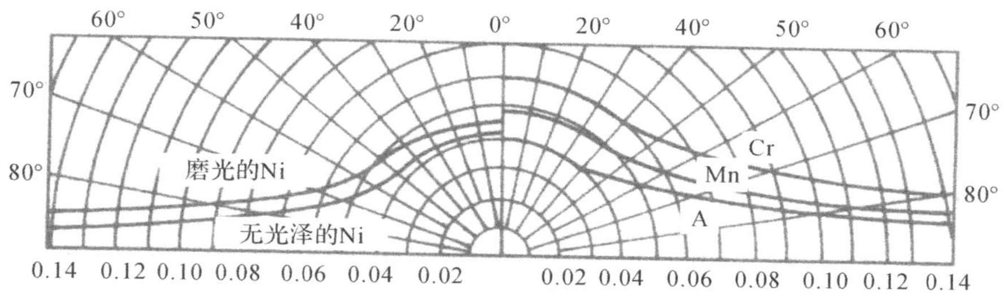

图 2－40　几种金属导体在不同方向上的定向发射率（$T=150°$）

从 $\theta=0°$开始，在一定角度范围内，发射率可认为是常数，然后随着角 θ 的增加而急剧地增大。在接近 $\theta=90°$的极小角度范围内，发射率又减小（在极小角度内，图中未表示出来）。

几种非导电体材料在不同方向上的定向发射率 $\varepsilon(\theta)$：当 $\theta=0\sim60°$，$\varepsilon(\theta)$基本不变；当 $\theta>60°$，$\varepsilon(\theta)$明显减少；当 $\theta=90°$，$\varepsilon(\theta)$降为 0。

金属材料的发射率均较低，但随温度而增加，并且当表面形成氧化层后，发射率成十倍或更大倍数增加。金属或其他非透明材料的辐射发生在表面几微米内，因此，发射率与材料尺寸无关，主要与表面状态有关。（表面涂复或刷漆对发射率有影响，表面的油膜、污垢、灰尘、擦伤都能引起发射率测量值的变化。）

非金属的发射率要高些，一般大于 0.8，并随温度的增高而减小。发射率是有方向性的。

根据光谱发射率，可将辐射体分为三类：①黑体或普朗克辐射体，其$\varepsilon_\lambda=1$；②灰体，其$\varepsilon_\lambda=$常数，但小于 1；③选择性辐射体，ε_λ随波长而变。

（三）物体发射率的一般变化规律

物体发射率的一般变化规律如下：对于朗伯辐射体，三种发射率 ε_n ，$\varepsilon(\theta)$ 和 ε_h 彼此相等；对于电绝缘体，$\varepsilon_h/\varepsilon_n$ 在 0.95～1.05 之间，其平均值为 0.98，对这种材料，在 θ 角不超过 65°或 70°时，$\varepsilon(\theta)$ 与 ε_n 仍然相等；对于导电体，$\varepsilon_h/\varepsilon_n$ 在 1.05～1.33 之间，对大多数磨光金属，其平均值为 1.20，即半球发射率比法向发射率约大 20%，当 θ 角超过 45°时，$\varepsilon(\theta)$ 与 ε_n 差别明显。

金属的发射率是较低的，但它随温度的升高而增高，并且当表面形成氧化层时，可以成 10 倍或更大倍数地增高。非金属的发射率要高些，一般大于 0.8，并随温度的增加而降低。

金属及其他非透明材料的辐射，发生在表面几微米内，因此发射率是表面状态的函数，而与尺寸无关。据此，涂敷或刷漆的表面发射率是涂层本身的特性，而不是基层表面的特性。对于同一种材料，由于样品表面条件的不同，因此测得的发射率值会有差别。

介质的光谱发射率随波长变化而变化。在红外区域，大多数介质的光谱发射率随波长的增加而降低。在解释一些现象时，要注意此特点。例如，白漆和涂料 TiO_2 等在可见光区有较低的发射率，但当波长超过 3 μm 时，几乎相当于黑体。用它们覆盖的物体在太阳光下温度相对较低，这是因为它不仅反射了部分太阳光，而且几乎像黑体一样重新辐射所吸收的能量。而铝板在直接太阳光照射下，相对温度较高，这是由于它在10 μm，附近有相当低的发射率,因此不能有效地辐射所吸收的能量。

(四)灰体的概念及其工程应用

灰体指的是光谱吸收比与波长无关的物体称为灰体。此时,不管投入辐射的分布如何,吸收比都是同一个常数。引入的意义是不管投入辐射的分布如何,均为常数,即物体的吸收比只取决于本身的情况而与外界情况无关。像黑体一样,灰体也是一种理想物体。工业上通常遇到的热辐射,其主要波长区段位于红外线范围内(绝大部分 0.76～10 μm 之间),在此范围内,大多数工程材料当作灰体处理引起的误差是可以容许的,这种简化处理给辐射换热分析带来了很大的方便。

(五)热成像原理

1. 红外热成像发展

红外热成像技术(infrared thermal imaging technology)是利用各种探测器来接收物体发出的红外辐射,再进行光电信息处理,最后以数字、信号、图像等方式显示出来,并加以利用的探知、观察和研究各种物体的一门综合性技术。它涉及光学系统设计、器件物理、材料制备、微机械加工、信号处理与显示、封装与组装等一系列专门技术。该技术除主要应用在黑夜或浓厚幕云雾中探测对方的目标,探测伪装的目标和高速运动的目标等军事应用外,还可广泛应用于工业、农业、医疗、消防、考古、交通、地质、公安侦察等民用领域。如果将这种技术大量地应用到安防监控领域,将会引起安防监控领域的变革。

热成像摄像机的探测机理是利用目标和背景或目标各部分之间的辐射差异形成的红外辐射特征图像来发现和识别目标。红外探测器输出的图像通常称为“热图像”,由于不同物体甚至同一物体不同部位辐射能力和它们对红外线的反射强弱不同。利用物体与背景环境的辐射差异以及景物本身各部分辐射的差异,热图像能够呈现景物各部分的辐射起伏,从而能显示出景物的特征。同一目标的热图像和可见光图像是不同的,它不是人眼所能看到的可见光图像,而是目标表面温度分布图像,或者说,红外热图像是将人眼不能直接看到目标的表面温度分布变成人眼可以看到的代表目标表面温度分布的热图像。

1800 年,英国物理学家赫胥尔发现了红外线,开辟了人类应用红外技术的广阔道路。在第二次世界大战中,德国人利用红外变像管,研制出了主动式夜视仪和红外通信设备,为红外技术的发展奠定了基础。

第二次世界大战后,美国德克萨斯仪器公司(TI)在 1964 年首次开发研制成功了第一代用于军事领域的红外成像装置,称之为红外寻视系统(FLIR)。它是利用光学机械系统对被测目标的红外辐射扫描,由光子探测器接收两维红外辐射,经光电转换及处理,最后形成热图像视频信号,并在荧屏上显示。

20 世纪 60 年代中期,瑞典 AGA 公司和瑞典国家电力局,在红外寻视装置的基础上,开发了具有温度测量功能的热红外成像装置。这种第二代红外成像装置,通常称为热像仪。70 年代,法国汤姆逊公司又研制出了不需致冷的红外热电视产品。

1986 年,瑞典研制出工业用的实时成像系统,它无须液氮或高压气,而以热电方式致冷,可用电池供电;1988 年又推出全功能热像仪,它将温度的测量、修改、分析、图像采集、存储合于一体,质量小于 7 kg,使仪器的功能、精度和可靠性都得到了显著的提高。

90年代中期，美国FSI公司首先研制成功由军用转民用并商品化的新一代红外热像仪，它是属焦平面阵列式结构的一种凝视成像装置，技术功能更加先进，现场测温时只需对准目标摄取图像，并存储。各种参数的设定，可回到室内用软件进行修改和分析，最后直接得出检测报告。由于取代了复杂的机械扫描，仪器质量已小于2 kg，如同手持摄像机一样，单手即可操作使用。

随着红外焦平面阵列技术的迅速发展，美、英、法、德、日、加拿大、以色列等发达国家都在竞相研制和生产先进的红外焦平面阵列摄像仪，其中美国在红外焦平面阵列传感器的发展水平方面处于遥遥领先地位，其焦平面阵列规模已大达2 048×2 048像素，已接近可见光硅CCD摄像阵列的水平。日本在世界上最先实现了100万像元集成度的单片式红外焦平面阵列。在品种方面，从HgCdTe、InSb、GaAlAs/GaAs量子阱和PtSi到非致冷红外焦平面阵列等种类产品推向市场，抢占商机；法国、荷兰、瑞典、英国、德国和意大利等在非致冷红外热摄像仪技术的发展方面，已显出其处于前沿的竞争地位，如AGEMA公司的热视570，AGEMA520和德国STNATLAS电子公司驾驶员视觉增强系统，都具有很高的水平和市场竞争实力。此外，加拿大、以色列、韩国、澳大利亚、波兰、新加坡的一些公司和机构都在尽力发展先进红外焦平面阵列热摄像仪技术，竞争已遍及全球几大洲。

我国在70年代，有关单位已经开始对红外热成像技术进行研究。80年代末，已经研制成功了实时红外成像样机，其灵敏度、温度分辨率都达到很高的水平。进入90年代，在红外成像设备上使用低噪声宽频带前置放大器，微型致冷器等关键技术方面有了发展，并且从实验走向应用。如用于部队的便携式野战热像仪、反坦克飞弹、防空雷达以及坦克、军舰火炮等。

近几年来，国内的红外成像技术得到突飞猛进的发展，与西方的差距正在逐步缩小，有些设备的先进性也可同西方同步。如目前已能生产面积小于30 μm^2的1 000×1 000像素的探测器阵列，由于采用了基于锑化铟的新器件，目前对温度的分辨率已低于0.01℃，使对目标的识别达到更高的水平。

红外热成像仪，可以分为致冷型和非致冷型两大类。红外电视产品和非致冷焦平面热成像仪是非致冷型产品，其他为致冷型红外热成像仪。

前一代的热像仪主要由带有扫描装置的光学仪器和电子放大线路、显示器等部件组成，已经成功装备部队，并已用于夜间的地面观察、空中侦查、水面保险等方面。

目前，新的热成像仪主要采用非致冷焦平面阵列技术，集成数万个乃至数十万个信号放大器，将芯片置于光学系统的焦平面上，无需光机扫描系统即可取得目标的全景图像，从而大大提高了灵敏度和热分辨率，并进一步地提高目标的探测距离和识别能力。

2.新的红外热成像系统的组成及工作原理

红外热成像技术是一种被动红外夜视技术，其原理是：自然界中一切温度高于绝对零度(－273 ℃)的物体，每时每刻都辐射出红外线，同时这种红外线辐射都载有物体的特征信息。这就为利用红外技术判别各种被测目标的温度高低和热分布场提供了客观的基础。利用这一特性，通过光电红外探测器将物体发热部位辐射的功率信号转换成电信号后，成像装置就可以一一对应地模拟出物体表面温度的空间分布，最后经系统处理，形成热图像视频信号，传至显示屏幕上，就得到与物体表面热分布相对应的热像图，即红外热图像。

非致冷焦平面红外热成像系统由光学系统、光谱滤波、红外探测器阵列、输入电路、读出电路、视频图像处理、视频信号形成、时序脉冲同步控制电路、监视器等组成。

系统的工作原理是,光学系统接受被测目标的红外辐射经光谱滤波将红外辐射能量分布图形反映到焦平面上的红外探测器阵列的各光敏元上,探测器将红外辐射能转换成电信号,由探测器偏置与前置放大的输入电路输出所需的放大信号,并注入读出电路,以便进行多路传输。高密度、多功能的 CMOS 多路传输器的读出电路能够执行稠密的线阵和面阵红外焦平面阵列的信号积分、传输、处理和扫描输出,并进行 A/D 转换,以送入微机做视频图像处理。由于被测目标物体各部分的红外辐射的热像分布信号非常弱,缺少可见光图像那种层次和立体感,因此需进行一些图像亮度与对比度的控制、实际校正与伪彩色描绘等处理。经过处理的信号送入到视频信号形成部分进行 D/A 转换并形成标准的视频信号,最后通过电视屏或监视器显示被测目标的红外热像图。

红外焦平面阵列的工作性能除了与探测器性能如量子效率、光谱响应、噪声谱、均匀性等有关外,还与探测器探测信号的输出性能有关,如输入电路中的电荷存储、均匀性、线性度、噪声谱、注入效率,读出电路中的电荷转移效率、电荷处理能力、串扰等。

焦平面阵列结构有四种类型:单片式、准单片式、平面混合式和 Z 形混合式。单片式焦平面阵列是指在同一芯片上既含有探测器又含有信号处理电路的 Si 器件;准单片式焦平面阵列器件是将探测器和读出线路分别制备,然后把它们装在同一个衬底上,通过引线焊接将两部分连在一起;平面混合式采用铟柱将探测器阵列正面的每个探测器与多路传输器一对一地对准配接起来;Z 形混合式则将许多集成电路芯片一个一个地层叠起来以形成一个三维的电路层叠结构。平面混合和 Z 形混合方法的优点是由于将多路传输器与探测器直接混合,因而具有很高的封装密度,较高的工作效率,并使总的设计得以简化。由于信号处理是在焦平面阵列中进行的,所以减少了器件的引线数目,光学孔径和频谱带宽也得以减小。

读出电路的电荷处理能力直接控制焦平面的动态范围,它的电荷转移效率影响焦平面的非均匀性、数据率、串扰和噪声,这些都综合影响焦平面的空间、时间和辐射能量的极限分辨能力以及空间和时间频率传递特性。因此,读出电路的设计要求为:高电荷容量、高转移效率、低噪声和低功率耗散;其次考虑抗光晕控制和降低交叉串扰。

据报道,GaAs 可作为一种潜在的焦平面阵列读出技术,其原因是:GaAs 的热膨胀系数与 HgCdTe 的匹配要比硅好得多,这样便有可能可靠地制备大型混合焦平面阵列;GaAs 技术的辐射硬度比硅好得多;n 型 GaAs 器件的施主能级比硅更接近导带边缘,这就使得 GaAs 器件在 4K 时更不受冻结效应的影响。

目前达到实用水平的焦平面阵列探测器主要有碲镉汞、锑化铟、硅化铂和非制冷探测器 4 种。近几年推出的阵列式凝视成像的焦平面热像仪,属新一代的热成像装置,在性能上大大优于光机扫描式热像仪,定将逐步取代光机扫描式热像仪。其关键技术是探测器由单片集成电路组成,被测目标的整个视野都聚焦在上面,并且图像更加清晰,使用更加方便,仪器非常小巧轻便,同时具有自动调焦图像冻结,连续放大,点温、线温、等温和语音注释图像等功能,仪器采用 PC 卡,存储容量可高达 500 幅图像。

总之,红外热像仪是通过非接触探测红外能量(热量),并将其转换为电信号,进而在显示器上生成热图像和温度值,并可以对温度值进行计算的一种检测设备。红外热像仪能够将探测到的热量精确量化，或测量，使您不仅能够观察热图像，还能够对发热的故障区域进行准确识别和严格分析。

3. 红外热成像技术的优点

(1)被动式非接触检测与识别，隐蔽性好

由于红外热成像技术是一种对目标的被动式的非接触的检测与识别，因此隐蔽性好，不容易被发现，从而使红外热成像仪的操作更安全、更有效。

(2)不受电磁干扰，能远距离精确跟踪热目标，实现精确制导

由于红外热成像技术利用的是热红外线，因此不受电磁干扰。采用先进热成像技术的红外搜索与跟踪系统，能远距离精确跟踪热目标，并可同时跟踪多个目标，使武器发挥最佳效能。红外热成像技术可实现精确制导，使制导武器具有较高的智能性，并可寻找最重要的目标予以摧毁，从而大幅度提高了弹药的命中精度，使其作战威力成几十倍地提高。

(3)能真正做到 24 h 全天候监控

红外辐射是自然界中存在最为广泛的辐射，而大气、烟云等可吸收可见光和近红外线，但是对 3～5 μm 和 8～14 μm 的红外线却是透明的，这两个波段被称为红外线的“大气窗口”。因此，利用这两个窗口，可以在完全无光的夜晚，或是在雨、雪等烟云密布的恶劣环境中清晰地观察到所需监控的目标。正是由于这个特点，红外热成像技术能真正做到 24 h 全天候监控。

(4)探测能力强，作用距离远

利用红外热成像技术进行探测可在敌方防卫武器射程之外实施观察，其作用距离远。目前手持式及装于轻武器上的热成像仪可让使用者看清 800 m 以外的人体；且瞄准射击的作用距离为 2～3 km；在舰艇上观察水面可达 10 km；在 1.5 km 高的直升机上可发现地面单兵的活动；在 20 km 高的侦察机上可发现地面的人群和行驶的车辆，并可分析海水温度的变化从而探测到水下潜艇等。

(5)可采用多种显示方式，把人类的感官由五种增加到六种

只有当物体的温度达 1 000 ℃以上时，才能够发出可见光。而所有温度在绝对零度(－273 ℃)以上的物体，都会不停地发出热红外线。如一个正常的人所发出的热红外线能量，大约为 100 W，这些都是人眼看不见的。但物体的热辐射能量的大小，直接和物体表面的温度相关。热辐射的这个特点使人们可以利用红外热成像技术对物体进行无接触温度测量和热状态分析，并可采用多种方式显示出来。如对视频信号进行假彩色处理，便可由不同颜色显示不同温度的热图像；若对视频信号进行模数转换处理，即可用数字显示物体各点的温度值等，从而看清人眼原来看不见的东西。所以可以说，红外热成像技术把人类的感官由五种增加到六种。

(6)能直观地显示物体表面的温度场，不受强光影响

红外测温仪只能显示物体表面某一小区域或某一点的温度值，而红外热成像仪则可以同时测量物体表面各点温度的高低，直观地显示物体表面的温度场，并以图像形式显示出来。由于红外热成像仪是探测目标物体的红外热辐射能量的大小，不像微光像增强仪那样处于强光环境中时会出现光晕或关闭，因此不受强光影响。

红外热成像技术除主要应用于军事方面外，还可广泛应用于工业、农业、医疗、消防、考

古、交通、地质、公安侦察等民用领域。并且,还可将这种技术大量地应用到安防监控领域中,以方便实现智能安防监控。

4. 红外热成像技术的缺点

(1)图像对比度低,分辨细节能力较差

由于红外热成像仪靠温差成像,而一般目标温差都不大,因此红外热图像对比度低,分辨细节能力较差,如图 2-41 所示。

(2)不能透过透明的障碍物看清目标

由于红外热成像仪靠温差成像,而像窗户玻璃这种透明的障碍物,使红外热成像仪探测不到其后面物体的温差,因此不能透过透明的障碍物看清目标。

图 2-41　可见光红外图像对比

(3)成本高、价格贵

目前红外热成像仪的成本仍是限制它广泛使用的最大因素。随着科技的发展,关键技术的突破及加工效率的提高,今后的成本会大为降低。

表 2-6　普通摄像机与热成像摄像机对比

性能特点	普通摄像机	热成像摄像机
工作方式	被动式依赖日光或照明设施	被动式不受光线影响
监控距离	监控范围小监控作用距离近	监控范围大监控作用距离远
监控能力	着重于对物体的分辨	着重于对物体的探测
隐蔽性能	隐蔽性能一般,较容易暴露	隐蔽性好,不易暴露
温度显示	不能分辨目标物体温度,受强光影响较大	能直观显示物体表面温度差,不受强光影响

习　　题

1. 请解释夏天路面远看像有一层水的现象。
2. 什么是理想像?
3. 光学系统成像质量的主要评价方法有哪些,以及它们各自的特点是什么?
4. 几何像差分别有哪些?
5. 球差产生的原理是什么?

6. 慧差产生的原理是什么?

7. 像散产生的原理是什么?

8. 场曲产生的原理是什么?

9. 畸变产生的原理是什么?

10. 色差产生的原理是什么?

11. 简述光学成像系统评价的瑞利判据。

12. 简述光学成像系统评价的瑞利判据的缺点。

13. 什么是电磁波大气窗口?

第三章　电磁辐射与传播

电磁场在科学技术中的应用，主要有两类：一类是利用电磁场的变化将其他信号转换为电信号，进而达到转化信息或者自动控制的目的；另一类是利用电磁场对电荷或者电流的作用来控制其运动，使其平衡、加速、偏转或转动，以达到预定的目的。

历史上电磁波首先是由詹姆斯·麦克斯韦于 1865 年预测出来的，后来又由德国物理学家海因里希·赫兹于 1887 年至 1888 年间在实验中证实了电磁波的存在。电磁波是现代战争中电子战的主要物理载体。

第一节　电磁场理论

一、麦克斯韦方程组

电磁波的传播是一个复杂的过程，而麦克斯韦方程总结了电磁现象的基本规律，以麦克斯韦方程为核心的经典电磁理论已成为研究宏观电磁现象和工程电磁问题的理论基础。

(一)电场物理量

1. 电场强度

1978 年，法国科学家库仑从实验出发，给出了库仑定律，其数学表达式为

$$\boldsymbol{F}=\frac{q_1\ q_2}{4\pi\ \varepsilon_0\ R^2}\boldsymbol{a}$$

式中：q_1，q_2 表示点电荷 1 和点电荷 2 携带的电荷量，单位为 C(库仑)；R 表示两点电荷间的距离，单位为 m(米)；ε_0 为真空介电常数，其值为 $(1/36\pi)\times10^{-9}$ F/m (法拉/米)；$\boldsymbol{a}$ 表示力的方向。

电场强度指单位正电荷在电场中某点处受到的作用力，用 $\boldsymbol{E}$ 表示，即

$$\boldsymbol{E}=\lim_{q_1\to0}\frac{\boldsymbol{F}}{q_1}$$

点电荷 Q 周围任意一点的电场强度为

$$\boldsymbol{E}=\frac{Q}{4\pi\ \varepsilon_0\ R^2}\boldsymbol{a}$$

线电荷密度指单位长度上的电荷量，用 ρ_l 表示，即

$$\rho_l = \lim_{\Delta l \to 0} \frac{\Delta q}{\Delta l} = \frac{\mathrm{d}q}{\mathrm{d}l}$$

面电荷密度指单位面积上的电荷量，用 ρ_S 表示，即

$$\rho_S = \lim_{\Delta S \to 0} \frac{\Delta q}{\Delta S} = \frac{\mathrm{d}q}{\mathrm{d}S}$$

体电荷密度指单位体积上的电荷量，用 ρ_V 表示，即

$$\rho_V = \lim_{\Delta V \to 0} \frac{\Delta q}{\Delta V} = \frac{\mathrm{d}q}{\mathrm{d}V}$$

2. 电位

静电场内的单位正电荷从 A 点移动到 B 点外力所做的功称为 A 、B 两点之间的电位差 ΔV_{AB} 。

$$\Delta V_{AB} = -\int_A^B E \cdot \mathrm{d}l$$

当真空中的点电荷 Q 位于原点时，A 、B 两点之间的电位差为

$$\Delta V_{AB} = -\int_A^B \frac{Q}{4\pi \varepsilon_0 R^2} \mathrm{d}l = \frac{Q}{4\pi \varepsilon_0}\left(\frac{1}{R_B} - \frac{1}{R_A}\right)$$

上式说明 A 、B 两点的电位差只与两点所在的位置有关，而和路径无关。在静电场中，电场强度沿闭合回路积分总是为零，即 $\oint_l E \mathrm{d}l = 0$ 。

若单位正电荷从无穷远处 A ($R_A = \infty$)移动到 B 处，其电位差为

$$\Delta V_{AB} = \frac{Q}{4\pi \varepsilon_0 R_B}$$

则 B 点的电位可表示为

$$V_B = \frac{Q}{4\pi \varepsilon_0 R_B}$$

根据梯度的定义可得：

$$\mathrm{d}V = (\nabla V)\mathrm{d}l$$

又

$$\mathrm{d}V = -E\mathrm{d}l$$

所以有

$$E = -\nabla V$$

上式中电位 V 是标量，可以通过电位的梯度计算得到电场强度。

(二)磁场物理量

1. 磁感应强度

单位正电荷、以单位速度 v 在磁场中运动时受到的最大磁场力 F_m 为磁感应强度 B ，其方向垂直于磁场力和运动方向，且满足右手螺旋法则。磁感应强度的表达式为

$$\mathrm{d}\boldsymbol{B} = \frac{\mu_0}{4\pi} \frac{I_1 \mathrm{d} l_1 \times \boldsymbol{a}_{12}}{R^2}$$

上式称为毕奥-萨伐定律。其积分形式为

$$\boldsymbol{B}=\frac{\mu_0}{4\pi}\oint_{l_1}\frac{I_1\mathrm{d}\,l_1\times\boldsymbol{a}_{12}}{R^2}$$

更为普适性的数学表达式为

$$\boldsymbol{B}=\frac{\mu_0}{4\pi}\oint_{l}\frac{I\,\mathrm{d}l\times\boldsymbol{a}}{R^2}$$

上式为线电流周围磁感应强度的计算公式。

如果电流分布在曲面上，则定义面电流密度 J_S 为在与电流流动方向垂直的方向上，单位宽度流过的电流。为了更清晰地描述，电流流动平行方向的长度用 $l_{//}$ 表示，与电流流动方向垂直的宽度用 $l_{\perp}$ 表示。则有：

$$J_S=\frac{\mathrm{d}I}{\mathrm{d}l_{\perp}}$$

$$\mathrm{d}I=I\cdot\mathrm{d}\,l_{//}$$

将上式代入 d$\boldsymbol{B}$ 中，有

$$\mathrm{d}\boldsymbol{B}=\frac{\mu_0}{4\pi}\frac{J_S\cdot\mathrm{d}\,l_{\perp}\cdot\mathrm{d}\,l_{//}\times\boldsymbol{a}_{12}}{R^2}=\frac{\mu_0}{4\pi}\frac{J_S\times\boldsymbol{a}}{R^2}\mathrm{d}S$$

其中 $\mathrm{d}S=\mathrm{d}\,l_{\perp}\mathrm{d}\,l_{//}$ 。则有：

$$\boldsymbol{B}=\int_S\frac{\mu_0}{4\pi}\frac{J_S\times\boldsymbol{a}}{R^2}\mathrm{d}S$$

如果电流分布在某体积内，则定义体电流密度 J_V 为在与电流流动方向垂直的平面上，单位面积流过的电流

$$J_V=\frac{\mathrm{d}I}{\mathrm{d}S}$$

同理则有：

$$\boldsymbol{B}=\int_V\frac{\mu_0}{4\pi}\frac{J_V\times\boldsymbol{a}}{R^2}\mathrm{d}V$$

2. 矢量磁位

由磁通连续性原理可以得知，磁场线是连续的闭合矢线，磁场是无散场。因此有：

$$\nabla\cdot B=0$$

一个矢量的旋度的散度恒等于零，于是可以引入一个矢量 $\boldsymbol{A}$ 。

$$\nabla\cdot(\nabla\times\boldsymbol{A})=0$$

矢量 $\boldsymbol{A}$ 是从数学上引入的辅助量，称为矢量磁位，它没有明确的物理意义，它的单位为 Wb/m(韦伯/米)。

(三)安培环路定理

根据毕奥-萨伐定律可以推导出，在真空中磁感应强度 B 沿任意回路的线积分，等于该回路限定的曲面上穿过的总电流乘以真空磁导率。这就是安培环路定理，即

$$\oint_l B\cdot\mathrm{d}l=\mu_0\sum_i I_i$$

利用安培环路定理分析含有电容器的电路，如图 3－1 所示。显然取不同曲面 S_1 、S_2 得到的磁场感应强度截然不同，出现了矛盾。

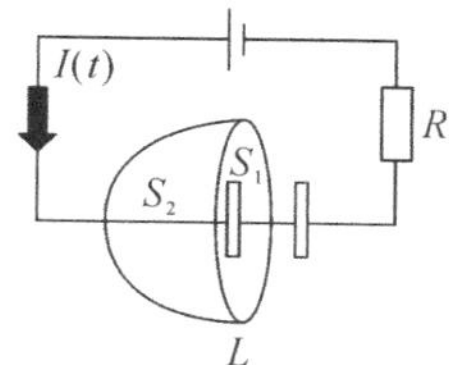

图 3－1　含电容的电路示意图

1. 位移电流

麦克斯韦在研究这一问题后，提出了位移电流的假设：在电容器两极板间，由于电场随时间变化而存在位移电流 I_d ，数值大小等于流向正极板的传导电流 I_c 。位移电流是电流概念的扩充，像传导电流一样，它也有磁效应，其与传导电流的主要差别在于位移电流不是由带点粒子运动形成的。

若图 3－1 中电容正极板的电荷为 q ，则流向正极板的传导电流 I_c 为

$$I_c = \frac{\mathrm{d}q}{\mathrm{d}t}$$

电容正极板的电荷 q 可表示为

$$q = C \cdot U = \varepsilon_0 \frac{S}{d} \cdot \boldsymbol{E} d = S$$

则位移电流为

$$I_d = I_c = \frac{\mathrm{d}q}{\mathrm{d}t} = \frac{\mathrm{d}(\varepsilon_0 \boldsymbol{E})}{\mathrm{d}t} S$$

令 $\boldsymbol{D} = \varepsilon_0 \boldsymbol{E}$ ，称为电位移矢量，单位为(C/m^2)。显然，位移电流与传导电流的流向相同，当正电极板充电时，位移电流从正极板指向负极板，反之则方向相反。

$$I_d = \frac{\mathrm{d}D}{\mathrm{d}t} S$$

不难看出位移电流是由于电场变化产生的。变化的电场能产生位移电流，位移电流也能产生磁场，变化的电场就能产生磁场。麦克斯韦对位移电流的提出，推动了后来电磁波理论的发展。

2. 全电流安培环路定律

在考虑位移电流后，总的电流密度可以表示为

$$J = \frac{I}{S} = \frac{I_c + I_d}{S} = J_c + J_d = J_c + \frac{\partial D}{\partial t}$$

考虑全电流后的安培环路定理可以修正为

$$\oint_l B\,\mathrm{d}l = \mu_0 \int_S \left(J_c + \frac{\partial D}{\partial t}\right) \mathrm{d}S$$

或者

$$\oint_l H \mathrm{d}l = \int_S \left(J_c + \frac{\partial D}{\partial t}\right) \mathrm{d}S$$

上式表明:磁场不仅仅由传导电流产生,也能由位移电流产生,即变化的电场能产生磁场。

(四)麦克斯韦方程

电场和磁场是两个概念,然而电场和磁场又是统一电磁场中两个不可分割的部分,随时间变化的电场要在空间产生磁场。同样,随时间变化的磁场也要在空间产生电场。麦克斯韦用数学形式概括了宏观电磁现象的基本性质,被称为麦克斯韦方程,这就是经典电磁理论的基本方程,其积分形式包括四个方程,见表 3-1。

可以用亥姆霍兹定理对麦克斯韦方程做个简单总结,根据亥姆霍兹定理,矢量场的旋度和散度都表示矢量场的源。故麦克斯韦方程表明了电磁场和它们的源之间的全部关系:除了真实的电流外,变化的电场(位移电流)也是磁场的源;除电荷外,变化的磁场也是电场的源。

二、媒介的电磁场性质

物质是由原子核和电子组成的,原子核带正电,电子带负电。任何物质都有带电粒子,带电粒子的周围一定存在着电场。电子绕原子核运动,同时也做自旋运动。电荷的运动形成放电流,电流产生磁场。从微观上看,任何物质的带电粒子是存在电磁效应的。从宏观看,由于相邻原子产生的场相互抵消,在自然状态下大量带电粒子运动的综合效应使得物质为电中性。但如果存在外加电磁场,则带电粒子在外加电磁场的作用下,改变物质中分子电矩和磁矩方向,打破自然状态下的电中性,引起宏观电或磁效应。相当于在物质内部存在附加的场源。因此需要在真空中的电磁场讨论的基础上,进一步讨论电磁场在物质中的传播。

物质在外部电磁场作用下,会产生的三个基本现象:传导、极化和磁化。每一种物质在电磁场中均有传导、极化和磁化三种现象。根据每一种物质表现出来的主要现象,可将材料分为导体、半导体、电媒介和磁媒介等。

(一)电场中的导体

导体是一种含有大量可以自由移动的带电粒子的物质,在外电场作用下,以发生传导现象。导体可分为金属导体和电解质导体。在作战目标领域,主要是以金属导体为主。金属导体的导电靠的是自由电子,由于自由电子的质量比原子核的质量小得多,所以导电过程中没有明显的质量迁移,也不伴随任何化学变化。表征材料导电特性的参量是电导率。

1. 导体内电子运动

金属导体内部含有大量的自由电子。如果导体处于外电场中,导体中的自由电子将受到电场力作用,逆电场方向运动。根据牛顿第一定律,在电场力作用下,电子要作加速运动。然而自由电子在运动过程中,不断与金属结晶点阵相碰撞。

表 3－1　麦克斯韦方程的多种形式

条件		安培环路定理	电磁感应定理	高斯定理
通式	积分	$\oint_l H \cdot \mathrm{d}l = \int_S \left(J_c + \frac{\partial D}{\partial t}\right) \cdot \mathrm{d}S$	$\oint_l E \cdot \mathrm{d}l = -\int_S \frac{\partial B}{\partial t} \cdot \mathrm{d}S$	$\oint_S D \cdot \mathrm{d}S = \int_V \rho_V \cdot \mathrm{d}V \quad \oint_S B \cdot \mathrm{d}S = 0$
	微分	$\nabla \times H = J_c + \frac{\partial D}{\partial t}$	$\nabla \times E = -\frac{\partial B}{\partial t}$	$\nabla \cdot D = \rho_V \ \nabla \cdot B = 0$
自由空间	积分	$\oint_l H \cdot \mathrm{d}l = \int_S \frac{\partial D}{\partial t} \cdot \mathrm{d}S$	$\oint_l E \cdot \mathrm{d}l = -\int_S \frac{\partial B}{\partial t} \cdot \mathrm{d}S$	$\oint_S D \cdot \mathrm{d}S = \oint_S B \cdot \mathrm{d}S = 0$
	微分	$\nabla \times H = \frac{\partial D}{\partial t}$	$\nabla \times E = -\frac{\partial B}{\partial t}$	$\nabla \cdot D = 0 \ \nabla \cdot B = 0$
正弦电磁场	积分	$\oint_l H \cdot \mathrm{d}l = \int_S (J_c + \mathrm{j}\omega D) \cdot \mathrm{d}S$	$\oint_l E \cdot \mathrm{d}l = -\mathrm{j}\omega \int_S B \cdot \mathrm{d}S$	$\oint_S D \cdot \mathrm{d}S = \int_V \rho_V \cdot \mathrm{d}V \quad \oint_S B \cdot \mathrm{d}S = 0$
	微分	$\nabla \times H = J_c + \mathrm{j}\omega D$	$\nabla \times E = -\mathrm{j}\omega B$	$\nabla \cdot D = \rho_V \ \nabla \cdot B = 0$
恒定电磁场	积分	$\oint_l H \cdot \mathrm{d}l = \int_S J_c \cdot \mathrm{d}S$	$\oint_l E \cdot \mathrm{d}l = 0$	$\oint_S D \cdot \mathrm{d}S = \int_V \rho_V \cdot \mathrm{d}V \quad \oint_S B \cdot \mathrm{d}S = 0$
	微分	$\nabla \times H = J_c$	$\nabla \times E = 0$	$\nabla \cdot D = \rho_V \ \nabla \cdot B = 0$
静电场	积分		$\oint_l E \cdot \mathrm{d}l = 0$	$\oint_S D \cdot \mathrm{d}S = \int_V \rho_V \cdot \mathrm{d}V$
	微分		$\nabla \times E = -\frac{\partial B}{\partial t}$	$\nabla \cdot D = \rho_V$

如果导体是在静电场(由静止电荷发出的电场)中,由于导体与产生静电场的电荷不直接连接,金属表面将是电子运动的边界性。因此在导体表面将聚集电子,形成电荷聚集。这些电荷称为感应电荷。当导体两端聚集有感应电荷时,感应电荷将在导体内产生电场,该电场称为内电场,其方向与外电场方向相反,随着感应电荷的聚集,感应电荷产生的内电场也逐渐增强,最后达到与外电场平衡且互相抵消,此时导体内的总场强为零,自由电子受到的电场力也为零,电子的定向运动停止。于是,导体达到静电平衡状态。静电场中的导体具有以下基本特征:导体为等位体;导体内部电场为零;导体表面的电场处处与导体表面垂直,切向电场为零;感应电荷只分布在导体表面上,导体内部感应电荷为零。

如果导体与直流电源连接,则在短时间内,导体内部会存在恒定电场 E,且电子在闭环的电路内可视为没有边界。因此自由电子将会在电场作用下加速,然后与金属结晶点阵碰撞,不断地加速—碰撞,再加速—碰撞。从统计结果看,就形成了一个平均运动速度(多个电子加速到最大速度的平均值),称为漂移速度 v_d。电子在连续两次与结晶点阵相互作用间隔中得到一个动量 mv_d,而加速到碰撞的平均时间间隔为 τ,称为平均自由时间。电子在 τ 秒内获得的动量 mv_d,等于电场力 eE 的冲量 $eE\tau$,即:

$$mv_d = -eE\tau$$

式中,$m = 9.1055 \times 10^{-31}$ kg,为电子质量;$e = 1.602 \times 10^{-19}$ C,为电子电荷;负号表示漂移方向与电场方向相反之故。显然:

$$v_d = -\frac{e}{m}\tau E$$

令

$$\mu_d = \frac{e}{m}\tau$$

则有

$$v_d = -\mu_d E \tag{3-1}$$

式中:μ_d 称为电子的迁移率,其单位为m^2/Vs,表示在单位电场作用下,在一个加速-碰撞间隔周期内,将电子加速到的平均速度。不同的金属带有不同的电子迁移率,其典型数据为:$\mu_{铝}$——0.001 2,$\mu_{紫铜}$——0.003 2,$\mu_{银}$——0.005 6。电子在金属中的漂移速度很小,约为几毫米每秒。特别强调,此处漂移速度与电流传导的速度不同。后者为电磁场的传播速度,等于光速。

电荷的定向运动形成电流。如图 3-2 所示,对导体加载电场 E,在导体中取一段微元,ds 为导体微元截面面积。如果自由电子的面积密度为 N_d,微元的截面自由电子数为 $N_d ds$。由于漂移运动,自由电子在单位时间内穿过 ds 的总量为 $-N_d v_d ds$,单位时间通过的电荷为

$$dq = -N_d e v_d ds$$

单位时间流过截面 ds 的电荷即为电流,有

$$I = \frac{dq}{dt} = -N_d e v_d ds$$

电流密度

$$J_d = \frac{I}{ds} = -N_d e v_d$$

将式(3－1)代入上式，则有

$$J_d = N_d e \mu_d E$$

令

$$\sigma = N_d e \mu_d$$

则

$$J_d = \sigma E \tag{3-2}$$

其中，σ 称为金属的电导率，表示在单位电场作用下，单位截面面积的导体，单位时间流过的电荷总量，是表材料导电特性的重要变量。

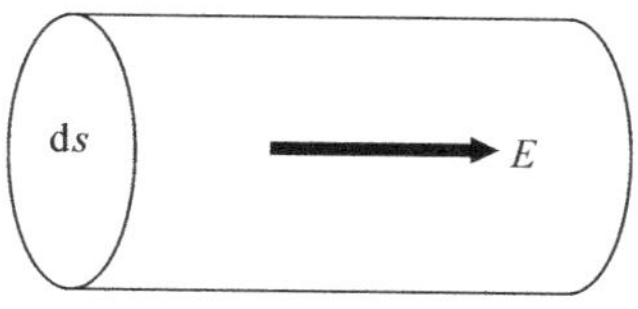

图 3－2　电场中的导体

2. 导体电导率

电导率是表征材料导电特性的一个物理量，电导率的倒数称为电阻率。电导率的单位为 S/m(西门子/米)或 1/Ω・m[1/欧姆・米]。式(3－2)描述的是导体和半导体材料任意点场强和电流密度之间的关系，它们的积分形式的关系是电流和电压的欧姆定律。

有一类称为半导体的材料，其导电率除靠电子外，还有空穴。电子和空穴移率分别为 μ_d 和 μ_h，半导体的电导率为

$$\sigma = N_d e \mu_d + N_h e \mu_h$$

式中，N_h 表示空穴面积密度。

如果电导率不随电流密度和电场强度的变化而变化，这种导电媒质称为线性媒质。如果电导率不随空间的变化而变化，这种导电媒质称为均匀媒质。如果导电媒质的性质不随场矢量的方向变化而变化，这种导电媒质称为各向同性媒质。导体、电媒介和磁媒介大多数是线性、均匀和各向同性的。

电导率 σ 和材料本身的性质，如材料中的自由电子密度 N_d 和平均自由时间 τ 有关，也和环境温度有关。对金属导体材料，温度越高，金属结晶点阵振动越剧烈，与电子碰撞概率越大，电子漂移速度越低，电子迁移率变小，结果使金属电导率变小，电阻率增大。金属电导率和绝对温度近似成线性反比关系。某些金属导体在超低温条件下(0 K 或者－273 ℃)电阻率趋向于零，可变为超导体，如铝在 1.2 K 时，就呈现超导状态。通常将电导率为无穷大的导体称为理想导体。理想导体电阻为零，内部电场为零。

半导体材料的电导率受环境温度影响很大，且和金属导体的温度特性不同。温度升高时，半导体和导体一样电子和空穴迁移率要变小，但自由电子和空穴的面积密度却急剧上升，总的效果使电导率明显增大。例如，在 27 ℃时，锗的电导率为 2.1 S/m，温度升至 87 ℃后，电导率变为 21 S/m。热敏电阻即利用了这一特性。电导率是表征材料电磁特性的三个

主要参量之一。表 3－2 列出了不同材料的电导率数据。

表 3－2 材料的电导率

物质	电阻率	物质	电阻率	物质	电阻率
银	1.586	镉	6.83	汞	98.4
铜	1.678	铟	8.37	空气	0
金	2.40	铁	9.71	淡水	$10^{-6}\sim10^{-2}$
铝	2.6548	铂	10.6	黏性干土	0.01～0.1
钙	3.91	锡	11.0	黏性湿土	0.001～1
铍	4.0	铷	12.5	干灰岩	$10^{-8}\sim10^{-6}$
镁	4.45	铬	12.9	湿灰岩	0.01～0.1
钼	5.2	镓	17.4	干页岩	0.001～0.1
铱	5.3	铊	18.0	干花岗岩	$10^{-8}\sim10^{-6}$
钨	5.65	铯	20	湿花岗岩	0.001～0.01
锌	5.196	铅	20.684	干混凝土	0.001～0.01
钴	6.64	锑	39.0	湿混凝土	0.01～0.1
镍	6.84	钛	42.0		

(二)电场中的电媒介

电媒介中的电子受原子核的束缚很强,电子也不能脱离原子核做宏观运动。即使在外电场的作用下,只能在原子间隔尺度内作微观位移。相较于导体在外部电场作用下内部电场为零,电解质在外部电场作用下内部可以存在电场。电媒介是一种绝缘材料,如石英、云母、变压器油、蓖麻油、氢和氮等。电媒介可以是固体、液体或气体,有趣的是,一般金属蒸气也是电媒介。在一般媒介的分子中,含有许多电子,它们各自在自己的轨道上运动,形成电子云,电子云的作用可用一个单独的负电荷来等效,该等效电荷所在的位置称为电子云的“重心”。每个分子中的全部电荷也有一个正电荷“重心”。根据正负电荷重心的分布方式,电媒介分子可分为两类:无极分子和有极分子。

无极分子是指当外电场不存在时,电媒介中正负电荷的“重心”是重合的,电媒介处于电中性状态,对外不显电性,如气体氢、氮等物质。有极分子是指当外电场不存在时,电媒介中的正负电荷“重心”不重合,因此每个分子可等效为一个电偶极子。由于分子的无规则热运动,当外电场不存在时,各个分子等效电偶极矩的方向是凌乱的。所谓电偶极矩,简称为电矩,是表征电偶极子正电荷分布和负电荷分布的分离程度,对于电荷 $+q$ 和 $-q$,若二者相距为 r,则其电偶极矩为 qr,其方向为正电指向负电。无论是整块媒介或媒介中的某一部分,其中分子等效电偶极矩的矢量和都等于零,媒介依然处于电中性状态,对外不显电性。

在外电场作用下,由无极分子组成的电媒介中,分子的正负电荷“重心”将发生相对位移,形成等效电偶极子。外加电场越强,正负电荷重心之间的相移就越大,等效电偶极矩也越大。对均匀电媒介整体来说,在外电场作用下,正、负电荷重新分布。然而这种电荷与导体中的自由电荷不同，它不能离开电媒介，更不能在电媒介内部自由运动，所以称为束缚电荷。

在外电场作用下，分子电偶极矩转向电场的方向。但是由于分子的热运动，不可能使所有分子的电偶极矩都按电场的方向排列起来，场强越强，转向的效果也就越显著，排列就越整齐，各个分子的等效电偶极矩在电场方向分量的总和也越大，在有极分子电媒介与外电场垂直的界面上，同样出现束缚电荷。这种在外电场作用下，电媒介中出现有序排列，电媒介表面上出现束缚电荷的现象，称为电媒介的极化。无极分子的极化称为位移极化。有极分子的极化称为转向极化。

描述极化程度的物理量，称为极化强度，用 P 表示。电媒介极化的程度直接取决于分子的位移极化和转向极化的程度。设媒介中一小体积 ΔV 中所有分子的电矩矢量和为 $\sum \boldsymbol{p}_i$，则极化强度可定义为单位体积中分子电矩的矢量和 $\boldsymbol{P}$：

$$\boldsymbol{P} = \lim_{\Delta V \to 0} \frac{\sum \boldsymbol{p}_i}{\Delta V}$$

上式反映了媒介中每一点媒介极化的情况。由该式可知，极化强度为一个矢量函数，极化强度的单位是 C/m^2，与面电荷密度具有相同的量纲。对于线性的和各向同性的均匀媒介来说，媒介中的每一点极化强度矢量与该点的总电场强度成正比：

$$P = \chi_0 \varepsilon_0 E$$

式中：χ_0 为电极化系数；不同的媒介有不同的电极化系数。对于各向异性媒介，极化强度和外电场强度的关系比较复杂，不在这里讨论。

在外电场作用下，电媒介表面上出现体密度为 ρ_P 的束缚电荷。束缚电荷也会产生响应的电场。当计入自由电荷密度和束缚电荷密度时，其高斯定律可以写成：

$$\nabla \cdot \boldsymbol{E} = \frac{\rho_v + \rho_P}{\varepsilon_0}$$

束缚电荷的体密度与极化强度的关系为

$$\boldsymbol{\rho}_P = -\nabla \cdot \boldsymbol{P} \tag{3-3}$$

将上面的两个公式合并后，可得：

$$\nabla \cdot (\varepsilon_0 \boldsymbol{E} + \boldsymbol{P}) = \boldsymbol{\rho}_v \tag{3-3}$$

定义矢量 $\boldsymbol{D}$ 为电位移矢量或电通量密度，则

$$\boldsymbol{D} = \varepsilon_0 \boldsymbol{E} + \boldsymbol{P} \tag{3-4}$$

对于线性和各向同性的均匀媒介来说，电位移矢量可以表示为

$$\boldsymbol{D} = (1 + \chi_0)\varepsilon_0 \boldsymbol{E} = \varepsilon_r \varepsilon_0 \boldsymbol{E}$$

式中：$\varepsilon_r = 1 + \chi_0$，$\varepsilon_r$ 称为相对介电常数，常见媒介的相对介电常数见表 3－3。

表 3－3　常见媒介的相对介电常数

物　质	介电常数	物　质	介电常数	物　质	介电常数
空　气	1	玻璃片	1.1～2.2	乙　醇	24.5～25.7
水	81	石　蜡	2.0～2.1	甲　醇	32.7
矿　石	250	木　头	2.8	金刚石	2.8

续表

物质	介电常数	物质	介电常数	物质	介电常数
湿沙	15～20	玻璃	4.1	纸	2.5
乳胶	24	纯水冰	4	橡胶	2～3
水泥	4～6	混凝土	4～11(5)	花岗岩	4～7
沥青	4～5	冰	3－4	砂岩	6
干燥沙	3～4(2.5)	碳	6－8	页岩	5～15
粮食	2.5－4.5	花岗岩	8.3	石灰岩	4～18
食用油	2～4	大理石	6.2	玄武岩	8～9
石膏	1.8～2.5	云母	7－9	土壤沉积物	4～30
干燥煤粉	2.2	食盐	7.5	PVC材料	3
柴油	2.1	油漆	3.5	沥青	3～5
汽油	1.9	塑料粒	1.5～2.0	雪	1～2

将式(3-4)代入式(3-3)可得到：

$$\nabla \cdot \boldsymbol{D} = \boldsymbol{\rho}_v$$

上式说明高斯定律不仅适用于真空，同样也适用于一般媒介。高斯定律告诉我们：穿过任意封闭曲面的电通量，只与曲面中包围的自由电荷有关，而与媒介的极化状况无关，这给电场计算带来了某些方便。

以上有关电媒介的性质，是在静电场的情况下得到的，它对于低频电场也是适用的。最后要指出的是，电媒介和导体之间并不存在不可逾越的鸿沟，如果外电足够大，电媒介中的束缚电荷就可能克服分子引力，成为自由电荷，这时绝缘体变成了导体，这种现象称为媒介的击穿。

(三)磁场中的磁媒介

1. 媒介的磁化

物质的磁化和电媒介的极化类似。根据物质的简单模型，电子沿圆形轨道围绕原子核旋转，相当于一个小电流环，也会产生磁效应，也有一定的磁矩(也称为磁偶极矩，其大小为回路中电流与回路面积的乘积，方向是当右手的四指指向电流方向时大拇指的方向)，该磁矩称为电子轨道磁矩。此外，电子还围绕本身的轴做自旋运动，形成圆电流，也产生一个磁矩，称为电子自旋磁矩。原子核的自旋也会产生一个原子核自旋磁矩，这三个磁矩总和称为原子(或分子)磁矩。但原子核的自旋速度比较小，因而一般原子核的自旋磁矩可忽略不计。

与媒介的电场类似，绝大部分材料中所有原子磁矩的取向是杂乱的，结果总的避矩为零，不呈现磁性。但在外磁场作用下，物质中的原子磁矩都将受到一个扭矩作用，等所有原子磁矩都趋于和外磁场方向一致排列，彼此不再抵消，结果对外就产生磁效应，这种现象称为物质的磁化。

在外磁场作用下能产生磁化的物质称为磁媒介。与电场的极化强度类似，定义单位体积内所有磁矩的矢量和为磁化强度：

$$M = \lim_{\Delta V \to 0} \frac{\sum m_i}{\Delta V}$$

式中，m_i 为第 i 个原子的磁矩，磁化强度的单位为 A/m。

如果磁化均匀，外部磁场将使得磁媒介内部的众多原子磁矩受扭矩作用后方向旋转。此时在磁媒介中彼此相邻的束缚电流，会因为正反两个方向的自旋而抵消，于是在磁媒介内部束缚电流为零，而只剩磁媒介表面的束缚电流。如果磁化不均匀，相邻的束缚电流便不能完全抵消，磁媒介内部也就存在束缚电流，也称为磁化电流。束缚电流面密度为

$$J_m = \nabla \times M \tag{3-5}$$

在考虑磁化电流后，磁媒介中安培环路定律的微分形式可写为

$$\nabla \times \left(\frac{B}{\mu_0}\right) = J_c + J_m + \frac{\partial D}{\partial t}$$

代入式(3－5)后可得：

$$\nabla \times \left(\frac{B}{\mu_0} - M\right) = J_c + \frac{\partial D}{\partial t}$$

定义磁场强度：

$$H = \frac{B}{\mu_0} - M$$

需要注意的是，此处的 H 与 B 虽然都是对磁场作用强度的描述，但其物理意义不尽相同。此处的磁场感应强度 B 是考虑了束缚电流影响；而 H 是没有考虑束缚电流影响的作用强度。二者的转化关系可以用相对磁导率去归算。则可得：

$$\nabla \times H = J_c + \frac{\partial D}{\partial t}$$

大多数磁媒介的磁化强度和磁场强度之间的关系是线性的，即

$$M = \chi_m H$$

其中，χ_m 称为磁化率。

$$B = \mu_0 H + \mu_0 M = \mu_0 (1 + \chi_m) H = \mu_0 \mu_r H$$

其中，μ_r 为相对磁导率，有

$$\mu_r = 1 + \chi_m$$

$$\mu = \mu_0 \mu_r$$

其中，μ 为媒介磁导率。常见材料的磁化率和磁导率见表 3－4。

表 3－4　典型材料的磁化率和磁导率

物　质	磁化率	磁导率/(10^{-6} H·m^{-1})	物　质	磁化率	磁导率/(H·m^{-1})
真　空	0	1.256 637 1	钢	700	875
水	-8.0×10^{-6}	1.256 627 0	镍	100	125
透磁合金	8 000	10 000	铂	2.645×10^{-4}	1.256 970 1
铁氧体(镍锌)		20～800	铝	2.2×10^{-5}	1.256 665 0
铁氧体(锰锌)		>800	铜	6.4×10^{-6}	1.256 629 0

理想导体内的磁场：理想导体的电子处于自由运动状态，在磁场作用下带电电荷会发生规律性运动，在表面产生一个无损耗感应电流。当这个无损耗感应电流产生的磁场与外部磁场相等时，在理想导体内部的电荷不再受到力的作用，才能恢复自然状态。因此理想导体内部的磁场为零。

2. 磁媒介的分类

按照物质结构理论，物质在外磁场作用下都会发生磁化。理论上说除了真空是唯一真正的非磁性媒介外，其他物质都是可磁化的媒介。但不同的磁媒介，其磁化效应的强弱差别较大。磁媒介可以分为抗磁质、顺磁质、铁磁质和亚铁磁质等。

(1)抗磁质：抗磁质的磁效应主要是电子轨道磁矩引起的。这类磁媒介的电子自旋磁矩的贡献不大，在外磁场的作用下，电子轨道磁矩的方向和外磁场方向相反，磁化强度 M 和磁感应强度 B 方向相反。在这类磁媒介内部，磁感应强度 B 将减弱，抗磁质的磁化率为负，其相对磁导率略小于 1。金、银和水等属于抗磁质。

(2)顺磁质：顺磁性主要是电子自旋磁矩引起的，轨道磁矩的抗磁效应不能完全抵消它，在外磁场作用下，电子自旋磁矩和外磁场方向一致，磁化强度 M 和磁感应强度 B 方向相同，使磁媒介中的磁感应强度增强。顺磁质的磁化率为正，相对磁导率略大于 1。镁、锂和钨等属于顺磁质。抗磁质和顺磁质材料的磁化率都较小，其相对磁导率约为 1，工程中常把这类磁效应很弱的材料，都看成非磁性材料。

(3)铁磁质：在铁磁性材料中，有许多小天然磁化区，称为磁畴。磁畴的形状和大小因不同材料样品而异，一般尺寸范围在微米和几个厘米之间。每个磁畴由磁矩方向相同的数以百万计的原子组成。在无外磁场时，各磁畴排列混乱，磁矩相互抵消，对外不显磁性。在外磁场作用下，大量磁畴转向为与外磁场方向一致的排列，形成强烈磁化效应。铁磁性材料的磁化率非常大，其相对磁导率 $\mu_r \gg 1$，如纯铁、镍和钴等。

(4)亚铁磁质：在亚铁磁性物质中，某些分子(或原子)磁矩和磁畴平行，但方向相反。在外磁场作用下，这类材料也呈现较大的磁效应，但由于部分反向磁矩的存在，其磁性比铁磁材料的要小，铁氧体属于一种亚铁磁性材料。

3. 磁场相关的强度概念

(1)磁场强度 H。为了表征磁场强度，在库仑通过实验得到两点磁荷(借鉴电荷的命名方式)之间相互作用力的规律上，发现了磁库仑定律。其公式为

$$F_m = k\frac{q_{m1}\,q_{m2}}{r^2}$$

其中：q_{m1}，q_{m2} 分别为点磁荷量；r 为两点磁荷距离。发现该规律后，为方便描述和测量磁场强度大小，仿照电场强度的定义方法，定义了单位点磁荷在磁场中某点受到的力就为磁场强度 H，其方向为该点正磁荷的磁场力方向。磁场强度是以磁荷观点为出发点的命名方式。

(2)磁感应强度 B。随着分子电流理论的发展运动电荷 q_e 以速度 v 在磁场中运动时，其产生的力可以表示为

$$F_m = q_e v \times B$$

同样 B 也可以表征磁场的强度，按照习惯命名 B 应该也叫磁场强度。但是磁荷观点已经把

磁场强度占用了，所以将其命名为磁感应强度。经过研究表明，磁感应强度 B 和磁场强度 H 之间是线性关系，主要是和媒介的属性相关，$B=\mu H$，μ 为媒介磁导率，是电流理论与磁荷理论的兑换系数。

(3)磁化强度 M。媒介在受到外部磁场激励后，会在内部额外产生一个磁场，将这个额外磁场强度的大小称为磁化强度 M，它与磁场强度 H 表达的物理意义相似。

媒介中任意一点的磁场强度，应该是外部强度和其磁化强度叠加的结果，而后可以根据需要用该处的媒介磁导率转化为磁感应强度。

三、电磁场的边界条件

在两种不同媒质的分界面上，场矢量各自满足的关系，称为电磁场的边界条件。在实际的电磁场问题中，总会遇到两种不同媒质的分界面，例如：空气与玻璃的分界面、导体与空气的分界面等。一般电磁场的求解都需要解偏微分方程，确定边界条件对于求得偏微分方程的解起到重要作用。麦克斯韦用数学形式概括了宏观电磁现象的基本性质。麦克斯韦方程是用数学形式描述宏观电磁现象的基本性质。可以利用麦克斯韦方程分析电磁场边界条件。

(一)电场法向分量的边界条件

图 3－3 所示的两种媒质的分界面，第一种媒质的介电常数、磁导率和电导率分别为 ε_1，μ_1 和 σ_1，第二种媒质的介电常数、磁导率和电导率分别为ε_2，μ_2 和 σ_2。

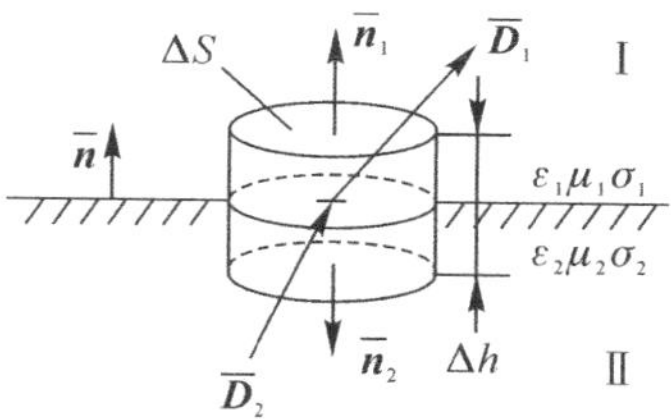

图 3－3　电场法向分量的边界条件

在这两种媒质分界面上取一个小的柱形闭合面，其高 Δh 为无限小量，上下底面与分界面平行，并分别在分界面两侧，且底面积 ΔS 非常小，可以认为在 ΔS 上的电位移矢量 $\boldsymbol{D}$ 和面电荷密度 ρ_S 是均匀的。$\boldsymbol{n}_1$，$\boldsymbol{n}_2$ 分别为上下底面的外法线单位矢量，在柱形闭合面上应用电场高斯定律：

$$\oint_S \boldsymbol{D}\cdot \mathrm{d}\boldsymbol{S}=\boldsymbol{n}_1\cdot \boldsymbol{D}_1\Delta S+\boldsymbol{n}_2\cdot \boldsymbol{D}_2\Delta S=\rho_S\Delta S$$

故

$$\boldsymbol{n}_1\cdot \boldsymbol{D}_1+\boldsymbol{n}_2\cdot \boldsymbol{D}_2=\rho_S$$

若规定 $\boldsymbol{n}$ 为从媒质Ⅱ指向媒质Ⅰ为正方向，则 $\boldsymbol{n}_1=\boldsymbol{n}$，$\boldsymbol{n}_2=-\boldsymbol{n}$，上式可写为

$$\boldsymbol{n}\cdot(\boldsymbol{D}_1-\boldsymbol{D}_2)=\rho_S \tag{3-6}$$

上式称为电场法向分量的边界条件。

因为 $\boldsymbol{D}=\varepsilon\boldsymbol{E}$，所以上式可以用 $\boldsymbol{E}$ 的法向分量表示

$$\varepsilon_1 \boldsymbol{n}_1 \boldsymbol{E}_1 + \varepsilon_2 \boldsymbol{n}_2 \boldsymbol{E}_2 = \rho_S$$

1. 两种媒质均为理想媒介

若两种媒质均为理想媒介时，一般在分界面上不存在自由面电荷，即 $\rho_S = 0$，所以电场法向分量的边界条件变为

$$D_{1n} = D_{2n}$$

或

$$\varepsilon_1 E_{1n} = \varepsilon_2 E_{2n}$$

2. 媒质Ⅰ为理想媒介，媒质Ⅱ为理想导体

若媒质Ⅰ为理想媒介，媒质Ⅱ为理想导体时，导体内部电场为零，即 $E_2 = 0$，$D_2 = 0$，在导体表面存在自由面电荷密度，则式(3-6)变为

$$\boldsymbol{n}_1 \boldsymbol{D}_1 = D_{1n} = \rho_S$$

或

$$\varepsilon_1 E_{1n} = \rho_s$$

(二)电场切向分量的边界条件

在两种媒质分界面上取一小的矩形闭合回路 $abcd$，如图 3-4 所示，该回路短边 Δh 为无限小量，其两个长边为 Δl，且平行于分界面，并分别在分界面两侧。在此回路上应用法拉第电磁感应定律：

$$\oint_l \boldsymbol{E} \mathrm{d}\boldsymbol{l} = -\int_S \frac{\partial \boldsymbol{B}}{\partial t} \mathrm{d}\boldsymbol{S}$$

因为

$$\oint_l \boldsymbol{E} \mathrm{d}\boldsymbol{l} = E_{1t} \Delta l - E_{2t} \Delta l$$

和

$$-\int_S \frac{\partial \boldsymbol{B}}{\partial t} \mathrm{d}\boldsymbol{S} = -\frac{\partial \boldsymbol{B}}{\partial t} \Delta l \Delta h = 0$$

故

$$E_{1t} = E_{2t} \tag{3-7}$$

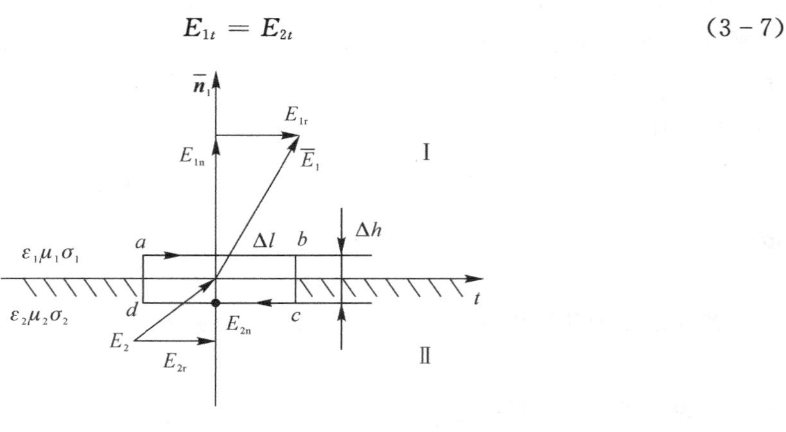

图 3-4

若 $\boldsymbol{n}$ 为从媒质Ⅱ指向媒质Ⅰ为正方向，式(3－7)可写为

$$\boldsymbol{n}\times(\boldsymbol{E}_1-\boldsymbol{E}_2)=0$$

式(3－7)称为电场切向分量的边界条件。该式表明，在分界面上电场强度的切向分量总是连续的。用 $\boldsymbol{D}$ 表示式(3－7)得：

$$\frac{D_{1t}}{\varepsilon_1}=\frac{D_{2t}}{\varepsilon_2}$$

或

$$E_{1t}=E_{2t}$$

上式表面分界面上切向电场强度总是连续的。

若媒质Ⅱ为理想导体，由于理想导体内部不存在电场，故与导体相邻的媒质Ⅰ中电场强度的切向分量必然为零。

$$E_{1t}=0$$

因此，理想导体表面上的电场总是垂直于导体表面。理想导体内部不存在电场，因此理想导体的切向电场总为零，即电场也总是垂直于理想导体表面。

(三)磁场法向分量的边界条件

在两种媒质分界面处作一小柱形闭合面，如图 3－5 所示，其高度 $\Delta h\to 0$，上下底面位于分界面两侧且与分界面平行，底面积 ΔS 很小，$\boldsymbol{n}$ 为从媒质Ⅱ指向媒质Ⅰ法线方向矢量，在该闭合面上应用磁场的高斯定律

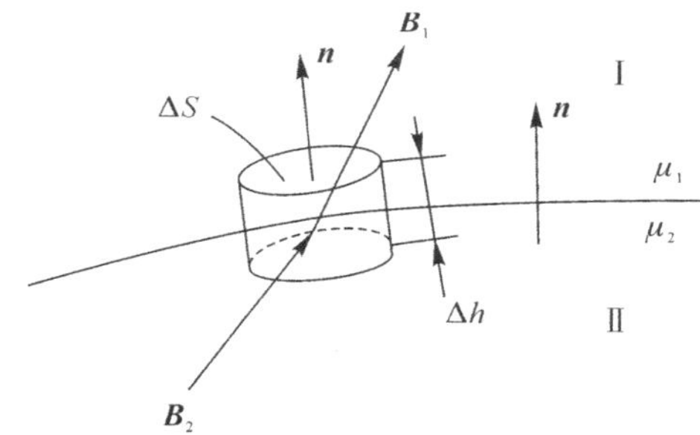

图 3－5　磁场法向分量的边界条件

$$\oint_S \boldsymbol{B}\,\mathrm{d}\boldsymbol{S}=\boldsymbol{n}\boldsymbol{B}_1\Delta S-\boldsymbol{n}\boldsymbol{B}_2\Delta S=0$$

则

$$\boldsymbol{n}(\boldsymbol{B}_1-\boldsymbol{B}_2)=0 \tag{3-8}$$

式(3－8)为磁场法向分量的边界条件。该式表明：磁感应强度的法向分量在分界面处是连续的。因为 $\boldsymbol{B}=\mu\boldsymbol{H}$，所以式(3－7)也可以用 $\boldsymbol{H}$ 的法向分量表示：

$$\mu_1 H_{1n}=\mu_2 H_{2n}$$

若媒质Ⅱ为理想导体，由于理想导体中磁感应强度为零，故：

$$B_{1n}=B_{2n}=0$$

因此，理想导体表面上没有法向磁场。

(四)磁场切向分量的边界条件

在两种媒质分界面处作一小矩形闭合环路,如图 3-6 所示。环路短边 $\Delta h \to 0$,两长边 Δl 分别位于分界面两侧,且平行于分界面。在此环路上应用安培环路定律 $\oint_l \boldsymbol{H} \mathrm{d} \boldsymbol{l} = I$,即:

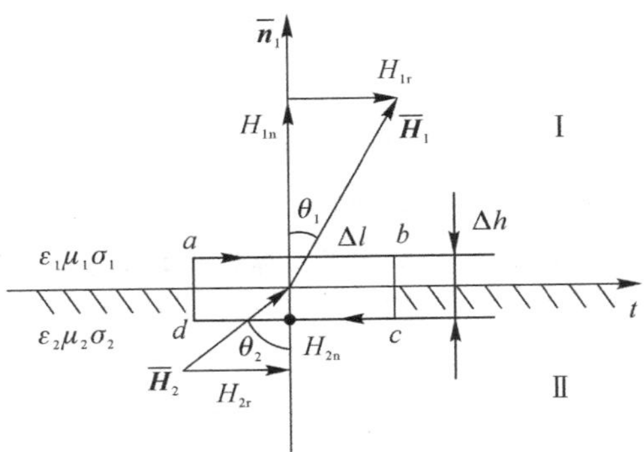

图 3-6　磁场切向分量的边界条件

$$\oint_l \boldsymbol{H} \mathrm{d} \boldsymbol{l} = H_{1t}\Delta l - H_{2t}\Delta l$$

穿过闭合回路中的总电流为

$$I = J_S\Delta l + J_{c_1}\Delta l \cdot \frac{\Delta h}{2} + J_{c_2}\Delta l \cdot \frac{\Delta h}{2} + \frac{\partial D_1}{\partial t}\Delta l \cdot \frac{\Delta h}{2} + \frac{\partial D_2}{\partial t}\Delta l \cdot \frac{\Delta h}{2}$$

式中, J_S 为分界面上磁化电流面密度(束缚电流面密度), J_{c_1} , J_{c_2} 分别为两种媒质中的传导电流体密度, $\frac{\partial D_1}{\partial t}$ 和 $\frac{\partial D_2}{\partial t}$ 分别为两种媒质中的位移电流密度。因为 $\Delta h \to 0$,除 $J_S\Delta l$ 外,回路中的其他电流成分均趋向零,即 $I = J_S\Delta l$,于是

$$H_{1t} - H_{2t} = J_S \tag{3-9}$$

式中: J_S 方向与所取环路方向满足右手螺旋法则。用矢量关系,式(3-9)可表示为

$$\boldsymbol{n} \times (\boldsymbol{H}_1 - \boldsymbol{H}_2) = \boldsymbol{J}_S$$

式(3-8)为磁场切向分量的边界条件。式中 $\boldsymbol{n}$ 为从媒质Ⅱ指向媒质Ⅰ的法线单位矢量。用 $\boldsymbol{B}$ 表示式(3-9)得:

$$\frac{B_{1t}}{\mu_1} - \frac{B_{2t}}{\mu_2} = J_S$$

1. 两种媒质为理想媒介

分界面上面磁化电流面密度 $\boldsymbol{J}_S = 0$,则磁场切向分量边界条件为

$$H_{1t} = H_{2t}$$

或

$$\frac{B_{1t}}{\mu_1} = \frac{B_{2t}}{\mu_2}$$

2. 媒质的电导率有限

若媒质的电导率 σ 有限,即媒质中有电流通过,其电流只是以体电流分布的形式存在,

在分界面上没有面电流分布，即 $\boldsymbol{J}_S = 0$，则分界面上磁场切向分量是连续的，即 $H_{1t} = H_{2t}$。

3. 媒质之一高磁导率

当媒质Ⅱ为高磁导率材料（$\mu_2 \geqslant \mu_1$），当 $\mu_2 \to \infty$ 时，在理想铁磁质表面上只有法向磁场，没有切向磁场。因为

$$\frac{B_{1t}}{\mu_1} = \frac{B_{2t}}{\mu_2}$$

所以有

$$H_{1t} = H_{2t} = 0$$

如果媒介一是铁磁质，媒介二是非磁质（如空气）时，二者的分界面的切向磁场为 0，所以磁力线将从铁磁质表面垂直投入空气。

4. 媒质之一为理想导体

媒质之一为理想导体，电流存在于理想导体表面上 $\boldsymbol{J}_S \neq 0$，因理想导体内没有磁场，非理想导体表面切向磁场为

$$H_t = J_S$$

在跨越几乎所有物理媒介的边界时，H 的切向分量都是连续的；只有当分界面为理想导体或超导体时，在媒介表面会因为磁场的存在而产生磁化面电流，它才会不连续。

表 3－5　电磁场边界条件表

标量形式	矢量形式
$D_{1n} - D_{2n} = \rho_s$	$\boldsymbol{n}(\boldsymbol{D}_1 - \boldsymbol{D}_2) = \rho_S$
$E_{1t} = E_{2t}$	$\boldsymbol{n} \times (\boldsymbol{E}_1 - \boldsymbol{E}_2) = 0$
$B_{1n} = B_{2n}$	$\boldsymbol{n}(\boldsymbol{B}_1 - \boldsymbol{B}_2) = 0$
$H_{1t} - H_{2t} = J_s$	$\boldsymbol{n} \times (\boldsymbol{H}_1 - \boldsymbol{H}_2) = \boldsymbol{J}_S$

当分界面上无自由电荷时，电通量密度法向分量相等。电场切向分量总是连续的；磁感应强度的法向分量是连续的；除理想导体和超导体外，磁强度的切向分量是连续的。

第二节　均匀平面电磁波

麦克斯韦提出的位移电流理论完善了电磁场的数学表述。根据位移电流理论可知时变的电场将产生时变的磁场，电磁感应理论指出时变的磁场将产生时变的电场。这预示了电磁能量以波的形式向外传播的物理现象。1873 年麦克斯韦首先提出了光的电磁学说，研究了平面波及其在结晶媒介中的传播，15 年后的 1888 年由赫兹做出电磁波辐射实验。

一、波动方程

在无界、线性、均匀和各向同性的无源区域理想媒介中，$J=0$、$\rho=0$，考虑到 $D = \varepsilon E$、$B = \mu H$ 则麦克斯韦方程可以表示为

$$\left.\begin{aligned}\nabla\times H&=\varepsilon\frac{\partial E}{\partial t}\\\nabla\times E&=-\mu\frac{\partial H}{\partial t}\\\nabla\cdot E&=0\\\nabla\cdot H&=0\end{aligned}\right\}\tag{3-10}$$

对式(3－10)中一式取旋度：

$$\nabla\times\nabla\times H=\nabla(\nabla\cdot H)-\nabla^2 H=\varepsilon\frac{\partial(\nabla\times E)}{\partial t}=-\mu\varepsilon\frac{\partial^2 H}{\partial t}$$

所以有：

$$\nabla^2 H=\mu\varepsilon\frac{\partial^2 H}{\partial t}$$

对式(3－10)中二式取旋度，同理可以得到：

$$\nabla^2 E=\mu\varepsilon\frac{\partial^2 E}{\partial t}$$

上面两式组成了无界、线性、均匀和各向同性的无源区域理想媒介中，磁场强度和电场强度的波动方程，也叫时变亥姆霍兹方程。将电场的波动方程展开成标量形式则为

$$\left.\begin{aligned}\frac{\partial^2 E_x}{\partial x^2}+\frac{\partial^2 E_x}{\partial y^2}+\frac{\partial^2 E_x}{\partial z^2}-\mu\varepsilon\frac{\partial^2 E_x}{\partial t}&=0\\\frac{\partial^2 E_y}{\partial x^2}+\frac{\partial^2 E_y}{\partial y^2}+\frac{\partial^2 E_y}{\partial z^2}-\mu\varepsilon\frac{\partial^2 E_y}{\partial t}&=0\\\frac{\partial^2 E_z}{\partial x^2}+\frac{\partial^2 E_z}{\partial y^2}+\frac{\partial^2 E_z}{\partial z^2}-\mu\varepsilon\frac{\partial^2 E_z}{\partial t}&=0\end{aligned}\right\}$$

波动方程的解是在空间传播的电磁波。研究电磁波传播问题都可以归结在特定边界条件和初始条件下求波动方程的解，当然，求波动方程的解往往是很复杂的。为了简化问题，考虑基于均匀平面波求解波动方程的解。

在电磁波的传播过程中，对于任意时刻 t，空间电磁场中具有相同相位的点阵构成等相位面，也称波阵面。波阵面为平面的电磁波平面电磁波。如果在平面波阵面上，每点的电场强度和磁场强度均相同，这种电磁波称为均匀平面电磁波，如图 3－7 所示。

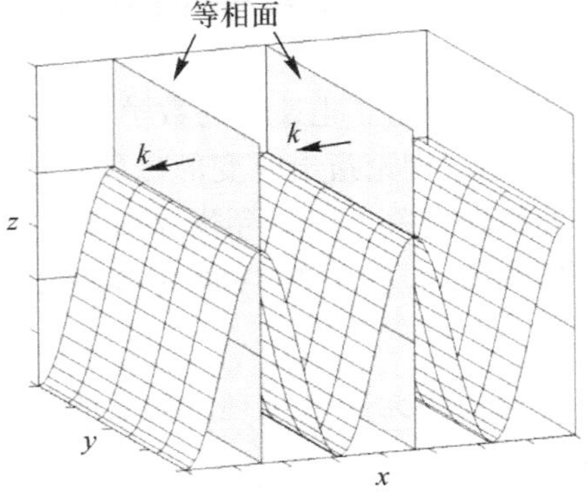

图 3－7　均匀平面电磁波

均匀平面电磁波的电场强度 E 和磁场强度 H 都没有沿传播方向的分量，即电场强度 E 和磁场强度 H 都与波的传播方向垂直，这种波又称为横电磁波(TEM 波)。

均匀平面波是电磁波的一种理想情况，它的特性及讨论方法简单，但又能表征电磁波重要的和主要的性质，虽然这种均匀平面波实际上并不存在，但讨论这种均匀平面波是具有实际意义的，因为在距离波源足够远的地方，呈球面的波阵面上的一小部分就可以近似看作一个均匀平面波，如图 3-8 所示。

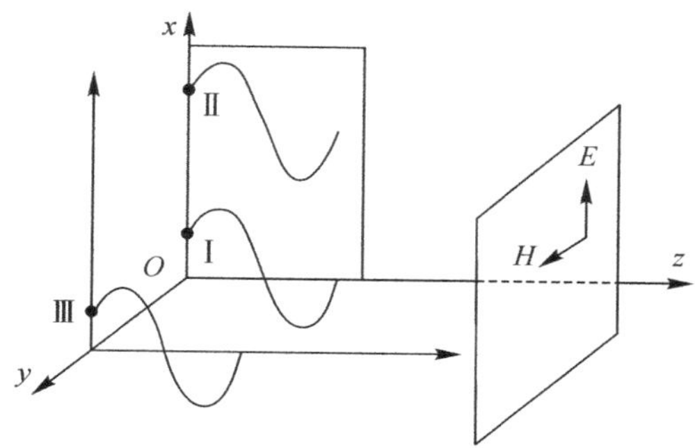

图 3-8　均匀平面波示意图

三个点Ⅰ、Ⅱ、Ⅲ在三维空间中同一个平面 xOy，所以该电磁波为平面电磁波。如果这个三个点的电场强度和磁场强度均相同，则该电磁波称为均匀平面电磁波。显然对于点Ⅰ、Ⅱ、Ⅲ，同一时刻 t，其电场强度相同，所以该电磁波的电场强度不会随 x、y 的变化而变化，即

$$\frac{\partial E}{\partial x} = \frac{\partial E}{\partial y} = 0$$

同理：

$$\frac{\partial H}{\partial x} = \frac{\partial H}{\partial y} = 0$$

同时从图 3-8 中可以看出 $E_z = 0$。

对于均匀平面电磁波，波动方程可以简化为

$$\left.\begin{aligned} \frac{\partial^2 E_x}{\partial z^2} - \mu\varepsilon \frac{\partial^2 E_x}{\partial t} = 0 \\ \frac{\partial^2 E_y}{\partial z^2} - \mu\varepsilon \frac{\partial^2 E_y}{\partial t} = 0 \end{aligned}\right\}$$

上式为均匀平面波的一维波动方程组。

二、时谐电磁场

场量随时间按正弦规律变化的电磁场称为时谐电磁场，又称为正弦电磁场。时谐电磁场是一类重要的电磁场，有着广泛的应用。

(一)正弦波

所谓波是一种向外传播的扰动(或振动)，使能量从一点传播到另一点。在电磁波传播

过程中物质没有位移。1880 年以前，发电机的主要负荷是电灯，对交流电的波形要求不高。1890 年以后，开始了长距离输电，感应电动机也开始在欧美普及。当时，电灯电路中电压和电流的关系复杂，交流电路的分析和计算非常困难。

1893 年 4 月，印度出生的美国电气工程师 A. E. Kennelly（肯涅利）（见图 3-9）提出：如果交流电采用正弦波，就可以引入“阻抗”概念，和直流电路一样利用欧姆定律计算交流电路。同年 C. P. Steinmentz（施泰因梅茨）（见图 3-10）在国际电学大会上发表了一篇论文，系统地提出了相量法的计算方法。此后，正弦波立即在电气工程中得到应用。

图 3-9 正弦波的提出者肯涅利（1861—1939 年）

图 3-10 相量法的提出者施泰因梅茨（1865—1923 年）

正弦函数是最简单的无限光滑初等周期函数，无限求导后仍是正弦函数本身，因此在线性定常稳态电磁场中，当场源随时间按正弦规律变化时，场量 E 和 H 也随时间按正弦规律变化，场量与场源同频率，场量中不含新的频率成分，就是说，当场源随时间按正弦规律

$$s(t)=S_m\cos(\omega t+\varphi_1)$$

变化时，场量也必然是同频率的正弦量：

$$g(t)=F_m\cos(\omega t+\varphi_2)$$

式中，ω 是正弦量的角频率。

（二）电磁场的相量法描述

相量法是分析时谐电磁场的一种数学方法，又称符号法。相量法是用复数指数函数表示随时间按正弦变化的三角函数的一种数学方法。

以电场强度 E 为例，设在直角坐标系下分解为

$$E(r,t)=E_x(r,t)a_x+E_y(r,t)a_y+E_z(r,t)a_z$$

各分量可表示为

$$E_x(r,t)=\sqrt{2}\,E_x(r)\cos[\omega t+\varphi_x(r)]$$

$$E_y(r,t)=\sqrt{2}\,E_y(r)\cos[\omega t+\varphi_y(r)]$$

$$E_z(r,t)=\sqrt{2}\,E_z(r)\cos[\omega t+\varphi_z(r)]$$

式中：E_x、E_y、E_z 表示各分量的有效值；φ_x、φ_y、φ_z 表示初相角，它们都是场点 r 的实数函数，而与时间 t 无关。利用：

$$\mathrm{Re}[\mathrm{e}^{\mathrm{j}(\omega t+\varphi)}]=\mathrm{Re}[\cos(\omega t+\varphi)+\mathrm{j}\sin(\omega t+\varphi)]=\cos(\omega t+\varphi)$$

式中 Re 表示取复数的实部。则 $E_x(r,t)$ 可写成

$$E_x(r,t)=\sqrt{2}\mathrm{Re}[E_x\mathrm{e}^{\mathrm{j}(\omega t+\varphi)}]$$

则得

$$E(r,t)=\sqrt{2}\mathrm{Re}[(E_x\mathrm{e}^{\mathrm{j}\varphi_x}a_x+E_y\mathrm{e}^{\mathrm{j}\varphi_y}a_y+E_z\mathrm{e}^{\mathrm{j}\varphi_z}a_z)\mathrm{e}^{\mathrm{j}\omega t}]$$

式中，$\mathrm{e}^{\mathrm{j}\omega t}$ 称为时谐因子。记

$$\dot{E}_x(r)=E_x(r)\mathrm{e}^{\mathrm{j}\varphi}$$

这个复数称为电场强度分量的相量。相量的模 $E_x(r)$ 是正弦量的有效值，相量的幅角是正弦量的初相角。利用以上记号，电场可写成

$$E(r,t)=\mathrm{Re}[\sqrt{2}(\dot{\boldsymbol{E}}_x a_x+\dot{\boldsymbol{E}}_y a_y+\dot{\boldsymbol{E}}_z a_z)\mathrm{e}^{\mathrm{j}\omega t}]$$

显然为了得到矢量相量 $\dot{\boldsymbol{E}}$，只要将正弦量 $E(r,t)$ 化成频域量 $\sqrt{2}\,\dot{\boldsymbol{E}}\,\mathrm{e}^{\mathrm{j}\omega t}$，然后去掉 $\sqrt{2}\,\mathrm{e}^{\mathrm{j}\omega t}$ 即可。反过来，为了得到时域中的正弦量 $E(r,t)$，只要将矢量相量 $\dot{\boldsymbol{E}}$ 乘以 $\sqrt{2}\,\mathrm{e}^{\mathrm{j}\omega t}$，然后取实部 $\mathrm{Re}(\sqrt{2}\,\dot{\boldsymbol{E}}\,\mathrm{e}^{\mathrm{j}\omega t})$ 即可。

利用以上相量法，正弦量对时间的微分变成了对应的相量乘以 $\mathrm{j}\omega$，对时间的积分变成了对应的相量除以 $\mathrm{j}\omega$，时域中的微积分运算变成了频域中的乘除法运算。使用相量法需要注意以下几点：

1)场量无论是用余弦函数表示，还是用正弦函数表示，本质上都一样。因为余弦函数和正弦函数可以互相转换。但有时用余弦函数会简单一些，例如在讨论均匀平面电磁波的极化时，用余弦函数就比用正弦函数简单。今后用余弦函数表示时谐电磁场的场量。

2)场量符号的正上方加黑点“·”表示该符号所代表的量是复数，它对应于时间域中的正弦量。如果一个复数不与时间域中的正弦量相对应，就不能在复数符号上方加黑点“·”。

3)知道了正弦量的相量，就确定了有效值和初相角，但不能确定频率。在计算相量时不能忘记频率。

4)真实的场矢量是瞬时矢量，矢量相量只是为便于分析而采用的一种数学表示形式，当采用其他数学分析方法时可能存在另外的表示形式，但瞬时矢量却是唯一的。

5)用有效值相量表示时谐电磁场的场量，只要符号正上方标有黑点“·”，就表示该符号的模等于正弦量的有效值，该符号的幅角等于正弦量的初相角。

利用相量法，可写出时谐电磁场满足的麦克斯韦方程组：

$$\begin{cases}\nabla\times\dot{\boldsymbol{H}}=\dot{\boldsymbol{J}}_c+\mathrm{j}\omega\dot{\boldsymbol{D}}\\ \nabla\times\dot{\boldsymbol{E}}=-\mathrm{j}\omega\dot{\boldsymbol{b}}\\ \nabla\cdot\dot{\boldsymbol{D}}=\dot{\boldsymbol{\rho}}_V\\ \nabla\cdot\dot{\boldsymbol{B}}=\boldsymbol{0}\end{cases}$$

有时为了书写方便，也简写为

$$\begin{cases} \nabla \times \dot{\boldsymbol{H}} = \dot{\boldsymbol{J}}_c + \mathrm{j}\omega\dot{\boldsymbol{D}} \\ \nabla \times \boldsymbol{E} = -\mathrm{j}\omega\dot{\boldsymbol{B}} \\ \nabla \cdot \dot{\boldsymbol{D}} = \dot{\boldsymbol{\rho}}_{\mathrm{V}} \\ \nabla \cdot \dot{\boldsymbol{B}} = 0 \end{cases}$$

时谐电磁场是线性电磁场，媒介中的矢量相量满足以下关系：

$$\dot{\boldsymbol{D}} = \varepsilon \dot{\boldsymbol{E}}$$

$$\dot{\boldsymbol{B}} = \mu \dot{\boldsymbol{H}}$$

$$\dot{\boldsymbol{J}} = \sigma \dot{\boldsymbol{E}}$$

式中系数 ε，μ，σ 都与时间无关。

场量用相量表示后，$\dot{\boldsymbol{H}}$，$\dot{\boldsymbol{D}}$，$\dot{\boldsymbol{E}}$，$\boldsymbol{B}$，$\dot{\boldsymbol{\rho}}_{\mathrm{V}}$，$\dot{\boldsymbol{J}}_c$ 都只与场点位置矢量 r 有关，而与时间 t 无关，麦克斯韦方程组的相量形式成为空间三维空间坐标变量的方程组，可降低求解时谐电磁场的难度。

同样对于均匀平面电磁波，可以得到时谐电磁场的一维波动方程为

$$\left.\begin{aligned} \frac{\partial^2 \dot{\boldsymbol{E}}_x}{\partial z^2} &= -\omega^2 \mu\varepsilon \dot{\boldsymbol{E}}_x \\ \frac{\partial^2 \dot{\boldsymbol{E}}_y}{\partial z^2} &= -\omega^2 \mu\varepsilon \dot{\boldsymbol{E}}_y \end{aligned}\right\}$$

（三）波动方程的解

对于上式，令 $\beta = \omega\sqrt{\mu\varepsilon}$，则有：

$$\frac{\partial^2 \dot{\boldsymbol{E}}_x}{\partial z^2} = -\beta^2 \dot{\boldsymbol{E}}_x$$

根据微分方程解的理论可得波动方程的复数形式解为：

$$\dot{\boldsymbol{E}}_x = \dot{\boldsymbol{E}}_1 \mathrm{e}^{-\mathrm{j}\beta z} + \dot{\boldsymbol{E}}_2 \mathrm{e}^{\mathrm{j}\beta z}$$

对于微分方程的初值不失一般性的可表示为

$$\begin{cases} \dot{\boldsymbol{E}}_1 = E_{1\mathrm{m}} \mathrm{e}^{\mathrm{j}\varphi_{x1}} \\ \dot{\boldsymbol{E}}_2 = E_{2\mathrm{m}} \mathrm{e}^{\mathrm{j}\varphi_{x2}} \end{cases}$$

其中：$E_{1\mathrm{m}}$，$E_{2\mathrm{m}}$ 为电场正弦量的有效值，则电场的复数表达式为

$$\dot{\boldsymbol{E}}_x = E_{1\mathrm{m}} \mathrm{e}^{-\mathrm{j}(\beta z - \varphi_{x1})} + E_{2\mathrm{m}} \mathrm{e}^{\mathrm{j}(\beta z + \varphi_{x2})}$$

其瞬时表达式为

$$\begin{aligned} E_x &= \mathrm{Re}(\sqrt{2}\dot{E}_x \mathrm{e}^{\mathrm{j}\omega t}) = \mathrm{Re}(\sqrt{2} E_{1\mathrm{m}} \mathrm{e}^{-\mathrm{j}(\beta z - \varphi_{x1}) + \mathrm{j}\omega t} + \sqrt{2} E_{2\mathrm{m}} \mathrm{e}^{\mathrm{j}(\beta z + \varphi_{x2}) + \mathrm{j}\omega t}) \\ &= \sqrt{2} E_{1\mathrm{m}} \cos(\omega t - \beta z + \varphi_{x1}) + \sqrt{2} E_{2\mathrm{m}} \cos(\omega t + \beta z + \varphi_{x2}) \end{aligned}$$

同理可得：

$$E_y = \sqrt{2} E'_{1\mathrm{m}} \cos(\omega t - \beta z + \varphi_{y1}) + \sqrt{2} E'_{2\mathrm{m}} \cos(\omega t + \beta z + \varphi_{y2})$$

三、均匀平面电磁波

对均匀平面电磁波，取 E_x 波的前向波为代表，对其适当简化公式得到瞬时表达式为

$$E_x(r,t) = E_{x\mathrm{m}} \cos(\omega t - \beta z + \varphi_x)$$

均匀平面电磁波在某时刻的空间分布如图 3－11 所示。

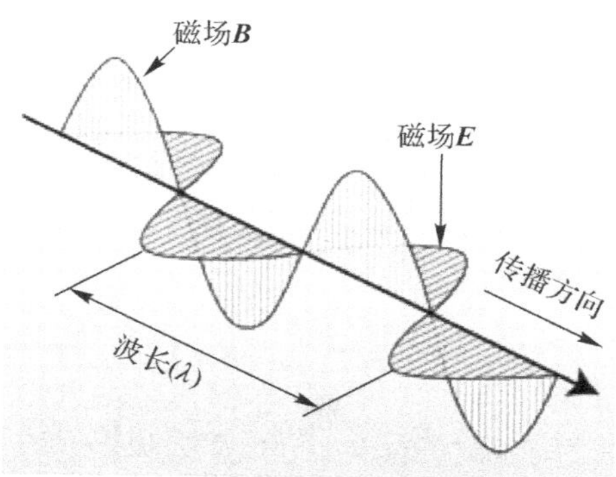

图 3－11　均匀平面电磁波的空间分布

(一)相位常数

在上式中 βz 是函数相位的一部分，其中 β 表示传播单位距离的相位变化量，称为相位常数。

$$\beta = \omega\sqrt{\mu\varepsilon} = \frac{\omega}{v} = \frac{2\pi}{\lambda}$$

式中，v 为波速，$v = 1/\sqrt{\mu\varepsilon}$ 。对于真空而言：

$$v = 1/\sqrt{\mu_0\varepsilon_0} = c = 3\times10^8 \text{ m/s}$$

可以看出，随着 z 的增大，相位滞后越多，说明波是沿着 z 的正向传播，将该波称为前向行波。

(二)相速

等相位面运动的速度称为相速。对于均匀平面电磁波，其任意时刻任意点的相位为

$$\omega t - \beta z + \varphi_x = \varphi_C$$

其中，φ_C 为相位常值。显然，所有相位为 φ_C 的点形成的面即为等相位面。φ_C 是时间 t 和等相位面位置 z 的函数。对上式微分后为

$$\omega - \beta\frac{\mathrm{d}z}{\mathrm{d}t} = 0$$

等相位面位置对时间的微分即为相位面的运动速度，则相速 v_p 为

$$v_p = \frac{\mathrm{d}z}{\mathrm{d}t} = \frac{\omega}{\beta} = \frac{1}{\sqrt{\mu\varepsilon}} = \frac{c}{\sqrt{\mu_r\varepsilon_r}}$$

(三)波阻抗

波阻抗是指电磁波的横向电场分量与横向磁场分量的比值。根据麦克斯韦方程：

$$\nabla\times\dot{\boldsymbol{E}} = -\mathrm{j}\omega\mu\dot{\boldsymbol{H}}$$

可以得到 z 向传播的电磁波，因为 $E_z = 0$ ，$H_z = 0$ ，且由上式可得：

$$\nabla\times\dot{\boldsymbol{E}}=\begin{bmatrix}a_x & a_y & a_z\\ 0 & 0 & \dfrac{\partial}{\partial z}\\ \dot{\boldsymbol{E}}_x & \dot{\boldsymbol{E}}_y & \boldsymbol{0}\end{bmatrix}=-\frac{\partial\dot{\boldsymbol{E}}_y}{\partial z}a_x+\frac{\partial\dot{\boldsymbol{E}}_x}{\partial z}a_y=-\mathrm{j}\omega\mu(\dot{\boldsymbol{H}}_x a_x+\dot{\boldsymbol{H}}_y a_y)$$

对于 a_y 向则有：

$$\frac{\partial\dot{\boldsymbol{E}}_x}{\partial z}=-\mathrm{j}\omega\mu\dot{\boldsymbol{H}}_y$$

因为

$$\dot{\boldsymbol{E}}_x=E_{\mathrm{m}x}\,\mathrm{e}^{-\mathrm{j}(\beta z-\varphi_x)}$$

$$\frac{\partial\dot{\boldsymbol{E}}_x}{\partial z}=\frac{\partial[E_{\mathrm{m}x}\,\mathrm{e}^{-\mathrm{j}(\beta z-\varphi_x)}]}{\partial z}=-\mathrm{j}\beta\cdot E_{\mathrm{m}x}\,\mathrm{e}^{-j(kz-\varphi_x)}=-\mathrm{j}\beta\dot{\boldsymbol{E}}_x=-\mathrm{j}\omega\sqrt{\mu\varepsilon}\dot{\boldsymbol{E}}_x=-\mathrm{j}\omega\mu\dot{\boldsymbol{H}}_y$$

所以有

$$\sqrt{\mu\varepsilon}\dot{\boldsymbol{E}}_x=\mu\dot{\boldsymbol{H}}_y$$

变形后可得：

$$\dot{\boldsymbol{H}}_y=\sqrt{\frac{\varepsilon}{\mu}}\dot{\boldsymbol{E}}_x$$

令 $\eta=\sqrt{\dfrac{\mu}{\varepsilon}}$，则有

$$\dot{\boldsymbol{H}}_y=\frac{1}{\eta}\dot{\boldsymbol{E}}_x$$

因为 η 只与媒介的参数有关，与时间、位置无关，所以称为媒介的本质阻抗，或者波阻抗。同时其瞬时表达式的量也满足该式，即：

$$H_y=\frac{1}{\eta}E_x$$

在真空中，$\eta_0=\sqrt{\mu_0/\varepsilon_0}=120\pi(\Omega)$。

对于理想媒介，η 是实数，所以有：

$$H_y=\frac{E_{x\mathrm{m}}}{\eta}\cos(\omega t-\beta z+\varphi_x)$$

可以看出，在线性、各向同性、均匀、定常、无限大理想媒介（β 是常量）中传播的电磁波是横波，波的振幅在传播过程中保持不变，电场和磁场同相、方向互相垂直。

（四）电磁波的能量

电磁波的传播过程也就是电磁能量的传播过程。以电磁波的形式传播出去的能量称为辐射能。在电磁场中，已知电场能量密度和磁场能量密度分别表示为

$$\begin{cases}w_{\mathrm{e}}=\dfrac{1}{2}\varepsilon E^2\\ w_{\mathrm{m}}=\dfrac{1}{2}\mu H^2\end{cases}$$

麦克斯韦假设：在任意时刻，空间任意一点的电场能量密度应该为此时电场能量密度与磁场能量密度之和（这个假设至今尚无直接实验证明，但建立在此假设上的许多理论，已为

实验证实),即：

$$w = w_e + w_m = \frac{1}{2}\varepsilon E^2 + \frac{1}{2}\mu H^2$$

$$\frac{\partial w}{\partial t} = \varepsilon E\frac{\partial E}{\partial t} + \mu H\frac{\partial H}{\partial t} = \varepsilon \boldsymbol{E}\cdot\frac{\partial \boldsymbol{E}}{\partial t} + \mu \boldsymbol{H}\cdot\frac{\partial H}{\partial t} = \boldsymbol{E}\cdot\frac{\partial(\varepsilon \boldsymbol{E})}{\partial t} + \boldsymbol{H}\cdot\frac{\partial(\mu \boldsymbol{H})}{\partial t}$$
$$= \boldsymbol{E}\cdot\frac{\partial \boldsymbol{D}}{\partial t} + \boldsymbol{H}\cdot\frac{\partial \boldsymbol{B}}{\partial t}$$

上式中黑体表示矢量形式。对于：

$$\nabla\cdot(\boldsymbol{E}\times\boldsymbol{H}) = \boldsymbol{H}\cdot(\nabla\times\boldsymbol{E}) - \boldsymbol{E}\cdot(\nabla\times\boldsymbol{H}) \tag{3-11}$$

将麦克斯韦方程

$$\nabla\times\boldsymbol{E} = -\frac{\partial\boldsymbol{B}}{\partial t} \tag{3-12}$$

$$\nabla\times\boldsymbol{H} = \boldsymbol{J} + \frac{\partial\boldsymbol{D}}{\partial t} \tag{3-13}$$

代入式(3-11)：

$$\nabla\cdot(\boldsymbol{E}\times\boldsymbol{H}) = -\boldsymbol{H}\cdot\frac{\partial\boldsymbol{B}}{\partial t} - \boldsymbol{E}\cdot\left(\boldsymbol{J} + \frac{\partial\boldsymbol{D}}{\partial t}\right) = -\left(\boldsymbol{E}\cdot\frac{\partial\boldsymbol{D}}{\partial t} + \boldsymbol{H}\cdot\frac{\partial\boldsymbol{B}}{\partial t}\right) - \sigma\boldsymbol{E}\cdot\boldsymbol{E} = -\frac{\partial w}{\partial t} - \sigma E^2$$

由散度定理可知：

$$\int_V \nabla\cdot(\boldsymbol{E}\times\boldsymbol{H})\mathrm{d}V = \oint_S(\boldsymbol{E}\times\boldsymbol{H})\mathrm{d}S = \int_V\left(-\frac{\partial w}{\partial t} - \sigma E^2\right)\mathrm{d}V$$

体积 V 内所有点的电磁能量总和对时间的微分即为功率：

$$P = -\frac{\partial}{\partial t}\int_V w\,\mathrm{d}V = \oint_S(\boldsymbol{E}\times\boldsymbol{H})\mathrm{d}S + \int_V \sigma E^2\mathrm{d}V$$

令：

$$S = \boldsymbol{E}\times\boldsymbol{H}$$

上式 S 表示穿出单位面积的功率流密度,称为坡印亭矢量,单位为 $\mathrm{W/m^2}$。如果关注的区域的电导率 σ 为 0,电磁波传播是无损的,则电磁波的功率面密度为即为 S 。对于一个周期内的平均面密度功率则为

$$S_{av} = \frac{1}{T}\int_0^T(\boldsymbol{E}\times\boldsymbol{H})\mathrm{d}t = \frac{1}{T}\int_0^T E_m\times\boldsymbol{H}_m\cos(\omega t - \beta z + \varphi_e)\cos(\omega t - \beta z + \varphi_m)\mathrm{d}t$$
$$= \frac{1}{T}\int_0^T \frac{1}{2}E_m\times H_m[\cos(\varphi_e - \varphi_m) + \cos(2\omega t - 2\beta z + \varphi_e + \varphi_m)]\mathrm{d}t$$
$$= \frac{1}{2}E_m\times H_m\cos(\varphi_e - \varphi_m)$$

S_{av} 也称为平均坡印亭矢量。也可以写为

$$S_{av} = \frac{1}{2}\mathrm{Re}(E\times H^*)$$

其中 H^* 为 H 的共轭,即 $H^* = H_m\,\mathrm{e}^{\mathrm{j}\beta z}\,\mathrm{e}^{-\mathrm{j}\varphi_m}$ 。

均匀平面电磁波在理想媒介中的传播主要特点有：

1)电场、磁场的方向与传播方向相互垂直；

2)电场和磁场的振幅恒定不变；

3)电磁波的相速与媒介参数有关,与频率无关;

4)本质阻抗(波阻抗)为实数,电场与磁场相位相同。

四、有耗媒介中的均匀平面波

前面讨论的是无耗媒介下的平面波,实际的媒介都是有损耗的。在有损耗的媒介中,电导率 $\sigma \neq 0$,但仍然保持均匀、线性及各向同性等特性。海水、土壤、金属等都是经常遇到的有耗媒介。

在有耗媒介中有传导电流密度 $J_c = \sigma E$,因此有耗媒介也称为导电媒介。在该类媒介中传播的电磁波将发生能力损耗,导致波的幅值随着传播距离增大而大幅下降。不仅如此,幅值下降的同时,波的相位也发生变化。

(一)复介电常数和复本质阻抗

对于时谐电磁场,麦克斯韦方程为

$$\nabla \times H = \sigma E + \mathrm{j}\omega\varepsilon E$$

$$\nabla \times E = -\mathrm{j}\omega\mu H$$

将上式改写为

$$\nabla \times H = \mathrm{j}\omega\left(\varepsilon - \mathrm{j}\,\frac{\sigma}{\omega}\right)E = \mathrm{j}\omega\tilde{\varepsilon}E$$

称 $\tilde{\varepsilon}$ 为复介电常数,有

$$\tilde{\varepsilon} = \varepsilon - \mathrm{j}\,\frac{\sigma}{\omega} = \varepsilon\left(1 - \mathrm{j}\,\frac{\sigma}{\varepsilon\omega}\right)$$

在有耗媒介中,传导电流和位移电流的表达式为

$$J_c = \sigma E$$

$$J_d = \mathrm{j}\omega\varepsilon E$$

不难看出 $\sigma/\omega\varepsilon$ 是复介电常数中虚部和实部之比,代表着传导电流密度和位移电流密度之比。

应用复介电常数后就可以写出复数形式的麦克斯韦方程:

$$\nabla \times H = \mathrm{j}\omega\tilde{\varepsilon}E$$

对于大部分媒介,其磁导率 μ 为常数,所以可以写出有耗媒介的复本质阻抗,也是波阻抗为

$$\tilde{\eta} = \sqrt{\frac{\mu}{\tilde{\varepsilon}}} = |\tilde{\eta}|\,\mathrm{e}^{\mathrm{j}\theta_\eta}$$

有耗媒介的复本质阻抗是个复数,结果使均匀平面波的电场强度与磁场强度之间存在相位差。

(二)电磁场的传播

表征随着传播距离变化,电场强度和相位发生变化的相位常数也将变成复相位常数,即

$$\tilde{\beta} = \omega\sqrt{\mu\tilde{\varepsilon}} = \omega\sqrt{\mu\left(1 - \mathrm{j}\,\frac{\sigma}{\varepsilon\omega}\right)}$$

令:

$$\gamma = \mathrm{j}\,\tilde{\beta} = \alpha + \mathrm{j}\beta$$

式中：γ 为传播常数；α 为衰减系数；β 为相位常数。

因此有耗媒介中的电磁波传播可写为

$$E_x = E_m e^{-\gamma z} = E_m e^{-\alpha z} e^{-j\beta z}$$

$$H_y = \frac{E_m}{\tilde{\eta}} e^{-\gamma z} = \frac{E_m}{|\tilde{\eta}|} e^{-\alpha z} e^{-j\beta z} e^{-j\theta_\eta}$$

可见随着传播距离增大，电场强度和磁场强度的振幅将以 $e^{-\alpha z}$ 衰减，同时磁场将超前电场相位 θ_η 。

根据磁场和电场强度可以解算处平均坡印亭矢量为

$$S_{av} = \frac{E_m^2}{2\tilde{\eta}} e^{-2\alpha z} \cos\theta_\eta a_z$$

其坡印亭矢量也随传播距离衰减。

(三)衰减系数和相位常数

对复相位常数等式两边二次方有：

$$-\omega^2\mu\varepsilon + j\omega\mu\sigma = \alpha^2 - \beta^2 + 2j\alpha\beta$$

等式两边实部和虚部分别相等，因此有：

$$-\omega^2\mu\varepsilon = \alpha^2 - \beta^2$$

$$\omega\mu\sigma = 2\alpha\beta$$

可解算出有耗媒介中平面波的衰减系数和相位常数

$$\alpha = \omega\sqrt{\frac{\mu\varepsilon}{2}\left[\sqrt{1+\left(\frac{\sigma}{\omega\varepsilon}\right)^2} - 1\right]}$$

$$\beta = \omega\sqrt{\frac{\mu\varepsilon}{2}\left[\sqrt{1+\left(\frac{\sigma}{\omega\varepsilon}\right)^2} + 1\right]}$$

(四)高损耗媒介中的传播

对于强导体媒介其损耗较高，其中 $\sigma \gg \omega\varepsilon$，高损耗媒介也称为良导体。在这类导体中，传导电流远远大于位移电流，通常 $\sigma/\omega\varepsilon \geq 100$ 时，可以认为是良导体。

$$\tilde{\varepsilon} = -j\frac{\sigma}{\omega}$$

衰减系数和相位常数分别为

$$\alpha = \sqrt{\frac{\omega\mu\sigma}{2}}$$

$$\beta = \sqrt{\frac{\omega\mu\sigma}{2}}$$

复本质阻抗为

$$\tilde{\eta} = \sqrt{\frac{\mu}{\tilde{\varepsilon}}} = \sqrt{\frac{\omega\mu}{\sigma}} e^{j\frac{\pi}{4}}$$

因此也可将复本质阻抗表示为

$$\tilde{\eta} = \sqrt{\frac{\omega\mu}{\sigma}} + j\sqrt{\frac{\omega\mu}{\sigma}}$$

式中两个分量中，实部表示表面电阻，虚部表示表面电抗。

参照无耗媒介的电场强度和磁场强度的关系，可以写出有耗媒介的瞬时电磁场表达式为

$$E = E_m e^{-\sqrt{\frac{\omega\mu\sigma}{2}}z} e^{-j\sqrt{\frac{\omega\mu\sigma}{2}}z} a_x$$

$$H = \sqrt{\frac{\sigma}{\omega\mu}} E_m e^{-\sqrt{\frac{\omega\mu\sigma}{2}}z} e^{-j\left(\sqrt{\frac{\omega\mu\sigma}{2}}+\frac{\pi}{4}\right)z} a_y$$

在工程上，用电流密度幅值衰减为导体表面上幅值的 e^{-1} 倍时电磁波所传播的距离来定义趋肤深度，用 δ 表示，因为

$$J_c = \sigma E = \sigma E_m e^{-\sqrt{\frac{\omega\mu\sigma}{2}}\delta} = J_{max} e^{-1} = \sigma E_m e^{-\sqrt{\frac{\omega\mu\sigma}{2}}0} e^{-1}$$

所以有趋肤深度

$$\delta = \sqrt{\frac{2}{\omega\mu\sigma}}$$

不难看出趋肤深度与频率、电导率和磁导率有关，频率越高、电导率、磁导率越大，趋肤深度越小。可见在高频条件下，导体的感应电流绝大多数集中在导体表面附件，这种现象称为趋肤效应。对于理想导体，$\sigma \to \infty$，$\delta \to 0$，说明电磁波不能透入理想导体。电磁屏蔽技术就是利用了趋肤效应。

五、平面电磁波的极化

电磁波的极化特性是电磁理论中的一个重要概念，波的极化是指空间某点电场强度矢量随时间的变特征，用电场强度矢量 E 的端点随时间变化的轨迹来描述。

(一)线极化电磁波

若电磁波中任意点电场强度矢量的端点随时间变化的轨迹是直线，称该电磁波为线极化电磁波。

对于均匀平面电磁波，若电场强度为

$$E = E_m \cos(\omega t - \beta z + \varphi) a_x$$

显然电场强度矢量的端点随时间变化的轨迹是在与 x 平行的直线上，该波为线极化电磁波。

不失一般性，平面电磁波在垂直传播方向的平面内，如果可以将电磁波分解表示如下：

$$\left.\begin{aligned} E_x &= E_{xm}\cos(\omega t - \beta z + \varphi_x) \\ E_y &= E_{ym}\cos(\omega t - \beta z + \varphi_y) \end{aligned}\right\} \tag{3-14}$$

其中：E_{xm}、E_{ym} 为幅值；φ_x、φ_y 为初始相位。

若 $\varphi_x = \varphi_y = \varphi$，即 E_x 与 E_y 同相，则有：

$$|E| = \sqrt{E_{xm}^2 + E_{ym}^2}\cos(\omega t - \beta z + \varphi_y)$$

$$\theta = \arctan\left(\frac{E_y}{E_x}\right) = \arctan\left(\frac{E_{ym}}{E_{xm}}\right)$$

由于 E_{xm}、E_{ym} 是不随时间变化的常数，所以 θ 也不随时间变化，因此该电磁波的电场强度矢量的端点随时间变化的轨迹始终位于与 x 轴成 θ 角的直线上，该电磁波也为直线极化电

磁波。

若 $\varphi_x - \varphi_y = \pm\pi$，即 E_x 与 E_y 相位反相，则有：

$$\theta = \arctan\left(\frac{E_y}{E_x}\right) = \arctan\left(-\frac{E_{ym}}{E_{xm}}\right)$$

电磁波的电场强度矢量的端点随时间变化的轨迹也为直线，该电磁波也为直线极化电磁波，如图 3－12 所示。

工程上常将电场强度垂直于水平面的线性极化波称为垂直极化波；将与水平面平行的极化波称为水平极化波。

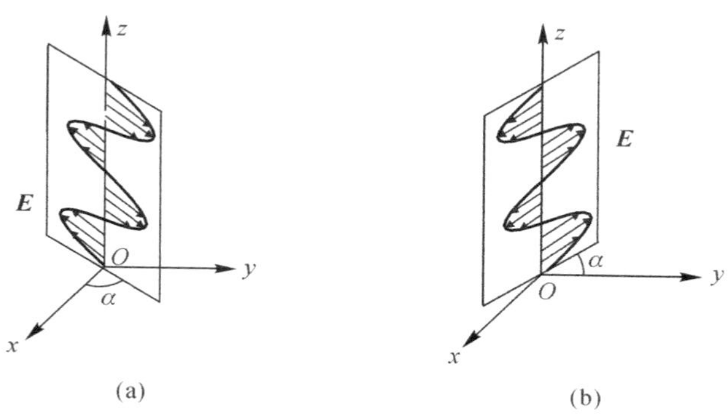

图 3－12　线极化波

(a)$\delta=0$；(b)$\delta=\pi$

（二）圆极化电磁波

若电磁波中任意点电场强度矢量的端点随时间变化的轨迹是圆，称该电磁波为圆极化电磁波。

对于式(3－14)，如果 $E_{xm} = E_{ym} = E_m$，且 $\varphi_x - \varphi_y = \pm\pi/2$，即电场两个分量振幅相等，但相位相差 $\pi/2$。则有：

$$\left.\begin{aligned} E_x &= E_m\cos(\omega t - \beta z + \varphi_x) \\ E_y &= \pm E_m\sin(\omega t - \beta z + \varphi_x) \end{aligned}\right\}$$

合成的电磁波为

$$|E| = \sqrt{E_{xm}^2 + E_{ym}^2} = E_m$$

$$\tan\theta = \frac{E_y}{E_x} = \pm\tan(\omega t - \beta z + \varphi_x)$$

即

$$\theta = \pm(\omega t - \beta z + \varphi_x)$$

合成后的电场强度大小不随时间改变，但合成的电场强度矢量与 x 轴的夹角以角速度 ω 旋转，因此该电磁波的电场强度矢量的端点随时间变化的轨迹是圆，因此称为圆极化。将大拇指指向传播方向，电磁波的电场强度矢量的端点运动方向与右手的四指指向相同，满足右手螺旋法则时，称该电磁波为右旋圆极化波；反之，磁波的电场强度矢量的端点运动方向与左手的四指指向相同，满足左手螺旋法则时，称该电磁波为左旋圆极化波。

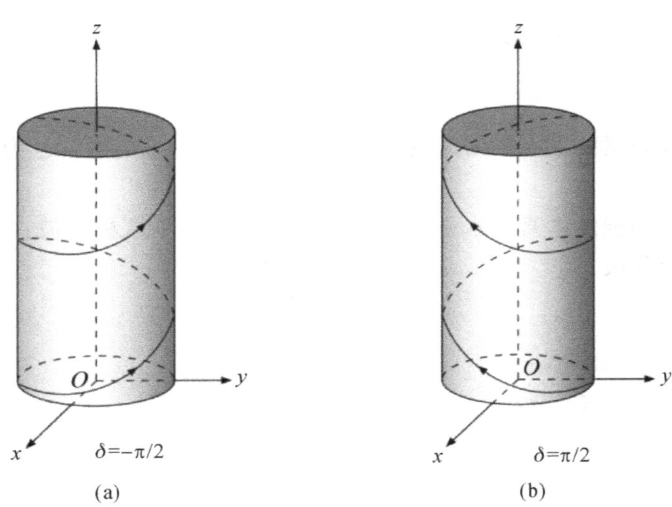

图 3－13　圆极化波
(a)右旋；(b)左旋

(三)椭圆极化电磁波

若电磁波中任意点电场强度矢量的端点随时间变化的轨迹是椭圆，称该电磁波为椭圆极化电磁波。

令 $\omega t' = \omega t + \varphi_x$，代入式(3－10)后进行变形为

$$\begin{cases} \dfrac{E_x}{E_{xm}} = \cos(\omega' t - \beta z) \\ \dfrac{E_y}{E_{ym}} = \cos(\omega' t - \beta z + \varphi_y - \varphi_x) \end{cases}$$

对第二个式子和差化积有：

$$\frac{E_y}{E_{ym}} = \cos(\omega' t - \beta z)\cos(\varphi_y - \varphi_x) - \sin(\omega' t - \beta z)\sin(\varphi_y - \varphi_x)$$

$$\sin(\omega' t - \beta z) = \sqrt{1 - \cos^2(\omega' t - \beta z)} = \sqrt{1 - \left(\frac{E_x}{E_{xm}}\right)^2}$$

不难得到：

$$\frac{E_y}{E_{ym}} - \frac{E_x}{E_{xm}}\cos(\varphi_y - \varphi_x) = \sqrt{1 - \left(\frac{E_x}{E_{xm}}\right)^2}\sin(\varphi_y - \varphi_x)$$

对上式两端二次方后整理可得：

$$\left(\frac{E_y}{E_{ym}}\right)^2 - 2\frac{E_x}{E_{xm}}\frac{E_y}{E_{ym}}\cos(\varphi_y - \varphi_x) + \left(\frac{E_x}{E_{xm}}\right)^2 = \sin^2(\varphi_y - \varphi_x)$$

显然上式是一个椭圆方程的一般形式，其 E_x、E_y 为椭圆对应的两个变量，其合成的电场强度矢量的端点随时间变化的轨迹即在椭圆上运动，该电磁波为椭圆极化电磁波，见图 3－14。

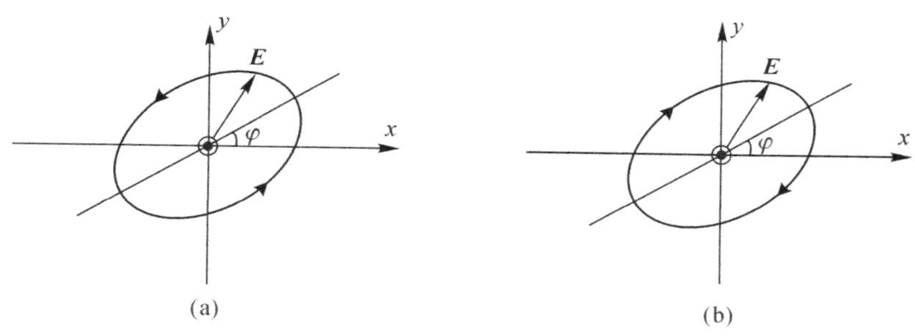

图 3-14　椭圆极化波的旋向

(a)右旋($\sin\delta<0$);(b)右旋($\sin\delta>0$)

(四)极化波的应用

把均匀平面电磁波划分为线极化波、圆极化波和椭圆极化波，主要是为了波的接收。接收电磁波要使用天线，天线是指能够辐射或接收电磁波的部件。与三种极化波对应，根据天线在远场区最大辐射方向上极化波的不同，将天线分为线极化天线、圆极化天线和椭圆极化天线。对称细直天线辐射线极化波、圆螺旋细天线辐射圆极化波，所以对称细直天线是线极化天线，圆螺旋细天线是圆极化天线。与地面平行的对称细直天线辐射水平线极化波，与地面垂直的对称细直天线辐射垂直线极化波；左旋的圆螺旋细天线辐射左旋圆极化波，右旋的圆螺旋细天线辐射右旋圆极化波。

这里以线极化波为例，说明天线不能接收与其垂直的极化波。如图 3-15 所示，T 和 R 分别是一套微波装置的发射机和接收机。发射机发出的电磁波中的电场矢量沿与地面垂直的方向振动。在发射机 T 与接收机 R 之间放置了一个非金属支架，支架上放置了一个由平行的金属线制成的“线栅”(栅读音 zhà)，线栅平面与来波方向垂直。我们把金属线栅看作接收天线，当金属线栅中有交变电流时表示能够接收到信号，反之表示不能够接收到信号。当金属线与地面垂直时(图中的位置 A)，接收机 R 接收到的信号最弱；而当金属线与地面平行时(图 3-15 中的位置 B)，接收机 R 接收到的信号最强。我们来分析一下这个实验结果。当金属线栅与地面垂直时，它与来波中的电场矢量平行，由电场切向分量边界条件 $E_{1t}=E_{2t}$ 可知，金属线栅中会产生交变电流，来波能量被吸收；当金属线栅与地面平行时，它和来波中的电场矢量垂直，来波不能在金属线栅中产生交变电流，可以穿过线栅而到达接收机 R。

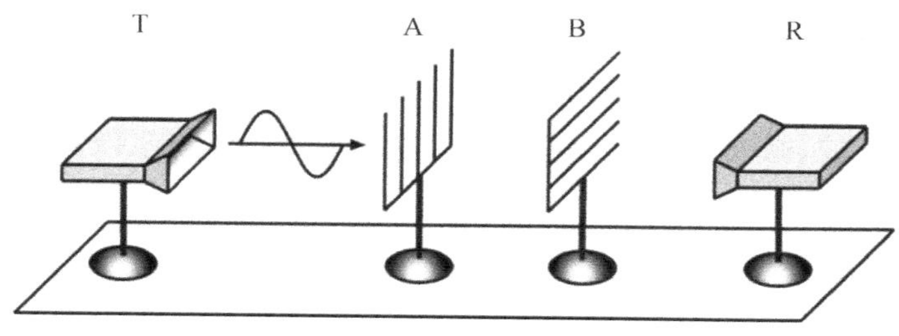

图 3-15　线极化波的接收

由以上实验可知，为了有效地接收电磁波，接收天线(金属线栅)的极化特性应与来波的极化特性相同。例如，在无线电通信中，当通信一方的姿态或位置不断变化时，为提高通信可靠性，根据圆极化波中的电场矢量可旋向与来波方向相垂直的任意方向，发射天线和接收天线都可采用圆极化天线；同样，为了干扰天线的正常接收，也可采用圆极化天线。再例如，当不希望接收水平极化波时，可采用垂直极化天线；当不希望接收右旋圆极化波时，可采用左旋圆极化天线。

第三节　电磁波的传播特性

在理想、均匀、各向同性的媒介中传播，只存在电磁波能量扩散引起的传播损耗。由于实际传播环境中复杂的地形地物对传播信号的阻挡及反射、绕射和散射引起的无线信号的多径传播都会对电磁波的传播产生影响。

一、电磁波传播机制

电磁场传播过程中，影响传播的最基本的机制为直射、反射、绕射和散射。当电磁波遇到比波长大得多的物体时发生反射，反射发生于物体的表面，建筑物和墙壁表面。当发射机和接收机之间的无线电波被一个具有明显不规则的表面或尖利的边缘阻挡时，发生绕射。由阻挡表面产生的二次波散布于空间，甚至于阻挡体的背面，也就是说电磁波能够绕过障碍物传播(故称绕射)。在高频波段，绕射和反射一样，依赖于物体的形状，以及绕射总入射波的振幅、相位和极化方式。当电磁波在传播中遇到一些尺寸小于波长的建筑目标物或者每单位的障碍物数目很多时，电磁波便会发生散射。散射的波形由粗糙表面、小目标物或信道中的其他不规则物产生。在实际传播环境中，树叶、街道路标和路灯杆等都会引起散射。

1. 直射

直射是指无线电波在自由空间传播的方式。自由空间是指相对于介电参数和相对导磁率都是 1 的均匀媒介所在的空间，它是一个理想的无限大的空间，是为了简化问题的研究而提出的一种科学抽象。在自由空间的传播衰落不考虑其他衰落因素，仅考虑由能量的扩散而引起的损耗，通常发生在超短波和微波的传播视距。

超短波特别是微波，频率很高，波长很短，它的地表面波衰减很快，因此不能依靠地表面波作较远距离的传播，主要是由空间波来传播的。简单地说，空间波是在空间范围内沿直线方向传播的波。显然，由于地球的曲率使空间波传播存在一个极限直视距离 R_{max}。在最远直视距离之内的区域，习惯上称为照明区；极限直视距离 R_{max} 以外的区域，则称为阴影区。不言而喻，利用超短波、微波进行通信时，接收点应落在发射天线极限直视距离 R_{max} 内。

2. 反射

反射发生在电磁波到达体积远大于其波长的物体表面时。产生的反射信号会对原有信号的能量造成很大影响。在电波传播的路径上有一个体积远大于电波波长的物体，电波不能绕射过该物体。在接收点，反射波既能减少又能增强信号强度，这主要取决于它们的相位。当许多反射波存在时，接收信号很不稳定，该现象可称为多径衰落。在实际的传播环境中，反射通常发生在地球表面或建筑物表面。

当在一种媒介中传播的无线电波入射到另一种媒介表面时，电磁波的部分能量会反射到第一种媒介，而另一部分能量则被折射到第二种媒介。反射波和折射波的电场强度通过反射系数 R 与原媒介中的入射波联系在一起。反射系数的大小由波的极化方式、入射角和传播波的频率决定。反射系数定义为反射波场强与入射波场强的比值。

电磁波在不同媒介处，会发生反射。在理想媒介表面上反射是没有能量损失的。如果电磁波传输到理想电媒介的表面，则一部分能量进入新媒介继续传播，一部分能量在原来媒介中发生反射，如果电磁波传输到理想反射体的表面，则所有能量都将被反射回来。

由发射天线直接射到接收点的电波称为直射波。发射天线发出的指向地面的电波，被地面反射而到达接收点的电波称为反射波。显然，接收点的信号应该是直射波和反射波的合成。电波的合成不会简单地代数相加，合成结果会随着直射波和反射波间的波程差的不同而不同。波程差为半个波长的奇数倍时，直射波和反射波信号相加，合成为最大；波程差为一个波长的倍数时，直射波和反射波信号相减，合成为最小。可见，地面反射的存在，使得信号强度的空间分布变得相当复杂。

3. 绕射

绕射发生在电磁波的传播过程中部分被阻挡后，电磁波似乎能绕过阻碍物到达直接视距传播无法到达的区域，在阻碍物的后方形成场强。绕射使无线电信号绕过地球曲面，能够传播到障碍物的后面。尽管接收机移到被障碍的区域（阴影区）越深，接收到的场强衰减就越快，但由于绕射场仍然存在，所以常常仍有足够的电场强度产生有用的信号。

绕射现象可以用惠更斯原理来解释。惠更斯原理认为波前的所有点都可以看成是产生二次波的点源，并且这些子波组合在一起，在传播方向上产生一个新的波前。绕射是二次子波传播到阴影区引起的。当接收机和发射机间的无线路径被尖利的边缘阻挡时发生绕射。由阻挡表面产生的二次波散布于空间，甚至阻挡体的背面。当发射机和接收机之间不存在视距路径时，绕射阻挡体使电磁波产生弯曲。

在传播途径中遇到大障碍物时，电波会绕过障碍物向前传播，这种现象叫作电波的绕射。超短波、微波的频率较高，波长短，绕射能力弱，在高大建筑物后面信号强度小，形成所谓的“阴影区”。信号质量受到影响的程度，不仅和建筑物的高度、接收天线与建筑物之间的距离有关，还和频率有关。例如有一个建筑物，其高度为 10 m，在建筑物后面距离 200 m 处，接收的信号质量几乎不受影响，但在 100 m 处，接收信号场强比无建筑物时明显减弱。注意，诚如上面所说过的那样，减弱程度还与信号频率有关，对于 216～223 MHz 的射频信号，接收信号场强比无建筑物时低 16 dB，对于 670 MHz 的射频信号，接收信号场强比无建筑物时低 20 dB。如果建筑物高度增加到 50 m 时，则在距建筑物 1 000 m 以内，接收信号的场强都将受到影响而减弱。也就是说，频率越高、建筑物越高、接收天线与建筑物越近，信号强度与通信质量受影响程度越大；相反，频率越低，建筑物越矮、接收天线与建筑物越远，影响越小。

4. 散射

散射是在传播路径上存在障碍物，且物体尺寸与波长可比拟时发生的。除了无线电波在更多方向上进行散射外，这种现象的特征类似于绕射。散射是很难预测的。它是由信道内粗糙表面、小物体，或其它不规则体引起的。在室内情况下，电器开关、灯具、门把等都会产生散射。在超短波、微波波段，电波在传播过程中还会遇到障碍物(例如楼房、高大建筑物或山丘等)对电波产生反射。因此，到达接收天线的还有多种反射波(广义地说，地面反射波也应包括在内)，这种现象称为多径传播。

多径传输使得信号场强的空间分布变得相当复杂，波动很大，有的地方信号场强增强，有的地方信号场强减弱；还会使电波的极化方向发生变化。另外，不同的障碍物对电波的反射能力也不同。例如：钢筋水泥建筑物对超短波、微波的反射能力比砖墙强。我们应尽量克服多径传输效应的负面影响，这也正是在通信质量要求较高的通信网中，人们常常采用空间分集技术或极化分集技术的缘由。

移动通信环境中的实际接收信号通常总比只用反射和绕射模型预测的接收信号强，这主要是因为当无线电波入射到粗糙表面时，由于散射的作用被反射的能量扩展(弥散)到所有方向，从而在接收端形成了另外的无线电能量。在城市街区中，街灯杆和树木等都会将入射的能量散射到所有方向。当电磁波穿行的媒介中存在小于波长的物体并且单位体积内阻挡体的个数非常巨大时，发生散射。散射波产生粗糙表而、小物体或其他不规则物体，如树叶、灯柱等。在实际通信中三种传播机制会综合反映在某些影响通信的障碍物上，如山区环境。电磁波在其表面会发生反射和故射，而尖而高的山峰则会产生绕射效应。

二、电磁波跨介质传播

在实际工程中，往往要遇到由不同的媒质组成的电磁系统。在不同媒质分界面上，不可避免地会碰到不同形状的分界面，为此需研究波在分界面上所遵循的规律和传播特性。为分析方便，我们仅考虑不同媒介分界面为无线半平面的情况(即半无界空间)情形。一般说来，电磁波在传播过程中遇到两种不同波阻抗的媒介分界面时，将有一部分能量被反射回来，形成反射波；另一部分或透过界面继续传播，形成透射波。

(一)均匀平面电磁波向理想导体的垂直入射

前面讨论了均匀平面波在单一媒质中的传播规律。然而，电磁波在传播过程中不可避免地会碰到不同形状的分界面，为此需研究波在分界面上所遵循的规律和传播特性。

为分析简便，假设分界面为无限大的平面，如图 3－16 所示，在分界面上取一点作坐标原点，取 z 轴与分界面垂直，并由媒质Ⅰ指向媒质Ⅱ。我们把在第一种媒质中投射到分界面的波称为入射波。把透过分界面在第二种媒质中传播的波称为透射波(transmitted wave)，把从分界面上返回到第一种媒质中传播的波称为反射波(reflected wave)。

设图 3－16 中媒质Ⅰ是理想媒介 $\sigma_1 = 0$，媒质Ⅱ是理想导体 $\sigma_2 \to \infty$，均匀平面波由媒质Ⅰ沿 z 轴方向向媒质Ⅱ垂直入射，由于电磁波不能穿入理想导体，全部电磁能量都将被边界反射回来。为简便起见，下面讨论线极化波，取电场强度的方向为 x 轴的正方向，则入射波的一般表达式为

$$\begin{cases} \boldsymbol{E}_{\mathrm{i}} = E_{\mathrm{i0}}\ \mathrm{e}^{-\mathrm{j}\beta_1 z}\, a_x \\ \boldsymbol{H}_{\mathrm{i}} = \dfrac{E_{\mathrm{i0}}}{\eta}\ \mathrm{e}^{-\mathrm{j}\beta_1 z}\, a_y \end{cases}$$

式中，$\beta_1 = \omega\sqrt{\mu_1 \varepsilon_1}$，$\eta_1 = \sqrt{\mu_1 / \varepsilon_1}$，$E_{\mathrm{i0}}$ 为分界面上入射电场的振幅。

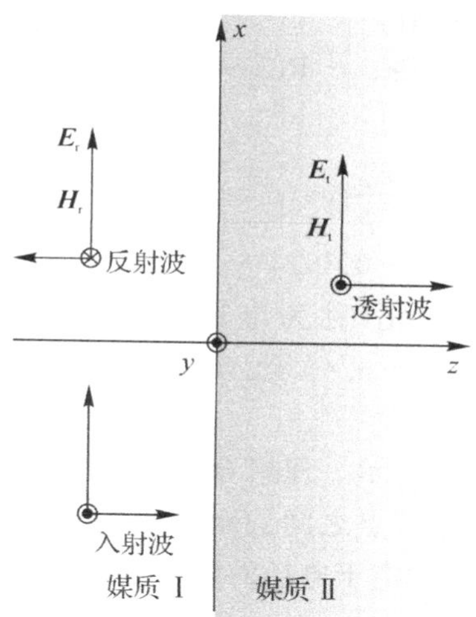

图 3-16　对理想导体的垂直入射

不难看出，电场方向为 a_x 向，与传播方向垂直，又因为入射波是垂直入射，所以有电场方向与分界面平行，即电场方向为分界面切向。据电磁场的边界条件理论，当媒质Ⅱ是理想导体时，其在分界面处切线方向电场 $\boldsymbol{E}$ 始终为 0。因此对于反射波电磁 $\boldsymbol{E}_r$ 有

$$\boldsymbol{E} = \boldsymbol{E}_i + \boldsymbol{E}_r = \boldsymbol{0}$$

显然反射波的电场也将是 x 方向线极化，其传播方向为 $-z$ 向，其数学描述为

$$\boldsymbol{E}_r = E_{r0}\, e^{j\beta_1 z}\, a_x$$

在分界面，也就是 $z=0$ 处，有

$$\boldsymbol{E} = \boldsymbol{E}_i + \boldsymbol{E}_r = E_{r0} + E_{i0} = \boldsymbol{0}$$

所以有

$$E_{r0} = -E_{i0}$$

因此反射波电场为

$$\boldsymbol{E}_r = -E_{i0}\, e^{j\beta_1 z}\, a_x$$

即反射波在入射到分界面一瞬间，反射出的电磁波方向发生了突变，即相位变化了 π。由于传播方向也发生了变化，因此由右手螺旋准则可知，磁场方向将不发生变化，所以反射磁场为

$$\boldsymbol{H}_r = \frac{E_{i0}}{\eta}\, e^{j\beta_1 z}\, a_y$$

对于媒介Ⅰ中的任意点，其电场强度由入射场和反射场叠加而成，因此有：

$$\boldsymbol{E} = \boldsymbol{E}_i + \boldsymbol{E}_r = E_{i0}\,(e^{-j\beta_1 z} - e^{j\beta_1 z})a_x$$

由 $e^{jx} = \cos x + j\sin x$ 可得：

$$\boldsymbol{E} = E_{i0}[\cos(\beta_1 z) - j\sin(\beta_1 z) - \cos(\beta_1 z) - j\sin(\beta_1 z)]\boldsymbol{a}_x = -2j\, E_{i0}\sin(\beta_1 z)\boldsymbol{a}_x$$

同理可得合成磁场为

$$\boldsymbol{H} = 2\,\frac{E_{i0}}{\eta}\cos(k_1 z)\boldsymbol{a}_y$$

将上述相量表示法转换为瞬时量则有：

$$\boldsymbol{E} = \mathrm{Re}[-2\mathrm{j}\, E_{i0}\sin(\beta_1 z)\mathrm{e}^{\mathrm{j}\omega t}]\boldsymbol{a}_x = \mathrm{Re}[-2\mathrm{j}\, E_{i0}\sin(\beta_1 z)(\cos\omega t + \mathrm{j}\sin\omega t)]\boldsymbol{a}_x$$
$$= 2\, E_{i0}\sin(\beta_1 z)\cdot \sin(\omega t)\boldsymbol{a}_x$$

$$\boldsymbol{H} = 2\,\frac{E_{i0}}{\eta}\cos(\beta_1 z)\cdot \cos(\omega t)\boldsymbol{a}_y$$

由上式可知，在 $\beta_1 z = -n\pi, (n = 0,1,2,\cdots)$，即 $z = n\lambda_1/2$ 处，电场的振幅等于零，而且这些零点的位置都不随时间变化，称为电场的波节点。而在 $\beta_1 z = -(n\pi + \pi/2)$，$(n = 0,1,2,\cdots)$，即 $z = -(n\lambda_1/2 + \pi/4)$ 处，电场的振幅最大，这些最大值的位置也不随时间变化，称为电场的波腹点。

电磁波的振幅分布如图 3－17 所示。理想导体表面为电场波节点，电场波腹点和波节点每隔 $\lambda_1/4$ 交替出现，两个相邻波节点之间的距离为 $\lambda_1/2$ 。磁场强度的波节点对应于电场的波腹点，而磁场强度的波腹点对应于电场的波节点。我们把波节点和波腹点的位置都固定不变的电磁波，称为驻波。

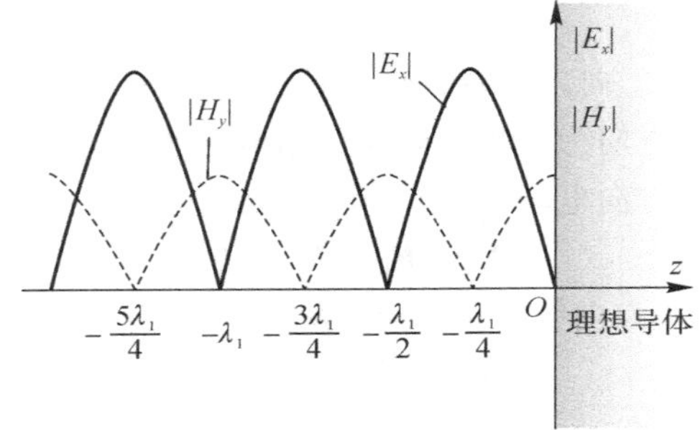

图 3－17　驻波的振幅分布示意图

因此，全空间在 $z=0$ 处被理想导体分割，在 $z<0$ 的空间，电磁波由入射波和反射波相互叠加的结果，形成驻波。

从物理上看，驻波是振幅相等的两个反向波，入射波和反射波相互叠加的结果。在电场波腹点，二电场同相叠加，故呈现最大振幅 $2\,E_{i0}$ ，而在电场波节点，二电场反相叠加，故相消为零。

媒质Ⅰ中的平均功率流密度矢量为

$$S_{\mathrm{av}} = \frac{1}{2}\mathrm{Re}(\boldsymbol{E}\times\boldsymbol{H}^*) = \frac{1}{2}\mathrm{Re}\left[-2\mathrm{j}\, E_{i0}\sin(\beta_1 z)\cdot 2\,\frac{E_{i0}}{\eta}\cos(\beta_1 z)\right]\boldsymbol{a}_x\times\boldsymbol{a}_y$$

$$\frac{1}{2}\mathrm{Re}\left[-4\mathrm{j}\, E_{i0}\,\frac{E_{i0}}{\eta}\sin(\beta_1 z)\cos(\beta_1 z)\right]\boldsymbol{a}_z = 0$$

可见，驻波不传输能量，只存在电场能和磁场能的相互转换。

在 $z>0$ 的空间，理想导体内，即由于媒质Ⅱ中无电磁场(理想导体内电场、磁场为 0)，在理想导体表面两侧的磁场切向分量不连续，因而交界面上存在面电流。

对于线极化波，媒质Ⅰ是理想媒介，垂直入射至媒质Ⅱ是理想导体，媒介Ⅰ中电磁波由入射波和反射波相互叠加的结果，形成驻波。驻波不传输能量，只存在电场能和磁场能的相互转换。在 $z<0$ 的空间，理想导体内，交界面上存在面电流。

对于圆极化波，媒质Ⅰ是理想媒介，垂直入射至媒质Ⅱ是理想导体，以右旋圆极化为例，对理想导体垂直入射，反射波相对入射波反向，反射波变成了左旋圆极化波。入射波是圆极化波，其合成电场也是驻波。

(二)均匀平面电磁波向理想媒介的垂直入射

参考图 3-16，设媒质Ⅰ和媒质Ⅱ都是理想媒介，即 $\sigma_1=\sigma_2=0$。当 x 方向线极化的平面波由媒质Ⅰ向媒质Ⅱ垂直入射时，在边界处既有向 $+z$ 方向传播的透射波，又有向 $-z$ 方向传播的反射波。由于电场的切向分量在边界面两侧是连续的，反射波和透射波的电场也只有 x 方向的分量。入射波和反射波的电磁场强度的表达式与向理想导体的垂直入射相同，媒质Ⅱ中的透射波为

$$\begin{cases}\boldsymbol{E}_{\mathrm{t}}=E_{\mathrm{t0}}\,\mathrm{e}^{-\mathrm{j}\beta_2 z}\boldsymbol{a}_x\\ \boldsymbol{H}_{\mathrm{t}}=\dfrac{E_{\mathrm{t0}}}{\eta}\,\mathrm{e}^{-\mathrm{j}\beta_2 z}\boldsymbol{a}_y\end{cases}$$

式中，E_{t0} 为 $z=0$ 处透射波的振幅。在分界面上，根据电磁场边界条件可知，电场、磁场的切向分量连续(因为是理想媒介，不同于理想导体，表面没有面电流)，于是有：

$$\begin{cases}\boldsymbol{E}_{\mathrm{i0}}+\boldsymbol{E}_{\mathrm{r0}}=\boldsymbol{E}_{\mathrm{t0}}\\ \dfrac{\boldsymbol{E}_{\mathrm{i0}}}{\eta_1}-\dfrac{\boldsymbol{E}_{\mathrm{r0}}}{\eta_1}=\dfrac{\boldsymbol{E}_{\mathrm{t0}}}{\eta_2}\end{cases}$$

解算可得：

$$\begin{cases}\boldsymbol{E}_{\mathrm{r0}}=\dfrac{\eta_2-\eta_1}{\eta_2+\eta_1}\boldsymbol{E}_{\mathrm{i0}}\\ \boldsymbol{E}_{\mathrm{t0}}=\dfrac{2\eta_2}{\eta_2+\eta_1}\boldsymbol{E}_{\mathrm{i0}}\end{cases}$$

定义反射波电场复振幅与入射波电场复振幅的比值为反射系数，用 Γ 表示，透射波电场复振幅与入射波电场复振幅的比值为透射系数，用 T 表示，有

$$\begin{cases}\Gamma=\dfrac{\boldsymbol{E}_{\mathrm{r0}}}{\boldsymbol{E}_{\mathrm{i0}}}=\dfrac{\eta_2-\eta_1}{\eta_2+\eta_1}\\ T=\dfrac{\boldsymbol{E}_{\mathrm{t0}}}{\boldsymbol{E}_{\mathrm{i0}}}=\dfrac{2\eta_2}{\eta_2+\eta_1}\end{cases}$$

显然有

$$T=1+\Gamma$$

于是媒质Ⅰ中合成电场和合成磁场分别为

$$\boldsymbol{E}_{\mathrm{I}}=E_{\mathrm{i0}}(\mathrm{e}^{-\mathrm{j}\beta_1 z}+\Gamma\,\mathrm{e}^{\mathrm{j}\beta_1 z})\boldsymbol{a}_x$$

$$\boldsymbol{H}_{\mathrm{I}}=\frac{E_{\mathrm{i0}}}{\eta_1}(\mathrm{e}^{-\mathrm{j}\beta_1 z}-\Gamma\,\mathrm{e}^{\mathrm{j}\beta_1 z})\boldsymbol{a}_y$$

在媒质Ⅱ中有

$$\boldsymbol{E}_{\mathrm{II}}=TE_{\mathrm{i0}}\,\mathrm{e}^{-\mathrm{j}\beta_2 z}\boldsymbol{a}_x$$

$$\boldsymbol{H}_{\mathrm{II}}=T\frac{E_{\mathrm{i0}}}{\eta_{\mathrm{II}}}\,\mathrm{e}^{-\mathrm{j}\beta_2 z}\boldsymbol{a}_y$$

分析媒介Ⅰ中合成电场，有

$$\begin{aligned}\boldsymbol{E}_{\mathrm{I}} &= E_{\mathrm{i0}}(\mathrm{e}^{-\mathrm{j}\beta_1 z} + \Gamma\mathrm{e}^{-\mathrm{j}\beta_1 z} + \Gamma\mathrm{e}^{\mathrm{j}\beta_1 z} - \Gamma\mathrm{e}^{-\mathrm{j}\beta_1 z})\boldsymbol{a}_x \\ &= E_{\mathrm{i0}}[(1+\Gamma)\mathrm{e}^{-\mathrm{j}\beta_1 z} + \Gamma(\mathrm{e}^{\mathrm{j}\beta_1 z} - \mathrm{e}^{-\mathrm{j}\beta_1 z})]\boldsymbol{a}_x \\ &= E_{\mathrm{i0}}[T\mathrm{e}^{-\mathrm{j}\beta_1 z} + 2\mathrm{j}\Gamma\sin(\beta_1 z)]\boldsymbol{a}_x\end{aligned}$$

显然上式表明媒介Ⅰ中合成电场可分解为两部分，第一部分 $E_{\mathrm{i0}}T\mathrm{e}^{-\mathrm{j}\beta_1 z}$ 为沿 z 正向传播的行波，另一部分 $2\mathrm{j}E_{\mathrm{i0}}\Gamma\sin(\beta_1 z)$ 为纯驻波。两部分叠加后，在第二部分驻波的波节点处，场强不再为零，因此该波称为行驻波，见图 3-18。

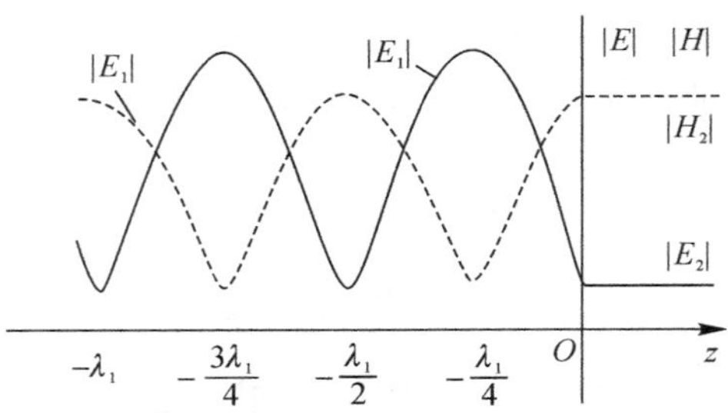

图 3-18　行驻波的振幅分布

在电场波腹点处，反射波和入射波的电场同相，因而合成场为最大。而在电场波节点处，反射波和入射波的电场反相，从而形成最小值。这些值的位置都不随时间而变化，具有驻波特性。但反射波的振幅比入射波的振幅小，反射波只与入射波的一部分形成驻波。

为了反映行驻波状态的驻波成分大小，定义电场振幅的最大值与最小值之比为驻波比，用 ρ 表示：

$$\rho = \frac{E_{\mathrm{Imax}}}{E_{\mathrm{Imin}}} = \frac{1+|\Gamma|}{1-|\Gamma|}$$

媒介Ⅰ中，平均坡印亭矢量为

$$\begin{aligned}S_{\mathrm{Iav}} &= \frac{1}{2}\mathrm{Re}(\boldsymbol{E}\times\boldsymbol{H}^*) = \frac{E_{\mathrm{i0}}^2}{2\eta_{\mathrm{I}}}\mathrm{Re}[(\mathrm{e}^{-\mathrm{j}\beta_1 z} + \Gamma\mathrm{e}^{\mathrm{j}\beta_1 z})\cdot(\mathrm{e}^{\mathrm{j}\beta_1 z} - \Gamma\mathrm{e}^{-\mathrm{j}\beta_1 z})]\boldsymbol{a}_x\times\boldsymbol{a}_y \\ &= \frac{E_{\mathrm{i0}}^2}{2\eta_{\mathrm{I}}}\mathrm{Re}[1-\Gamma^2 + \Gamma(\mathrm{e}^{\mathrm{j}2\beta_1 z} - \mathrm{e}^{-\mathrm{j}2\beta_1 z})]\boldsymbol{a}_z \\ &= \frac{E_{\mathrm{i0}}^2}{2\eta_{\mathrm{I}}}\mathrm{Re}[1-\Gamma^2 + \mathrm{j}2\Gamma|\sin(2\beta_1 z)|]\boldsymbol{a}_z \\ &= \frac{E_{\mathrm{i0}}^2}{2\eta_{\mathrm{I}}}(1-\Gamma^2)\boldsymbol{a}_z\end{aligned}$$

同理媒介Ⅱ中，平均坡印亭矢量为

$$S_{\mathrm{II\,av}} = \frac{E_{\mathrm{i0}}^2}{2\eta_2}T^2\boldsymbol{a}_z$$

不难推导出：

$$\frac{E_{\mathrm{i0}}^2}{2\eta_{\mathrm{I}}} = \frac{E_{\mathrm{i0}}^2}{2\eta_2}T^2 + \frac{E_{\mathrm{i0}}^2}{2\eta_1}\Gamma^2$$

将反射系数和透射系数的计算公式代入以上两式，可以得出，媒质Ⅰ中在 $-z$ 方向传输的功率等于媒质Ⅱ中向 $+z$ 方向透射的功率，符合能量守恒定律。

(三)平面波对理想媒介的斜入射

当电磁波以任意角度入射到平面边界上时,称之为斜入射。我们把由入射波传播方向与分界面法线方向组成的平面称为入射平面。入射波的传播方向与分界面的法线的夹角称为入射角,用 θ_i 表示;反射波的传播方向与分界面的法线的夹角称为反射角,用 θ_r 表示。可将入射波的电场强度矢量分解为与入射面垂直和平行的两个分量。若入射波电场矢量垂直于入射平面,称为垂直极化波。若电场矢量平行于入射平面,称为平行极化波。任意极化的平面波都可以分解为垂直极化波和平行极化波的合成。

1. 沿任意方向传播的平面电磁波

前面为了讨论方便,总是将均匀平面波的传播方向定义为沿 z 轴方向传播,下面讨论沿任意方向传播的均匀平面电磁波,如图 3－19 所示。在确定三维空间坐标系后,对于任意点 $P(x,y,z)$ 其位置矢径可表示为

$$\boldsymbol{r} = x\boldsymbol{a}_x + y\boldsymbol{a}_y + z\boldsymbol{a}_z$$

为了方便表示波在任意方向上的传播,定义波矢量,其大小为相位常数 β,其方向为波的传播方向 $\boldsymbol{a}_v(\boldsymbol{a}_x,\boldsymbol{a}_y,\boldsymbol{a}_z)$,所以对于各向同性的媒介,波矢量可表示为

$$\boldsymbol{\beta} = \beta\boldsymbol{a}_x + \beta\boldsymbol{a}_y + \beta\boldsymbol{a}_z$$

其中,β 表示相位常数。

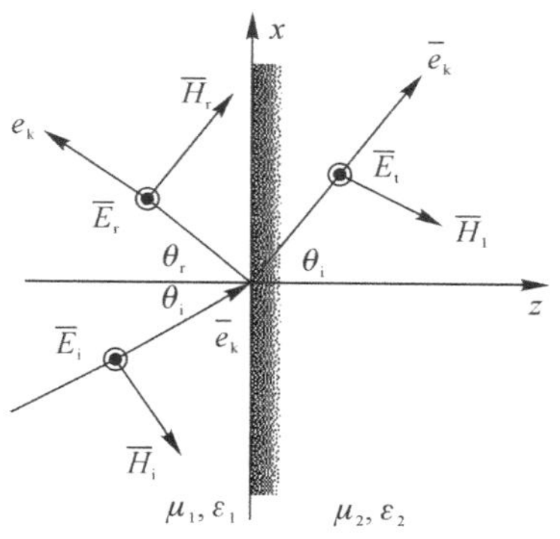

图 3－19　垂直极化的斜入射

对应任意点 P,矢径为 $\boldsymbol{r}$,将其投影到波传播方向 a_v 上,则距离为

$$l = a_v \cdot \boldsymbol{r}$$

则 P 点处的电场可表示为

$$\boldsymbol{E} = E_m e^{-j\beta l} = E_m e^{-j\boldsymbol{\beta}\cdot\boldsymbol{r}}$$

显然,只要知道了 P 点的位置矢量、P 点处电场波的传播方向和电场振幅,就可以得到该点的电场矢量 $\boldsymbol{E}$。由电磁波理论知道,磁场幅值大小与电场幅值大小比值为波阻抗,方向与传播方向、电场方向满足右手螺旋准则,则磁场矢量 $\boldsymbol{H}$ 为

$$\boldsymbol{H} = \frac{a_v}{\eta} \times \boldsymbol{E} = \frac{a_v}{\eta} \times E_m e^{-j\boldsymbol{\beta}\cdot\boldsymbol{r}}$$

2. 垂直极化波的斜入射

设媒质Ⅰ的参量为(ε_1,μ_1),媒质Ⅱ的参量为(ε_2,μ_2)。入射平面位于 xOy 平面,电场与入射平面垂直,以入射角 θ_i 入射到理想媒介平面上,则入射波的传播方向为 $a_i = \sin\theta_i a_x + \cos\theta_i a_z$,入射波电场方向为与 y 轴平行。

入射波电场可表示为

$$\boldsymbol{E}_{\mathrm{i}} = E_{\mathrm{i0}}\mathrm{e}^{-\mathrm{j}\beta_1 a_{\mathrm{i}}\cdot\boldsymbol{r}}\boldsymbol{a}_y = E_{\mathrm{i0}}\mathrm{e}^{-\mathrm{j}\beta_1(x\sin\theta_{\mathrm{i}}+z\cos\theta_{\mathrm{i}})}\boldsymbol{a}_y$$

$$\boldsymbol{H}_{\mathrm{i}} = \frac{a_{\mathrm{i}}}{\eta_1}\times\boldsymbol{E}_{\mathrm{i}} = \frac{1}{\eta_1}E_{\mathrm{i0}}\mathrm{e}^{-\mathrm{j}\beta_1(x\sin\theta_{\mathrm{i}}+z\cos\theta_{\mathrm{i}})}\begin{vmatrix}\boldsymbol{a}_x & \boldsymbol{a}_y & \boldsymbol{a}_z\\ \sin\theta_{\mathrm{i}} & 0 & \cos\theta_{\mathrm{i}}\\ 0 & 1 & 0\end{vmatrix}$$

$$= \frac{1}{\eta_1}E_{\mathrm{i0}}\mathrm{e}^{-\mathrm{j}\beta_1(x\sin\theta_i+z\cos\theta_i)}(-\cos\theta_{\mathrm{i}}\,\boldsymbol{a}_x + \sin\theta_i\,\boldsymbol{a}_z)$$

反射电磁波的传播方向为 $a_{\mathrm{r}} = x\sin\theta_{\mathrm{r}} - z\cos\theta_{\mathrm{r}}$,设反射波的电场振幅为 E_{r0} ,则反射波电场为

$$\boldsymbol{E}_{\mathrm{r}} = E_{\mathrm{r0}}\mathrm{e}^{-\mathrm{j}\beta_1(x\sin\theta_{\mathrm{r}}-z\cos\theta_{\mathrm{r}})}\boldsymbol{a}_y$$

$$\boldsymbol{H}_{\mathrm{r}} = \frac{a_{\mathrm{r}}}{\eta_1}\times\boldsymbol{E}_{\mathrm{r}} = \frac{1}{\eta_1}E_{\mathrm{r0}}\mathrm{e}^{-\mathrm{j}\beta_1(x\sin\theta_{\mathrm{r}}-z\cos\theta_{\mathrm{r}})}\begin{vmatrix}\boldsymbol{a}_x & \boldsymbol{a}_y & \boldsymbol{a}_z\\ \sin\theta_{\mathrm{r}} & 0 & -\cos\theta_{\mathrm{r}}\\ 0 & 1 & 0\end{vmatrix}$$

$$= \frac{1}{\eta_1}E_{\mathrm{r0}}\mathrm{e}^{-\mathrm{j}\beta_1(x\sin\theta_{\mathrm{r}}-z\cos\theta_{\mathrm{r}})}(\cos\theta_{\mathrm{r}}\,\boldsymbol{a}_x + \sin\theta_{\mathrm{r}}\,\boldsymbol{a}_z)$$

在媒介Ⅱ中,透射波电场也只有 y 向分量,透射波的传播方向为 $a_t = x\sin\theta_{\mathrm{t}} + z\cos\theta_{\mathrm{t}}$,则透射波电场可表示为

$$\boldsymbol{E}_{\mathrm{t}} = E_{\mathrm{t0}}\mathrm{e}^{-\mathrm{j}\beta_2(x\sin\theta_{\mathrm{t}}+z\cos\theta_{\mathrm{t}})}\boldsymbol{a}_y$$

透射波磁场为

$$\boldsymbol{H}_{\mathrm{t}} = \frac{a_{\mathrm{r}}}{\eta_1}\times\boldsymbol{E}_{\mathrm{t}} = \frac{1}{\eta_2}E_{\mathrm{t0}}\mathrm{e}^{-\mathrm{j}\beta_2(x\sin\theta_{\mathrm{t}}+z\cos\theta_{\mathrm{t}})}\begin{vmatrix}\boldsymbol{a}_x & \boldsymbol{a}_y & \boldsymbol{a}_z\\ \sin\theta_{\mathrm{t}} & 0 & \cos\theta_{\mathrm{t}}\\ 0 & 1 & 0\end{vmatrix}$$

$$= \frac{1}{\eta_2}E_{\mathrm{t0}}\mathrm{e}^{-\mathrm{j}\beta_2(x\sin\theta_{\mathrm{t}}+z\cos\theta_{\mathrm{t}})}(-\cos\theta_{\mathrm{t}}\,\boldsymbol{a}_x + \sin\theta_{\mathrm{t}}\,\boldsymbol{a}_z)$$

3. 反射定律和折射定律

根据电磁场的边界条件,在 $z=0$ 处的分界面上,电场强度切向分量连续,即:

$$E_{\mathrm{i0}}\mathrm{e}^{-\mathrm{j}\beta_1 x\sin\theta_{\mathrm{i}}} + E_{\mathrm{r0}}\mathrm{e}^{-\mathrm{j}\beta_1 x\sin\theta_{\mathrm{r}}} = \boldsymbol{E}_{2\mathrm{t}} = \boldsymbol{E}_{1\mathrm{t}} = E_{\mathrm{t0}}\mathrm{e}^{-\mathrm{j}\beta_2 x\sin\theta_{\mathrm{t}}} \tag{3-15}$$

上式在 $z=0$ 的 xOy 平面上总是成立,显然当 $x=0$ 时也成立,所以有:

$$E_{\mathrm{i0}} + E_{\mathrm{r0}} = E_{\mathrm{t0}}$$

将上式代入式(3-15)有:

$$E_{\mathrm{i0}}[\mathrm{e}^{-\mathrm{j}\beta_1 x\sin\theta_{\mathrm{i}}} - \mathrm{e}^{-\mathrm{j}\beta_2 x\sin\theta_{\mathrm{t}}}] = E_{\mathrm{r0}}[\mathrm{e}^{-\mathrm{j}\beta_2 x\sin\theta_{\mathrm{t}}} - \mathrm{e}^{-\mathrm{j}\beta_1 x\sin\theta_{\mathrm{r}}}]$$

由于 $E_{\mathrm{i0}} \neq E_{\mathrm{r0}}$,上式对于任意 x 都成立,其要成立的条件是:

$$\beta_1\sin\theta_{\mathrm{i}} = \beta_2\sin\theta_{\mathrm{t}} = \beta_1\sin\theta_{\mathrm{r}}$$

所以有:

$$\theta_i = \theta_r$$

上式表示反射角等于入射角，这个称为斯涅耳反射定律。

$$\frac{\beta_1}{\beta_2} = \frac{\sin\theta_t}{\sin\theta_i}$$

因为 $\beta_1 = \omega\sqrt{\mu_1\varepsilon_1}$，上式也可写为

$$\frac{\sin\theta_t}{\sin\theta_i} = \sqrt{\frac{\mu_1\varepsilon_1}{\mu_2\varepsilon_2}}$$

对于非铁磁性材料有 $\mu_1 = \mu_2 = \mu$，则有：

$$\frac{\sin\theta_t}{\sin\theta_i} = \sqrt{\frac{\varepsilon_1}{\varepsilon_2}}$$

上式称为斯涅耳折射定律。由电磁波边界条件推导出的反射定律、折射定律与光学中的相同。

2. 反射系数和透射系数

前面给出了传播方向的变化，现在分析场强的变化。由电磁场边界条件可知，除理想导体和超导体外的媒介，在边界上切向磁场是连续的，即 $\boldsymbol{H}_{2t} = \boldsymbol{H}_{1t}$。

$$\boldsymbol{H}_1 = \boldsymbol{H}_i + \boldsymbol{H}_r = \frac{1}{\eta_1}E_{i0}e^{-j\beta_1(x\sin\theta_i + z\cos\theta_i)}(-\cos\theta_i\,a_x + \sin\theta_i\,a_z)$$
$$+\frac{1}{\eta_1}E_{r0}e^{-j\beta_1(x\sin\theta_r - z\cos\theta_r)}(\cos\theta_r\,a_x + \sin\theta_r\,a_z)$$

$$\boldsymbol{H}_2 = \boldsymbol{H}_t = \frac{1}{\eta_2}E_{t0}e^{-j\beta_2(x\sin\theta_t + z\cos\theta_t)}(-\cos\theta_t\,a_x + \sin\theta_t\,a_z)$$

分界面上切向磁场不包含 a_z 分量，且 $z = 0$，因此有：

$$-\frac{1}{\eta_2}E_{t0}e^{-j\beta_2 x\sin\theta_t}\cos\theta_t\,a_x = \boldsymbol{H}_{2t} = \boldsymbol{H}_{1t} = \frac{1}{\eta_1}(E_{r0}e^{-j\beta_1 x\sin\theta_r}\cos\theta_r - E_{i0}e^{-j\beta_1 x\sin\theta_i}\cos\theta_i)a_x$$

又因为 $\theta_r = \theta_i$ 和 $\beta_2\sin\theta_t = \beta_1\sin\theta_i$，将上式整理后得：

$$\frac{\cos\theta_t}{\eta_2}E_{t0} = \frac{\cos\theta_i}{\eta_1}(E_{i0} - E_{r0})$$

又由两种媒介的切向电场相等，有 $E_{i0} + E_{r0} = E_{t0}$，因此有

$$\frac{\cos\theta_t}{\eta_2}(E_{i0} + E_{r0}) = \frac{\cos\theta_i}{\eta_1}(E_{i0} - E_{r0})$$

解算即可得到：

$$E_{r0} = \frac{\eta_2\cos\theta_i - \eta_1\cos\theta_t}{\eta_2\cos\theta_i + \eta_1\cos\theta_t}E_{i0}$$

$$E_t = \frac{2\eta_2\cos\theta_i}{\eta_2\cos\theta_i + \eta_1\cos\theta_t}E_{i0}$$

定义反射系数 $\Gamma_\perp$ 和透射系数 $T_\perp$ 为

$$\Gamma_\perp = \frac{\eta_2\cos\theta_i - \eta_1\cos\theta_t}{\eta_2\cos\theta_i + \eta_1\cos\theta_t}$$

$$T_\perp = \frac{2\eta_2\cos\theta_i}{\eta_2\cos\theta_i + \eta_1\cos\theta_t}$$

上式称为垂直极化波的菲涅尔公式，其中下标 ⊥ 表示垂直极化波。

4. 平行极化波的斜入射

设媒质Ⅰ的参量为(ε_1 , μ_1)，媒质Ⅱ的参量为(ε_2 , μ_2)。入射平面位于 xOy 平面，电场与入射平面垂直，以入射角 θ_i 入射到理想媒介平面上，则入射波的传播方向为 $\boldsymbol{a}_i = \sin\theta_i\,\boldsymbol{a}_x + \cos\theta_i\,\boldsymbol{a}_z$ ，入射波磁场方向为与 y 轴平行。

入射波磁场可表示为

$$\boldsymbol{H}_i = \frac{E_{i0}}{\eta_1} e^{-j\beta_1(x\sin\theta_i + z\cos\theta_i)}\,\boldsymbol{a}_y$$

则入射波电场为

$$\boldsymbol{E}_i = \boldsymbol{H}_i \times \boldsymbol{a}_i = \frac{E_{i0}}{\eta_1} e^{-j\beta_1(x\sin\theta_i + z\cos\theta_i)} \begin{vmatrix} \boldsymbol{a}_x & \boldsymbol{a}_y & \boldsymbol{a}_z \\ 0 & 1 & 0 \\ \sin\theta_i & 0 & \cos\theta_i \end{vmatrix}$$

$$= \frac{E_{i0}}{\eta_1} e^{-j\beta_1(x\sin\theta_i + z\cos\theta_i)} (\cos\theta_i\,\boldsymbol{a}_x - \sin\theta_i\,\boldsymbol{a}_z)$$

同理反射波磁场可表示为

$$\boldsymbol{H}_r = \frac{E_{r0}}{\eta_1} e^{-j\beta_1(x\sin\theta_r - z\cos\theta_r)}\,\boldsymbol{a}_y$$

反射波电场强度为

$$\boldsymbol{E}_r = -\frac{E_{r0}}{\eta_1} e^{-j\beta_1(x\sin\theta_r - z\cos\theta_r)} (\cos\theta_r\,\boldsymbol{a}_x + \sin\theta_r\,\boldsymbol{a}_z)$$

与垂直入射类似，可以解算处平行极化波的反射系数和折射系数：

$$\Gamma_{\parallel} = \frac{\eta_1\cos\theta_i - \eta_2\cos\theta_t}{\eta_1\cos\theta_i + \eta_2\cos\theta_t}$$

$$T_{\parallel} = \frac{2\,\eta_2\cos\theta_i}{\eta_1\cos\theta_i + \eta_2\cos\theta_t}$$

上式称为平行极化波的菲涅尔公式，其中下标 ∥ 表示垂直极化波。

(四)平面波对理想导体的斜入射

理想导体是一种特殊的媒介，其基本的特点是理想导体的波阻抗为 0，因此反射系数和透射系数公式可知垂直极化斜入射有：

$$\Gamma_{\perp} = \frac{\eta_2\cos\theta_i - \eta_1\cos\theta_t}{\eta_2\cos\theta_i + \eta_1\cos\theta_t} = -1$$

$$T_{\perp} = \frac{2\,\eta_2\cos\theta_i}{\eta_2\cos\theta_i + \eta_1\cos\theta_t} = 0$$

显然有 $E_{i0} = -E_{r0}$ ，又因为 $\theta_i = \theta_r$，则媒介Ⅰ的电场为

$$\boldsymbol{E}_{\mathrm{I}} = \boldsymbol{E}_i + \boldsymbol{E}_r = [E_{i0}\,e^{-j\beta_1(x\sin\theta_i + z\cos\theta_i)} + E_{r0}\,e^{-j\beta_1(x\sin\theta_r - z\cos\theta_r)}]a_y$$

$$= E_{i0}[e^{-j\beta_1(x\sin\theta_i + z\cos\theta_i)} - e^{-j\beta_1(x\sin\theta_i - z\cos\theta_i)}]a_y$$

$$= E_{i0}\,e^{-j\beta_1 x\sin\theta_i}[e^{-j\beta_1 z\cos\theta_i} - e^{j\beta_1 z\cos\theta_i}]a_y$$

$$= -2j\,E_{i0}\,e^{-j\beta_1 x\sin\theta_i} \cdot \sin(\beta_1 z\cos\theta_i)a_y$$

同理可以解除电磁波在媒介Ⅰ的磁场为

$$\boldsymbol{H}_1 = -\frac{2E_{i0}}{\eta_1}\cos\theta_i \cdot \cos(\beta_1 z\cos\theta_i)\mathrm{e}^{-\mathrm{j}\beta_1 x\sin\theta_i}\ a_y - \frac{2\mathrm{j}E_{00}}{\eta_1}\sin\theta_i \cdot \sin(\beta_1 z\cos\theta_i)\mathrm{e}^{-\mathrm{j}\beta_1 x\sin\theta_i}\ a_z$$

上式说明在媒质Ⅰ中合成波具有如下特点：

(1)合成电磁波是沿 x 方向传播的平面波。导体表面起着导行电磁波的作用。沿 x 方向的相位常数为 $\beta_1\sin\theta_i$，则相速为

$$v_p = \frac{\omega}{\beta_1\sin\theta_i} = \frac{v_1}{\sin\theta_i} > v_1$$

大于媒质Ⅰ中的光速，其实是沿 x 方向观察时的"视在相速"，可以大于光速，但这个速度不是能量传播的速度，能速仍小于光速。由于其相速大于光速，称这种波为快波。

(2)合成波在 z 方向是一驻波。合成波电磁场分量是 z 的函数，是非均匀平面波。

(五)全反射

对于非铁磁性媒质，若 $\varepsilon_1 > \varepsilon_2$，即入射波从光密媒质入射到光疏媒质，由折射定律可以看出折射角大于入射角，随着入射角 θ_i 的增大，折射角 θ_t 将先于 θ_i 达到 $\pi/2$，对应于 $\theta_t = \pi/2$ 的入射角称为临界角，记为 θ_c，由折射定律，临界角为

$$\sin\theta_c = \sqrt{\frac{\varepsilon_2}{\varepsilon_1}}$$

三、电磁波传播计算

根据传播模型的性质可将其分为经验估算模型、确定性精算模型、半经验半确定性模型。

(一)经验估算模型

经验模型是根据大量的测量结果统计分析导出的公式。用经验模型预测路径损耗的方法很简单，不需要相关环境的详细信息，但是不能提供非常精确的路径损耗估算值。由于经验模型计算的是闭式形式的公式，所以可以很容易快速地应用它们。

$$P_r(\mathrm{dB_m}) = P_T(\mathrm{d}B_m) - 20\log\frac{4\pi S}{\lambda} + G_T(\mathrm{d}B_i) + G_r(\mathrm{d}B_i) - L_0(\mathrm{d}B_i)$$

式中：$P_r(\mathrm{dB_m})$ 表示接收的辐射功率；$P_T(\mathrm{dB_m})$ 表示辐射的功率；S 表示传播的直线距离，单位为米；λ 表示工作波长，单位为米；$G_T(\mathrm{dB_i})$ 表示天线的增益；$G_r(\mathrm{dB_i})$ 表示天线的增益；$L_0(\mathrm{dB_i})$ 表示传播中的其它损耗(含馈线损耗)。

大气中有对流、平流、湍流以及雨雾等现象，它们都是由对流层中一些特殊的大气环境造成的，并且是随机产生的；再加上地面反射对电波传播的影响，就使发信端到收信端之间的电波被散射、折射、吸收或被地面反射。在同一瞬间，可能只有一种现象发生，也可能几种现象同时发生，其发生的频率及影响程度都带有随机性，这些影响就使收信电平随时间而变化。

1. 特征衰减

最高至 1 000 GHz 频率上的无线电波在大气中的特征衰减主要由于干燥空气和水气所造成。在任何压力、任何温度和任何湿度下，采用累加氧气和水气各自谐振线的方法，可以准确地计算无线电波在大气气体中的特征衰减。这一方法同时也考虑了一些其他相对影响

较小的因素，如 10 GHz 以下氧气的非谐振的 Debye 频谱，100 GHz 以上的主要由大气压力造成的氮气衰减和计算实验上发现的过多水气吸收的潮湿连续带。图 3－20 给出了在标准海平面、温度 15℃、水气密度为 7.5 g/m^3（标准）和水气密度为 0 的干燥空气（干燥）两种情况下，0～1 000 GHz 频带的无线电波在大气中的特征衰减（步长为 1 GHz）。图 3－21 对是对频带 50～70 GHz 在不同高度（0 km，5 km，10 km，15 km 和 20 km）的衰减率。

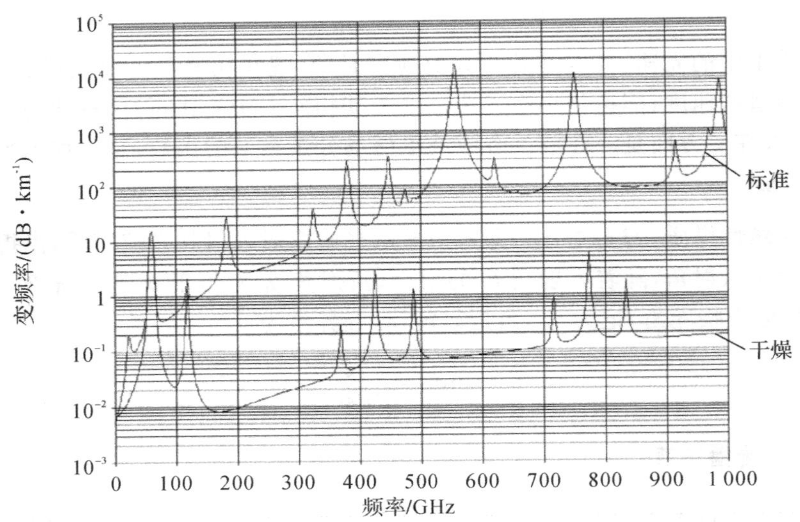

图 3－20　大气气体造成的无线电波的衰减率（标准：7.5g/m^3；干燥：0g/m^3）

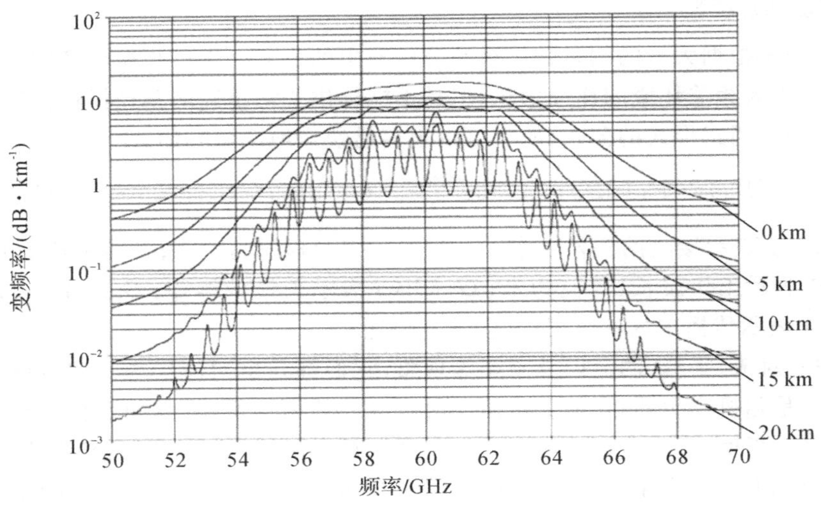

图 3－21　在 50～70GHz 频带内不同高度区的衰减率

2．路径衰减

对穿过不同压力、不同温度和不同湿度的大气线的无线电波，本节将给出一种方法，通过这种方法，在地球大气层内以及超出地球大气层的任何几何结构的通信系统的路径衰减都可以非常准确地计算出来。

图 3－22 给出了计算大气天顶衰减的模式，将大气细分为许多水平的层，规定沿路径的气象参数压力、温度和湿度的剖面。以 1 km 间隔分层，以 1 GHz 为步长，累加每一层大气衰减值。

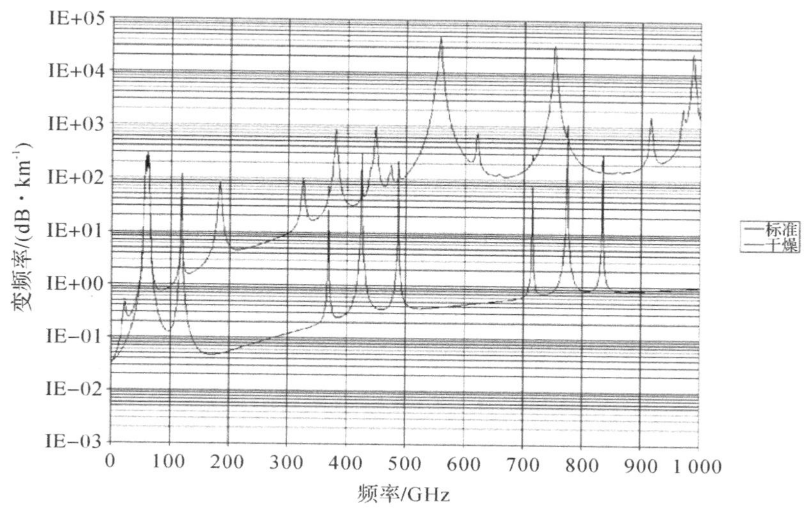

图 3－22　由大气造成的天顶衰减，以 1 GHz 为步长（标准：7.5 g/m³；干燥：0 g/m³）

关于大气衰减，如要更为精准地计算，请查阅更为专业的图表数据。本书主要简要介绍规律、特点和基本方法。

（二）确定性精算模型

确定性模型是对具体的现场环境直接应用电磁理论计算的方法。环境的描述从地形地物数据库中得到，在环境描述中可以找到不同的精度等级。在确定性模型中，已使用的几种技术有常用的基于射线跟踪的电磁方法：几何绕射理论（GTD）、一致性绕射理论（UTD）、物理光学（PO）以及不经常用的精确方法，如积分方程（IE）法或有限差分时域法（FDTD）。在市区、山区和室内环境情况中，确定性的无线传播预测是一种极其复杂的电磁问题。电磁覆盖的数学复杂度使它不可能预测高度精确的无线传播。

1. 射线跟踪模型法

射线追踪是一项基于几何光学（GO）的技术，可以很容易地作为近似估量的方法被运用于高频电磁场。几何光学假设能源可以被认为是通过无穷小管来辐射出去，通常称为光。射线跟踪算法计算从发射机到接收机的所有可能的信号。在基本的跟踪射模型中，预测是基于计算自由空间的折射、来自墙壁的反射，而更复杂的射线跟踪算法包括绕射、散射，以及通过各种材料的折射，最后在一个具体位置的信号是来自接收机和发射机之间的所有分量的总和。除了路径损耗，信号的时间色散特性也可以用射线跟踪模型进行成功的预测。

目前，射线跟踪模型属于一种最精确的场强预测模型，然而，它需要对区域的详细轮廓进行分析，模型的精确性依赖于区域轮廓的精确性和复杂性；另一方面，这些模型的实现需要大量的计算资源，计算时间与区域的轮廓的细节成指数关系。因此，计算具有很多细节的小区域很可能比细节较少的大区域时间更长。

射线跟踪算法也可以用来预测户外环境的信号大小，只是计算的区域较小。射线跟踪法广泛用于传播模型和系统设计。当观察点是很多波长远离最近的散射时是最准确的。一般常用的两种方式追踪方法：镜像射线跟踪算法和强力射线跟踪法。

2. 矩量模型法

矩量法，它是求解微分方程和积分方程的一种重要的数值方法。历史上，采用基函数和权函数离散化的积分方程数值方法被人们称为矩量法；而同样的过程用于微分方程时通常被称为加权剩余法。自从 1968 年 Roger F. Harrington 提出矩量法以来，矩量法在电磁学中得到了广泛的应用，已经成为求解各种天线辐射、复杂散射体散射、微波网络、生物电磁学、辐射效应研究、微带线分析以及电磁兼容问题的有效工具。

矩量法是一种将连续方程离散化为代数方程组的方法，它既适用于求解微分方程又适用于求解积分方程。由于已经有有效的数值计算方法求解微分方程，所以矩量法多用来求解积分方程。矩量法通过离散电磁积分方程解决电磁散射问题，计算精度高，适应广泛。

矩量法的原理是用许多离散的子域来代表整个连续区域，在子域中，未知函数用带有未知系数的基函数来表示。因此，无限个自由度的问题就被转化成了有限个自由度的问题，然后，用点匹配法、线匹配法或矩量法得到一组代数方程（即矩阵方程），最后通过求解这一矩阵方程获得解。

矩量法作为一种严格的电磁场数值计算方法，具有精度高、计算灵活等特点，理论上其可应用于任意目标的电磁分析。但当分析的目标电尺寸很大时，由于受现有计算机资源的限制，再直接采用矩量法求解就变得不太现实。其中相对于计算规模和计算时间，表现最为明显的就是存储资源问题。

3. 时域有限差分模型法

时域有限差分法是利用有限差分式来代替时域麦克斯韦场旋度方程中对时间对空间的微分式，得到关于场分量的有限差公式。Yee 氏于 1996 年成功地解决了在四维空间中合理离散六个未知场量建立具有高精度的差分方程的问题，这为解决电磁场问题提供了一个良好的方法。Yee 氏网格的特点是：电场和磁场分量在空间的取值点被交叉地放置，使得在每个坐标平面上每一个电场的四周由磁场分量环绕，同时磁场分量的四周由电场分量环绕，这样的电磁场空间配置符合 Raraday 电磁感应定律和 Ampere 环流定律，也就满足麦克斯韦方程的基本要求，符合电磁波在空间的传播规律。从差分格式可看出，在任意时刻步上空间网格任意点上的电场值取决于三个因素：①该点在上一时间步的电场值；②与该电场正交平面上邻近点处上一时间步上的磁场值；③媒质的电参数 σ 和 ε。这种方法可以模拟电磁波的传播及其与散射体的相互作用。

时域有限差分模型法的实质是以麦克斯韦方程为约束，仿真激励电磁场随时间的传播以及所经过的空间结构相互作用的方法，它包含电磁结构的全部演化过程和信息，是完全的全波分析方法，并且有着直观的物理图像。

在 Yee 氏网格中除了规定电磁场的离散取值点外，还必须同时给出各离散点处的介电常数和电导率以及磁导率和等效磁阻率。赋予空间点电磁参数和方法，可以达到在网格中模拟各种媒质空间及各种电磁结构的目的。

时域有限差分方法是解麦克斯韦方程最受欢迎的数值解法。在该方法中，麦克斯韦方程由一套有限差分方程来近似，它能够在感兴趣的区域定一个特殊的网格，在定义初始条件之后，时域有限差分方法利用中心差分来近似空间和时间的导数。通过在这些网格的节点反复使用这些方法，就可以解出麦克斯韦方程。

与射线跟踪模型类似，时域有限差分模型需要大量的计算资源，计算时间与被分析区域的尺寸成比例，但与媒介分布复杂程度的关系不明显。时域有限差分模型的精度与射线跟踪的精度相当。由于计算资源的约束，时域有限差分模型仅仅适合于小区域的场强预测。对于大的区域射线跟踪模型更适合。

(三)半经验半确定性模型

半经验或半确定性模型是确定性方法用于一般的市区或室内环境中导出的等式。有时候，为了改善它们和实验结果的一致性，会根据实验结果对等式进行修正，得到的等式是天线周围地区某个规定特性的函数。半经验或半确定性模型的应用同样很容易、速度很快，因为和经验性模型一样，结果是从闭式中得到。

这三种类型的传输损耗模型中，经验模型是对接收信号的统计特性为基础。它们较易实施，需要较少的计算量，并对环境的几何存在较少的敏感。半经验模型还适合于均匀的微小区，在那里模型所考虑的参数能很好地表征整个环境。确定性模型有一定的物理基础，并要求一份关于几何、地形、建设地点和建筑物家具等大量数据。这些模型需要更多的计算，也更准确。

习　　题

1. 写出非限定情况下麦克斯韦方程组的微分形式，并简要说明其物理意义。

2. 写出时变电磁场在 1 为理想导体与 2 为理想介质分界面时的边界条件。

3. 写出矢量位、动态矢量位与动态标量位的表达式，并简要说明库仑规范与洛仑兹规范的意义。

4. 试写出静电场基本方程的积分与微分形式，并说明其物理意义。

5. 试写出两种介质分界面静电场的边界条件。

6. 已知磁场强度的时域表达式是

$$H(z,t)=3\cos\left(\omega t-\beta z+\frac{\pi}{4}\right)e_x-4\sin(\omega t-\beta z)e_y$$

试写出它的矢量相量 $\dot{\boldsymbol{H}}$ 。

7. 相量法的优缺点是什么？

8. 均匀平面电磁波的电场为 $\dot{\boldsymbol{E}}=\dot{\boldsymbol{E}}_0\,e^{-j\boldsymbol{k}\cdot\boldsymbol{r}}$（$\dot{\boldsymbol{E}}_0$ 是常矢量），证明电场 $\dot{\boldsymbol{E}}$ 是横波。

9. 无限大真空中电场有效值为 E_0 、振动方向为 e_z 的均匀平面电磁波，传播方向为 e_y ，角频率为 ω ，初相角为 φ ，试分别写出电场强度和磁场强度的瞬时表达式。

10. 一角频率为 ω 的均匀平面波由空气向理想导体平面斜入射，入射角为 θ ，入射电场强度为 10 V/m，电场矢量和入射面垂直，求：①空气重中总的电场强度和磁场强度；②边界面上的感应电流密度；③波在空气中的平均坡印亭矢量。

11. 一信号发生器在自由空间产生一均匀平面波，波长为 12 cm，通过未知特性的无损耗介质，波长减少 4 cm，在介质中电场振幅为 50 V/m，磁场振幅为 0.1 A/m，求发射器的频率，介质材料的介电常数和磁导率。

12. 均匀平面波在海水中垂直向下传播，$f=0.5$ MHz，已知海水的 $\varepsilon_r = 80$ ，$\mu_r = 1$ ，$\sigma = 4\mathrm{S/m}$ ，在 $x=0$ 处，$H=20.5\times10^{-7}\cos(\omega t-35^0)a_y$ 。求：①波在海水中的波长及传播速度；② $x=1$ 处，电场和磁场的表达式；③由海平面到 1 m 深度处，每立方海水的吸收功率。

13. 100 MHz 的平均平面波由导电媒介（ $\varepsilon_r = 22.5$ ，$\mu_r = 1$ ，$\sigma = 2$ mS/m ）垂直入射到另一导电媒介（ $\varepsilon_r = 1$ ，$\mu_r = 1$ ，$\sigma = 20$ mS/m ）的表面，入射波在分界面有最大振幅 10 V/m，求入射、反射和透射波平均功率密度。当透射波振幅衰减到 1％时，透射波能传多远？

14. 垂直极化的正弦平面波由自由空间透射到理想平面导体的表面上，已知入射角 $\theta=30°$，磁场强度幅值为 200 mA/m，$f=1$ GHz，求自由空间中波的电场强度、相速、平均坡印亭矢量和导体表面电流密度 J_c 。

15. 试写出真空中恒定磁场的基本方程的积分与微分形式，并说明其物理意义。

16. 试写出恒定磁场的边界条件，并说明其物理意义。

17. 由麦克斯韦方程组出发，导出点电荷的电场强度公式和泊松方程。

18. 写出在空气和 $\mu = \infty$ 的理想磁介质之间分界面上的边界条件。

19. 试写媒质 1 为理想介质 2 为理想导体分界面时变场的边界条件。

20. 试写出理想介质在无源区的麦克斯韦方程组的复数形式。

21. 试写出波的极化方式的分类，并说明它们各自有什么样的特点。

22. 能流密度矢量（坡印亭矢量）$\boldsymbol{S}$ 是怎样定义的？坡印亭定理是怎样描述的？

23. 试简要说明导电媒质中的电磁波具有什么样的性质。（设媒质无限大。）

24. 天线辐射的远区场有什么特点？

25. 在自由空间传播的均匀平面波的电场强度复矢量为

$$\boldsymbol{E} = \boldsymbol{a}_x \times 10^{-4}\ \mathrm{e}^{-\mathrm{j}20\pi z} + \boldsymbol{a}_y \times 10^{-4}\ \mathrm{e}^{-\mathrm{j}(20\pi z-\frac{\pi}{2})}\ (\mathrm{V/m})$$

求：①平面波的传播方向；②频率；③波的极化方式；④磁场强度；⑤电磁波的平均坡印亭矢量 $\boldsymbol{S}_{av}$ 。

26. 空气中传播的均匀平面波电场为 $\boldsymbol{E} = \boldsymbol{e}_x E_0\ \mathrm{e}^{-\mathrm{j}\boldsymbol{k}\cdot\boldsymbol{r}}$ ，已知电磁波沿 z 轴传播，频率为 f。求：① 磁场 $\boldsymbol{H}$ ；②波长 λ ；③能流密度 $\boldsymbol{S}$ 和平均能流密度 $\boldsymbol{S}_{av}$ ；④能量密度 W 。

27. 频率为 100 MHz 的正弦均匀平面波在各向同性的均匀理想介质中沿（ $+z$ ）方向传播，介质的特性参数为 $\varepsilon_r = 4$ 、$\mu_r = 1$ ，$\gamma = 0$ 。设电场沿 x 方向，即 $\boldsymbol{E} = \boldsymbol{e}_x E_x$ ；当 $t = 0$ ，$z = 0.125\mathrm{m}$ 时，电场等于其振幅值 $10^{-4}\mathrm{V/m}$ 。试求：① $\boldsymbol{H}(z,t)$ 和 $\boldsymbol{E}(z,t)$ ；②）波的传播速度；③平均坡印亭矢量。

28. 海水的电导率 $\sigma = 4$ S/m ，相对介电常数 $\varepsilon_r = 81$ 。求频率为 10 kHz、100 kHz、1 MHz、10 MHz、100 MHz、1 GHz 的电磁波在海水中的波长、衰减系数和波阻抗。

29. 为了在垂直于赫兹偶极子轴线的方向上，距离偶极子 100 km 处得到电场强度的有效值大于 10 μV/m，赫兹偶极子必须至少辐射多大功率？

第四章　目标电磁特性

对目标电磁特性的分析是电子战的基础。按美国陆军的分类方法，电子战包含三种类型：电子攻击(Electronic Attack，EA)、电子防护(Electronic Protection，EP)和电子支援(Electronic warfare Support，ES)。

电子攻击是指使用电磁能、定向能或反辐射武器打击敌方人员、设备或装备，以削弱、压制和摧毁敌方的作战能力。电子攻击可以是攻击行动或防御行动。攻击行动包括干扰敌方的电子系统，使用辐射能制导导弹攻击敌方能源，或使用定向能如激光等对敌方装备实施攻击。防御行动重在对人员、设备、力量和装备的防护，例如反无线电控简易爆炸装置电子战(Counter Radio - controlled improvised Explosive device Electronic Warfare，CREW)系统。电子攻击的任务包括：电子对抗、电磁欺骗、电磁入侵、电磁干扰、电磁脉冲、电子窥探。电子防护是指在敌方使用电磁频谱能力来削弱、压制或摧毁己方战斗力时，为保护人员、设施和装备不受任何影响而采取的行动。重点在于己方或敌方使用电磁频谱带来的影响。电子防护包括：电磁加固、电子伪装、电磁辐射控制、电磁频谱管理、战时备用方案、电磁兼容性。电子战支援是指为未来作战行动，包括电子战作战行动展开的，对电磁能辐射源的搜索、截获、识别和定位。电子战支援行动包括：电子侦察、电子情报、电子保密。

无论是采用什么样的电子战，其都涉及电磁波的辐射、散射等特征。

第一节　电磁波基本辐射单元

电磁能量脱离波源向空间传播的现象称为电磁辐射。产生电磁辐射应该具备两个基本条件：第一个条件是必须存在时变源。变化电场产生磁场，变化的磁场产生电场，这样才能不断地形成电磁波；第二个条件是波源必须开放，封闭的电路不会产生电场辐射。天线是实现波源开放的重要能量转换器。本节先讨论基本的辐射单元及其特性。

一、电磁辐射场的滞后位

如果存在的时变电荷 $q(x,y,z,t)$ 和时变电流 $I(x,y,z,t)$，则由麦克斯韦方程的一般形式可得：

$$\left.\begin{aligned}\nabla\times\boldsymbol{H}&=\boldsymbol{J}_c+\varepsilon\frac{\partial\boldsymbol{E}}{\partial t}\\ \nabla\times\boldsymbol{E}&=-\frac{\partial\boldsymbol{B}}{\partial t}\\ \nabla\cdot\boldsymbol{E}&=\frac{\boldsymbol{\rho}_V}{\varepsilon}\\ \nabla\cdot\boldsymbol{B}&=0\end{aligned}\right\}$$

式中，ρ_V 是体电荷密度，可由时变电荷 $q(x,y,z,t)$ 计算得到；$\boldsymbol{J}_c$ 是传导电流密度，可由时变电流 $I(x,y,z,t)$ 计算得到。对第一个方程两边取旋度有：

$$\nabla(\nabla\cdot\boldsymbol{H})-\nabla^2\boldsymbol{H}=\nabla\times\nabla\times\boldsymbol{H}=\nabla\times\left(\boldsymbol{J}_c+\varepsilon\frac{\partial\boldsymbol{E}}{\partial t}\right)=\nabla\times\boldsymbol{J}_c+\varepsilon\frac{\partial(\nabla\times\boldsymbol{E})}{\partial t}$$

$$\nabla^2\boldsymbol{H}-\mu\varepsilon\frac{\partial^2\boldsymbol{H}}{\partial t^2}=-\nabla\times\boldsymbol{J}_c$$

同理可得：

$$\nabla^2\boldsymbol{E}-\mu\varepsilon\frac{\partial^2\boldsymbol{E}}{\partial t^2}=\mu\frac{\partial\boldsymbol{J}_c}{\partial t}+\nabla\frac{\boldsymbol{\rho}_V}{\varepsilon}$$

由电磁场理论可得磁感应强度是磁矢量的旋度：

$$\boldsymbol{B}=\nabla\times\boldsymbol{A}$$

所以对于麦克斯韦方程第二式有：

$$\nabla\times\boldsymbol{E}=-\frac{\partial(\nabla\times\boldsymbol{A})}{\partial t}=-\nabla\times\frac{\partial\boldsymbol{A}}{\partial t}$$

$$\nabla\times\left(\boldsymbol{E}+\frac{\partial\boldsymbol{A}}{\partial t}\right)=0$$

由矢量恒等式可知：任何标量函数梯度的旋度总等于零。因此任何无旋矢量函数总可以用某个标量函数的梯度表示，则定义 φ，称为标量电位，有

$$\boldsymbol{E}+\frac{\partial\boldsymbol{A}}{\partial t}=-\nabla\varphi$$

所以求得标量电位和矢量磁位后，就可以得到电场和磁场。在引入这两个变量后，再看麦克斯韦方程第一式，则有：

$$\frac{1}{\boldsymbol{\mu}}\nabla\times(\nabla\times\boldsymbol{A})=\boldsymbol{J}_c-\varepsilon\frac{\partial\left(\frac{\partial\boldsymbol{A}}{\partial t}+\nabla\varphi\right)}{\partial t}$$

$$\nabla(\nabla\cdot\boldsymbol{A})-\nabla^2\boldsymbol{A}=\mu\boldsymbol{J}_c-\mu\varepsilon\frac{\partial^2\boldsymbol{A}}{\partial t^2}-\mu\varepsilon\nabla\frac{\partial\varphi}{\partial t}$$

整理后得：

$$\nabla^2\boldsymbol{A}-\mu\varepsilon\frac{\partial^2 A}{\partial t^2}=\nabla\left(\mu\varepsilon\frac{\partial\varphi}{\partial t}+\nabla\cdot\boldsymbol{A}\right)-\mu J_c \tag{4-1}$$

由亥姆霍兹定理可知，要想确定一个矢量场，需要确定其散度、旋度和一个特解条件。对于矢量磁位，现在已经确定其旋度是磁感应强度 $\boldsymbol{B}$。尚需确定矢量磁位的散度。为了简化上式，加入如下约束条件：

$$\mu\varepsilon\frac{\partial\varphi}{\partial t}+\nabla\cdot\boldsymbol{A}=0$$

则：

$$\nabla \cdot \boldsymbol{A} = -\mu\varepsilon \frac{\partial \varphi}{\partial t}$$

上式称为洛伦兹规范。则式(4－1)变为

$$\nabla^2 \boldsymbol{A} - \mu\varepsilon \frac{\partial^2 A}{\partial t^2} = -\mu \boldsymbol{J}_c \tag{4-2}$$

将 $\boldsymbol{E} + \frac{\partial \boldsymbol{A}}{\partial t} = -\nabla\varphi$ 代入麦克斯韦方程第三式有

$$\nabla \boldsymbol{E} = -\nabla\left(\frac{\partial \boldsymbol{A}}{\partial t} + \nabla\varphi\right) = -\left[\frac{\partial(\nabla \cdot \boldsymbol{A})}{\partial t} + \nabla^2\varphi\right] = \frac{\rho_V}{\varepsilon}$$

将洛伦兹规范代入上式有：

$$\nabla^2 \varphi - \mu\varepsilon \frac{\partial^2 \varphi}{\partial t^2} = -\frac{\rho_V}{\varepsilon} \tag{4-3}$$

式(4－2)和(4－3)分别是矢量磁位、标量电位与体电荷密度、电流密度的关系，称为达朗贝尔方程。根据达朗贝尔方程的解可知：

$$\boldsymbol{A}(R,t) = \frac{\mu}{4\pi}\int_V \frac{J_c \mathrm{e}^{\mathrm{j}\omega\left(t-\frac{R}{v}\right)}}{R} \mathrm{d}V$$

$$\boldsymbol{\varphi}(R,t) = \frac{1}{4\pi\varepsilon}\int_V \frac{\rho_V \mathrm{e}^{\mathrm{j}\omega\left(t-\frac{R}{v}\right)}}{R} \mathrm{d}V$$

式中：R 是观测点到波源点的距离；v 是波的传播速度。上式表明，某时刻在空间中某点的矢量磁位 $\boldsymbol{A}$ 和标量电位 φ，是由 $t-R/v$ 时刻的电流和电荷产生。这个滞后效应是由电磁波传播过程引起的，因此矢量磁位 $\boldsymbol{A}$ 和标量电位 φ 统称滞后位。

二、电基本振子的场

基本振子是最基本的辐射源，是研究和分析各类线天线的基础，它包括电基本振子和基本磁振子。电基本振子是指一段理想的高频电流直导线，长度 $l \ll \lambda$，半径 $R \ll l$，沿线电流均匀分布(等幅同相)，又称电偶极子，也称电流源，如图 4－1 所示。

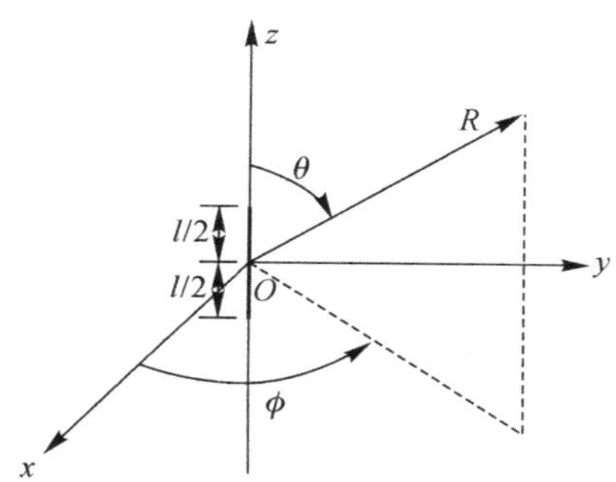

图 4－1　电基本振子示意图

(一)空间场分布

假设电流源位于坐标原点，沿着 z 轴放置，长度为 l，其上电流等幅同相分布，即 $\boldsymbol{I} =$

$I_0 a_z$，因为电基本振子上电流是等幅同相的，所以 I_0 是常值。由电磁场理论知道，矢量磁位的旋度就是磁场。因此可以先求出磁场分布，进而根据媒介的波阻抗得到电场分布。

由于电基本振子的长度 $l \ll \lambda$，可以将电基本振子当作一个电场电源，其传导电流密度为：

$$\boldsymbol{J}_c = \frac{\boldsymbol{I}}{S} a_z$$

其中 S 为导线截面积。又因为 $\mathrm{d}V = S\mathrm{d}l$，所以有

$$\mathbf{A}(R,t) = \frac{\mu}{4\pi}\int_V \frac{\boldsymbol{J}_c \mathrm{e}^{\mathrm{j}\omega\left(t-\frac{R}{v}\right)}}{R}\mathrm{d}V = \frac{\mu}{4\pi}\int_V \frac{\mathrm{e}^{\mathrm{j}\omega\left(t-\frac{R}{v}\right)}}{R}\frac{\boldsymbol{I}}{S}a_z S\mathrm{d}l = \frac{\mu I_0 l}{4\pi R}\mathrm{e}^{\mathrm{j}\omega\left(t-\frac{R}{v}\right)} a_z$$

在忽略严格的有效振幅定义后，可用相量法表示矢量磁位：

$$\mathbf{A}(R,t) = \frac{\mu I_0 l}{4\pi R}\mathrm{e}^{-\mathrm{j}\beta R} a_z$$

将其分解到球面坐标系中，则有：

$$\left.\begin{aligned} A_R &= A_z\cos\theta = \frac{\mu I_0 l\cos\theta}{4\pi R}\mathrm{e}^{-\mathrm{j}\beta R} \\ A_\theta &= A_z\sin\theta = -\frac{\mu I_0 l\sin\theta}{4\pi R}\mathrm{e}^{-\mathrm{j}\beta R} \\ A_\varphi &= 0 \end{aligned}\right\}$$

则磁场强度为

$$\boldsymbol{H} = \begin{bmatrix} H_R \\ H_\theta \\ H_\varphi \end{bmatrix} = \frac{1}{\mu}\boldsymbol{\nabla}\times\mathbf{A} = \frac{1}{\mu}\frac{1}{R^2\sin\theta}\begin{vmatrix} a_R & Ra_\theta & R\sin\theta a_\varphi \\ \dfrac{\partial}{\partial R} & \dfrac{\partial}{\partial\theta} & \dfrac{\partial}{\partial\varphi} \\ A_R & RA_\theta & R\sin\theta A_\varphi \end{vmatrix}$$

$$= \frac{1}{\mu R^2\sin\theta}\begin{bmatrix} 0 \\ 0 \\ \left(\dfrac{\partial(RA_\theta)}{\partial R} - \dfrac{\partial A_R}{\partial\theta}\right)R\sin\theta a_\varphi \end{bmatrix}$$

整理后可得：

$$H_R = 0$$

$$H_\theta = 0$$

$$H_\varphi = \frac{R\sin\theta}{\mu R^2\sin\theta}\left[\frac{\partial\left(-\dfrac{\mu I_0 l\sin\theta}{4\pi}\mathrm{e}^{-\mathrm{j}\beta R}\right)}{\partial R} - \frac{\partial\left(\dfrac{\mu I_0 l\cos\theta}{4\pi R}\mathrm{e}^{-\mathrm{j}\beta R}\right)}{\partial\theta}\right]a_\varphi$$

$$= \frac{I_0 l\sin\theta}{4\pi}\left(\mathrm{j}\frac{\beta}{R} + \frac{1}{R^2}\right)\mathrm{e}^{-\mathrm{j}\beta R} a_\varphi$$

由电流密度产生磁场，则由磁场感生出的电场强度为

$$\boldsymbol{\nabla}\times\boldsymbol{H} = \mathrm{j}\varepsilon\omega\boldsymbol{E}$$

$$\boldsymbol{E} = \begin{bmatrix} E_R \\ E_\theta \\ E_\varphi \end{bmatrix} = \frac{1}{\mathrm{j}\varepsilon\omega}\boldsymbol{\nabla}\times\boldsymbol{H} = \frac{1}{\mathrm{j}\varepsilon\omega R^2\sin\theta}\begin{vmatrix} a_R & Ra_\theta & R\sin\theta a_\varphi \\ \dfrac{\partial}{\partial R} & \dfrac{\partial}{\partial\theta} & \dfrac{\partial}{\partial\varphi} \\ 0 & 0 & R\sin H_\varphi \end{vmatrix}$$

则有：

$$E_R=\frac{1}{\mathrm{j}\varepsilon\omega R^2\sin\theta}\frac{\partial}{\partial\theta}\left[R\sin\theta\frac{I_0 l\sin\theta}{4\pi}\left(\mathrm{j}\frac{\beta}{R}+\frac{1}{R^2}\right)\mathrm{e}^{-\mathrm{j}\beta R}\right]=-\mathrm{j}\frac{I_0 l\cos\theta}{2\pi\varepsilon\omega}\left(\frac{1}{R^3}+\mathrm{j}\frac{\beta}{R^2}\right)\mathrm{e}^{-\mathrm{j}\beta R}$$

$$E_\theta=-\frac{1}{\mathrm{j}\varepsilon\omega R^2\sin\theta}\frac{\partial}{\partial R}\left[\frac{I_0 l\sin\theta}{4\pi}\left(\mathrm{j}\frac{\beta}{R}+\frac{1}{R^2}\right)\mathrm{e}^{-\mathrm{j}\beta R}R\right]=-\mathrm{j}\frac{I_0 l\sin\theta}{4\pi\varepsilon\omega}\left(\frac{1}{R^3}+\mathrm{j}\frac{\beta}{R^2}-\frac{\beta^2}{R}\right)\mathrm{e}^{-\mathrm{j}\beta R}$$

$$E_\varphi=0$$

(二)远区场

通常将 $\beta R\gg1$ 的区域称为远场，目标通常都是距离辐射源较远，因此重点讨论远场区，远场区由电磁能量向自由空间传播，也称为辐射场。对于远场区，可以忽略 $1/R^2$ 、$1/R^3$ 等项，又因为：

$$\beta=\frac{2\pi}{\lambda}=\frac{2\pi f}{\lambda f}=\omega\sqrt{\mu\varepsilon}$$

$$\eta=\sqrt{\frac{\mu}{\varepsilon}}$$

$$E_\theta\approx\mathrm{j}\frac{\beta^2}{4\pi\varepsilon\omega}\frac{I_0 l}{R}\sin\theta\mathrm{e}^{-\mathrm{j}\beta R}=\mathrm{j}\frac{\omega\sqrt{\mu\varepsilon}}{4\pi\varepsilon\omega}\frac{2\pi}{\lambda}\frac{I_0 l}{R}\sin\theta\mathrm{e}^{-\mathrm{j}\beta R}=\mathrm{j}\frac{I_0 l}{2\lambda R}\eta\sin\theta\mathrm{e}^{-\mathrm{j}\beta R}$$

$$H_\varphi\approx\mathrm{j}\frac{I_0 l\sin\theta}{4\pi R}\frac{2\pi}{\lambda}\mathrm{e}^{-\mathrm{j}\beta R}=\mathrm{j}\frac{I_0 l}{2R\lambda}\sin\theta\mathrm{e}^{-\mathrm{j}\beta R}$$

故综上所述，电基本振子的电磁场为

$$\left.\begin{aligned}E_R&=0\\E_\theta&\approx\mathrm{j}\frac{I_0 l}{2\lambda R}\eta\sin\theta\,\mathrm{e}^{-\mathrm{j}\beta R}\\E_\varphi&=0\\H_R&=0\\H_\theta&=0\\H_\varphi&\approx\mathrm{j}\frac{I_0 l}{2R\lambda}\sin\theta\,\mathrm{e}^{-\mathrm{j}\beta R}\end{aligned}\right\}$$

电基本振子的平均坡印亭矢量为

$$S_{\mathrm{rav}}=\frac{1}{2}\mathrm{Re}(E\times H^*)=\frac{1}{2}\eta\left(\frac{I_0 l}{2\lambda R}\right)^2\sin^2\theta a_R \tag{4-4}$$

从远场区的辐射场可以得出如下结论：

1)远区辐射场沿径向 R 方向传播，电场强度 E 只有 θ 方向的分量；

2)远区辐射场是非均匀球面波。由相位因子 $\mathrm{e}^{-\mathrm{j}\beta R}$ 可见，该波的等相位是以辐射源为中心的球面，在等相位球面上，电场的振幅是不相同的，且随 $\sin\theta$ 变化；

3)远区辐射场的强度与距离成反比。

三、辐射特性

电场的辐射特性是天线的主要特性，也是电磁类目标的主要特征。

(一)方向性函数和方向图

任何天线辐射的电磁波都不是均匀平面波。场强随空间变化的特征,称为辐射的方向性,场量与空间方位角之间的函数关系式称为方向性函数,用归一化方向性函数 $F(\theta,\varphi)$ 表示:

$$F(\theta,\varphi)=\frac{|E(\theta,\varphi)|}{|E_{\max}|}$$

对于电基本振子,其辐射电场强度可以表示成

$$|E(\theta,\varphi)|=\eta\frac{I_0 l}{2\lambda R}\sin\theta$$

在半径为 R 的球面上的最大电场为

$$|E_{\max}|=\eta\frac{I_0 l}{2\lambda R}$$

电基本振子的方向性函数为

$$F(\theta,\varphi)=\sin\theta$$

根据方向性函数画出的图形称为方向图。它是描述天线辐射场在空间相对分布随方向变化的图形。按照空间维数方向图可分为:三维立体方向图、二维平面方向图;按照主截面可分为:E 面方向图、H 面方向图。按照坐标分可分为:平面直角坐标系方向图、极坐标系方向图。按照不同对象分可分为:功率方向图、场强方向图。其中用的比较多的是 E 面、H 面方向图。其中 E 面方向图是包含最大辐射方向的电场矢量所在的平面。用 E 面去截取立体方向图,则得到 E 面方向图。对于电基本振子,E 面是包含 z 轴的任一平面。而 H 面方向图是含最大辐射方向的磁场场矢量所在的平面。

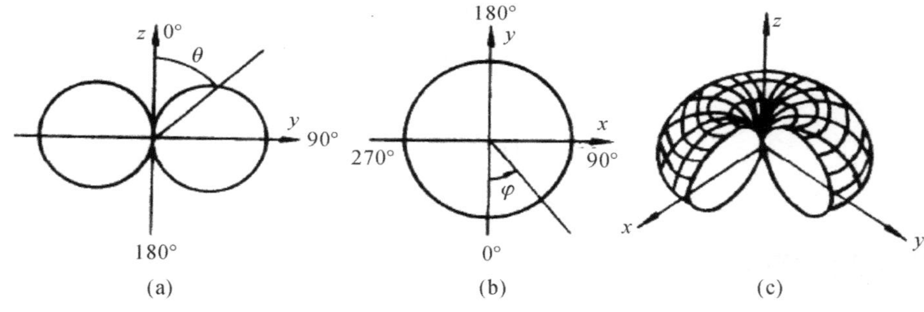

图 4-2　方向性图

实际天线的方向图比较复杂,通常有多个波瓣,包括主瓣(主波束)、多个副瓣(旁瓣)和后瓣(尾瓣)。

(二)辐射功率和辐射电阻

点基本振子向自由空间辐射的总功率是以电基本振子为中心,在球面上的平均坡印亭矢量的积分,即:

$$P_{\mathrm{T}}=\oint_S S_{\mathrm{rav}}\cdot \mathrm{d}S$$

式中,面元 $\mathrm{d}S=R^2\sin\theta\mathrm{d}\theta\mathrm{d}\varphi$,将式(4-4)代入,则可得:

$$P_T=\int_0^{\pi}\int_0^{2\pi}\frac{1}{2}\eta\left(\frac{I_0 l}{2\lambda R}\right)^2\sin^2\theta R^2\sin\theta\mathrm{d}\theta\mathrm{d}\varphi=\eta\pi\left(\frac{I_0 l}{2\lambda}\right)^2\int_0^{\pi}\sin^3\theta\mathrm{d}\theta$$

$$=\eta\pi\left(\frac{I_0 l}{2\lambda}\right)^2\left[-\frac{1}{3}\sin^2\theta\cos\theta\right]_0^{\pi}+\frac{2}{3}\eta\pi\left(\frac{I_0 l}{2\lambda}\right)^2\int_0^{\pi}\sin\theta\mathrm{d}\theta$$

$$=\eta\pi\left(\frac{I_0 l}{2\lambda}\right)^2\left[-\frac{1}{3}\sin^2\theta\cos\theta\right]_0^{\pi}+\frac{2}{3}\eta\pi\left(\frac{I_0 l}{2\lambda}\right)^2[-\cos\theta]_0^{\pi}=\frac{1}{3}\eta\pi\left(\frac{I_0 l}{\lambda}\right)^2$$

电基本振子的辐射功率随着振子上电流增大、振子长度增长和频率增高，辐射的功率越大。

电基本振子辐射的功率可以看成是电流 I_0 在电阻 R_T 中的损耗功率，即：

$$P_T=\frac{1}{2}I_0^2R_T$$

故有：

$$R_T=\frac{2P_T}{I_0^2}=\frac{2\pi}{3}\eta\left(\frac{l}{\lambda}\right)^2$$

自由空间中 $\eta=120\pi$，则有：

$$R_T=\frac{2P_T}{I_0^2}=80\pi^2\left(\frac{l}{\lambda}\right)^2$$

（三）方向性系数和半功率波瓣宽度

方向性系数是指：当天线在其最大辐射方向上产生的场强与理想电源天线产生的场强相同时，理想点源天线辐射功率与该天线辐射功率之比。即：

$$D=\left.\frac{P_0(\theta,\varphi)}{P_T(\theta,\varphi)}\right|_{E_{max}=E_0}$$

式中：E_{max} 为天线最大辐射方向上的辐射电场强度，E_0 为理想点源天线辐射电场强度，$P_0(\theta,\varphi)$ 为各方向均匀辐射的无方向性天线的辐射功率。

$$P_0(\theta,\varphi)=S_{rav}\cdot4\pi R^2=60\pi\left(\frac{I_0 l}{2\lambda R}\right)^2\cdot4\pi R^2=60\pi^2\left(\frac{I_0 l}{\lambda}\right)^2$$

对于电基本振子，则有：

$$D=\frac{60\pi^2\left(\frac{I_0 l}{\lambda}\right)^2}{\frac{1}{3}\eta\pi\left(\frac{I_0 l}{\lambda}\right)^2}=\frac{60\pi^2}{\frac{\eta\pi}{3}}=1.5$$

所以电基本振子的方向性是理想点源天线的方向性的 1.5 倍。

方向性的另一个物理意义为：在相同距离及相同辐射功率条件下，天线在最大辐射方向上的辐射功率密度与理想点源天线的辐射功率密度之比，或天线在最大辐射方向上的辐射场强与理想点源天线的辐射场强之比。

$$D=\left.\frac{W_{max}}{W_0}\right|_{P_T=P_0}=\left.\frac{E_{max}^2}{E_0^2}\right|_{P_T=P_0}$$

半功率波瓣宽度又称主瓣宽度或 3 dB 波瓣宽度，是指主瓣最大值两边场强等于最大值的 0.707 倍（最大功率密度的 0.5 倍）的两辐射方向之间的夹角，通常用 $2\theta_{0.5}$ 表示。半功率波瓣宽度越小，说明天线辐射的能量越集中。对于电基本振子：

$$\sin\theta_{0.5}=\sqrt{2}$$

则有：

$$\theta_{0.5} = \pi/4$$

电基本振子的半功率波瓣宽度 $2\theta_{0.5} = \pi/2$。

(四)效率与增益

天线辐射功率 P_T 与输入功率 P_{in} 之比称为天线的效率，用 η_A 表示，即：

$$\eta_A = \frac{P_T}{P_{in}} = \frac{P_T}{P_T + P_l} = \frac{R_T}{R_T + R_l}$$

式中，P_l 为损耗功率，R_T 为辐射电阻，R_l 为损耗电阻。其中损耗电阻是把总的损耗功率看做电流在某个等效电阻上的损耗，该等效电阻称为损耗电阻。则有：

$$P_l = \frac{1}{2} I_0^2 R_l$$

天线的增益定义为：在相同的输入功率下，天线在其最大辐射方向上某点产生的功率密度与理想点源天线在同一点产生的功率密度之比。表示为

$$G = \left.\frac{S_{max}}{S_0}\right|_{P_{in}=P_{0,in}} = \left.\frac{E_{max}^2}{E_0^2}\right|_{P_{in}=P_{0,in}}$$

式中，P_{in} 与 $P_{0,in}$ 分别表示实际天线与理想点源天线的输入功率。根据天线效率、方向性系数和增益的定义，可得到三者的关系为

$$G = \eta_A D$$

天线的等效辐射功率可以表示为

$$P_e = GP_{in} = P_{in}\eta_A D = DP_T$$

增益通常用分贝来表示。在对目标特性分析精度要求不高，天线增益的可用如下近似经验公式估算：

1. 一般天线

天线主瓣宽度越窄，增益越高。对于一般天线，可用下式估算其增益：

$$G(\text{dBi}) = 10\lg[32\ 000/\theta_E\theta_H]$$

式中，θ_E、θ_H 分别表示天线的两个主平面上的波瓣宽度，单位为度。

2. 抛物面天线

对于抛物面天线，可用下式估算其增益：

$$G(\text{dBi}) = 10\lg[4.5\,(D/\lambda)^2]$$

式中：D 为抛物面直径；λ 为中心工作波长。

3. 直立全向天线

对于直立全向天线，可用下式估算其增益：

$$G(\text{dBi}) = 10\lg[2l/\lambda]$$

式中：l 为天线长度；λ 为中心工作波长。

(五)频带宽度

定义：当工作频率变化时，天线的电参数保持在技术要求的范围之内，所对应的频率范围称为该天线的频带宽度。

绝对带宽表示为

$$B_{\mathrm{w}} = f_{\mathrm{H}} - f_{\mathrm{L}}$$

相对带宽表示为

$$B_{\mathrm{w,r}} = \frac{f_{\mathrm{H}} - f_{\mathrm{L}}}{f_0} \times 100\%$$

式中：f_{H}、f_{L}、f_0 分别表示天线的最高频率、最低频率和设计频率（中心频率）。根据带宽的不同，天线可分为窄带天线、宽带天线和超宽带天线。对于普通雷达，通常带宽小于 10%。

（六）有效长度

定义：在保持实际天线最大辐射方向上的场强值不变的条件下，假设天线上的电流为均匀分布时天线的等效长度，如图 4－3 所示。

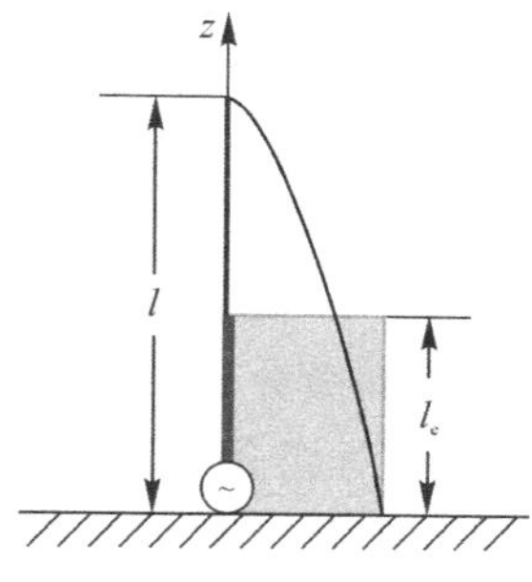

图 4－3　天线的有效长度

如果实际天线长度为 l，输入电流振幅为 I，电流分布为 $I(z)$，由电基本振子远区场（叠加）可得该天线最大辐射方向上的电场强度为

$$E_{\max} = \int_0^l \frac{60\pi}{\lambda R} I(z)\mathrm{d}z = \frac{60\pi}{\lambda R}\int_0^l I(z)\mathrm{d}z$$

电流以 I 均匀分布、长度为 l_{ein} 的天线，在最大辐射方向产生的电场为

$$E_{\max} = \frac{60\pi I l_{\mathrm{ein}}}{\lambda R}$$

令以上二式相等，得到：

$$I l_{\mathrm{ein}} = \int_0^l I(z)\mathrm{d}z$$

称长度 l_{ein} 为天线等效长度。不难看出，等效长度的天线与等效均匀电流包围的面积，与实际电流与实际天线长度所包围的面积相等。

四、磁基本振子

磁偶极子是根据电磁对偶性派生出来的概念，又称为磁基本振子，在工程上可以用交变电流的小圆环近似。当圆环的周长远小于波长时，可以认为环上各点的电流等幅同相。该时变电流可表示为

$$I(t) = I\cos\omega t$$

用电基本振子计算电磁场的方法较为复杂，此处用电磁对偶原理计算。

(一)对偶原理

如果描述两种物理现象的模型具有相同的数学形式,并具有对应的边界条件,那么它们解的数学形式也将相同,这就是对偶原理。描述这种物理现象模型的数学方程称为对偶方程。在对偶方程中,处于同等地位的量称为对偶量。

对于时变电磁场,麦克斯韦方程组磁场和电场的旋度方程、散度方程都没有明显的对称性。为应用对偶原理,需要引入磁流密度 J_m 和磁荷密度 ρ_m 的概念,将其与电流密度、电荷密度等概念对应起来,构建新的满足对偶原理的麦克斯韦方程。

$$\left.\begin{aligned}\nabla\times\boldsymbol{H}&=\boldsymbol{J}_c+\varepsilon\frac{\partial\boldsymbol{E}}{\partial t}\\\nabla\times\boldsymbol{E}&=-\boldsymbol{J}_m-\mu\frac{\partial\boldsymbol{H}}{\partial t}\\\varepsilon\nabla\cdot\boldsymbol{E}&=\rho_V\\\mu\nabla\cdot\boldsymbol{H}&=\rho_m\end{aligned}\right\}$$

上式称为广义的麦克斯韦方程,在引入人为定义的磁流密度 J_m 和磁荷 ρ_m 概念后,在形式上保证了磁场 $\boldsymbol{H}$ 和电场 $\boldsymbol{E}$ 的对偶性。

由于麦克斯韦中的算子(旋度、散度和微分)都是线性算子,因此可以将广义的麦克斯韦方程分解为两个方程组之和,其中一个方程组是只由电荷 ρ_V 和电流密度 $\boldsymbol{J}_c$ 产生的电场 E_e 和磁场 H_e,其方程为

$$\left.\begin{aligned}\nabla\times\boldsymbol{H}_e&=\boldsymbol{J}_c+\varepsilon\frac{\partial\boldsymbol{E}_e}{\partial t}\\\nabla\times\boldsymbol{E}_e&=-\mu\frac{\partial\boldsymbol{H}_e}{\partial t}\\\varepsilon\nabla\cdot\boldsymbol{E}_e&=\rho_V\\\mu\nabla\cdot\boldsymbol{H}_e&=0\end{aligned}\right\}$$

另一组方程是只由磁荷 ρ_m 和磁流密度 $\boldsymbol{J}_m$ 产生的电场 E_m 和磁场 H_m,其方程为

$$\left.\begin{aligned}\nabla\times\boldsymbol{H}_m&=\varepsilon\frac{\partial\boldsymbol{E}_m}{\partial t}\\\nabla\times\boldsymbol{E}_m&=-\boldsymbol{J}_m-\mu\frac{\partial\boldsymbol{H}_m}{\partial t}\\\varepsilon\nabla\cdot\boldsymbol{E}_m&=0\\\mu\nabla\cdot\boldsymbol{H}_m&=\rho_m\end{aligned}\right\}$$

因此可以构建对偶方程映射表(见表 4-1)。

表 4-1　对偶方程映射表

电荷电流激励电磁场	磁荷磁流激励电磁场
$\nabla\times\boldsymbol{H}_e=\boldsymbol{J}_c+\varepsilon\frac{\partial\boldsymbol{E}_e}{\partial t}$	$\nabla\times\boldsymbol{E}_m=-\boldsymbol{J}_m-\mu\frac{\partial\boldsymbol{H}_m}{\partial t}$
$\nabla\times\boldsymbol{E}_e=-\mu\frac{\partial\boldsymbol{H}_e}{\partial t}$	$\nabla\times\boldsymbol{H}_m=\varepsilon\frac{\partial\boldsymbol{E}_m}{\partial t}$

续 表

电荷电流激励电磁场	磁荷磁流激励电磁场
$\varepsilon\nabla\cdot\boldsymbol{E}_e=\rho_V$	$\mu\nabla\cdot\boldsymbol{H}_m=\rho_m$
$\mu\nabla\cdot\boldsymbol{H}_e=0$	$\varepsilon\nabla\cdot\boldsymbol{E}_m=0$

因此可以构建对偶量的对偶关系，见表 4－2。

表 4－2　对偶量的对偶关系表一

$\boldsymbol{E}_e\leftrightarrow\boldsymbol{H}_m$	$\boldsymbol{H}_e\leftrightarrow-\boldsymbol{E}_m$	$\boldsymbol{J}_e\leftrightarrow\boldsymbol{J}_m$	$\rho_V\leftrightarrow\boldsymbol{\rho}_m$	$\varepsilon\leftrightarrow\mu$	$\mu\leftrightarrow\varepsilon$

（二）磁偶极子的辐射场

应用对偶原理，磁偶极子的辐射场可以利用电偶极子的辐射场对偶给出，见表 4－3。

表 4－3　对偶量的对偶关系表二

电荷电流激励辐射场	磁荷磁流激励辐射场
$E_\theta=\mathrm{j}\dfrac{I_0l}{2\lambda R}\eta\sin\theta\mathrm{e}^{-\mathrm{j}\beta R}$	$H_\theta=\mathrm{j}\dfrac{I_ml}{2\eta\lambda R}\sin\theta\mathrm{e}^{-\mathrm{j}\beta R}$
$H_\varphi=\mathrm{j}\dfrac{I_0l}{2R\lambda}\sin\theta\mathrm{e}^{-\mathrm{j}\beta R}$	$-E_\varphi=\mathrm{j}\dfrac{I_ml}{2R\lambda}\sin\theta\mathrm{e}^{-\mathrm{j}\beta R}$

表中，I_ml 称为磁流源，它和小圆电流环的关系为

$$I_ml=\mathrm{j}\omega\mu IS$$

将上式代入后就可以得到磁基本振子的电磁辐射场：

$$\left.\begin{aligned}E_\varphi&=\frac{\omega\mu}{2\pi}\frac{\pi IS}{R\lambda}\sin\theta\mathrm{e}^{-\mathrm{j}\beta R}=\eta\frac{\pi IS}{\lambda^2R}\sin\theta\mathrm{e}^{-\mathrm{j}\beta R}\\H_\theta&=\mathrm{j}\frac{\mathrm{j}\omega\mu IS}{2\eta\lambda R}\sin\theta\mathrm{e}^{-\mathrm{j}\beta R}=-\frac{\pi IS}{\lambda^2R}\sin\theta\mathrm{e}^{-\mathrm{j}\beta R}\end{aligned}\right\}$$

与电基本振子一样，磁基本振子的方向性系数为 1.5；半功率波瓣宽度也为 $\pi/2$。

第二节　典型天线辐射特性

无线电发射机输出的射频信号功率，通过馈线（电缆）输送到天线，由天线以电磁波形式辐射出去。电磁波到达接收地点后，由天线接下来（仅仅接收很小一部分功率），并通过馈线送到无线电接收机。可见，天线是发射和接收电磁波的一个重要的无线电设备，没有天线也就没有无线电通信。

一、对称振子天线辐射场

电基本振子和磁基本振子都是 $l\ll\lambda$，这样的辐射源基本上不存在。对称振子天线是由两根长度均为 l 的细导线组成。如图 4－4 所示，细直天线放在 z 轴上，导线的中点和坐标原

点 O 重合。设细直天线的长为 l，它的中点处有一小空气隙，电流由此输入天线。设天线上的电流密度只有 z 轴分量，天线上任意点 z' 处的电流随时间 t 按正弦规律变化，角频率为 ω；电流大小沿 z 轴关于原点对称分布。

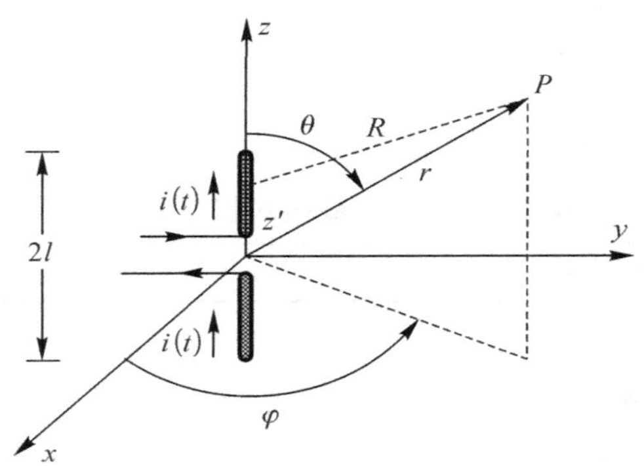

图 4-4　对称振子天线

从天线中点缝隙输送到天线上的电流是入射行波，它沿着天线前进；当前进到天线两端时在端面处发生反射，产生反射行波，这两列行波叠加，就形成了电流驻波。研究结果表明，当天线直径远小于天线长度时，天线上的电流分布接近正弦驻波分布。因此在天线两端 $z'=\pm l$ 处传导电流为零，并把天线上的电流近似表示成正弦驻波形式：

$$i(z',t)=\sqrt{2}I_0\sin[\beta(l-|z'|)]\cos(\omega t+\varphi_0)$$

则天线中的电流相量为

$$I(z')=I_0\sin[\beta(l-|z'|)]$$

对于天线中的线段微元 dz'，其在空间中点 P 的电场强度可表示为

$$\mathrm{d}E_\theta=\mathrm{j}\eta\frac{I_0\mathrm{d}z'}{2\lambda r}\sin\theta\sin[\beta(l-|z'|)]\mathrm{e}^{-\mathrm{j}\beta r}$$

式中，r 为线段微元 $\mathrm{d}z'$ 到 P 点的距离，距离导线中心点到 P 点的距离为 R，则有：

$$r=\sqrt{(R^2-2Rz'\cos\theta+z'^2)}=R\sqrt{\left[1-\frac{2z'\cos\theta}{R}+\left(\frac{z'}{R}\right)^2\right]}$$

对于远场的场点 P，其距离天线很远，$R\gg z'$，且由泰勒展开知识可知，在 x 为小量时，可认为 $\sqrt{1+x}$ 近似等于 $1+x/2$，从而有：

$$\sqrt{1-\frac{2z'\cos\theta}{R}+\left(\frac{z'}{R}\right)^2}\approx\sqrt{1-\frac{2z'\cos\theta}{R}}\approx1-\frac{z'\cos\theta}{R}$$

同时考虑到 z' 有正负之分，因此有：

$$r\approx R-|z'|\cos\theta$$

$$\mathrm{e}^{-\mathrm{j}\beta r}=\mathrm{e}^{-\mathrm{j}\beta R}\ \mathrm{e}^{\mathrm{j}\beta|z'|\cos\theta}$$

对于天线中的线段微元 $\mathrm{d}z'$，其在空间中点 P 的电场强度可表示为

$$\mathrm{d}E_\theta=\mathrm{j}\eta\frac{I_0\mathrm{d}z'}{2\lambda r}\sin\theta\sin[\beta(l-|z'|)]\mathrm{e}^{-\mathrm{j}\beta R}\mathrm{e}^{\mathrm{j}\beta|z'|\cos\theta}$$

在远场中，对于电场幅值用 R 代替 r 并不会有显著影响，所以对整个对称振子天线的微元积

分，则有：

$$E_\theta = \int_{-l}^{l} \mathrm{j}\eta \frac{I_0}{2\lambda R} \sin\theta \sin[\beta(l - |z'|)] \mathrm{e}^{-\mathrm{j}\beta R} \mathrm{e}^{\mathrm{j}\beta|z'|\cos\theta} \mathrm{d}z'$$

$$= \mathrm{j} \frac{\eta I_0}{2\lambda R} \sin\theta \mathrm{e}^{-\mathrm{j}\beta R} \int_{-l}^{0} \sin[\beta(l + z')] \mathrm{e}^{-\mathrm{j}\beta z'\cos\theta} \mathrm{d}z'$$

$$+ \mathrm{j} \frac{\eta I_0}{2\lambda R} \sin\theta \mathrm{e}^{-\mathrm{j}\beta R} \int_{0}^{l} \sin[\beta(l - z')] \mathrm{e}^{\mathrm{j}\beta z'\cos\theta} \mathrm{d}z'$$

利用积分公式：

$$\int \mathrm{e}^{ax} \sin(bx + c) \mathrm{d}x = \frac{\mathrm{e}^{ax}}{a^2 + b^2} [a\sin(bx + c) - b\cos(bx + c)] + C$$

得到对称振子天线的电场辐射场为

$$E_\theta = \mathrm{j}\eta \frac{I_0 \mathrm{e}^{-\mathrm{j}\beta R}}{2\pi R} \left[\frac{\cos(\beta l \cos\theta) - \cos(\beta l)}{\sin\theta} \right]$$

由电场和磁场的关系可得对称振子天线的磁场辐射场为

$$H_\varphi = \mathrm{j} \frac{I_0 \mathrm{e}^{-\mathrm{j}\beta R}}{2\pi R} \left[\frac{\cos(\beta l \cos\theta) - \cos(\beta l)}{\sin\theta} \right]$$

图 4－5 和图 4－6 分别绘出了不同长度天线的电流分布和对应的方向图。对于相同波长，不同长度的天线辐射场方向图差异较大。

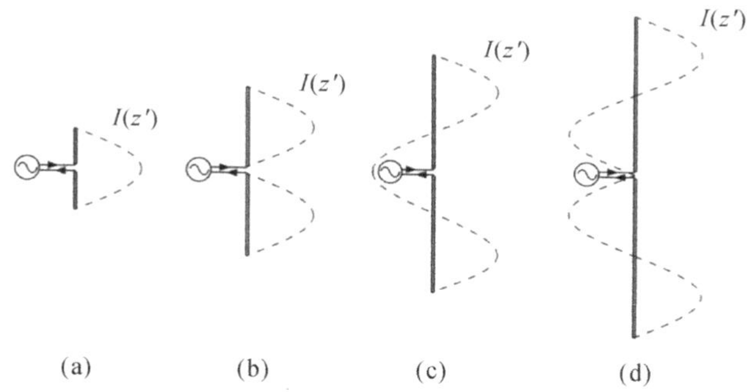

图 4－5　对称振子天线上某一时刻的电流分布

(a) $2l = 0.5\lambda$；(b) $2l = \lambda$；(c) $2l = 1.5\lambda$；(d) $2l = 2\lambda$

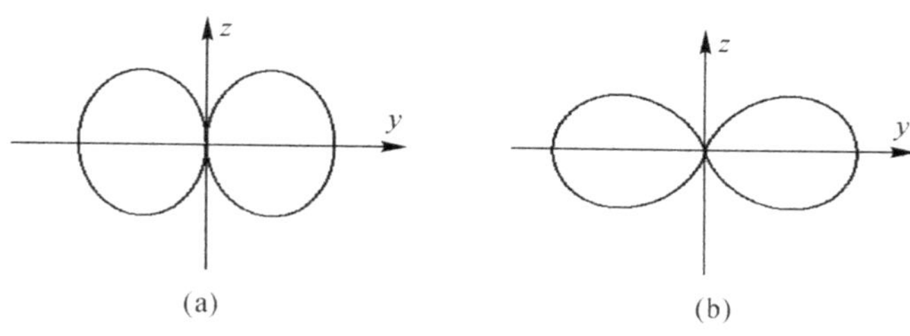

图 4－6　对称振子天线的方向图

(a) $2l = 0.5\lambda$；(b) $2l = \lambda$

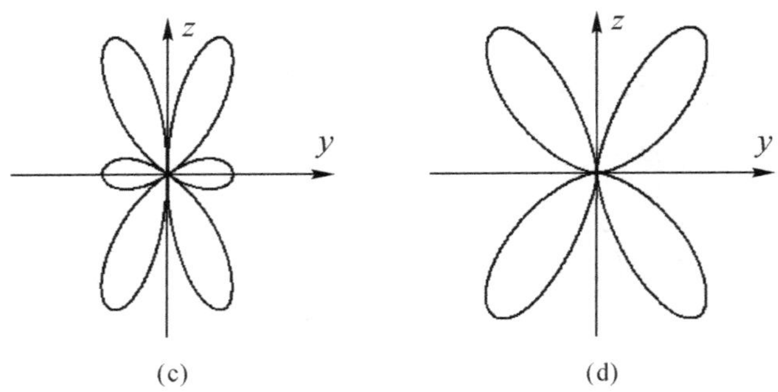

(c) (d)

续图 4-6 对称振子天线的方向图

(c)$2l=1.5\lambda$;(d)$2l=2\lambda$

二、半波对称振子天线辐射特性

两臂长度相等的振子叫作对称振子。每臂长度为 1/4 波长、全长为 1/2 波长的振子，称半波对称振子，即 $2l=0.5\lambda$。因为 $\beta=2\pi/\lambda$，则半波振子天线的辐射场为

$$\begin{cases} E_\theta = \mathrm{j}\eta \dfrac{I_0 \mathrm{e}^{-\mathrm{j}\beta R}}{2\pi R}\left[\dfrac{\cos\left(\dfrac{\pi}{2}\cos\theta\right)}{\sin\theta}\right] \\ H_\varphi = \mathrm{j}\dfrac{I_0 \mathrm{e}^{-\mathrm{j}\beta R}}{2\pi R}\left[\dfrac{\cos\left(\dfrac{\pi}{2}\cos\theta\right)}{\sin\theta}\right] \end{cases}$$

其方向性函数为

$$F(\theta)=\frac{\cos\left(\dfrac{\pi}{2}\cos\theta\right)}{\sin\theta}$$

其半功率角度方向为

$$F(\theta')=\frac{\cos\left(\dfrac{\pi}{2}\cos\theta'\right)}{\sin\theta'}=\frac{1}{\sqrt{2}}$$

解算可得：

$$\theta'=50.5^\circ$$

最大辐射方向与半功率角度方向夹角为 $\theta_{0.5}$，则

$$\theta_{0.5}=90^\circ-\theta'=39.5^\circ$$

故半功率波瓣宽度为

$$2\theta_{0.5}=79^\circ$$

半波对称振子的平均坡印亭矢量为

$$S_{\mathrm{rav}}=\frac{1}{2}\mathrm{Re}(E\times H^*)=\frac{1}{2}\mathrm{Re}\left\{\left[\mathrm{j}\eta\frac{I_0\mathrm{e}^{-\mathrm{j}\beta R}}{2\pi R}\frac{\left(\cos\dfrac{\pi}{2}\cos\theta\right)}{\sin\theta}\right]a_\theta\times\left[\mathrm{j}\eta\frac{I_0\mathrm{e}^{\mathrm{j}\beta R}}{2\pi R}\frac{\left(\cos\dfrac{\pi}{2}\cos\theta\right)}{\sin\theta}\right]a_\varphi\right\}$$

$$S_{\mathrm{rav}}=\frac{\eta I_0^2}{8\pi^2R^2}\left[\frac{\cos\left(\dfrac{\pi}{2}\cos\theta\right)}{\sin\theta}\right]^2 a_R$$

半波对称振子的总辐射功率为

$$P_{\mathrm{T}} = \int_0^{\pi}\int_0^{2\pi} \frac{\eta I_0^2}{8\pi^2 R^2}\left[\frac{\cos\left(\frac{\pi}{2}\cos\theta\right)}{\sin\theta}\right]^2 R^2\sin\theta\mathrm{d}\theta\mathrm{d}\varphi$$

$$= \frac{\eta I_0^2}{8\pi^2}\int_0^{\pi}\int_0^{2\pi}\frac{\cos^2\left(\frac{\pi}{2}\cos\theta\right)}{\sin\theta}\mathrm{d}\theta\mathrm{d}\varphi = \frac{\eta I_0^2}{4\pi}\int_0^{\pi}\frac{\cos^2\left(\frac{\pi}{2}\cos\theta\right)}{\sin\theta}\mathrm{d}\theta$$

通过数值积分可得：

$$\int_0^{\pi}\frac{\cos^2\left(\frac{\pi}{2}\cos\theta\right)}{\sin\theta}\mathrm{d}\theta = 1.219$$

$$P_{\mathrm{T}} = \frac{1.219\eta I_0^2}{4\pi}$$

在自由空间中，波阻抗为 120π，因此可以得到半波对称振子的辐射电阻为

$$R_{\mathrm{T}} = \frac{2P_{\mathrm{T}}}{I_0^2} = 2\,\frac{1.219\times 120\pi\times I_0^2}{4\pi} = 73.14\Omega$$

半波对称振子最大辐射功率方向为 $\theta=\pi/2$，其功率为

$$S_{\mathrm{rav,max}} = S_{\mathrm{rav}}\left(\frac{\pi}{2}\right) = \frac{\eta I_0^2}{8\pi^2 R^2}$$

半波对称振子的方向性系数为

$$D = \frac{4\pi R^2 S_{\mathrm{rav,max}}}{P_T} = 1.64$$

还有一种异型半波对称振子，可看成是将全波对称振子折合成一个窄长的矩形框，并把全波对称振子的两个端点相叠，这个窄长的矩形框称为折合振子，注意，折合振子的长度也是为二分之一波长，故称为半波折合振子，如图 4－7 所示。

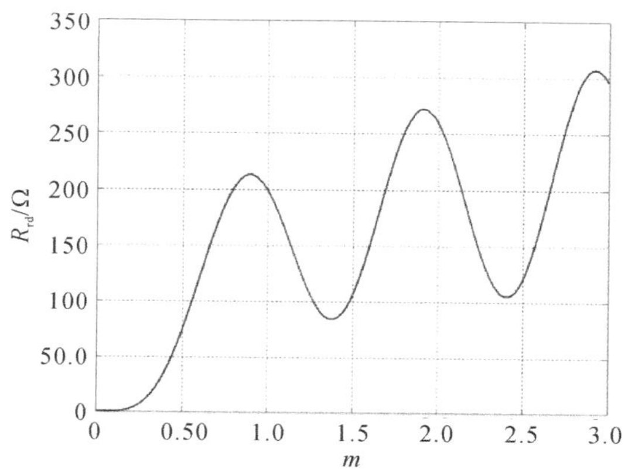

图 4－7　半波对称振子天线的辐射电阻与 $m=l/\lambda$ 的关系曲线

观察图 4－7 可见，当 $m>1$ 之后，随着 $m=l/\lambda$ 的增加，辐射电阻并没有随着单调增加。这是由于当 $m<1$ 时，天线上的电流都朝向同一方向，远区的场强大体同方向，场量是增强的；而当 $m>1.5$ 后，天线上同时存在两个方向相反的电流，它们在远区产生的场强大体方

向相反，具有互相抵消的作用。因此工程上常用半波天线 $m=0.5$ 和全波天线 $m=1$。

三、天线阵的辐射特性

由若干个辐射单元以各种形式(如直线、圆环、平面等)在空间排列组成的天线系统称为天线阵。电磁场是矢量，具有叠加特性。因此可以用多个单辐射单元的矢量叠加去分析天线阵的辐射特性。

(一)二元阵的辐射场

二元阵是指由相隔一定距离的两个特性完全相同的辐射元组成的辐射阵。如图 4－8 所示，以电流方向定义 z 轴方向，二元阵可以分为纵向二元阵和横向二元阵。

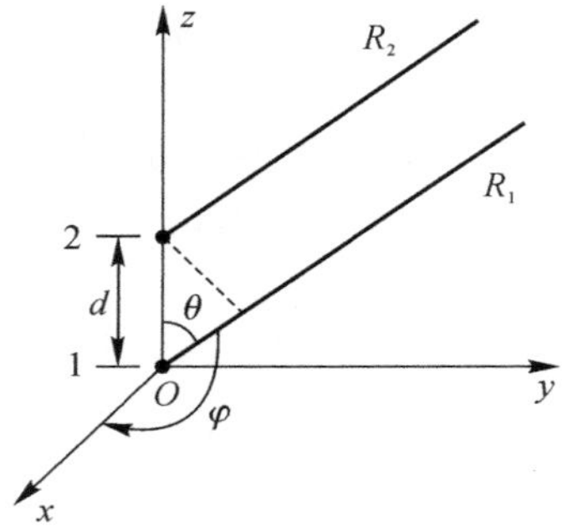

图 4－8　纵向二元阵示意图

1. 纵向二元阵

设纵向排列二元阵阵元间距为 d，阵元沿 z 轴向排列，阵元 1 为基准阵元，其电流为 I_1，阵元 2 的电流可表示为

$$I_2 = I_1 e^{j\xi}$$

上式表示阵元 2 的电流相位比阵元 1 超前角度为 ξ。对于空间某点 P，定义阵元 1 为基准元，其与 P 点的距离为 R，P 点与阵元 2 的距定义为 R_2，则两个阵元在 P 点的辐射电场可以表示为

$$\left.\begin{aligned} E_1 &= E_m F_0(\theta,\varphi)\frac{e^{-j\beta R}}{R_1} \\ E_2 &= E_m F_0(\theta,\varphi)\frac{e^{-j\beta R_2}}{R_2} \end{aligned}\right\}$$

式中，$F_0(\theta,\varphi)$ 是辐射单元的方向性函数，E_m 是单元辐射电场的幅值，二者均是由不同天线类型的辐射场特性决定。例如对于对称振子天线则有：

$$E_m = \eta \frac{I_0}{2\pi}$$

$$F_0(\theta,\varphi) = \frac{\cos(\beta l\cos\theta) - \cos(\beta l)}{\sin\theta}$$

对于远区场 $R \gg d$，所以有：

$$R_2 = R - d\cos\theta$$

并考虑对于远区场，R_2 和 R 的差异对辐射电场强度幅值影响的相对值极小，可以忽略。因此对于远区阵元 1 和阵元 2 叠加后的辐射电场 E 为

$$
\begin{aligned}
\boldsymbol{E} &= E_m F_0(\theta,\varphi)\frac{e^{-j\beta R}}{R_1} + E_m F_0(\theta,\varphi)\frac{e^{-j\beta R_2}}{R_2} = E_m F_0(\theta,\varphi)\frac{e^{-j\beta R}}{R}(1 + e^{j\xi}e^{j\beta d\cos\theta}) \\
&= E_m \frac{e^{-j\beta R}}{R} F_0(\theta,\varphi)\left[e^{\frac{j(\xi+\beta d\cos\theta)}{2}-\frac{j(\xi+\beta d\cos\theta)}{2}} + e^{\frac{j(\xi+\beta d\cos\theta)}{2}+\frac{j(\xi+\beta d\cos\theta)}{2}}\right] \\
&= E_m \frac{e^{-j\beta R}}{R} F_0(\theta,\varphi) e^{\frac{j(\xi+\beta d\cos\theta)}{2}}\left[e^{-\frac{j(\xi+\beta d\cos\theta)}{2}} + e^{\frac{j(\xi+\beta d\cos\theta)}{2}}\right] \\
&= 2E_m \frac{e^{-j\beta R}}{R} F_0(\theta,\varphi) e^{\frac{j(\xi+\beta d\cos\theta)}{2}}\cos\left(\frac{\xi+\beta d\cos\theta}{2}\right)
\end{aligned}
$$

令 $\xi + \beta d\cos\theta = \psi$，则有：

$$
\boldsymbol{E} = 2E_m \frac{e^{-j\beta R}}{R} e^{j\frac{\psi}{2}} F_0(\theta,\varphi)\cos\left(\frac{\psi}{2}\right)
$$

式中：$F_0(\theta,\varphi)$ 表示的单个辐射单元的方向性函数，称为方向性函数的元因子；$f(\psi) = \cos(\psi/2)$ 表示阵列对方向性函数的影响，称为方向性函数的阵因子。

天线阵辐射的方向性函数由阵因子与阵因子的乘积而得，该特性称为方向图乘积原理。不难看出元因子只与辐射单元有关，与阵列的几何无关；而元因子只与阵列的几何排列和单元馈电差异有关，而与单元的单个特性无关。

2. 横向二元阵

与前述纵向二元阵辐射一样的阵元，采用横向排列，如图 4－9 所示。此时两个阵元与 P 点的距离关系为

$$
R_2 = R - d\sin\theta\cos\varphi
$$

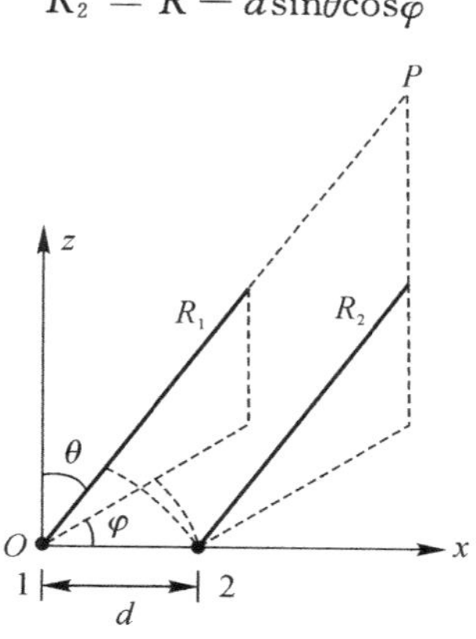

图 4－9　横向二元阵示意图

采用与纵向二元阵列类似的处理方法，可以得到远区场中阵元 1 和阵元 2 叠加后的辐射电场 $\boldsymbol{E}$ 为

$$
E = 2E_m \frac{e^{-j\beta R}}{R} e^{j\frac{\psi}{2}} F_0(\theta,\varphi)\cos\left(\frac{\psi}{2}\right)
$$

上式在形式上与纵向二元阵相同，其元因子与阵因子都与纵向二元阵相似，但是其阵元因子中的 $\psi = \xi + \beta d\sin\theta\cos\varphi$。

(二)均匀直线阵的辐射场

多个相同的单元天线等间距地排列在一条直线上形成的阵列称为直线阵。如果各个单元上馈电电流幅值相同,而相位沿均匀直线递增或递减,这样的直线阵称为均匀直线阵。

1. 辐射场和阵因子

对于阵元沿轴排列的均匀直线阵,如果某均匀直线阵以电流为 I_0 的单元阵元 1 为基准,其他阵元以相位 ξ 递增,则第 n 个单元的电流可表示为

$$I_n = I_0 e^{j(n-1)\xi}$$

由二元阵辐射场理论可以得知,均匀直线阵的远区辐射场是由 N 个阵元的辐射场叠加而成的,故有:

$$\boldsymbol{E} = E_m F_0(\theta,\varphi)\left(\frac{e^{-j\beta R}}{R} + \frac{e^{-j\beta R_2}}{R_2}e^{j\xi} + \frac{e^{-j\beta R_3}}{R_3}e^{j2\xi} + \cdots + \frac{e^{-j\beta R_N}}{R_N}e^{j(N-1)\xi}\right)$$

采用与二元阵相同的近似方法,可以得知:

$$\left.\begin{aligned} R_2 &= R - d\sin\theta\cos\varphi \\ R_3 &= R - 2d\sin\theta\cos\varphi \\ &\cdots \\ R_N &= R - (N-1)d\sin\theta\cos\varphi \end{aligned}\right\}$$

$$\boldsymbol{E} = E_m F_0(\theta,\varphi)\frac{e^{-j\beta R}}{R}\left[1 + e^{j(\beta d\sin\theta\cos\varphi+\xi)} + e^{j(2\beta d\sin\theta\cos\varphi+2\xi)} + \cdots + e^{j(N-1)(\beta d\sin\theta\cos\varphi+\xi)}\right]$$

令 $\psi = \beta d\sin\theta\cos\varphi + \xi$, 则上式可整理为

$$\boldsymbol{E} = E_m \frac{e^{-j\beta R}}{R}F_0(\theta,\varphi)\left[1 + e^{j\psi} + e^{2j\psi} + \cdots + e^{j(N-1)\psi}\right] = E_m \frac{e^{-j\beta R}}{R}F_0(\theta,\varphi)\frac{1 - e^{jN\psi}}{1 - e^{j\psi}}$$

$$= E_m \frac{e^{-j\beta R}}{R}F_0(\theta,\varphi)\frac{e^{j\frac{N\psi}{2}}}{e^{j\frac{\psi}{2}}}\frac{e^{-j\frac{N\psi}{2}} - e^{j\frac{N\psi}{2}}}{e^{-j\frac{\psi}{2}} - e^{j\frac{\psi}{2}}} = E_m \frac{e^{-j\beta R}}{R}e^{j\frac{(N-1)\psi}{2}}F_0(\theta,\varphi)\frac{\sin(N\psi/2)}{\sin(\psi/2)}$$

上式的均匀直线阵的阵因子为

$$f'(\psi) = \frac{\sin(N\psi/2)}{\sin(\psi/2)}$$

不难看出在 $\psi \in (-\pi/2,\pi/2)$ 时, $f'(\psi)$ 的最大值是:当 $\psi \to 0$ 时,最大值是 $f'(\psi) = N$。为了阵因子能更好描述天线方向性,将阵因子归一化,则有均匀直线阵的归一化阵因子:

$$f(\psi) = \frac{\sin(N\psi/2)}{N\sin(\psi/2)}$$

均匀直线阵的方向性函数为

$$F(\theta,\varphi) = F_0(\theta,\varphi)f(\psi)$$

2. 辐射特性分析

将均匀直线阵的归一化阵因子绘制成如图 4-10 所示。从图中可以看出:

1)当阵元数据 N 增加,主瓣变窄;

2)当阵元数据 N 增加,旁瓣数目增加,在 $(-\pi/2,\pi/2)$ 波瓣数为 $N-1$。

(1) 主瓣方向

从公式不难看出对于阵元沿垂直 z 轴方向均匀排列的直线阵，辐射场强最大是发生在 $\psi = \beta d\sin\theta\cos\varphi + \xi = 0$ 的情况，因此主瓣方向为

$$\sin\theta\cos\varphi = -\frac{\xi}{\beta d}$$

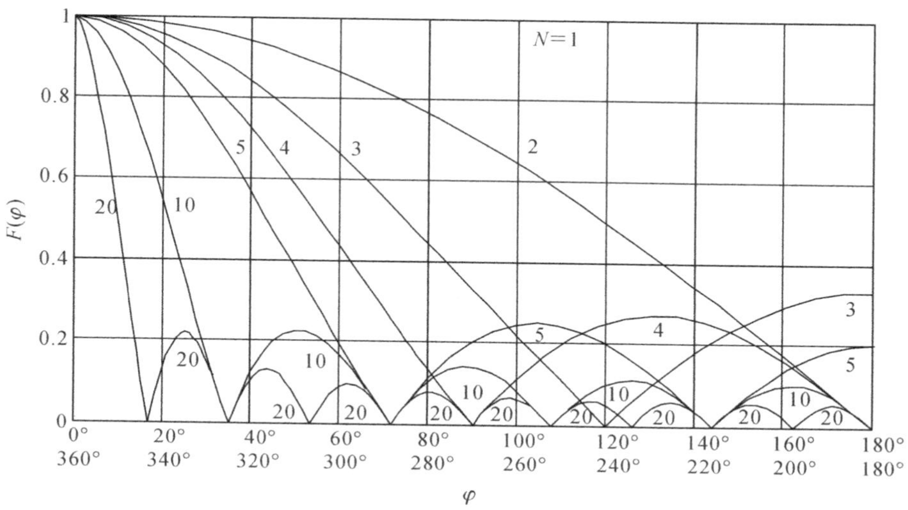

图 4－10　均匀直线阵的归一化阵因子图

在电场平面中，$\varphi = 0$，或者 $\varphi = \pi$，则在电场平面，有主瓣方向为

$$\sin\theta = \pm\frac{\xi}{\beta d}$$

当 $\xi = 0$ 时，$\theta = 0$ 为主瓣方向；当 $\xi = \pm\beta d$ 时，$\theta = \pm\pi/2$ 为主瓣方向。需要强调的是，假设单个阵元是半波对称振子天线，在 $\theta = 0$ 时的元因子辐射强度很弱，并不能构成物理上的主瓣方向。

在磁场平面中，$\theta = \pm\pi/2$，则在磁场平面，有主瓣方向为

$$\cos\varphi = -\frac{\xi}{\beta d}$$

当 $\xi = 0$ 时，$\varphi = \pm\pi/2$ 为在主瓣方向；当 $\xi = \pm\beta d$ 时，$\varphi = \pi$ 或 $\varphi = 0$。

对于沿 z 轴排列的均匀直线阵，$\psi = \beta d\cos\theta\cos\varphi + \xi$，则有主瓣方向为 $\beta d\cos\theta + \xi = 0$。若各个阵元的激励电流同相位，即 $\xi = 0$，则有主瓣方向为 $\theta = \pi/2$，即主瓣方向与阵轴垂直，将其称为边射情况；当激励相位 $\xi = -\beta d$ 时，主瓣方向为 $\theta = 0$，主瓣方向与阵轴一致，将其称为端射；其它辐射方向称为斜射。

(2)主瓣宽度

由归一化阵因子可知，主瓣附件的第一个零点满足：

$$\psi/2 = \pm\pi/N$$

对于沿 z 轴排列的均匀直线边射阵，在电场平面内 $\varphi = 0$，其条件为 $\xi = 0$，主瓣方向为 $\theta = \pi/2$，因此有第一个零点 θ_0 对应的角度满足的方程为

$$\pm 2\pi/N = \psi = \beta d\cos\theta_0\cos\varphi + \xi = \beta d\cos\theta_0 = \frac{2\pi}{\lambda}d\cos\theta_0$$

设主瓣宽度为 $\Delta\theta$，则有：

$$\theta_0 = \Delta\theta/2 + \pi/2$$

$$\cos\theta_0 = \cos(\Delta\theta/2 + \pi/2) = -\sin(\Delta\theta/2) = \pm\frac{\lambda}{Nd} \approx -\Delta\theta/2$$

不难看出主波瓣宽度为

$$|\Delta\theta| \approx \frac{2\lambda}{Nd}$$

同理可以推导得出端射阵的主波瓣宽度为

$$|\Delta\theta| \approx 2\frac{\sqrt{2}\lambda}{Nd}$$

显然端射阵比边射阵的波瓣更宽，边射阵的能量更为集中。

由以上公式通过数字计算可以得到，均匀直线阵的辐射场半功率波瓣宽度约为 λ/Nd。

四、面天线的辐射特性

利用口径面辐射或接收电磁波的天线称为面天线。主要包括喇叭天线、抛物面天线、卡塞格仑天线和环焦天线等，是一种高增益天线。

面天线的分析是基于惠更斯-菲涅尔原理，即空间任一点的场，由包围天线的封闭曲面上各点的电磁扰动产生的次级辐射在该点叠加的结果。

(一)等效原理与惠更斯元的辐射

1. 等效原理

面天线通常由导体面和初级辐射源组成。假设包围天线的封闭曲面由导体面的外表面 S_1 和口径面 S_2 组成，导体面 S_1 上场为零，面天线的辐射场由口径面 S_2 的辐射产生。

通常口径面 S_2 取成平面，当由口径场 E_s 和 H_s 求解远区辐射场时，可将 S_2 分成许多面元(称为惠更斯元)，每一个面元辐射可用等效电流和等效磁流来代替，口径场的辐射场就是所有的等效电流和等效磁流辐射场之和，称为等效原理。

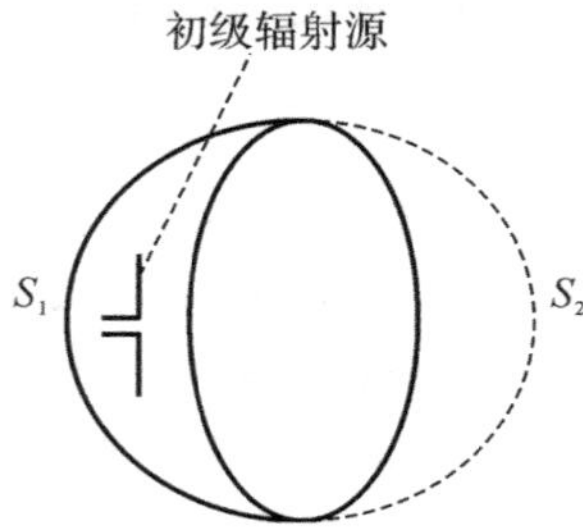

图 4-11　口径场法原理图

2. 惠更斯元的辐射

惠更斯元是分析面天线辐射问题的基本辐射元。假设平面口径(xOy 面)上的一惠更斯元 $\mathrm{d}\boldsymbol{s} = \mathrm{d}x\mathrm{d}y a_n$，其上切向电场 E_y 和切向磁场 H_x 均匀分布，面元上等效电流密度为

$$J^e = a_n \times \boldsymbol{H}_x = a_y H_x$$

相应的等效电流为

$$I^{e}=J^{e}\mathrm{d}x=a_{y}H_{x}\mathrm{d}x$$

面元上等效磁流密度为

$$J^{m}=-\boldsymbol{a}_{n}\times\boldsymbol{E}_{y}=a_{x}E_{y}$$

相应的等效磁流为

$$I^{m}=J^{m}\mathrm{d}y=a_{x}E_{y}\mathrm{d}y$$

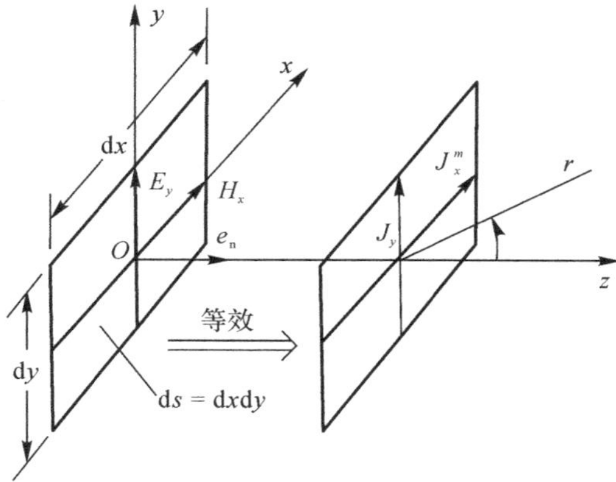

图 4-12　惠更斯辐射元及坐标

可见，惠更斯元的辐射是相互正交放置的长度分别为 dy、dx 的基本电振子和基本磁振子的辐射场之和。在主平面 E 面（ yOz 平面），电流分布为

$$I^{e}=a_{y}H_{x}\mathrm{d}x$$

基本电振子产生的辐射场为

$$\mathrm{d}E^{e}=\mathrm{j}\,\frac{60\pi(H_{x}\mathrm{d}x)\mathrm{d}y}{\lambda r}\sin\alpha\ \mathrm{e}^{-\mathrm{j}kr}a_{\alpha}$$

磁流分布为 $I^{e}=a_{y}H_{x}\mathrm{d}x$ 的基本磁振子产生辐射场为

$$\mathrm{d}E^{m}=-\mathrm{j}\,\frac{(E_{y}\mathrm{d}y)\mathrm{d}x}{2\lambda r}\ \mathrm{e}^{-\mathrm{j}kr}a_{\alpha}$$

将 $H_{x}=-\dfrac{E_{y}}{120\pi}$，$\alpha=\dfrac{\pi}{2}-\theta$，$a_{\alpha}=-a_{\theta}$ 代入上式：

$$\mathrm{d}E^{e}=\mathrm{j}\,\frac{E_{y}}{2\lambda r}\cos\theta\mathrm{e}^{-\mathrm{j}kr}\mathrm{d}x\mathrm{d}ya_{\theta}$$

$$\mathrm{d}E^{m}=\mathrm{j}\,\frac{E_{y}}{2\lambda r}\mathrm{e}^{-\mathrm{j}kr}\mathrm{d}x\mathrm{d}ya_{\theta}$$

惠更斯元在 E 面上产生的辐射场为

$$\mathrm{d}E_{E}=\mathrm{j}\,\frac{1}{2\lambda r}(1+\cos\theta)E_{y}\mathrm{e}^{-\mathrm{j}kr}\mathrm{d}sa_{\theta}$$

在主平面 H 面（ xOz 平面），同样可得基本电振子和基本磁振子的辐射场为

$$\mathrm{d}E^{e}=\mathrm{j}\,\frac{E_{y}}{2\lambda r}\mathrm{e}^{-\mathrm{j}kr}\mathrm{d}sa_{\varphi}$$

$$\mathrm{d}E^{m}=\mathrm{j}\,\frac{E_{y}}{2\lambda r}\cos\theta\mathrm{e}^{-\mathrm{j}kr}\mathrm{d}sa_{\varphi}$$

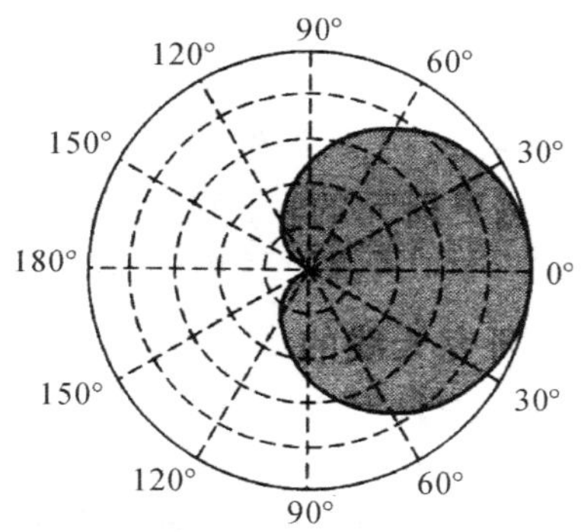

图 4-13　惠更斯归一化方向图

该平面上惠更斯元产生的辐射场为

$$dE_H = j\frac{E_y}{2\lambda r}(1+\cos\theta)e^{-jkr}ds\boldsymbol{a}_\varphi$$

由上式可见：

(1)只要知道惠更斯元上的电场分量就可求出两主面上的辐射场。

(2)主平面的归一化方向函数为

$$F_E(\theta) = F_H(\theta) = 1/2 \mid (1+\cos\theta) \mid$$

归一化方向图见图 4-13 所示。由图可知，惠更斯元的最大辐射方向指向其法向。

(二)平面口径的辐射

1. 平面口径辐射的积分公式

假设任意形状的平面口径面 S 位于 xOy 平面，其上口径场为 E_y。将 S 分割成许多面元，每个面元均为一个惠更斯元。

设远区观察点 $M(r,\theta,\varphi)$ 到坐标原点的距离为 r，面元 $ds(x_s,y_s)$ 到观察点的距离为 R。口径面在远区两个主平面的辐射场为

$$E_M = j\frac{1}{2\lambda r}(1+\cos\theta)\iint_s E_y(x_s,y_s)e^{-jkR}dx_s dy_s$$

而 $R \approx r - \hat{\rho}_s \cdot \boldsymbol{a}_r = r - x_s\sin\theta\cos\varphi - y_s\sin\theta\sin\varphi$。

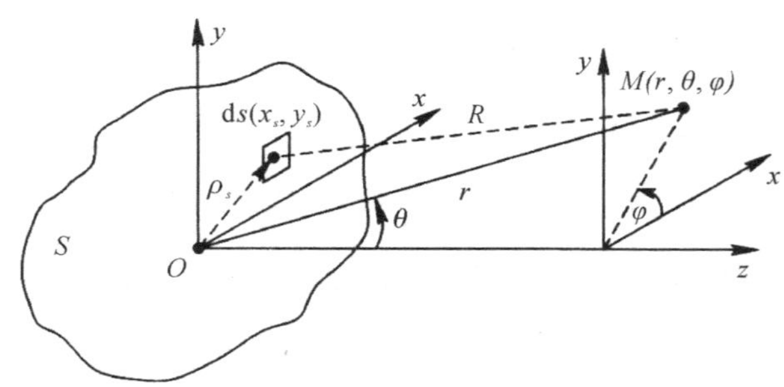

图 4-14　平面口径坐标系

对 E 面（yOz 平面），$\varphi=\frac{\pi}{2}$，$R\approx r-y_s\sin\theta$，辐射场为

$$E_E=E_\theta=\mathrm{j}\,\frac{1}{2\lambda r}(1+\cos\theta)\mathrm{e}^{-\mathrm{j}kr}\iint_s E_y(x_s,y_s)\mathrm{e}^{\mathrm{j}ky_s\sin\theta}\mathrm{d}x_s\mathrm{d}y_s$$

对 H 面（xOz 平面），$=0$，$R\approx r-x_s\sin\theta$，辐射场为

$$E_H=E_\varphi=j\,\frac{1}{2\lambda r}(1+\cos\theta)\mathrm{e}^{-\mathrm{j}kr}\iint_s E_y(x_s,y_s)\mathrm{e}^{\mathrm{j}kx_s\sin\theta}\mathrm{d}x_s\mathrm{d}y_s$$

上式为计算平面口径场的常用公式。由公式可以看到，只要知道口径面 S 的形状和场分布 E_y，即可求得两主面的辐射场。

对于同相口径面，最大辐射方向指向口径面的法向（$\theta=0$）。由方向系数的定义：

$$D=\left.\frac{W_{\max}}{W_0}\right|_{P_r=P_{r0}}=\left.\frac{|E_{\max}|^2}{|E_0|^2}\right|_{P_r=P_{r0}}$$

而

$$W_0=\frac{P_{r0}}{4\pi r^2}=\frac{|E_0|^2}{240\pi}$$

即

$$|E_0|^2=\frac{60P_{r0}}{r^2}$$

对于同相口径场：

$$|E_{\max}|=\frac{1}{\lambda r}\left|\iint_s E_y(x_s,y_s)\mathrm{d}x_s\mathrm{d}y_s\right|$$

$$P_{r0}=\frac{1}{240\pi}\iint_s|E_y(x_s,y_s)|^2\mathrm{d}x_s\mathrm{d}y_s$$

由此得到方向系数为

$$D=\frac{r^2\left[\frac{1}{\lambda r}\left|\iint_s E_y(x_s,y_s)\mathrm{d}x_s\mathrm{d}y_s\right|^2\right]}{\frac{60}{240\pi}\iint_s|E_y(x_s,y_s)|^2\mathrm{d}x_s\mathrm{d}y_s}=\frac{4\pi}{\lambda^2}\frac{\left|\iint_s E_y(x_s,y_s)\mathrm{d}x_s\mathrm{d}y_s\right|^2}{\iint_s|E_y(x_s,y_s)|^2\mathrm{d}x_s\mathrm{d}y_s}$$

定义面积利用系数为

$$\upsilon=\frac{\left|\iint_s E_y(x_s,y_s)\mathrm{d}x_s\mathrm{d}y_s\right|^2}{S\iint_s|E_y(x_s,y_s)|^2\mathrm{d}x_s\mathrm{d}y_s}$$

则方向系数可简写为

$$D=\frac{4\pi}{\lambda^2}S\upsilon$$

面积利用系数 υ 反映口径场分布的均匀程度，口径场分布越均匀，υ 值越大，均匀分布时 $\upsilon=1$。

2. 矩形同相平面口径的辐射

尺寸为 $a\times b$ 的矩形口径面，其上电场同相分布，坐标系如图 4－15 所示。

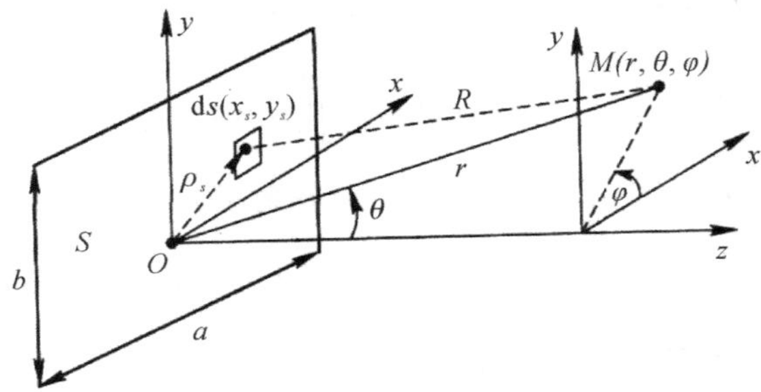

图 4-15　矩形平面口径坐标

1)口径面上电场为均匀分布时

$$E_y(x_s, y_s) = E_0$$

在 E 面(yOz 平面),远区辐射场为

$$E_E = E_\theta = \mathrm{j}\frac{1}{2\lambda r}(1+\cos\theta)\mathrm{e}^{-\mathrm{j}kr}\int_{\frac{-a}{2}}^{\frac{a}{2}}\mathrm{d}x_s\int_{\frac{-b}{2}}^{\frac{b}{2}}E_0\mathrm{e}^{\mathrm{j}ky_s\sin\theta}\mathrm{d}y_s$$

$$= \mathrm{j}\frac{ab}{\lambda r}E_0\mathrm{e}^{-\mathrm{j}kr}\frac{(1+\cos\theta)}{2}\frac{\sin\left(\frac{kb\sin\theta}{2}\right)}{\frac{kb\sin\theta}{2}}$$

在 H 面(xOz 平面),远区辐射场为

$$E_H = E_\varphi = \mathrm{j}\frac{1}{2\lambda r}(1+\cos\theta)\mathrm{e}^{-\mathrm{j}kr}\int_{\frac{-b}{2}}^{\frac{b}{2}}\mathrm{d}x_s\int_{\frac{-a}{2}}^{\frac{a}{2}}E_0\mathrm{e}^{\mathrm{j}kx_s\sin\theta}\mathrm{d}x_s$$

$$= \mathrm{j}\frac{ab}{\lambda r}E_0\mathrm{e}^{-\mathrm{j}kr}\frac{(1+\cos\theta)}{2}\frac{\sin\left(\frac{ka\sin\theta}{2}\right)}{\frac{ka\sin\theta}{2}}$$

两主平面的方向函数为

$$F_E(\theta) = \frac{(1+\cos\theta)}{2}\frac{\sin\left(\frac{kb\sin\theta}{2}\right)}{\frac{kb\sin\theta}{2}}$$

$$F_H(\theta) = \frac{(1+\cos\theta)}{2}\frac{\sin\left(\frac{ka\sin\theta}{2}\right)}{\frac{ka\sin\theta}{2}}$$

半功率宽度:

$$2\theta_{0.5E} = 0.886\frac{\lambda}{b} = 50.8^\circ\frac{\lambda}{b}$$

$$2\theta_{0.5H} = 0.886\frac{\lambda}{a} = 50.8^\circ\frac{\lambda}{a}$$

零功率宽度:

$$2\theta_{0E} = 114^\circ \frac{\lambda}{b}$$

$$2\theta_{0H} = 114^\circ \frac{\lambda}{a}$$

2)口径面上电场沿 x 为余弦同相分布时

$$E_y(x_s, y_s) = E_0 \cos \frac{\pi x_s}{a}$$

两主平面的方向函数为

$$F_E(\theta) = \frac{(1+\cos\theta)}{2} \frac{\sin\left(\frac{kb\sin\theta}{2}\right)}{\frac{kb\sin\theta}{2}}$$

$$F_H(\theta) = \frac{(1+\cos\theta)}{2} \frac{\cos\left(\frac{ka\sin\theta}{2}\right)}{1-\left[\frac{2}{\pi}\left(\frac{ka\sin\theta}{2}\right)\right]^2}$$

半功率宽度：

$$2\theta_{0.5E} = 0.886 \frac{\lambda}{b} = 50.8^\circ \frac{\lambda}{b}$$

$$2\theta_{0.5H} = 1.18 \frac{\lambda}{a} = 68^\circ \frac{\lambda}{a}$$

零功率宽度：

$$2\theta_{0E} = 114^\circ \frac{\lambda}{b}$$

$$2\theta_{0H} = 172^\circ \frac{\lambda}{a}$$

例：$a=2\lambda$，$b=3\lambda$ 的矩形口径面，口径电场 E_y 分别为均匀分布和余弦分布时，方向图如图 4-16 所示。由图可看到场分布对方向图的影响。

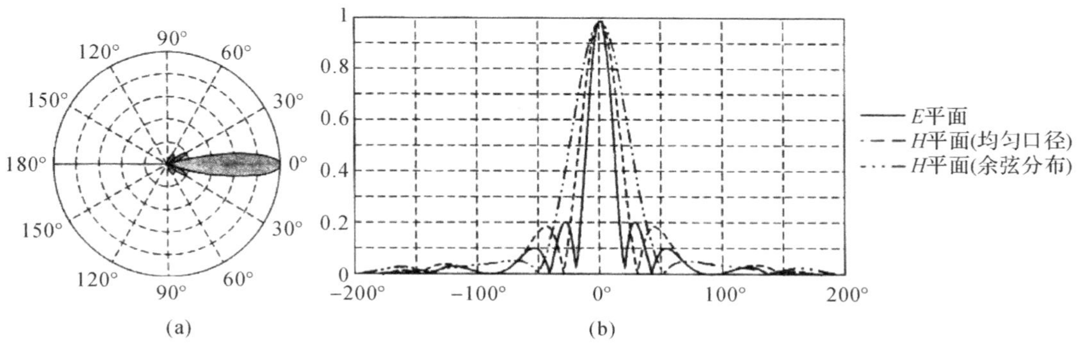

图 4-16　矩形平面口径方向图

(a) E 平面极坐标方向图；(b)两主平面直角坐标方向图；($a=2\lambda$，$b=3\lambda$)

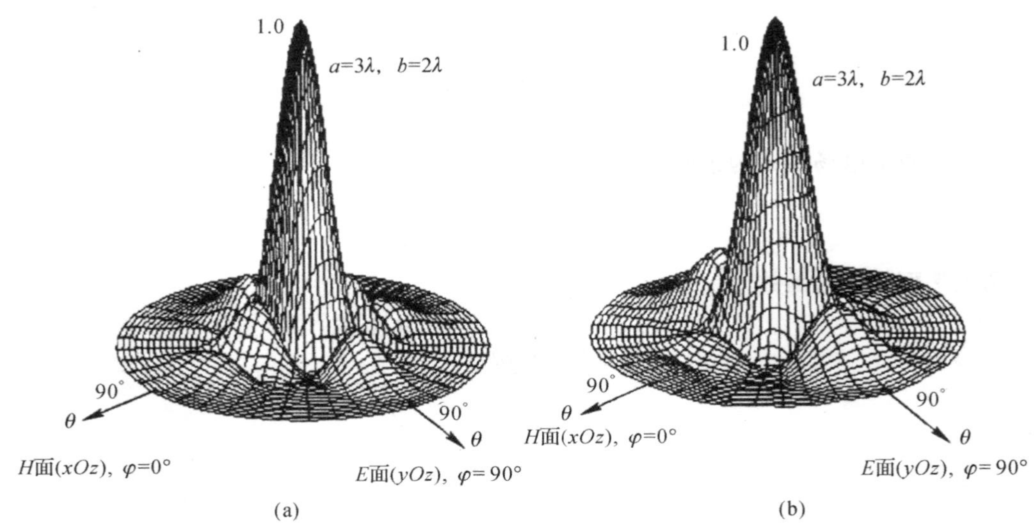

图 4-17　矩形平面口径立体方向图

(a)均匀分布;(b)余弦分布

3. 圆形同相平面口径的辐射

圆形口径如图 4-18 所示,对于场源所在的口径面,采用极坐标系,而对于辐射场选取球坐标系。

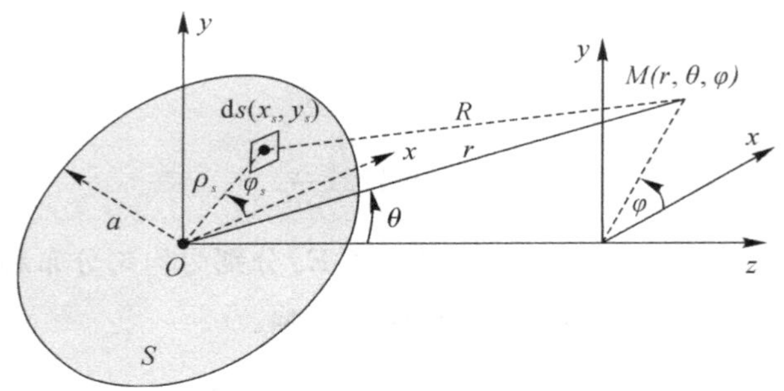

图 4-18　圆形平面口径坐标系

直角坐标与极坐标的关系为

$$\begin{cases} x_s = \rho_s \cos\varphi_s \\ y_s = \rho_s \sin\varphi_s \\ \mathrm{d}s = \rho_s \mathrm{d}\varphi_s \mathrm{d}\rho_s \end{cases}$$

假设口径面上场分布关于 φ 旋转对称,仅是 ρ 的函数,可表示为

$$E_y(\rho,\varphi) = E_y(\rho)$$

当口径面上场为均匀分布时,有

$$E_y(\rho_s,\varphi_s) = E_0$$

两主面的辐射场的表达式为

$$E_E = E_\theta = \mathrm{j}\,\frac{E_0}{2\lambda r}(1+\cos\theta)\,\mathrm{e}^{-\mathrm{j}kr}\int_0^a \rho_s \mathrm{d}\,\rho_s \int_0^{2\pi} \mathrm{e}^{\mathrm{j}k\rho_s \sin\theta\sin\varphi_s}\,\mathrm{d}\varphi_s$$

$$E_H = E_\varphi = \mathrm{j}\,\frac{E_0}{2\lambda r}(1+\cos\theta)\,\mathrm{e}^{-\mathrm{j}kr}\int_0^a \rho_s \mathrm{d}\,\rho_s \int_0^{2\pi} \mathrm{e}^{\mathrm{j}k\rho_s \sin\theta\cos\varphi_s}\,\mathrm{d}\varphi_s$$

引入贝塞尔函数：

$$J_0(k\,\rho_s\sin\theta) = \frac{1}{2\pi}\int_0^{2\pi} \mathrm{e}^{\mathrm{j}k\rho_s \sin\theta\sin\varphi_s}\,\mathrm{d}\varphi_s$$

$$\int xJ_0(x)\,\mathrm{d}x = xJ_1(x)$$

主平面的辐射场变为

$$E_E = E_\theta = \mathrm{j}\,\frac{\pi a^2 E_0}{\lambda r}(1+\cos\theta)\,\mathrm{e}^{-\mathrm{j}kr}\,\frac{J_1(ka\sin\theta)}{ka\sin\theta}$$

$$E_H = E_\varphi = \mathrm{j}\,\frac{\pi a^2 E_0}{\lambda r}(1+\cos\theta)\,\mathrm{e}^{-\mathrm{j}kr}\,\frac{J_1(ka\sin\theta)}{ka\sin\theta}$$

归一化方向函数为

$$F_E(\theta) = F_H(\theta) = \frac{(1+\cos\theta)}{2}\,\frac{J_1(ka\sin\theta)}{ka\sin\theta}$$

半功率波瓣宽度：

$$2\theta_{0.5} = 1.02\,\frac{\lambda}{2a} = 58.4^\circ\,\frac{\lambda}{2a}$$

零功率宽度：

$$2\theta_{0E} = 140^\circ\,\frac{\lambda}{2a}$$

直径为 3λ 和 10λ 的圆形口径方向图如图 4－19 所示。

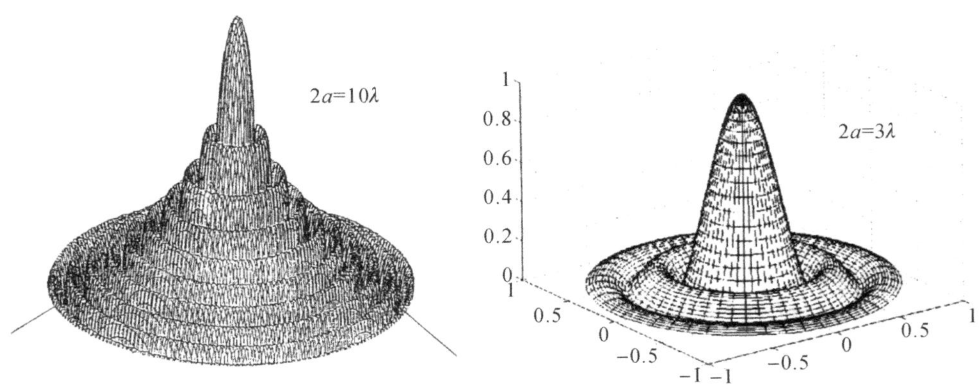

图 4－19　圆形平面口径方向图

表 4－4 给出了不同口径分布的矩形和圆形口径两主面的主波瓣宽度、面积利用系数和方向函数。

表 4-4　同相口径辐射特性一览表

口面形状	口面场分布	$2\theta_{0.5}$/rad		SSL/dB	υ	方向函数
矩形	$E_y = E_0$	E 面：$0.89\ \frac{\lambda}{b}$		-13.2	1	E 面：$\left\|\frac{\sin\Psi_1}{\Psi_1}\right\|$
		H 面：$0.89\ \frac{\lambda}{a}$				H 面：$\left\|\frac{\sin\Psi_2}{\Psi_2}\right\|$
	$E_y = E_0\cos\frac{\pi x_s}{a}$	E 面：$0.89\ \frac{\lambda}{b}$		-13.2	0.81	E 面：$\left\|\frac{\sin\Psi_1}{\Psi_1}\right\|$
		H 面：$1.18\ \frac{\lambda}{a}$		-23.0		H 面：$\left\|\frac{\cos\Psi_2}{1-\left(\frac{2}{\pi}\Psi_2\right)^2}\right\|$
圆形	$E_y = E_0\left[1-\left(\frac{\rho_s}{a}\right)^2\right]^P$	$P=0$	$1.02\ \frac{\lambda}{2a}$	-17.6	1	$\left\|\frac{2J_1(\Psi_3)}{\Psi_3}\right\|$
		$P=1$	$1.27\ \frac{\lambda}{2a}$	-24.6	0.75	$\left\|\frac{8J_2(\Psi_3)}{\Psi_3^2}\right\|$
		$P=2$	$1.47\ \frac{\lambda}{2a}$	-30.6	0.56	$\left\|\frac{48J_3(\Psi_3)}{\Psi_3^3}\right\|$
	$E_y = E_0\left\{0.3+0.7\left[1-\left(\frac{\rho_s}{a}\right)^2\right]^P\right\}$	$P=0$	$1.02\ \frac{\lambda}{2a}$	-17.6	1	
		$P=1$	$1.14\ \frac{\lambda}{2a}$	-22.4	0.91	
		$P=2$	$1.72\ \frac{\lambda}{2a}$	-27.5	0.87	

同相口径场辐射的特点：

1)最大辐射方向指向口径面的法向；

2)口径场分布一定时，口径面的电尺寸越大，主瓣越窄，方向系数越大；

3)口径电尺寸一定时，口径分布越均匀，面积利用系数越大，方向系数越大，副瓣电平越高；

4)副瓣电平、面积利用系数只与口径场的分布有关，与电尺寸无关。

(三)抛物面天线

抛物面天线由馈源和反射面组成，反射面由形状为旋转抛物面的导体面或导线栅格网构成，馈源是放置在抛物面的焦点上的具有弱方向性的初级照射器，可以是单个阵子、单喇叭或多喇叭。利用抛物面的几何特性和光学特性，抛物面把方向性弱的初级辐射器的辐射反射为方向性较强的辐射。

最常见的抛物面天线有单反射面天线和双反射面天线，双反射面天线主要包括卡塞格仑天线和环焦天线。本节主要介绍抛物面天线和卡塞格仑天线的几何结构和工作原理。

1. 抛物面天线的几何特性和工作原理

抛物面的几何参数如下：

焦距 f：顶点 O 到焦点 F 的距离；

口径张角 $2\varphi_0$：抛物线上任意一点 M 到焦点的连线与焦轴 Oz 之间夹角的 2 倍；

反射面的口径半径 R_0；

反射面的口径直径 D；

抛物面的深度 L。

在图 4－20 中所示的极坐标和直角坐标系下，有：

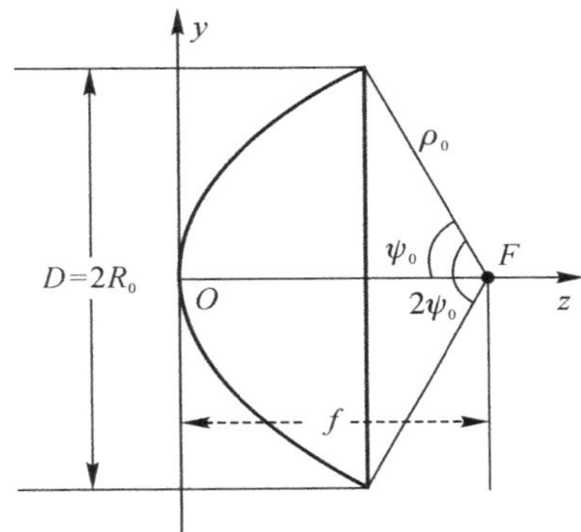

图 4－20　抛物面口径与张角

$$y = \rho\sin\varphi$$
$$z = f - \rho\cos\varphi$$

抛物线上任一点 M 满足的直角坐标方程为

$$y^2 = 4fz$$

满足的极坐标方程为

$$\rho = \frac{2f}{1+\cos\varphi} = f\sec^2\frac{\varphi}{2}$$

抛物线绕焦轴旋转所得到的旋转抛物面的直角坐标系方程为

$$x^2 + y^2 = 4fz$$

焦点到抛物面边缘处的最大矢径为

$$\rho_m = \frac{2f}{1+\cos\varphi_0}$$

由图 4－21 中的几何关系

$$\sin\varphi_0 = \frac{R_0}{\rho_0} = \frac{R_0(1+\cos\varphi_0)}{2f}$$

有

$$\frac{R_0}{2f} = \frac{\sin\varphi_0}{(1+\cos\varphi_0)} = \tan\frac{\varphi_0}{2}$$

由此得到抛物面天线的焦径比为

$$\frac{f}{D}=\frac{1}{4}\cot\frac{\varphi_0}{2}$$

在抛物面的边缘 $z=L$ 处有

$$x^2+y^2=\left(\frac{D}{2}\right)^2$$

得到抛物面深度表达式为

$$L=\frac{D^2}{16f}$$

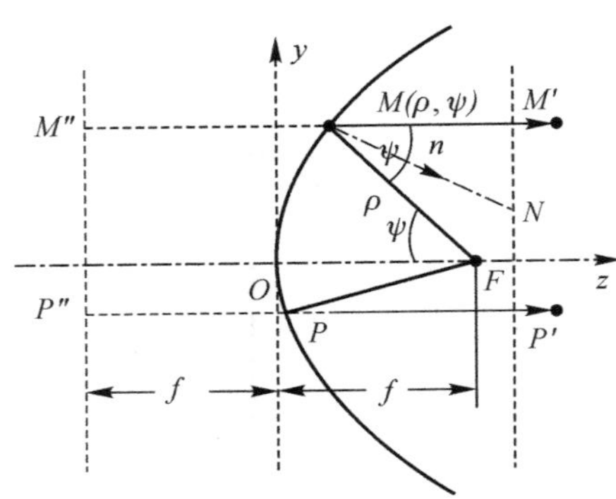

图 4-21　抛物面口径信号传播示意图

(1)抛物面的几何特性

由焦点发出的射线经抛物面反射后到达过焦平面的总长度相等;由焦点发出的射线及其反射线与反射点的法线之间的夹角相等。

(2)抛物面的光学特性

由抛物面焦点 F 发出的射线经抛物面反射后,所有的反射线都与抛物面的对称轴平行。在焦点处的馈源辐射的球面波经抛物面反射后变成平行的电磁波束。相反,当平行的电磁波沿抛物面的对称轴入射到抛物面上时,被抛物面会聚于焦点。

由焦点处发出的球面波经抛物面反射后,在口径上形成平面波波前,口径上的场处处同相。相反,当平面电磁波沿抛物面对称轴入射时,经抛物面反射后不仅汇聚于焦点,而且相位相同。

2. 抛物面天线的口径场

抛物面天线分析设计方法是利用几何光学和物理光学导出口径面上的场分布,然后依据口径场分布求出辐射场。计算口径场的条件:

1)馈源的相位中心置于抛物面焦点上,辐射球面波;

2)反射面处于馈源的远区($f\gg\lambda$),且对馈源无影响;

3)服从几何光学的反射定律。

由抛物面的几何特性可知,口径面上的场分布是同相的。假设馈源总的辐射功率为 P_r,方向系数为 $D_f(\varphi,\xi)$,则抛物面上 M 点的场强为

$$E_i(\varphi,\xi)=\frac{\sqrt{60P_rD_f(\varphi,\xi)}}{\rho}$$

反射到口径面上 M' 处的场为

$$E_s(R,\xi)=E_i(\varphi,\xi)=\frac{\sqrt{60P_r D(0,\xi)_{f\max}}}{\rho(\varphi,\xi)}$$

式中，$F(\varphi,\xi)$ 是馈源的方向函数。

将 $\rho=\dfrac{2f}{1+\cos\varphi}$ 带入上式得抛物面口径场幅度分布为

$$E_s(R,\xi)=\frac{\sqrt{60P_r D(0,\xi)_{f\max}}}{2f(1+\cos\varphi)}$$

可见，口径场幅度分布是 φ 的函数。

3. **抛物面天线的辐射场**

由抛物面天线口径场分布，利用圆形口径辐射场的积分式，计算天线 E 面、H 面辐射场和方向图。

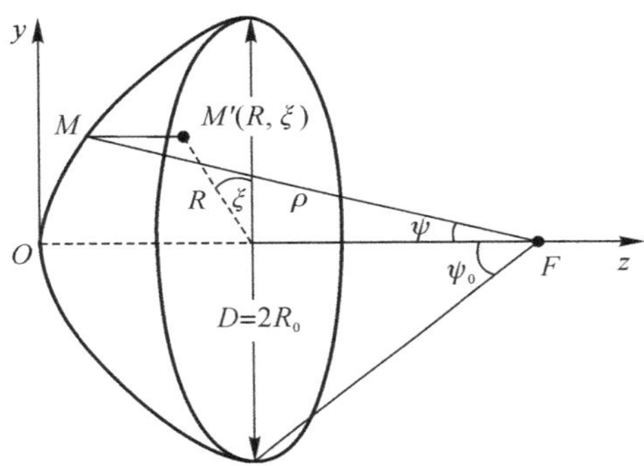

图 4－22　抛物面口径几何关系图

由图 4－22 中的几何关系可得：

$$R=\rho\sin\varphi=\frac{2f}{1+\cos\varphi}\sin\varphi=2f\tan\frac{\varphi}{2}$$

$$\mathrm{d}R=f\sec^2\frac{\varphi}{2}\mathrm{d}\varphi=\rho\mathrm{d}\varphi$$

$$x_s=R\sin\xi$$

$$y_s=R\cos\xi$$

$$\mathrm{d}s=R\mathrm{d}R\mathrm{d}\xi=\rho^2\sin\varphi\mathrm{d}\varphi\mathrm{d}\xi$$

代入圆形口径辐射场积分表达式，得到 E 面、H 面辐射场为

$$\begin{aligned}E_E&=\mathrm{j}\frac{\mathrm{e}^{-\mathrm{j}kr}}{2\lambda r}(1+\cos\theta)\iint_S\frac{\sqrt{60P_r D_f}}{\rho}F(\varphi,\xi)\mathrm{e}^{\mathrm{j}kR\sin\theta\cos\xi}R\,\mathrm{d}R\mathrm{d}\xi\\&=C\int_0^{2\pi}\int_0^{\varphi_0}F(\varphi,\xi)\tan\frac{\varphi}{2}\,\mathrm{e}^{\mathrm{j}2kf\tan\left(\frac{\varphi}{2}\right)\sin\theta\cos\xi}\mathrm{d}\varphi\mathrm{d}\xi\end{aligned}$$

$$\begin{aligned}E_H&=\mathrm{j}\frac{\mathrm{e}^{-\mathrm{j}kr}}{2\lambda r}(1+\cos\theta)\iint_S\frac{\sqrt{60P_r D_f}}{\rho}F(\varphi,\xi)\mathrm{e}^{\mathrm{j}kR\sin\theta\sin\xi}R\,\mathrm{d}R\mathrm{d}\xi\\&=C\int_0^{2\pi}\int_0^{\varphi_0}F(\varphi,\xi)\tan\frac{\varphi}{2}\mathrm{e}^{\mathrm{j}2kf\tan\left(\frac{\varphi}{2}\right)\sin\theta\sin\xi}\mathrm{d}\varphi\mathrm{d}\xi\end{aligned}$$

E 面、H 面方向函数为

$$F_E(\theta)=\int_0^{2\pi}\int_0^{\varphi_0}F(\varphi,\xi)\tan\frac{\varphi}{2}\mathrm{e}^{\mathrm{j}2kf\tan\left(\frac{\varphi}{2}\right)\sin\theta\cos\xi}\mathrm{d}\varphi\mathrm{d}\xi$$

$$F_H(\theta)=\int_0^{2\pi}\int_0^{\varphi_0}F(\varphi,\xi)\tan\frac{\varphi}{2}\mathrm{e}^{\mathrm{j}2kf\tan\left(\frac{\varphi}{2}\right)\sin\theta\sin\xi}\mathrm{d}\varphi\mathrm{d}\xi$$

例:馈源为沿 y 轴放置的带圆盘反射器的偶极子,其方向函数为

$$F(\varphi,\xi)=\sqrt{1-\sin^2\varphi\cos^2\xi}\sin\left(\frac{\pi}{2}\cos\varphi\right)$$

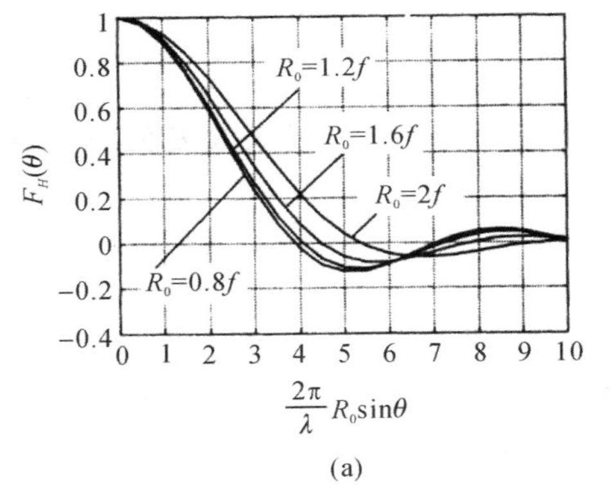

(a)

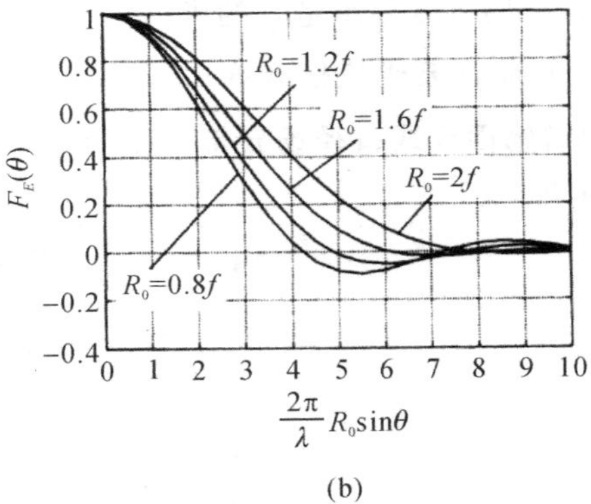

(b)

图 4-23 馈源为偶极子的抛物面天线方向图

4. 抛物面天线的性能参数

一般情况下,馈源的方向图是旋转对称的,其归一化方向函数为 $F(\varphi)$,天线口径场可表示成

$$E_s(R,\xi)=E_i(\varphi,\xi)=\frac{\sqrt{60P_rD_{f\max}}}{\rho(\varphi)}$$

面积利用系数

$$\upsilon=\frac{\left|\iint_s E_S\mathrm{d}s\right|^2}{S\iint_s\left|E_s\right|^2\mathrm{d}s}=2\cot^2\frac{\varphi_0}{2}\frac{\left|\int_0^{\varphi_0}F(\varphi)\tan\frac{\varphi}{2}\mathrm{d}\varphi\right|^2}{\int_0^{\pi}F^2(\varphi)\sin\varphi\mathrm{d}\varphi}$$

截获效率定义:口径截获的功率与馈源辐射的总功率之比,用 η_A 表示,即:

$$\eta_A=\frac{P_{rs}}{P_r}$$

由馈源的方向函数,可得抛物面的口径截获效率为

$$\eta_A=\frac{P_{rs}}{P_r}=\frac{\int_0^{\varphi}F^2(\varphi)\sin\varphi\mathrm{d}\varphi}{\int_0^{\pi}F^2(\varphi)\sin\varphi\mathrm{d}\varphi}$$

(1)天线的增益

$$G=D\eta=\frac{4\pi}{\lambda^2}S\upsilon\eta_A=\frac{4\pi}{\lambda^2}SG$$

式中，$G = \upsilon\eta_A$ 称为增益因子。

(2)波瓣宽度

$$2\theta_{0.5} = (70^\circ \sim 75^\circ)\frac{\lambda}{2R}$$

五、接收天线

接收天线是把空间电磁波能量转换成高频电流能量的转换装置，其工作过程是发射天线的逆过程。天线接收电磁能量的物理过程是：天线在外场作用下激励起感应电动势，并在导体表面产生电流，该电流流进天线负载 LZ(接收机)，使接收机回路中产生电流。所以，接收天线是一个把空间电磁波能量转换为高频电流能量的能量转换装置。其工作过程恰好是发射天线的逆过程。

一般情况下，接收天线与发射天线相距很远，作用在接收天线上的电磁波可认为是平面波。设来波方向与振子轴夹角为 θ，来波电场 E^i 可分解为 $E^i_\perp$ 和 $E^i_\parallel$ 两个分量，其中 $E^i_\perp$ 垂直于振子轴不起作用，只有 $E^i_\parallel = E^i\sin\theta$ 才使振子上产生感应电流。

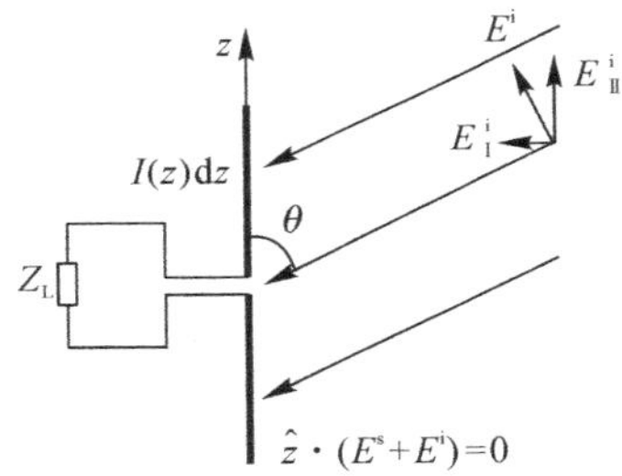

图 4-24　接收天线示意图

(一)收发天线的互易性

在只含一个电压源，不含受控源的线性电阻电路中，电压源与电流表互换位置，电流表读数不变，这种性质称为电路互易定理。

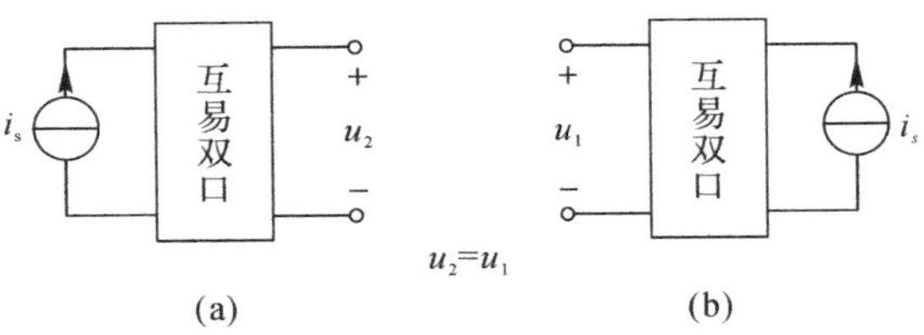

图 4-25　电路互易原理图

设有两个任意放置的天线 1 和 2，彼此之间相距足够远，处于各向同性的无界均匀媒质中，除两天线外没有其它场源。当天线 1 作发射(加有电源 e_1，输出电流为 I_1)，天线 2 作接收时，天线 2 上有感应电流 I_{21}，形成开路电压 e_2。将收发天线当作一个整体的电路，对应电路互易定理，可以理解为在天线 1 处放置了电压源 e_1，则在天线 2 处测得电流 I_{21}。根据电路互易定理可以得知，在天线 2 处放置相同的电压源 e_1，则可以在天线处测得电流 $I_{12} =$

I_{21}。如图 4－26 所示，不难看出在该电路中，天线收发的特性是可以等效转化的。

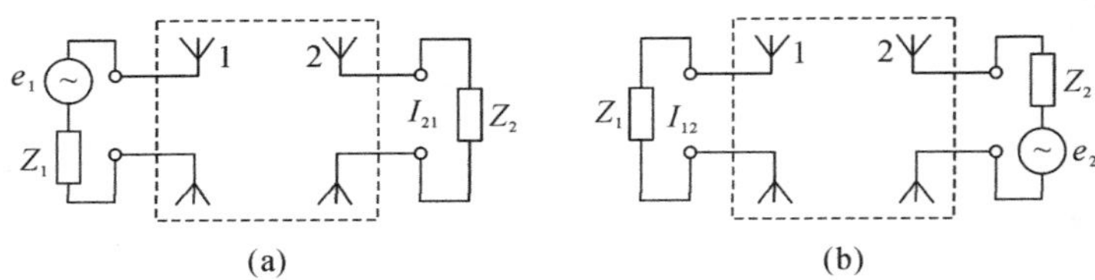

图 4－26　天线互易原理

(a)1 归射天线；(b)2 是发射天线

通过分析可以得到，任意类型的天线用作接收时，其极化、方向性、有效长度、增益和阻抗特性等均与它用作发射天线时的相同。这种同一天线收发参数相同的性质被称为天线的收发互易性。

(二)有效接收面积

定义：当天线以最大接收方向对准来波方向接收时，并且天线的极化与来波极化相匹配，接收天线送到匹配负载的平均功率 P_{Lmax} 与来波的功率密度 W_{av} 之比，记为 A_{e}，即

$$A_{\text{e}} = \frac{P_{\text{Lmax}}}{W_{\text{av}}} \tag{4-5}$$

接收天线在最佳状态下所接收到的功率 P_{Lmax}，可以看成是被具有面积为 A_e 的口面所截获的垂直入射波功率密度的总和。

在极化匹配的条件下，如果来波的场强振幅为 E_{i}，则有

$$W_{\text{av}} = \frac{|E_{\text{i}}|^2}{2\eta}$$

当 Z_{in} 与 Z_{L} 共轭匹配时，接收机处于最佳工作状态，此时传送到匹配负载的平均功率为

$$P_{\text{L}} = \frac{E^2}{8R_{\text{in max}}}$$

当天线以最大接收方向对准来波时，此时接收天线上的总感应电动势为

$$E = E_{\text{i}} l_{\text{e}}$$

式中，l_{e} 为天线的有效长度。

将上述各式代入式(4－5)，并引入天线效率 η_{A}，则有

$$A_{\text{e}} = \frac{30\pi^2 l_{\text{e}}}{R_{\text{in}}} = \eta_{\text{A}} \times \frac{30\pi l_{\text{e}}^2}{R_{\text{r}}}$$

而

$$D = \frac{30k^2 l_{\text{e}}^2}{R_r}$$

$$G = \eta_A D$$

从而得到接收天线的有效接收面积为

$$A_{\text{e}} = \frac{\lambda^2}{4\pi} G$$

(三)等效噪声温度

天线在接收无线电波的同时，也接收空间的噪声信号，噪声功率的大小用天线等效噪声

温度 T_A 来表示。

若将接收天线视为一个温度为 T_A 的电阻，则它输送给匹配的接收机的最大噪声功率 P_n 与天线的等效噪声温度 $T_A(K)$ 的关系为：

$$T_A = \frac{P_n}{K_B \Delta f}$$

式中，$K_B = 1.38 \times 10^{-23}$(J/K) 为玻耳兹曼常数；$\Delta f$ 频带宽度。

噪声温度 T_A 是描述接收天线向共轭匹配负载输送噪声功率大小的参数，并不是天线本身的物理温度。

当接收天线距发射天线非常远时，接收机所接收到的信号电平已非常微弱，这时天线输送给接收机的信号功率 P_S 与噪声功率 P_n 的比值更能实际地反映出接收天线的质量。由于在最佳接收状态下，接收到的信号功率为

$$P_S = A_e W_{av} = \frac{\lambda^2 G}{4\pi} W_{av}$$

因此接收天线输出端的信噪比为

$$\frac{P_S}{P_n} = \frac{\lambda^2}{4\pi} \frac{W_{av}}{K_B \Delta f} \frac{G}{T_A}$$

可见，接收天线输出端的信噪比正比于 G/T_A，工程上通常将 G/T_A 值作为接收天线的一个重要指标。增大增益系数或减小等效噪声温度均可以提高信噪比，进而提高检测微弱信号的能力，改善接收质量。

(四)弗利斯传输公式

对于一个具有增益 G_t 的发射天线，如将最大辐射方向对准接收天线，在全向接收天线处入射波的功率密度为

$$W = \frac{G_t P_{in}}{4\pi R^2}$$

式中：P_{in} 为发射天线的输入功率；R 为收发天线之间的距离。增益为 G_r 的接收天线的最大接收功率为

$$P_{rec} = WA_e = \frac{G_t P_{in}}{4\pi R^2} A_e = \frac{G_t P_{in}}{4\pi R^2} \frac{\lambda^2 G_r}{4\pi} = \frac{\lambda^2}{(4\pi R)^2} G_t G_r P_{in}$$

其分贝形式为

$$P_{rec}(\text{dB}) = P_{in}(\text{dB}) + G_t(\text{dB}) + G_r(\text{dB}) - 20\lg R(\text{km}) - 20\lg f(\text{MHz}) - 32.44$$

上式表明，只要知道发射天线的输入功率、收发天线的增益、工作频率和通信距离，就可确定接收天线的最大接收功率。该表达式称为弗利斯传输公式或功率传输方程。弗利斯传输公式通常用于通信系统信号电平的估算。

第三节　不同频段天线特性

天线品种繁多，以供不同频率、不同用途、不同场合、不同要求等情况下使用。对于众多品种的天线，进行适当的分类是必要的。按用途分类，可分为通信天线、电视天线、雷达天线等；按工作频段分类，可分为短波天线、超短波天线、微波天线等；按方向性分类，可分为全向

天线、定向天线等；按外形分类，可分为线状天线、面状天线等。不同频段的天线具有显著的几何特征差异。本节主要依据频段进行天线的划分。

一、天线频率的划分

不同频段的电磁波的传播方式和特点各不相同，所以它们的用途也就不同。在无线电频率分配上有一点需要特别注意的，就是干扰问题。因为电磁波是按照其频段的特点传播的，此外再无什么规律来约束它。因此，如果两个电台用相同的频率(F)或极其相近的频率工作于同一地区(S)、同一时段(T)，就必然会造成干扰。因为现代无线电频率可供使用的范围是有限的，不能无秩序地随意占用，而需要仔细地计划加以利用，所以在国外，不少人将频谱看作大自然中的一项资源，故提出频谱的利用问题。

(一)频谱的利用

所谓频谱利用问题包含两方面的问题。即：①频谱的分配，即将频率根据不同的业务加以分配，以避免频率使用方面的混乱；②频谱的节约。

从频谱利用的观点来看，由于总的频谱范围是有限的，每个电台所占的频谱应力求少，以便容纳更多的电台和减少干扰。这就要求尽量压缩每个电台的带宽，减小信道间的间隔并减小杂散发射。

因为电磁波是在全球传播的，所以需要有国际的协议来解决，不可能由某一个国家单独确定。因此，要有专门的国际会议来讨论确定这些划分和提出建议或规定。同时，出于科学的不断发展，这些划分也是不断地改变的。在历史上，关于频谱分配的会议已有多次，如：1906年柏林会议、1912年伦敦会议、1927年华盛顿会议、1932年马德里会议、1938年开罗会议，1947年大西洋城会议和1959年日内瓦会议。

(二)频率分配国际机构

现在进行频率分配工作的世界组织是国际电信联盟(ITU)，其下设有国际无线电咨询委员会(CCIR)，负责研究有关的各种技术问题并提出建议；国际频率登记局(IFRB)，负责国际上使用频率的登记管理工作。

考虑频率的分配和使用主要根据以下各点：①各个波段电磁波的传播特性；②各种业务的特性及共用要求；③其它还要考虑历史的条件，技术的发展；等等。

(三)无线电业务种类

下面对使用无线电频率的业务做简单的介绍：

1)定点通信业务：定点之间进行通信的业务。

2)工、科、医用频率：在工业上、科学或医疗上往往需要用高频率的电流。由于它们的功率往往很大，为了防止它们对通信的干扰，也需划出一定的频率给它们使用。

3)广播业务：包括电声广播和电视广播。电声广播的频带宽为10 kHz，电视的频带宽为8 MHz(某些国家为6 MHz)。

4)移动通信业务：在移动电台(车载、舰载、机载等等)与陆上电台之间或移动电台之间的无线电通信。

5)航空移动通信业务：在航空台站与飞机电台之间的通信，或飞机之间的通信。

6)航海移动通信业务:在岸-船之间,或船舶之间的无线电通信。

7)陆上移动通信业务:在陆上移动台与基台之间或陆上移动台之间的无线电通信。

8)无线电导航业务:无线电导航(包括海上和空中导航)、测向等业务。它要求稳定地、不间断地工作,并且不允许存在盲区(静区)。

9)无线电定位业务:一般指雷达。

10)空间通信业务:在地面站与空间站(卫星或宇宙飞船)之间或在空间站之间的通信。

11)无线电天文学业务:就是供无线电天文学用的一种业务。无线电天文学主要是观察星体辐射来的电磁波,例如观察单原子氢的辐射(1 420.405 MHz)等等。

12)气象业务:气象用的无线电通信,例如播发气象报告等等。

13)业余无线电业务:在国外,有业余无线电爱好者进行无线电通信或研究。这些在国际上是被认可的,并指定适当的频率。

14)标准频率业务:发送高度准确的供科学技术上使用的标准频率。

15)授时信号业务:由天文台播发的高度准确的授时信号。

上述的第 11)～15)项业务是公认不应该被干扰的。因此,分配给这些业务使用的频率,其它业务不应该使用,或只在不干扰的条件下才能使用。

无线电频率通常按频率高低(即波长的长短)来划分波段。波段的划分标准不完全统一,有几种不同的划分方法。波段的划分通常如表 4-5 所示。

表 4-5　电磁波频(波)段的划分

段　号	频段名称	频段范围	波段名称		波长范围
1	极低频(ELF)	3～30 Hz	极长波		100～10×10^6 m
2	超低频(SLF)	30～300 Hz	超长波		10～1×10^6 m
3	特低频(ULF)	300～3 000 Hz	特长波		100～10×10^4 m
4	甚低频(VLF)	3～30 kHz	甚长波		10～1×10^4 m
5	低频(LF)	30～300 kHz	长　波		10～1 km
6	中频(MF)	300～3 000 kHz	中　波		10～100 m
7	高频(HF)	3～30 MHz	短　波		100～10 m
8	甚高频(VHF)	30～300 MHz	超短波		10～1 m
9	特高频(UHF)	300～3 000 MHz	分米波	微　波	10～1 dm
10	超高频(SHF)	3～30 GHz	厘米波		10～1 cm
11	极高频(EHF)	30～300 GHz	毫米波		10～1 mm
12	至高频	300～3 000 GHz	丝米波		1～0.1 mm

此外,在微波频段还流行着一种基于波长划分频段的方法。这种划分最早是基于军用雷达工作频率(波长)保密的需要而制订的,只论及某雷达的工作频率所处的工作频段,而不特指其具体的工作频率。其后又将微波元器件的工作频率范围与这种划分进行了某种形式的挂钩。表 4-6 给出了微波频段新旧名称对照表。

表 4-6　常用波段代号及其标称波长

波段代号	P	L		S	C	X	Ku	K	Ka
标称波长/cm		50/23		10	5.5	3.2	2	1.25	0.82
对应频率/GHz		0.6/1.3		3	5.455	9.375	15	24	36.58
频率范围/GHz	0.23～1	1～2		2～4	4～8	8～12	12～18	18～27	27～40
波长范围/cm	120～30	30～15		15～7.5	7.5～3.75	3.75～2.5	2.5～1.67	1.67～1.11	1.11～0.75

如图 4-27 所示，不同频段在多个领域的应用不尽相同，各自根据频段的特点使用在不同的方面。

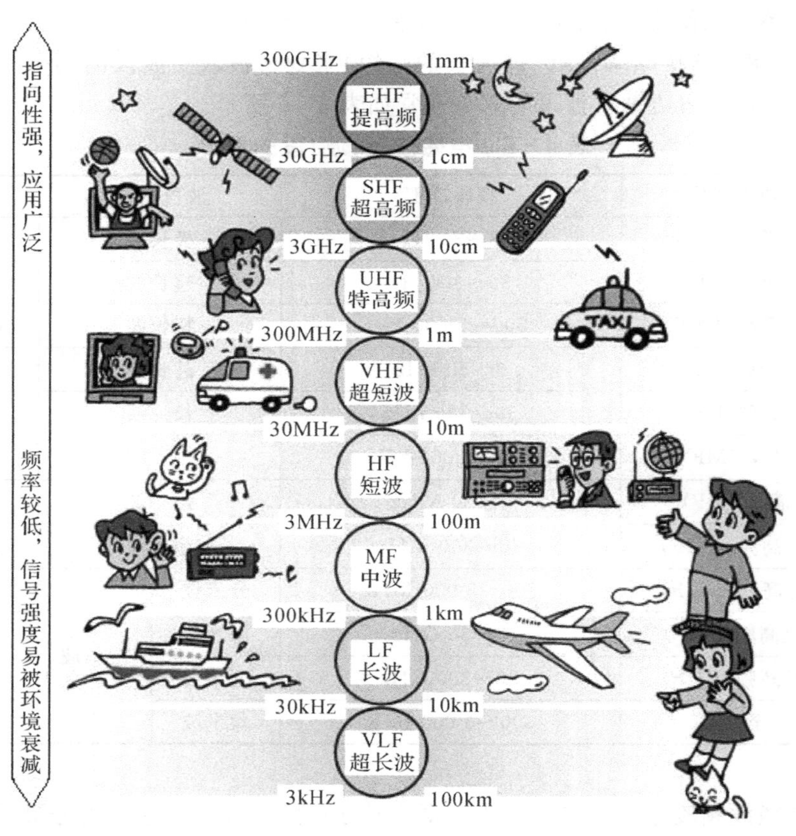

图 4-27　频率应用示意图

(四)美军无线电设备命名方式

美国陆军和海军联手引入了“联合通信-电子装备命名系统”，简写为“AN 系统”(Army - Navy)，并据此开展各类电子装备命名。在“AN”为头缀后，第一个字母表示安装位置，第二个字母表示设备类型，第三个字母表示设备用途。如美国 THAAD 系统的雷达 AN/TPY - 2 中，T 表示该设备为“地面可运输式”，P 表示该设备为“雷达”，Y 表示该设备用于“检测和控制”目标。具体的命名规则见表 4 - 7。

表 4 - 7　美军无线电设备命名表

安装位置	设备类型	设备用途
A 机载	A 不可见光，热辐射设备	A 辅助装置
B 水下移动式、潜艇	C 载波设备	B 轰炸
D 无人驾驶运载工具	D 放射性检测、指示、计算设备	C 通信(发射和接收)
F 地面固定	E 激光设备	D 测向侦察和/或警戒
G 地面通用	G 电报、电传设备	E 弹射和/或投掷
K 水陆两用	I 内部通信和有线广播	G 火力控制或探测灯瞄准
M 地面移动式	J 机电设备	H 记录和/或再现(气象图形)
P 便携式	K 遥测设备	K 计算
S 水面舰艇	L 电子对抗设备	M 维修和/或测试装置
T 地面可运输式	M 气象设备	N 导航
U 通用	N 空中声测设备	Q 专用或兼用
V 地面车载	P 雷达	R 接受、无线探测
W 水面和水下	Q 声呐和水声设备	S 探测和/或测距、测向、搜索
Z 有人和无人驾驶空中运输工具	R 无线电设备	T 发射
	S 专用设备磁设备或组合设备	W 自动飞行或遥控
	T 电话(有线)设备	X 识别和辨认
	V 目视和可见光设备	Y 检测和控制
	W 武器特有设备	
	X 传真和电视设备	
	Y 数据处理设备	

二、甚低频/低频天线特性

该段频率是从 3～300 MHz，波长 1～100 km，属于甚长波和长波的波段，因其传播特性相近，故并在一起讨论。该波段可以用天波和地波传播，而主要以地波传播方式为主。因地波传播频率愈高，大地的吸收愈大，故在无线电的早期是向低频率的方向发展。天波是靠电磁波在地面和电离层之间来回反射而传播的。

该波段的特点是：①传播距离长，路径衰减低，每 1 000 km 为 2～3 dB。最多可实现 5 000～20 000 km 的传播距离。所以目前还有很多海岸电台使用长波通信，用 10～30 kHz 可以实现特远距离的通信。②电离层扰动的影响小。长波传播稳定，基本没有衰落现象。③波长愈长，大地或海水的吸收愈小，因此适宜于水下和地下通信。

但是它的缺点也是明显的：①容量小。长波整个频带宽度只有 200 kHz，因此容量有限，不能容纳多个电台在同一地区工作。②大气噪声干扰大。因为频率愈低，大气噪声干扰愈大（大气干扰也和地理位置有关，愈近赤道、干扰愈大）。③需要大的天线。

根据国际规定，该频段主要用于无线电导航（航空和航海）、定点通信、海上移动通信和广播。被指定的导航用频率为 10～14 kHz 以及 70～130 kHz。这是作为远距离导航用的，主要是因为长波传播远，且无盲区。在导航系统中，盲区是不允许的。在 70～130 kHz 工作的有劳兰-C 系统和台卡（Decca）系统。

海上移动通信主要用于岸-船通信。由于长波的可靠性高，因此当容量不是主要的，而要求高可靠性的远距离通信时，就要用这个频段，并且特别适宜在极区的岸-船通信。船-岸通信通常不用此频段，因船上位置有限，不能得到高的通信效率。

这类频段广播电台的特点是，不论白天黑夜都有相当大的稳定的服务区域。军事上，长波是有用的，主要是地下（坑道）、水下通信可以考虑用这个频段。低频（LF）可穿透水的深度约为几米，甚低频（VLF）可以穿透水的深度是 10～40 m，极低频（ELF）可以穿透水深是 100～200 m，这一波段的主要缺点是容量小，天线的尺寸大。

低频/甚低频波段主要以地波传播，水平极化会在地表产生极化电流，导致信号迅速衰减。因此该频段通信的电场波多采用垂直极化。如果通信中采用 30 Hz 的电磁波，其波长为 10 km，即使是用半波振子天线的半段作为垂直天线，即 1/4 波长，也将有 2.5 km 的高度，显然难以实现。

（一）电容负载单极天线

由线天线理论得知，发射功率与电流强度和天线长度紧密相关。当天线长度受到限制时，可以考虑增大电流强度。因此甚低频天线多在天线的顶端设计一个大型等效电容，以增大信号发射时的电流，达到大功率发射和远距离传播，这种天线称为电容负载单极天线。在天线顶端加小球、圆盘或辐射叶等以改变天线顶端的电流分布，称为顶端负载。

负载的作用相当于在天线的顶端引入了一个电容 C_a，该电容可以用一段长为 h' 的延长线来等效。如果顶端负载天线的高度为 h，加载后天线的高度相当于 $(h+h')$。假设垂直线段的特性阻抗为 Z_0，导线半径，等效长度 h' 可由下式计算：

$$Z_0 \cot\beta h' = 1/(\omega C_a)$$

即：

$$h' = \frac{1}{k}\arctan(Z_0\omega C_a)$$

$$h' = \arctan(\omega C_a Z_0)/(\beta)$$

式中，$Z_0 = 60[\ln(2h/a-1)]\Omega$。

设顶端负载天线上的电流分布为

$$I_z = I_0 \frac{\sin[\beta(h+h'-z)]}{\sin[\beta(h+h')]}$$

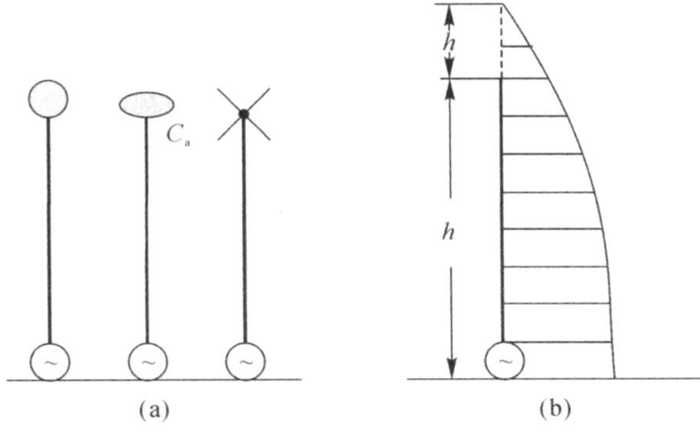

图 4-28　顶端负载

(a) 顶端负载天线;(b) 等效形式

而 $h_e I_0 = \int_0^h I_z \mathrm{d}z$，可得顶端负载天线的有效高度为

$$h_e = \frac{1}{I_0}\int_0^h I_z \mathrm{d}z = \frac{2\sin[\beta(h+2h')/2]\sin(\beta h/2)}{\beta\sin[\beta(h+h')]}$$

当天线的高度很小时，上式可简化为

$$h_e = \frac{h}{2}\left(1+\frac{h'}{h+h'}\right)$$

可见，顶端负载后有效高度增加，辐射能力增强。顶端负载天线的方向图在水平面内仍然是个圆。在垂直平面内方向函数为

$$F(\psi,\varphi) = \frac{\cos(\beta h')\cos(\beta h\sin\psi) - \sin(\beta h')\sin\psi\sin(\beta h\sin\psi) - \cos[\beta(h+h')]}{\{\cos(\beta h') - \cos[\beta(h+h')]\}\cos\psi}$$

(二)T 形天线

对于低功率通信站，多使用倒 L 形和 T 形天线。这类 T 形天线由一个短小的单极子作为辐射单元。它只是数千米长的波长的一小部分。通常是由高达几十米的塔作为支撑，在塔型顶部设置多组导线作为等效电容，而辐射单元则是从顶部延伸到地面，由底部馈电。其结构如图 4-29 所示。

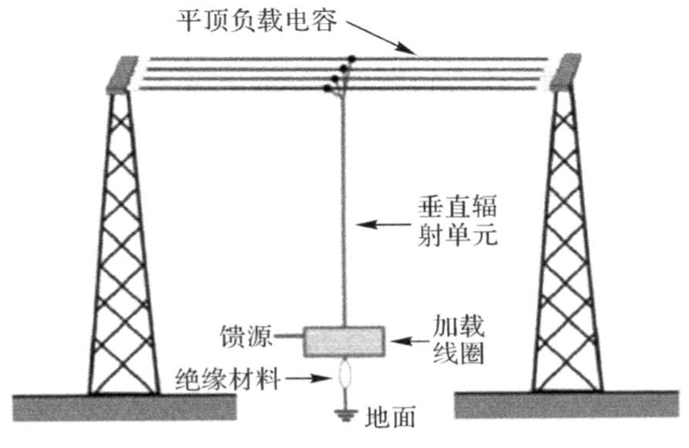

图 4-29　T 形天线结构示意图

典型的T形天线目标如图4-30所示。美国华盛顿州吉姆溪甚低频天线也是一个典型的T形天线，是美国海军的一个甚低频(VLF)无线电发射设施，位于华盛顿州奥索附近的吉姆溪。该站点的主要任务是向太平洋舰队的潜艇单向传达命令。极低频段的无线电波可以穿透海水并被其他频率的无线电通信无法到达的水下潜艇接收。该发射机成立于1953年，辐射频率为24.8 kHz，功率为1.2 MW，呼号为NLK，是世界上最强大的发射机之一。位于华盛顿州阿灵顿附近位于西雅图北部的喀斯喀特山脚下。经纬度为48°12′13″N，121°55′0″W。

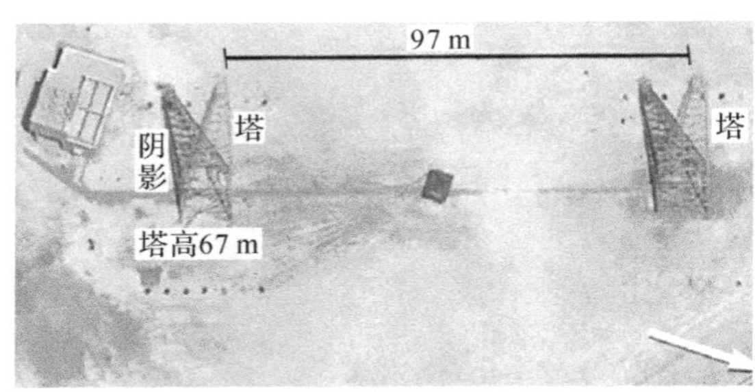

图4-30　典型的T形天线目标

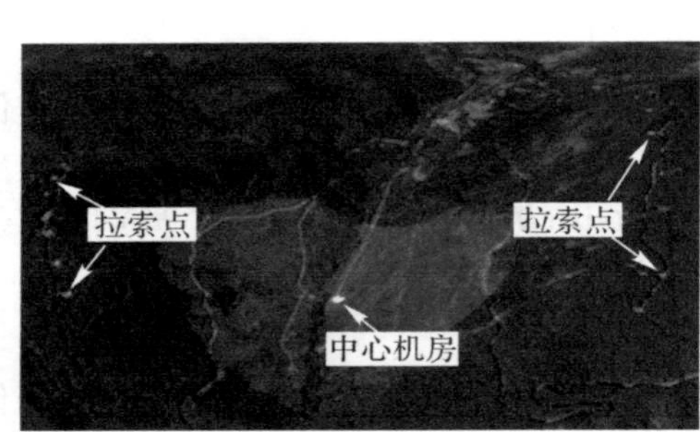

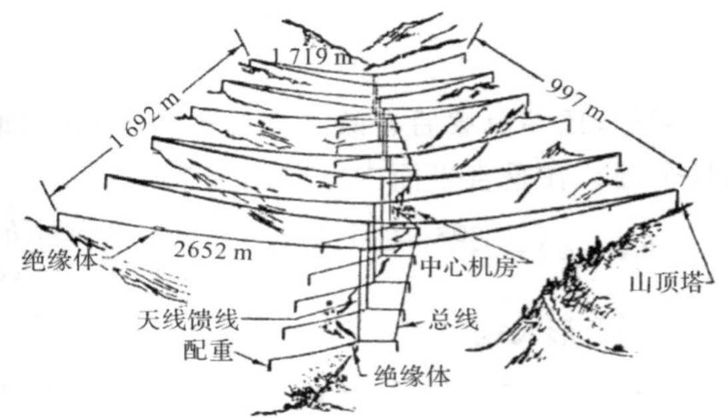

图4-31　美国华盛顿州吉姆溪甚低频天线

该站点的大部分用于有效辐射甚低频波所必需的巨大架空线天线阵列。天线由10根悬链线组成，长度为1 719～2 652 m，以锯齿形悬挂在惠勒山和蓝山之间的山谷上空的12座61 m高的塔上。每条电缆从连接在中心的垂直电缆接收能量，该电缆下降到谷底，在那里由两条“总线”传输线之一馈电，这些传输线从中心的发射机大楼沿山谷延伸。

这种类型的天线称为“谷跨”天线，用作电容顶部加载的电短单极天线。垂直电缆是主要的辐射元件，水平电缆用于增加天线顶部的电容，以增加辐射功率。天线分为2个部分，每部分5个元件，每个部分都用自己的传输线供电。它们通常作为一根天线一起运行，但也可以单独运行，因此可以在不中断传输的情况下关闭一部分进行维护。天线下方的谷底覆盖着精心设计的埋地电缆网络，用作发射机的地面系统。

(三)伞形天线

对于高发射功率通信站多使用变体伞形天线，或多线平顶天线，这种天线可以在所用的24 kHz低频率下有效地辐射功率。这种类型的天线阵列为伞形，它用作电容顶部装载短单极天线。天线中央桅杆上的垂直电线辐射甚低频无线电波，而悬挂的水平电缆阵列充当大电容器，提高了垂直辐射器的效率。每个支柱的基座是悬挂在地面几英尺以上，延伸出数近百米的电缆星形网络，称为平衡，其用作“电容器”。

美国缅因州卡特勒甚低频天线是典型的伞形天线，建于 1960 年，于 1961 年 1 月 4 日投入使用。它的传输功率为 1.8 MW。与所有 VLF 电台一样，发射机的带宽非常小，因此不能以相对较低的数据速率传输音频(语音)，而只能传输编码文本消息。传输由连续加密的最小移位键控(MSK)信号组成，能够进行多通道操作。发射机工作在 24.0 kHz。该站的呼号是 NAA。

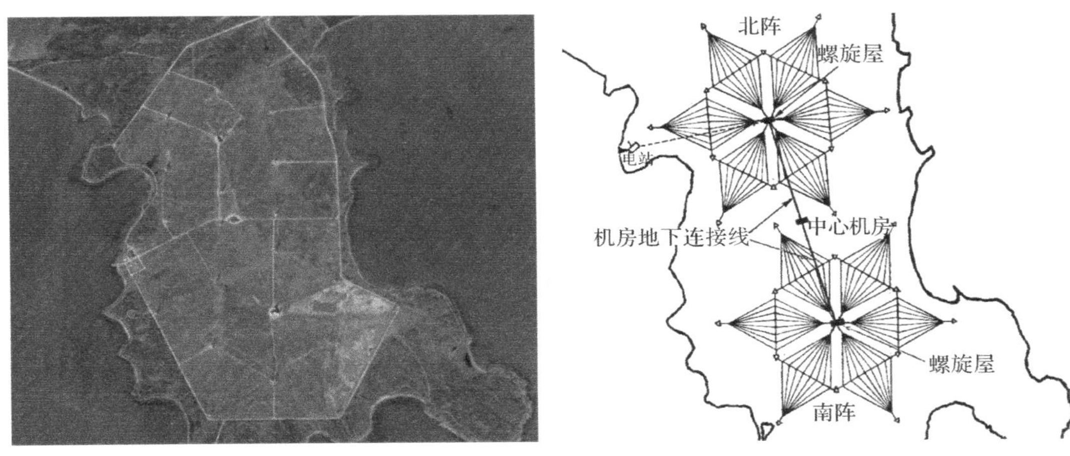

图 4-32 美国缅因州卡特勒甚低频天线俯视图

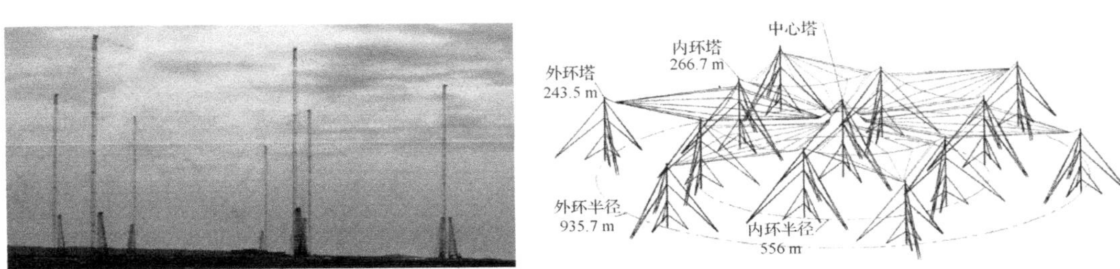

图 4-33 美国缅因州卡特勒甚低频天线侧视图

天线系统由两个独立的相同伞形天线阵列组成，分别为“北阵列”和“南阵列”。每个阵列由一圈 13 个高金属桅杆组成顶部由水平电缆网络连接。电缆形成六个菱形“面板”，从中央塔以六边形图案辐射，形状像雪花。两个阵列通常作为一个天线一起运行，但每个阵列都设计为独立运行，以便维护另一个阵列。每个天线系统的中心塔高 304 m。它由六个 266.7 m 高的桅杆环绕，围绕中心塔放置在一个半径为 556 m 的环上。阵列的其余六座塔高 243.5 m，围绕中央塔放置在一个半径为 935.7 m 的圆上。天线的每个元件(面板)都悬挂在中心塔、内环的两个塔和外环的一个塔之间。

(四)辐射特性分析

对于甚低频/低频，无论是 T 形(倒 L 形)还是伞形天线，由于工作波长较长，即使是高达数百米的塔支撑的辐射源，相对于波长而言都仅仅是短单极天线。因此其辐射特性可以用短单极天线模型进行计算。

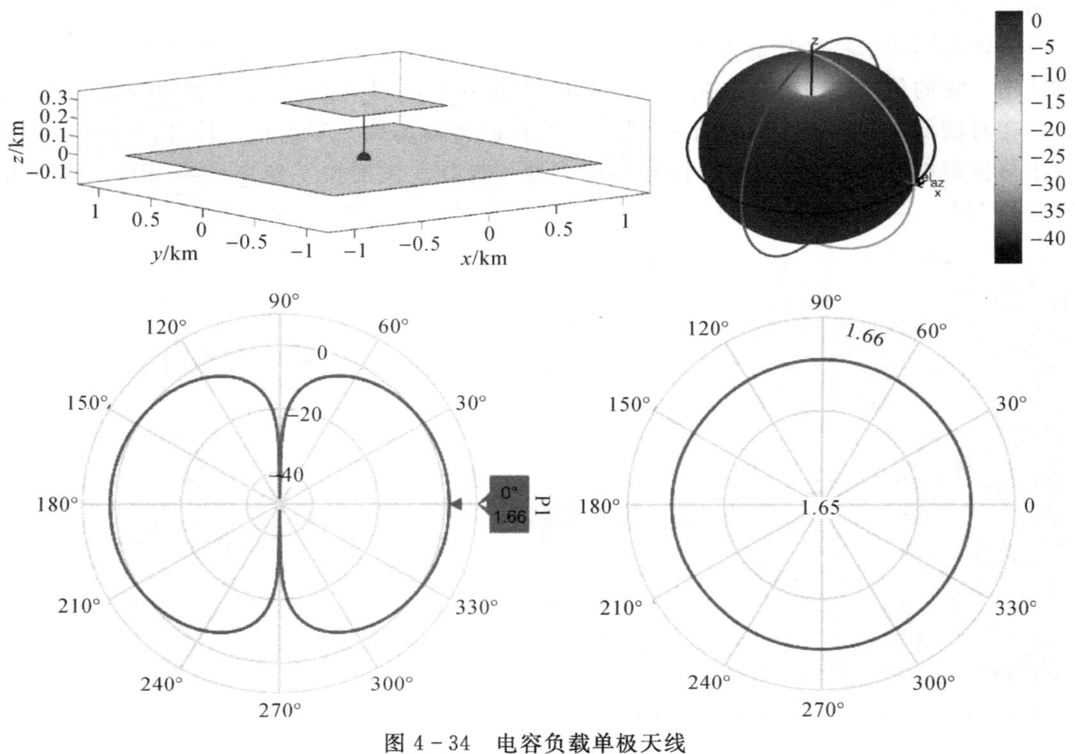

图 4-34 电容负载单极天线

三、中频天线特性

该频段主要是中波，电磁波主要的传播方式是地波传播。在这一频段的低端比高端传播得更好。在白天，天波基本上为电离层(D 层)所吸收，所以不能靠天波传播。但到夜间，D 层消失，由 E 层反射，天波传播可以达到相当大的距离。该频段的特点：主要靠地波传播，中等传播距离(数十到数百公里)，信号稳定。

该频段主要用于广播、无线电导航、海上移动通信、地对空通信。由于中波传播的特点，特别适宜于地区性的广播业务。535～1 605 kHz 是国际规定的广播段。200～415 kHz 为短距离用的无线电导航系统，其中 285～325 kHz、405～415 kHz 为航海导航用，其余均为航空导航用。另外，有 1 800～2 000 kHz 作为罗兰 A 系统用。

最早的航空移动通信，即地对飞机的通信，就是使用 2 850～3 025 kHz。现在许多国家都已将它移到甚高频(米波)频段中去了。但这一个频段仍是需要的，特别是当通信路径包含大量水面时。

由于历史的原因，该频段的电台显得过于拥挤，所以把一些业务转移到其它更合适的频率去。例如，航空和航海的移动通信就应该移出去，而更合理地更新分配该段频率。

四、高频天线特性

该频段为短波波段，波长为 10～100 m，波长从 3 MHz 到 30 MHz。短波电离层通信简单，易于实现，成本低，可用小功率和小得多的天线实现远距离通信，这是其优点。但是短波也有严重的缺点，即通信不稳定。要维持全日通信必须更换数个频率。由于电离层的周期影响，当太阳活动性大的时候，可以用到 3～30 MHz，而当太阳活动性最小的时候只有 3～15 MHz 能够应用。所以短波通信必须具有全波段的频率才能适应。同时，短波还有严重的衰落，必须采用分集接收才能得到较稳定的通信，这就是说需要占用两个频率，这对本来已经拥挤的短波波段是一个困难的问题。

短波通信时，使用某一频率，利用天波只能到达某一距离以外(因为如果距离再近，必须提高仰角，这时电磁波将穿过电离层而不反射回来)，而地波传播又只能到达较近的距离。所以，在这两个距离之间，既收不到地波也收不到天波，称为盲区或静区。这是短波波段所特有的。因此短波波段不能用于导航。在短波波段，利用地波传播通信是很少的，因为短波波段的地波传播极近，稍远一点衰减就极大。除军用战术小型电台还采用短波地波通信外，其它地方是很少采用的。

短波的主要特点是：①通信距离远。一个 1 000 W 的发射机不需要中继站就可以实现上千千米的通信。②地形适应性强。可以在山地、戈壁、海洋等地实现通信。③抗毁性强。设备简单，可以固定简易安装，也可背负或装入车辆、舰船、飞行器。

短波主要用于定点通信、航海和航空移动通信、广播、热带广播及业余无线电等。

(1)定点通信

分配于这个波段的比较多，共有 25 段，分布于整个波段之内，这里就不一一列举。由于这一波段电台太挤，互相干扰，因此已采取措施。例如将 100 W 以上的电台均改为单边带制，或改为独立边带制。并建议将一部分高频固定通信业务改用 100 MHz 以上的多路系统或改用电缆通信。

(2)航海和航空移动通信

航海用的移动通信用于船岸之间，范围从 4.063 MHz 至 27.50 MHz，共分十段。主要用于远距通信。航空用的远程通信使用高频频率，因为在飞机上远程通信必须靠电离层反射，用超短波不能达到这么远。飞机上不允许装大体积的天线，所以一般用短波波段(分为航线业务和非航线业务)，范围从 2.852 MHz 到 18 MHz。为了不干扰其它业务，经过国际协议，大都限制在一个范围不大的窄频带内。这种业务使用的电台要求在 1973 年全部改为单边带。

(3)广播业务

短波波段是远程广播的唯一合适的波段。国际协议划给短波广播的共七段，即 5.95～6.2 MHz，9.5～9.77 MHz，11.7～11.975 MHz，15.1～15.45 MHz，17.7～17.9 MHz，21.45～21.75 MHz，25.6～26.1 MHz。另有 7.1～7.3 MHz 是供东半球国家使用的。这一频段特别拥挤，根据 1963 年统计，在这些频段内共有 130 个国家和地区的 2 000 部短波广播发射机。其中 55%是对国外广播的，现在就更拥挤了。

(4)热带广播业务

在热带地区,大气干扰相对很大,中波广播的干扰噪声水平很高,所以本地广播也用短波波段(5 MHz以下)。有三个波段分配给它们,即3.2~3.4 MHz,3.9~4.0 MHz,4.75~5.06 MHz。为了保证它们的地区性而不干扰其它通信,这些电台的最大辐射方向必须是向上的。

(5)车辆移动电台

这一部分只占短波频谱的极小部分。它通常作为近距通信,现在建议将此部分业务移到甚高频或特高频(米波及分米波)波段中去。

(6)业余无线电业务

业余无线电业务在国外是特有的,所以国际上也划分一部分频带供业余无线电爱好者使用。这部分电台也被建议向超高频波段移动。

(7)工业、科学、医疗业务

在这个频段为工、科、医业务划出两个频率来,13.56 MHz和27.12 MHz(两者是谐波关系),并被严格限制在这两个频率上。

其次,在这个频段还有标准频率业务。其频率为5 MHz、10 MHz、15 MHz、20 MHz和25 MHz。

(一)偶极天线

偶极天线是水平架设的对称阵子天线,又称为双极天线,其结构简单,架设方便,易于维护,广泛用作短波天线,用于天波的传播。

1. 偶极天线的结构

水平架设于地面上的偶极天线,由对称双臂、支架和绝缘子构成,结构如图4-35所示。两臂与地面平行,由单根或多股金属导线构成,导线的直径一般为3~6 mm。两臂之间由绝缘子固定,并通过绝缘子与支架相连,支架距离阵子两端2~3 m。支架的金属拉线每隔小于$\lambda/4$的间距加入绝缘子,减小方向图失真。

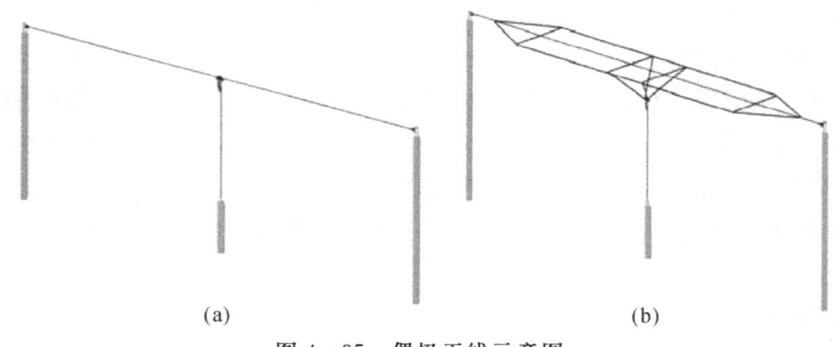

图4-35 偶极天线示意图

(a)简单偶极天线;(b)折叠偶极天线

2. 偶极天线的辐射特性

一架设于地面上的偶极天线,架设高度为H,天线臂长为l,坐标原点到观察点射线的仰角(与地面夹角)为ψ,与y轴夹角θ,方位角φ(见图4-36)。

可以得到：

$$\cos\theta = \frac{OA}{OP} = \frac{OA}{OP'} \cdot \frac{OP'}{OP} = \cos\psi\sin\varphi$$

则有

$$\sin\theta = \sqrt{1-\cos\psi^2\ \sin^2\varphi}$$

在分析水平天线的辐射场时，常将地面看成理想导电地，地面对天线辐射性能的影响可用天线的负镜像来替代。偶极天线的方向函数为对称阵子元函数和其负镜像阵函数的乘积，即为：

$$f(\psi,\varphi) = f_1(\psi,\varphi) \cdot f_g(\psi) = \left| \frac{\cos(\beta l\cos\psi\sin\varphi) - \cos(\beta l)}{\sqrt{1-\cos\psi^2\ \sin^2\varphi}} \right| 2\sin(\beta H\sin\psi)$$

式中，H 表示天线架设高度。

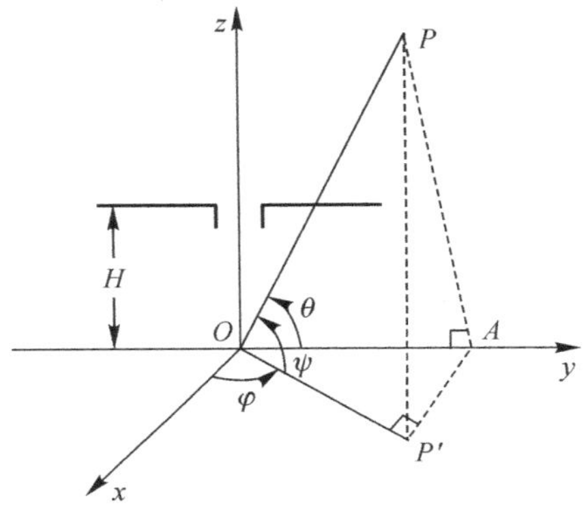

图 4－36　偶极天线示意图

根据上式，可以画出偶极天线的立体方向图。固定天线架设高度 $H=\lambda/4$，改变偶极天线的臂长得到的立体方向图如图 4－37 所示；固定偶极天线的臂长，改变天线的架设高度得到的方向图如图 4－38 所示。

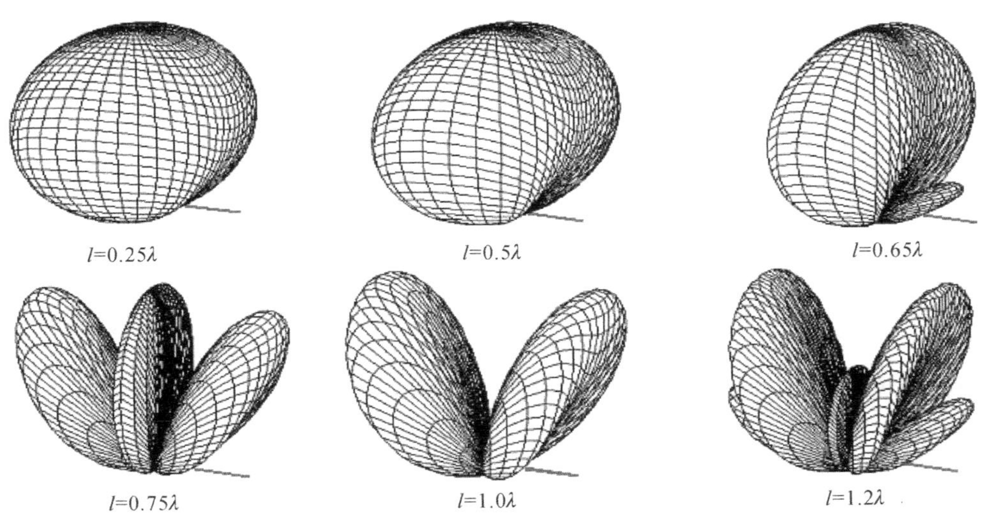

图 4－37　方向图随臂长的变化

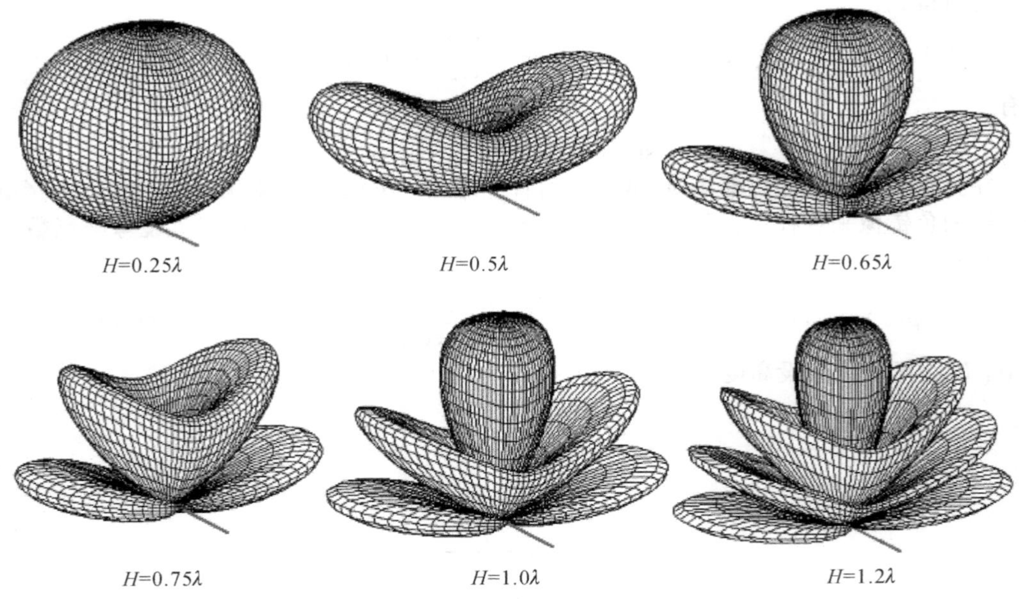

图 4－38　方向图随架高 H 的变化

(1)垂直面方向图特点

将 $\varphi = 0$ 代入偶极天线的方向函数，可得垂直面方向函数：

$$f_{xOz}(\psi) = |1 - \cos\beta l| \cdot |2\sin(\beta H \sin\psi)|$$

1)阵元的方向图是圆，天线的方向图形状仅由地因子决定。

2) f_{xOz} 只是 H/λ 的函数，与 l/λ 无关。改变架设高度可控制垂直平面的方向图。

3)沿地面方向 $(\psi = 0)$ 无辐射，偶极天线不能用做地波通信。

4) $H/\lambda < 0.3$ 时，最大辐射方向为 $\psi = 90°$，在 $\psi = 60° \sim 90°$ 范围内场强变化不大。

5)适用于 300 km 以内的天波通信。

6) $H/\lambda > 0.3$ 时，出现多个最大辐射方向，H/λ 越高，波瓣数越多，靠近地面的第一波瓣 ψ_{m1} 越低。

(2)水平平面方向图

水平平面方向图是在辐射仰角 ψ 一定的平面上，天线辐射场强随方位角 φ 的变化关系图。方向函数为

$$f_h(\psi,\varphi) = f_1(\psi,\varphi) \cdot f_g(\psi) = \left| \frac{\cos(kl\cos\psi\sin\varphi) - \cos kl}{\sqrt{1 - \cos^2\psi\sin^2\varphi}} \right| |2\sin(kH\sin\psi)|$$

式中地因子 $f_g(\psi)$ 与 φ 无关，当天线的仰角 ψ 一定时，$f_g(\psi)$ 只影响合成场的大小，不影响方向图的形状，水平面内的方向图形状完全由元函数 $f_1(\psi,\varphi)$ 决定。

水平面方向图特点：

1)与架设高度 H/λ 无关。

2)与自由空间对称阵子相同，水平平面内方向图形状取决于 l/λ。当 $H/\lambda < 0.7$ 时，最大辐射方向在 $\varphi = 0$ 方向；当 $H/\lambda > 0.7$ 时，在 $\varphi = 0$ 方向辐射很小或无辐射。

3)仰角 ψ 越大,方向性越弱。

综合垂直面和水平面方向图特点,得到如下结论:

1)控制 l/λ,可控制水平面方向图;控制 H/λ,可控制垂直面方向图。

2)架设高度 $H/\lambda < 0.3$ 时,在高仰角方向辐射最强,可用作 300 km 距离内的通信。

3)臂长应取 $l/\lambda < 0.7$,确保 $\varphi = 0$ 方向辐射最强。

(二)笼形天线

偶极天线的输入阻抗随频率变化较大,是一种窄频带天线。为了展宽带宽,可采用加粗天线阵子直径的办法。通常将几根导线排成圆柱形组成阵子的两臂,这种天线称为笼形天线,结构如图 4-39 所示。笼形天线两臂通常由 6～8 根细导线构成,每根导线直径为 3～5 mm,笼形直径约为 1～3 m,特性阻抗为 250～400 Ω。笼形天线的输入阻抗在频段内变化较为平缓,工作带宽较宽。

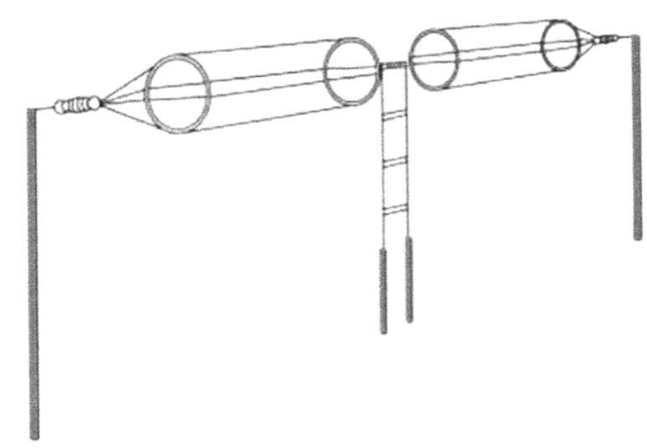

图 4-39　笼形天线

笼形天线两臂的直径较大,在输入端引入很大的端电容,使得天线与馈线的匹配变差。为减小馈电处的端电容,阵子的半径从距馈电点 3～4 m 处逐渐缩小,至馈电处汇集在一起。天线的两端采取同样的方法以减小末端效应。

如果组成笼形天线的导线有 n 根,单根导线的半径为 a,笼形半径为 b,则笼形天线的等效半径 a_e 可由下式计算:

$$a_e = b\left(\frac{na}{b}\right)^{\frac{1}{n}}$$

笼形天线的方向性和天线尺寸的选择与偶极天线相同。

为展宽偶极天线的带宽,也可将其双臂改成其它形式,构成笼形双锥天线、平面片形对称阵子天线等。

(三)单极天线

地面波通信,通常采用垂直极化波,使用垂直接地的直立天线(或称单极天线)。长波和中波波段,直立天线很长,需用支架架起,也可直接用铁塔做辐射体,称为铁塔天线或桅杆天线。在短波和超短波波段,天线尺寸较小,采用外形象鞭的鞭状天线。单极天线结构简单,携带方便,广泛应用于无线移动通信中。

1. 单极天线结构

单极天线相当于将对称阵子天线从中间馈电点处分成两部分，在金属臂和地之间进行馈电。常见的单极天线是一根金属棒，金属可做成便携式，即将棒分成数节，节间采取螺接或拉伸等方式连接。

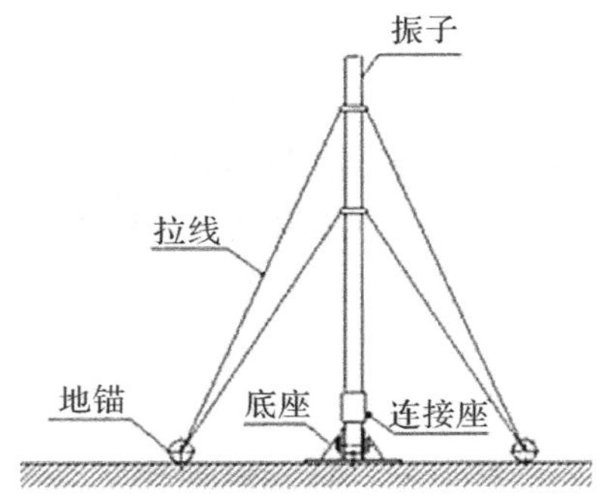

图 4－40　单极天线

2. 单极天线的辐射场

假设单极天线高为 h，输入端电流为 I_0，其上电流分布可表示为

$$I(z)=\frac{I_0}{\sin kh}\sin k(h-z)$$

远区场表达式为

$$\begin{aligned}E_\theta(\theta)&=\mathrm{j}\,\frac{60\pi I_0\mathrm{e}^{-\mathrm{j}kr}\cos\psi}{\lambda r\sin\beta h}\int_0^h\sin\beta(h-z)\,\mathrm{e}^{\mathrm{j}\beta z\sin\psi}\mathrm{d}z\\&=\mathrm{j}\,\frac{60I_0\mathrm{e}^{-\mathrm{j}\beta r}}{r\sin\beta h}\,\frac{\cos(kh\sin\psi)-\cos(\beta h)}{\cos\psi}\end{aligned}$$

方向函数为

$$F(\psi)=\frac{\cos(\beta h\sin\psi)-\cos(\beta h)}{\sin\beta h\cos\psi}$$

图 4－41 为单极天线随高度 h 变化的方向图。

单极天线的辐射场垂直于地面，属于垂直极化波。单极天线上的电流分布与对应的对称阵子上半部分相同，地面对单极天线的影响可以用其正镜像代替，地面上半空间辐射场的方向图与相应的自由空间中对称阵子的方向图相同。

理想导体情况下，单极天线辐射的功率是对应对称阵子辐射功率的一半，假设电流分布相同的对称阵子的辐射功率为 P，在观察点处，二者的功率密度 $W_{\max}$ 相同，由方向系数定义可得：

$$D_{\mathrm{whip}}=\frac{W_{\max}}{\frac{1}{2}\left(\frac{P}{4\pi r^2}\right)}\frac{2W_{\max}}{\left(\frac{P}{4\pi r^2}\right)_{\mathrm{dipole}}}$$

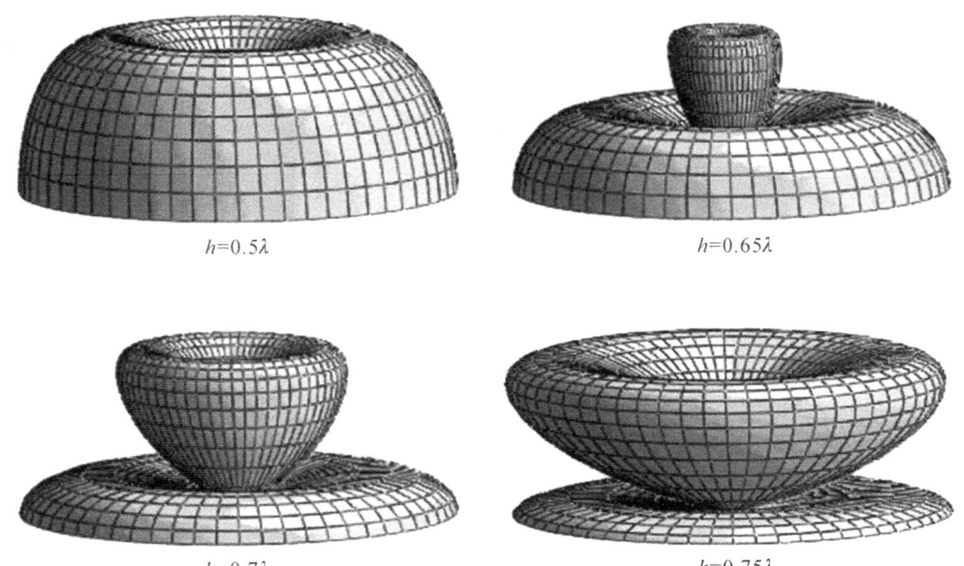

图 4－41　单极天线方向图随 h 的变化

单极天线的方向系数是对称阵子方向系数的 2 倍。同样可推得，单极天线的辐射阻抗是相应对称阵子辐射阻抗的一半，即：

$$R_{\text{whip}} = \frac{R_{\text{dipole}}}{2}$$

假设有一单极天线，均匀分布的电流是单极天线的输入端电流，在最大辐射方向的场强与单极天线的相等，则该天线的长度就称为单极天线的有效高度。依据有效高度定义，则有：

$$h_{\text{e}} I_0 = \int_0^h I(z)\mathrm{d}z = \frac{I_0}{\beta}\frac{1-\cos\beta h}{\sin kh} = \frac{I_0}{k}\tan\frac{\beta h}{2}$$

即有效高度为

$$h_{\text{e}} = \frac{1}{k}\tan\frac{\beta h}{2}$$

当 $h/\lambda < 0.1$ 时，$\tan(\beta h/2) \approx \beta h/2$，此时 $h_{\text{e}} = h/2$。也就是说，当单极天线的高度 $h < l$ 时，天线的有效高度是实际高度的一半。

单极天线的辐射阻抗较小，因此辐射效率很低，如短波单极天线的效率只有百分之几。要提高单极天线的效率，可采用提高辐射电阻和减小损耗电阻的办法，如天线加载和埋设地网等。

(四)对数周期天线

对数周期天线是一种非频变天线，其天线的阻抗、方向图、增益、驻波比等电特性随频率的对数成周期性变化，并在很宽的频带内保持基本不变。

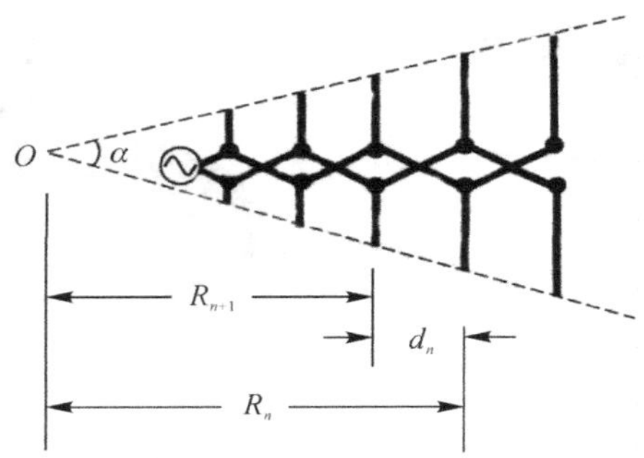

图 4-42 对数周期天线

1. 对数周期天线的结构

对数周期天线是由 N 个平行排列的对称振子按照结构周期率构成。其中，d_n 两相邻振子间的距离，l_n 表示振子长度，R_n 表示天线几何定点到振子的垂直距离。即对数周期阵子阵天线的所有尺寸都按同一比例变化。

描述对数周期阵子阵天线结构的参数主要有比例因子 τ 、间隔因子 σ 和天线顶角 α，这些参数决定着天线的性能，是设计对数周期阵子阵天线主要依据。比例因子 τ 定义为

$$\tau = \frac{R_{n+1}}{R_n} < 1$$

则天线顶角 α 可表示为

$$\tan\frac{\alpha}{2} = \frac{L_{n+1}/2}{R_{n+1}} = \frac{L_n/2}{R_n} \tag{4-6}$$

有

$$\frac{L_1}{R_1} = \cdots = \frac{L_n}{R_n} = \frac{L_{n+1}}{R_{n+1}} = \cdots \frac{L_N}{R_N}$$

不难得到

$$\tau = \frac{L_{n+1}}{L_n} = \frac{R_{n+1}}{R_n} \tag{4-7}$$

亦即相邻阵子的位置之比等于相邻阵子的长度之比。间隔因子 σ 定义为相邻阵子间的距离与 2 倍较长阵子的长度 $2L_n$ 之比，即：

$$\sigma = \frac{d_n}{2L_n} \tag{4-8}$$

$$d_n = R_n - R_{n+1} = (1-\tau)R_n$$

结合式(4-7)可得：

$$d_n = (1-\tau)\frac{L_n}{2\tan(\alpha/2)} \tag{4-9}$$

代入式(4-8)得到：

$$\sigma = \frac{1-\tau}{4\tan(\alpha/2)}$$

或

$$\alpha = 2\arctan\frac{1-\tau}{4\sigma}$$

由式(4－9)可得：

$$\frac{d_{n+1}}{d_n} = \frac{(1-\tau)R_{n+1}}{(1-\tau)R_n} = \frac{R_{n+1}}{R_n} = \tau$$

因此有：

$$\frac{d_{n+1}}{d_n} = \frac{R_{n+1}}{R_n} = \frac{L_{n+1}}{L_n} = \tau$$

即对数周期阵子阵天线的所有尺寸都按同一比例变化。

对数周期阵子阵天线的馈电点位于最短阵子处，相邻阵子间交叉馈电，给阵子馈电的那一段平行线称为集合线。天线的最大辐射方向由长阵子指向短阵子端。对数周期阵子阵天线沿集合线分成三个区域，即传输区、辐射区和非激励区。

(1)传输区

馈电点附近长度远小于 $\lambda/2$ 的短阵子所在的区域，该区域阵子电长度很短，输入容抗很大，因而激励电流很小，辐射很弱，集合线上的导波能量经过该区域时衰减很小，主要起传输线的作用。

(2)辐射区

长度约等于 $\lambda/2$ 的几个阵子所在的区域，该区域阵子处于谐振或准谐振状态，电流激励较强，起主要辐射作用。当工作频率变化时，辐射区会在天线上前后移动，使天线的电性能保持不变。辐射区阵子数一般不少于三个，阵子数越多天线的方向性越强，增益也越高。

通常把激励电流值等于最大激励电流 1/3 的两个阵子之间的区域定义为辐射区，辐射区阵子数 N_a 可由下面经验公式确定，即：

$$N_a = 1 + \frac{\lg(K_2/K_1)}{\lg\tau}$$

式中，K_1、K_2 分别为工作频率高端和低端的截断常数，经验计算公式为

$$K_1 = 1.01 - 0.519\tau$$

$$K_2 = 7.1\tau^3 - 21.3\tau^2 + 21.98\tau - 7.3 + \sigma(21.82 - 66\tau + 62.12\tau^2 - 18.29\tau^3)$$

(3)非辐射区

辐射区后面的部分为非辐射区，由于集合线上传输的能量绝大多数被辐射区的阵子吸收，传送到非激励区的能量很少，因此该区域激励电流很弱，阵子几乎处于未激励状态。

非辐射区阵子激励电流迅速下降，存在电流截断效应，正是这一点，才使得从无限大结构截去长阵子那边无用的部分后，还能在一定的频率范围内近似保持理想的无限大结构时的电特性。

2. 对数周期天线的辐射特性

对数周期阵子阵天线为端射式天线，最大辐射方向由长阵子指向短阵子。当频率变化时，天线的辐射区在天线上前后移动而保持相似的特性，方向图随频率变化较小，具有宽带特性。

(1)方向图与增益系数

表 4－8 给出了天线 E 面、H 面半功率角与几何参数 τ 及 σ 的关系。由表可以看出，τ

越大，辐射区阵子数越多，方向性越强，方向图的半功率角就越小。

表 4-8　半功率角 $2\theta_{0.5}$ 与几何参数关系

间隔因子 σ	比例因子 τ				
	0.80	0.875	0.92	0.95	0.97
0.06		51.3	50	49	47
0.08	51.5	50.3	49	48.3	46.3
0.10	50.0	49.5	48.2	47.4	45.4
0.12	50.0	58.7	47.5	46.5	44.3
0.14	50.0	48.3	46.8	45.5	42.7
0.16	51.0	48.2	46.5	44.0	41.0
0.18	53.0	49.6	46.7	43.5	40.0
0.20	57.0	52.5	48.3	44.5	41.0
0.22	62.0	56.4	50.4	46.5	43

对数周期阵子阵天线的效率较高，其增益近似等于方向系数，一般在 10 dB 左右。图 4-43给出了对数周期阵子阵天线增益的等值线，它是 τ 和 σ 的二元函数。由图可以看到，要得到高增益就要有较大的 τ 值，就意味着天线展开缓慢、阵子数增多、纵向尺寸变长。图中的虚线为最佳增益曲线，对于给定的增益值，按最佳增益曲线设计时得到的比例因子最小，也即阵子数最少、天线纵向尺寸最短。

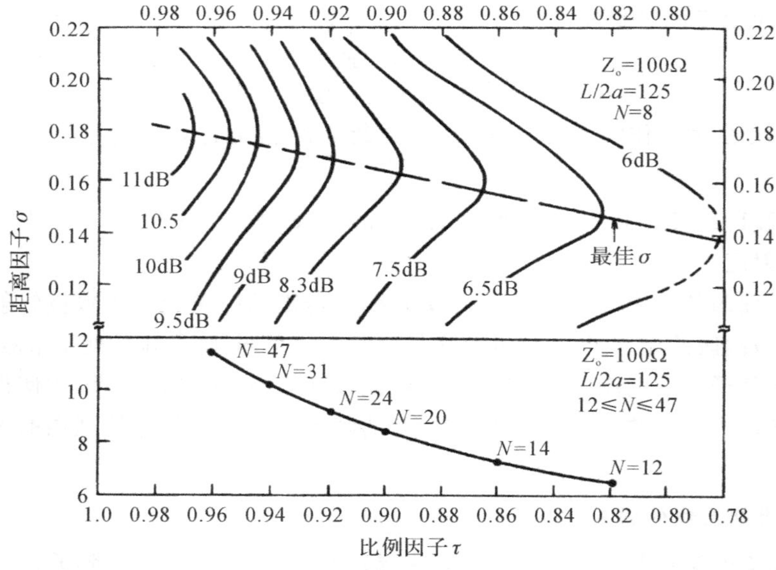

图 4-43　对数周期阵子阵天线增益的等值线

(2)极化特性

线极化天线，水平架设时是水平极化天线，垂直架设时是垂直极化天线。

(3)带宽

对数周期天线的工作带宽大致由最长阵子和最短阵子尺寸决定，即：

$$\lambda_L = L_1/K_1\lambda_H = L_N/K_2$$

天线增益、方向图和阻抗随频率的变化如图 4-44 所示。

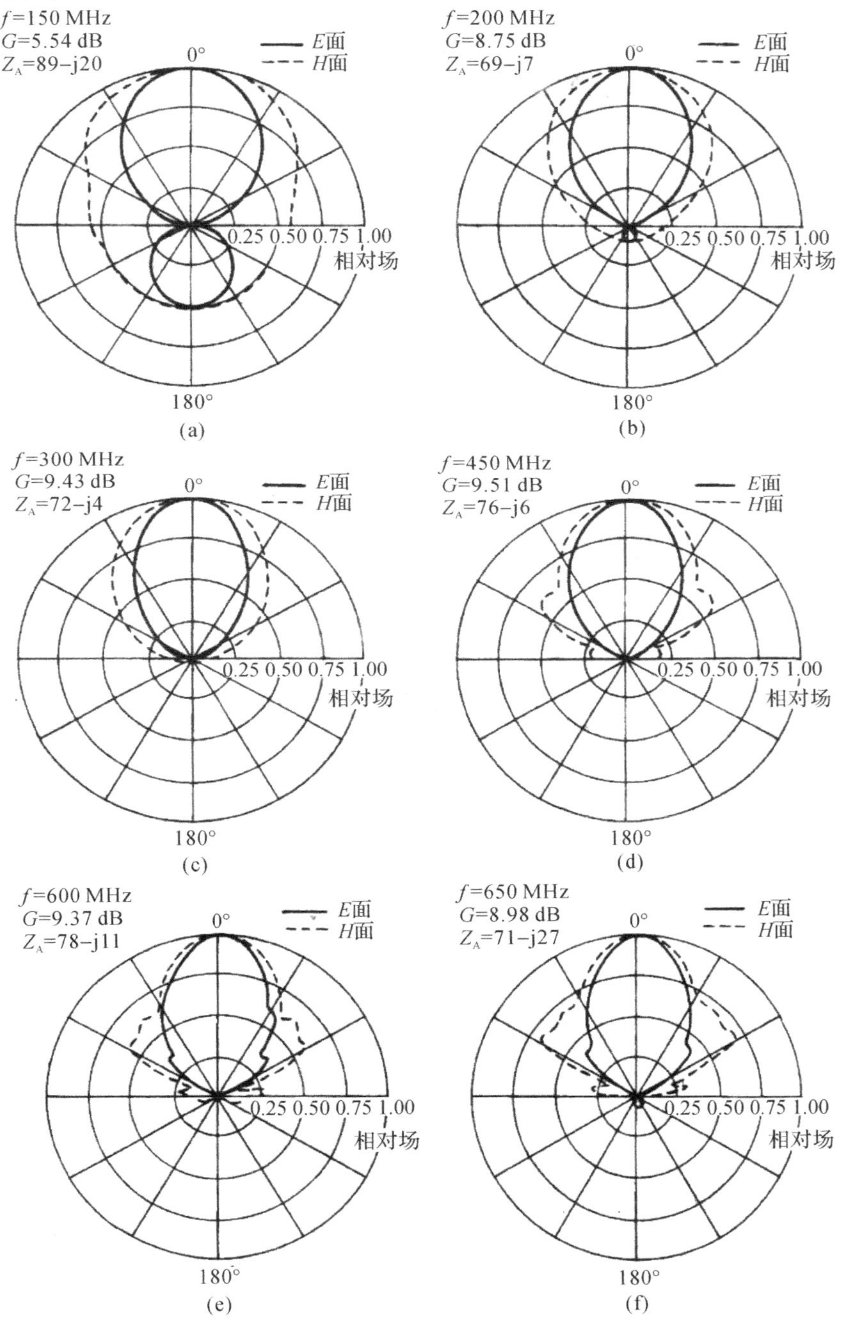

图 4-44　天线方向图和阻抗随频率的变化图

3. 对数周期天线的形式

水平对数周期天线的支架由两个高杆和三个短得多的天线杆组成。基于这些梯形天线的尺寸，它们提供 4～30 MHz 的可调谐宽带短波通信。这种结构提供了远离天线斜面的定向传输，产生了高于地平线 30°～40°的仰角图，这使得它们成为机载通信和“天波”的理想选择。

垂直对数周期天线或倾斜天线。似乎有许多天线共用一个相对较高的单根桅杆和一个较短的单根桅杆。这种配置至少表明了两种可能性：垂直极化对数周期天线或更简单的倾斜天线，可用于定向天线的极化和起飞角。

这种“高-短”配置最有可能用于垂直对数周期天线，它与水平天线一样，提供 5～30 MHz的宽带高频通信。对数周期天线的垂直极化也会产生“表面波”，沿着地球的曲线运动，从而提供高效的超视距通信。

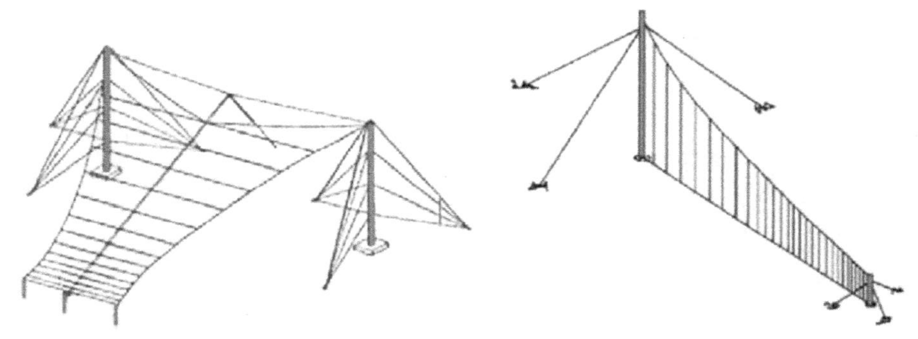

图 4-45　对数周期天线示意图

图 4-46 中包含了多类典型高频天线。

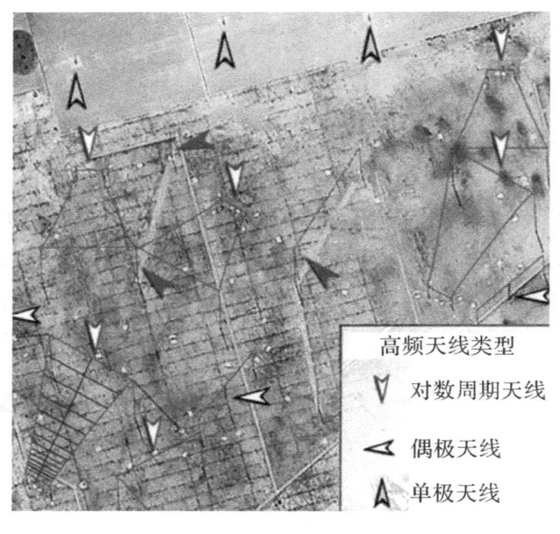

图 4-46　卫星影像高频天线分析图

五、甚高频天线特性

该频段为超短波，波长为 1～10 m，波长从 30～300 MHz。这一波段是一个"中间"波段。它基本上不能被电离层反射，但在米波波段的低端还可以被反射，一般在 60 MHz 以下。甚高频波段的天线仍然以线天线为主。

地波传播的距离更短，但是军用战术电台还有用地波作短距离通信的。主要是用这个波段的低端。在该频段起主要作用的传播方式是视距内的空间波传播，以及对流层散射和电离层散射。

和高频波段相比，该频段的优点是，对于低容量系统可以用小尺寸天线。明显地，这种特点特别适宜于移动通信。在无线电中继系统中，采用较高的频段，虽然传播损耗增加，但是高的天线增益可以补偿这部分损耗。因此，采用这个频段的高频端是合适的，而且容量也可增大，可以通过更多的路数。

对流层散射在某些场合代替了无线电接力系统，因为它可以不用中继站，一跳数百公里，同时还可具有大容量(多路传输)，而这在低频率是不可能的。

该频段频率的分配情况。主要分配在广播、陆上移动通信、航空移动通信、海上移动通信、定点通信、空间通信、雷达等。

(1)广播业务

调频广播分配在 88～108 MHz，而电视广播则分配在 41～100 MHz，170～216 MHz。陆上移动通信中也有部分车辆电台或背负电台使用该频段。

(2)航空移动通信

空对地通信使用 118～139 MHz。它们为近距移动通信，以视距方式进行。当飞行高度为 1 500 m 时，视距约为 130 km。当高度为 12 000 m 时，约为320 km。这种通信大都采用预调波道方式接通无线电话。海上移动通信主要用于港内水路上、海港范围内或公海上船舶之间(短距)通信。其中 156.8 MHz 为国际规定的甚高频段呼救频率。

(3)定点通信

几乎在 30～300 MHz 的整个范围内都有。其工作方式有视距、对流层散射和电离层散射多种。电离层散射则工作在 30～60 MHz 的范围，最小的通信距离为1 200 km。它要求高功率和大天线，这是其缺点，但它能比高频的天波传播提供更可靠的通信。对流层散射则用米波和分米波进行超视距的远距离通信，它比短波信道优越，它可以一跳远达 800 km(此时几个话路)，或在较近的距离上传送 120 话路。

(4)航空导航等应用

108～118 MHz 分配给盲目着陆系统。75 MHz 为航空机场信标用。

该频段的天线仍然以线天线为主，除了高频中常用到的单极天线、对数周期天线等常用天线外，还常用到折合振子天线。

(一)引向天线

引向天线又称八木天线，是由一个有源振子和若干个无源振子构成，无源振子位于有源振子两端，起反射能量和导引能量的作用。优点是增益高、结构简单、质量轻、易安装、成本低。缺点是带宽窄、调整和匹配困难。

1. 引向天线的工作原理

假设有两个平行放置对称振子“1”和“2”,电流幅度相等相位相差 $\pi/2$。

两种情况:

1)如果二者之间距离 $d=\lambda/4$,并且振子“2”电流超前振子“1” $\lambda/2$,则在 $\delta=0$ 的方向上两振子辐射场的相位相差 π,合成场强为零。此时振子“2”的作用相当于将振子“1”辐射的能量反射回去,称为反射器。

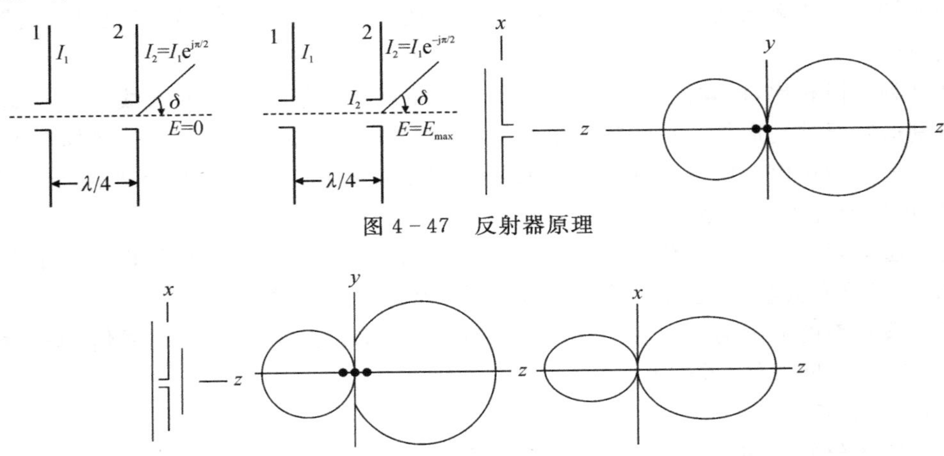

图 4-47　反射器原理

图 4-48　引向天线反射引射综合效果原理图

从图 4-48 看出,寄生元比激励元长的一般趋势:出现了沿端射方向、且是由寄生元指向有源元的单一主瓣。

2)如果 $=\lambda/4$,而振子“2”电流滞后振子“1” $\lambda/2$,在的方向上两振子辐射场同相,合成场强最大。振子“2”相当于将振子“1”辐射的能量引导过来,称为引向器。振子起反射或引向作用的关键不在于两振子的电流幅度关系,而主要在于两振子的间距和电流间的相位关系。

如果寄生元比激励元短,但置于激励元的另一边,从增强同一方向的主瓣的角度看,它对方向图的影响与反射器类似,该寄生元称为引向器。在激励元两边同时加反射器和指向器,会加强辐射效应。

实际工程中,引向天线振子间的距离一般在 0.1~0.4 个波长之间。如果振子“2”与振子“1”的相位差为 $\Delta\varphi$,振子“2”作为引向器或反射器的电流相位条件是:

$$0<\Delta\varphi<\pi \qquad \text{反射器}$$

$$-\pi<\Delta\varphi<0 \qquad \text{引向器}$$

2. 引向天线结构

实际应用的引向天线是由多个振子组成的,一个为有源振子,也称为激励元;一个为反射振子,其余为引向振子,反射振子和引向振子无激励信,也称为寄生元。引向天线示意图图 4-49 所示。

通过调整无源振子的长度和间距,可以使反射振子上感应电流的相位超前于有源振子,引向振子上感应电流的相位依次落后于前一个振子。这样就可以把天线的辐射能量集中到引向器一边,获得较强方向性。

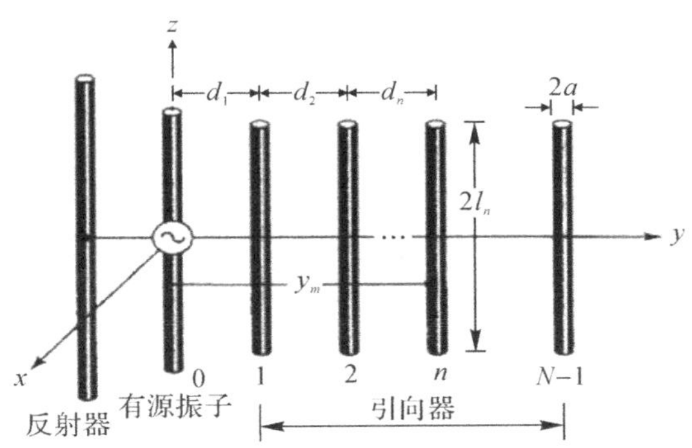

图 4-49　引向天线示意图

为了增大辐射信号强度，一般会用折合振子作为八木天线的有源振子。折合振子是一个窄矩形环，窄边长度远远小于宽边长度，且馈电在宽边的中心。实际的折合振子的宽边长度取为半波长。折合振子可以看作为两个平行排列、间距很小、两端连接的半波对称振子组成。一个振子的馈电在中间，另一个振子的馈电在两边，但与中间馈电的振子相同。折合振子可以等效为平行排列、间距很近、馈电相同的二元对称振子阵。对于远场区，由于间距很小，两个对称振子之间的相位差可以忽略。折合振子的辐射场相当于两个对称振子的辐射场的叠加。折合振子的电流形式如图 4-50 所示。

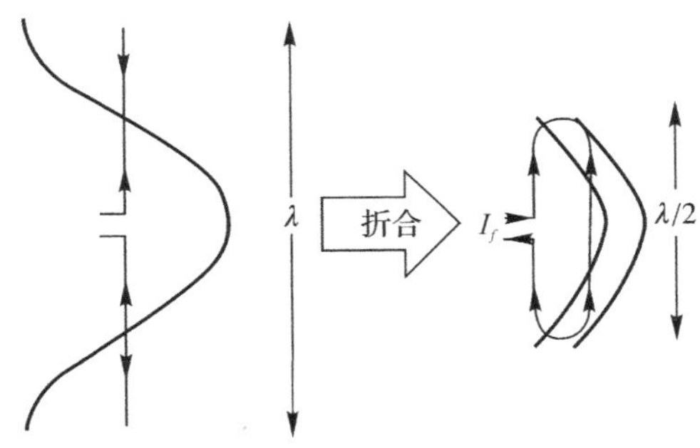

图 4-50　引向天线示意图

引向天线是由一个有源振子和多个无源振子组成的寄生线阵，由于阵源不是均匀激励的，所以天线阵每增加一个引向振子，增益虽然有所增加，但增加量呈递减的态势。事实上，当引向振子个数在 5～6 个左右时，每增加一个引向振子，增益增加约 1 dB，再增加引向振子对增益的贡献就微乎其微了(并影响带宽)。反射器一般只选用一个足够了，再增加反射器的数目，对天线方向性改善不大。

引向天线的相关设计参数见表 4-9。

表 4-9　引向天线设计参数表

$d/\lambda=0.0085$ $s_{12}=0.2\lambda$	天线总长 λ					
	0.4	0.8	1.2	2.2	3.2	4.2
反射器长度(l_r/λ)	0.482	0.482	0.482	0.482	0.482	0.475

续 表

$d/\lambda = 0.0085$ $s_{12} = 0.2\lambda$		天线总长 λ					
		0.4	0.8	1.2	2.2	3.2	4.2
引向器长度（λ）	1	0.424	0.428	0.428	0.432	0.428	0.424
	2		0.424	0.420	0.415	0.420	0.424
	3		0.428	0.420	0.407	0.407	0.420
	4			0.428	0.398	0.398	0.407
	5				0.390	0.394	0.403
	6				0.390	0.390	0.398
	7				0.390	0.386	0.394
	8				0.390	0.386	0.390
	9				0.398	0.386	0.390
	10				0.407	0.486	0.390
	11					0.386	0.390
	12					0.386	0.390
	13					0.386	0.390
	14					0.386	
	15					0.386	
引向器间距（s/λ）		0.2	0.2	0.25	0.2	0.2	0.308
对半波振子增益(dB)		7.1	9.1	10.2	12.25	13.4	14.2

3. 引向天线的辐射特性

一个典型的引向天线的方向图如图 4 - 51 所示。

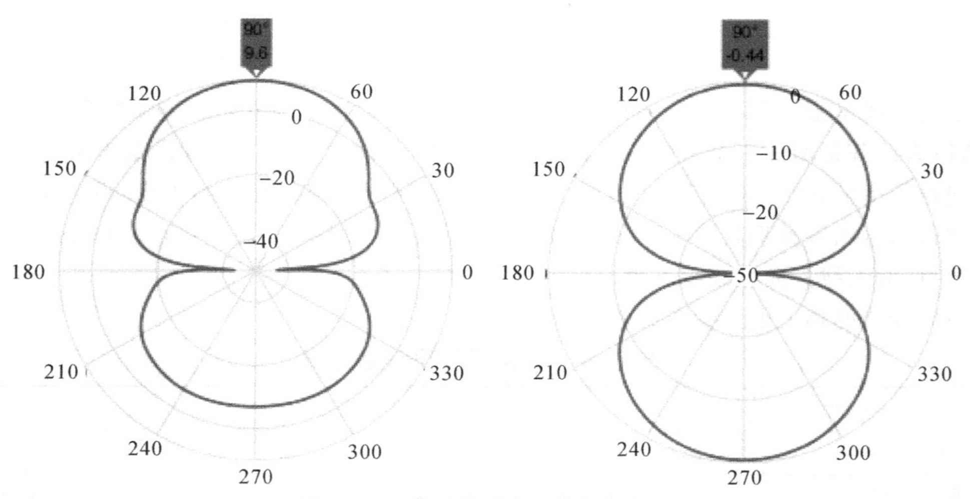

图 4 - 51　典型的引向天线的方向图

(1)输入阻抗与带宽

引向天线是由多个振子组成的,由于存在相互间的偶合,有源振子的输入阻抗将发生变化,不再和单独振子时相同。主要表现在输入阻抗下降和输入阻抗对频率变化非常敏感。因此引向天线的输入阻抗带宽很窄,一般只有百分之几。要使引向天线在较宽的频带内工作,必须采取展宽带宽的措施。

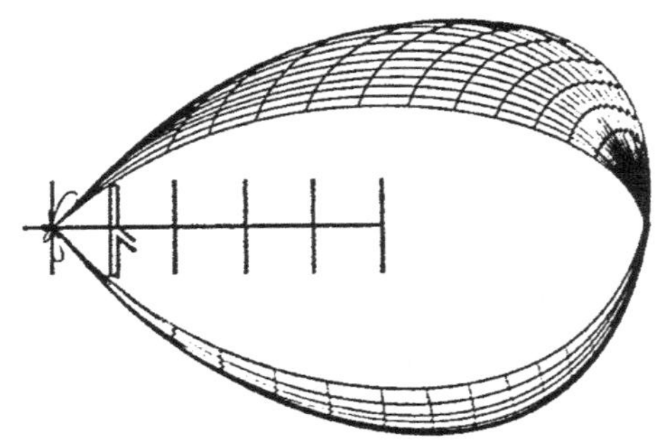

图 4-52　典型的引向天线波束示意图

(2)半功率波瓣宽度

引向天线振子数目较多,电流分布比较复杂,工程上采用近似公式估算半功率波瓣宽度。近似公式为

$$2\theta_{0.5} \approx 55\sqrt{\frac{\lambda}{L}}$$

式中,L 为引向天线的长度,是反射器到最后一个引向天线几何长度。一般来说,在 L 达到一定长度后,再增加天线的长度不会使得半功率宽度变窄。

(3)方向系数和增益

一般引向天线的长度 L/λ 不是很大,方向系数为 10 左右,其效率很高,通常都在 90%以上。

(4)极化特性

引向天线为线极化天线,振子面水平架设是水平极化天线;振子面垂直架设时是垂直极化天线。

(二)背射天线

背射天线是在引向天线的基础上发展起来的,具有结构简单、馈电方便、纵向长度短、增益高和副瓣电平小(-30 dB 以下)等优点,因而应用广泛。

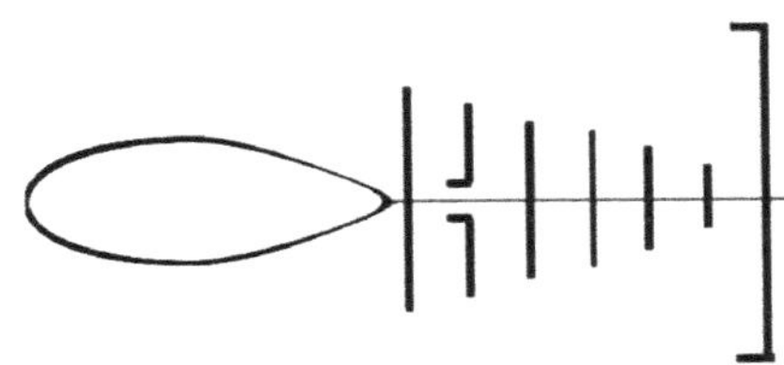

图 4-53　背射天线

背射天线是在引向天线的引向器的末端加上一个反射盘而构成。当电波沿引向天线的慢波结构传播到反射盘后发生返射，再一次沿慢波结构向相反方向传播，最后越过反射器向外辐射，因此又称返射天线。背射天线相当于将原来的引向天线长度增加了一倍，在同样长度下可使增益增加 3 dB。此外反射盘的镜像作用，理想情况下增益还可再增加 3 dB。反射盘的直径大致与同一增益的抛物面天线的直径相等；反射盘与反射器之间的距离应为 $\lambda/2$ 的整数倍。如果在反射盘的边缘上再加一圈反射环，则可使增益再加大 2 dB 左右。一个设计良好的背射天线，可以做到比同样长度的引向天线多 8 dB 的增益，其增益可用下式大致估算：

$$G = 60L/\lambda$$

实际应用中，如果要求天线的增益为 15～30 dB，通常采用背射天线。

六、特高频天线特性

该频段为微波段，波长为 0.1～1 m，波长从 300 MHz 到 3 GHz。该频段的传播特点是视距传播，大气噪声低，但在某些频率区域(3 cm 波长)，大气(水汽)吸收比较大。该频段尚不太拥挤，目前的分配问题不大。特高频段的天线是线天线和面天线混合使用，开始出现大量阵列天线。

该频段定点通信和移动通信业务在该频段范围，主要是无线电微波接力系统，多以极大容量进行。三大运营商的频率分配见表 4－10。

表 4－10　三大运营商频率分配表

制式	运营商					
	中国移动		中国联通		中国电信	
	上行频率/MHz	下行频率/MHz	上行频率/MHz	下行频率/MHz	上行频率/MHz	下行频率/MHz
2G	885～892	930～937	1 745～1 755	1 840～1 850		
	1 710～1 725	1 805～1 820				
3G	2 010～2 025	2 010～2 025	1 940～1 955	2 130～2 145	1 920～1 935	2 110～2 125
4G	892～904	937～949	904～915	949～960	826～837	871～876
	1 880～1 890	1 880～1 890	1 755～1 765	1 850～1 860	1 765～1 780	1 860～1 875
	2 320～2 370	2 320～2 370	2 300～2 320	2 300～2 320	2 370～2 390	2 370～2 390
5G	2 515～2 675	2 515～2 675	3 500～3 600	3 500～3 600	3 400～3 500	3 400～3 500
	4 800～4 900	4 800～4 900				

由于对流层散射通信的发展，也有很多固定通信站使用对流层散射。在该频段的导航，有很多雷达技术使用的频段。

(一)螺旋天线

一根导线绕成螺旋状，构成螺旋天线。螺旋天线通常用同轴线馈电，螺旋线的一端与同轴线的内导体相连，同轴线的外导体与垂直于天线的圆形接地板相连。接地板的直径约为(0.8～1.5)λ，用以减弱同轴线外表面的感应电流，改善天线的辐射特性，同时减弱后向辐射。

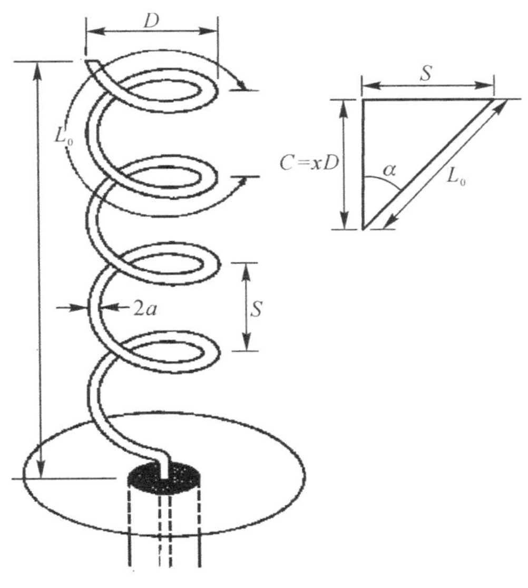

图 4-54　螺旋天线

螺旋天线的结构参数有螺旋圈数 N、直径 D、螺距 S，导线半径 a。天线长度 $L=NS$，螺旋周长 $C=\pi D$，一圈导线长度 $L_0=\sqrt{S^2+C^2}$，导线总长度 $L_n=NL_0$。

螺旋天线另一重要参数是螺距角 α，它是螺旋线的切线与垂直于轴线的平面之间的夹角。可由下式确定：

$$\alpha=\arctan^{-1}\left(\frac{S}{\pi D}\right)$$

当 $\alpha=0$ 时，螺旋天线退化成匝数为 N 的圆环天线；当 $\alpha=90^\circ$ 时，螺旋天线变成了导线天线。

调整螺旋天线的电尺寸，可改变天线的辐射特性。螺旋天线有两种主要的工作模式，当螺旋直径 $D\ll\lambda$（通常 $D<0.18\lambda$）时，天线的最大辐射方向垂直于天线轴向，称为法向（侧射）模式；当螺旋直径 $0.25\lambda\leqslant D\leqslant0.46\lambda$ 时，最大辐射方向为天线的轴向，称为轴向（端射）模式。

1. 法向模螺旋天线

法向模螺旋天线也称为螺旋鞭天线，远区辐射场与 $l<\lambda$ 的偶极子或半径 $a\ll\lambda$ 的电流环的辐射场类似，在垂直轴向辐射场最大，沿轴向辐射最小。

当螺距角 $\alpha=0$ 时，法向模螺旋天线变成直径为 D 的电流环，而 $\alpha=90^\circ$ 时，变成电偶极子。因此法向模螺旋天线的辐射场可以用电偶极子辐射场 E_θ 和电流环的辐射场 E_φ 来描述。法向模螺旋天线可看成由 N 个小电流环和 N 个基本电振子串接而成，如图 4-55 所示。

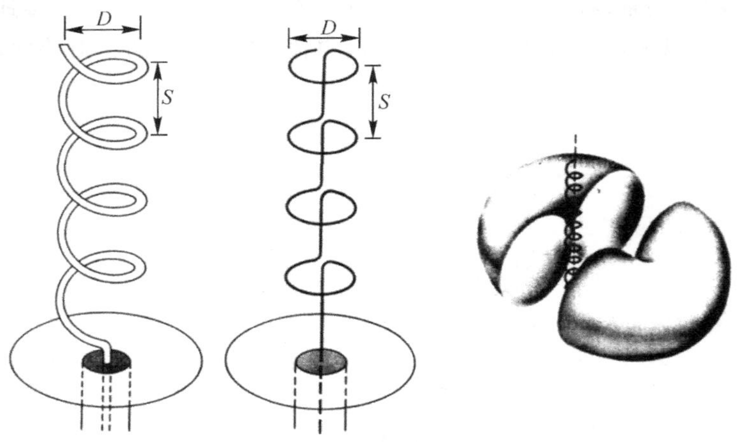

图 4－55　法向模螺旋天线

由于螺旋电尺寸很小，沿线电流可以认为是等幅同相分布，远区场方向图与螺旋的圈数 N 无关。法向模螺旋天线的辐射场可看成是 N 圈单螺旋辐射场的叠加，而单个螺旋由一个长为 S 的基本电阵子和一个半径为 D 的小电流环构成。基本电阵子远区电场为

$$E_\theta = \mathrm{j}\eta \frac{\beta I_0 S \mathrm{e}^{-\mathrm{j}\beta r}}{4\pi r}\sin\theta$$

小电流环的辐射电场为

$$E_\varphi = \eta \frac{\beta^2 \left(\frac{D}{2}\right)^2 I_0 \mathrm{e}^{-\mathrm{j}\beta r}}{4r}\sin\theta$$

单个螺旋的辐射电场为上面两式的矢量和。两个相互垂直分量的方向函数均为 $\sin\theta$，相位相差 $\pi/2$，因此合成场是椭圆极化波。

椭圆极化波的轴比 AR 表示为

$$\mathrm{AR} = \frac{|E_\theta|}{|E_\varphi|} = \frac{4S}{\pi\beta D} = \frac{2\lambda S}{(\pi D)^2}$$

当 $E_\theta = 0$ 时，轴比 AR＝0，螺旋线变成小电流环，辐射场为水平线极化波；当 $E_\beta = 0$ 时，AR $= \infty$，螺旋线变成垂直放置的基本电阵子，辐射场为垂直线极化波。而当 AR＝1 时，得到圆极化波，因此辐射场为圆极化波的条件为

$$C = \pi D = \sqrt{2S\lambda}$$

螺距角为

$$\alpha = \arctan\frac{S}{\pi D} = \arctan\frac{\pi D}{2\lambda}$$

螺旋天线的结构参数满足上述条件时，除 $\theta = 0$ 的轴线方向以外，在其它任何方向的辐射场均为圆极化。法向模螺旋天线的长度 $L_n \ll \lambda$，辐射特性对结构参数依赖性很强，因此其带宽较窄，效率也较低，工程上很少应用。

2. 轴向模螺旋天线

轴向模螺旋天线，线上电流按行波分布，最大辐射方向位于天线的轴向，远区辐射场为

圆极化波。天线的增益为 15 dB 左右，而且横截面尺寸较小，在 UHF 频段很受欢迎，可应用于卫星通信。

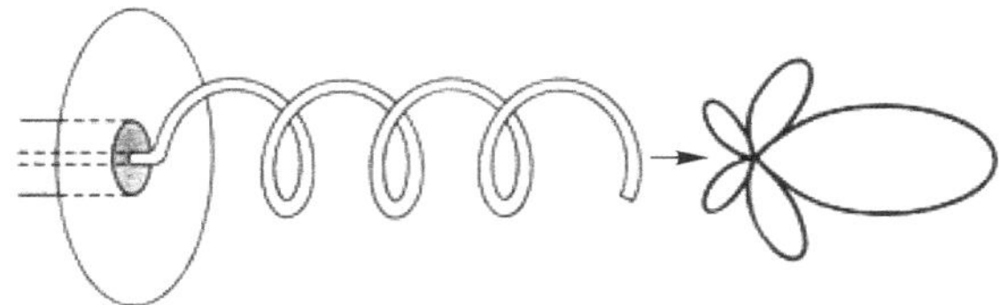

图 4-56 轴向模螺旋天线

轴向模式要求螺旋周长 C 约等于一个波长，实际上只要满足表 4-11 所列条件，并且圈数适中，就能得到良好的圆极化特性。

表 4-11 轴向模式天线约束条件

周 长	螺 距	螺距角
$\frac{3}{4}<\frac{C}{\lambda}<\frac{4}{3}$	$S=\frac{\lambda}{4}$	$12°\leqslant\alpha\leqslant 14°$

3. 螺旋天线辐射特性

(1)方向函数

螺旋线上行波电流分布使天线产生轴向端射特性，螺旋天线可看成 N 个大圆环等间距排列在 z 轴上的端射阵，元函数为 $\cos\theta$（大环天线的方向函数），由方向图乘积定理可得归一化方向函数为

$$F(\psi)=\sin\left(\frac{\pi}{2N}\right)\cos\theta\frac{\sin\left[\left(\frac{N}{2}\right)\psi\right]}{\sin\left[\frac{\psi}{2}\right]}$$

式中

$$\psi=\beta_0 S\cos\theta-\beta L_0=k_0\left(S\cos\theta-\frac{L_0}{p}\right)$$

$$p=\frac{\beta}{k_0}$$

其中：β_0 为自由空间传播常数；β 为螺旋导线上行波的传播常数。对于普通端射阵，最大辐射方向沿 $\theta=0$ 的方向，产生端射的条件是：

$$\psi=(\beta_0 S\cos\theta-\beta L_0)|_{\theta=0}=k_0\left(S-\frac{L_0}{p}\right)=-2m\pi,\quad m=1,2,3\cdots\cdots$$

取 $m=1$ 得到：

$$p=\frac{\frac{L_0}{\lambda}}{\frac{S}{\lambda+1}}$$

对于强方向端射阵，在 $\theta=0$ 方向产生强方向性的条件是：

$$\psi = (\beta_0 S\cos\theta - \beta L_0 - \frac{\pi}{N})\bigg|_{\theta=0} = \beta_0\left(S - \frac{L_0}{p}\right) - \frac{\pi}{N} = -2m\pi, \quad m = 1,2,3\cdots\cdots$$

由此得到：

$$p = \frac{\dfrac{L_0}{\lambda}}{\dfrac{S}{\lambda} + \left(\dfrac{2N+1}{2N}\right)}$$

(2)其他辐射特性

其他辐射特性见表 4-12。

表 4-12　螺旋天线辐射特性表

半功率波瓣宽度	零功率波瓣宽度	方向系数	输入电阻	圆极化轴比
$\dfrac{52\lambda^{\frac{3}{2}}}{C\sqrt{NS}}$	$\dfrac{115\lambda^{\frac{3}{2}}}{C\sqrt{NS}}$	$\dfrac{15NC^2S}{\lambda^3}$	$140\left(\dfrac{C}{\lambda}\right)$	$\dfrac{2N+1}{2N}$

4. 典型应用

美国的 GPS 卫星天线采用了螺旋天线，其结构如图 4-57 所示。

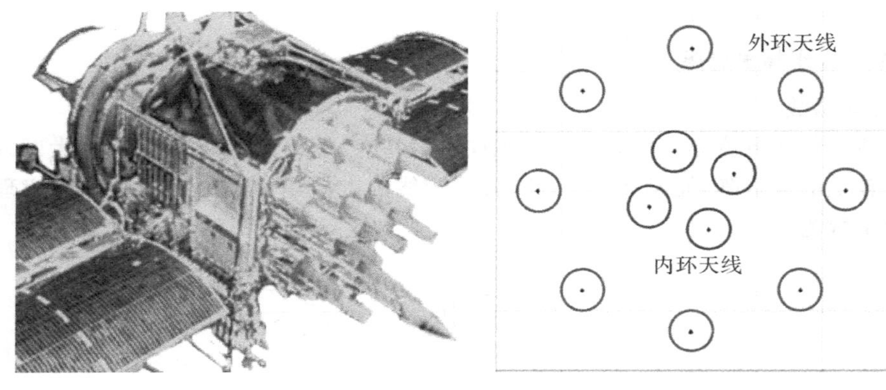

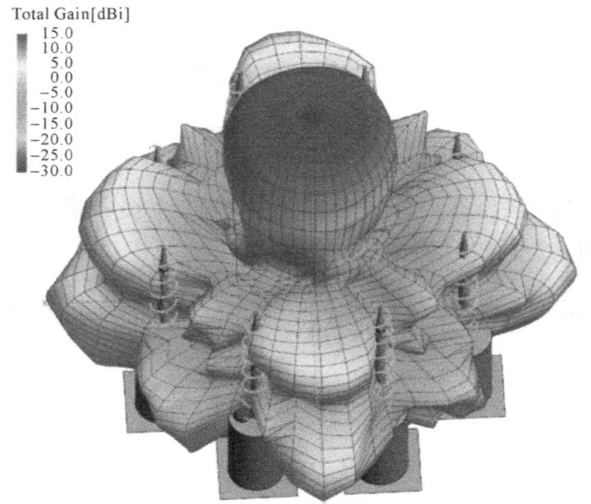

图 4-57　GPS 卫星天线结构及辐射图

(二)线天线阵

特高频频段在预警雷达中广泛使用,具有代表性的见表 4 - 13。

表 4 - 13　典型特高频频段雷达表

名　称	编　号	频率
E - 2D 雷达	AN/APY - 9	400～450 MHz
铺路爪预警雷达	AN/FPS - 115	420～450 MHz
眼镜蛇预警雷达	AN/FPS - 108	1 174～1 375 MHz

以铺路爪雷达为例,铺路爪预警雷达,AN/FPS - 115 雷达在 420～450 MHz 之间的 UHF 频段内运行,波长 71～67 cm,为交叉偶极子天线,具有圆极化。阵列直径 22.1 m,共有 2 677 个天线元件,1 792 个收发天线,其余用作接收,增益为 38.6 dB。其波束宽度为波束宽度 2.2°,单个阵元辐射峰值功率为 320 W,因此每个阵列的峰值功率为 580 kW。

图 4 - 58　AN/FPS—115 雷达

七、超高频天线特性

该频段为微波段,波长为 0.01～0.1 m,波长从 3 GHz 到 30 GHz。该频段传播情况基本上是光的传播特性,但它的传播损耗在高频段的高端比低端的损耗要大,尤其是某些频率区域(3 cm 波长),大气(水汽)吸收比较大。在不过高的天线增益可以补偿这部分损耗。超高频雷达

(一)卡塞格仑天线

卡塞格仑天线是由卡塞格仑光学望远镜发展起来的一种双反射面微波天线,在雷达、射电天文和卫星通信等领域得到广泛应用。

1. 卡塞格仑天线结构

如图 4 - 59 所示,标准的卡塞格仑天线由馈源、主反射面和副反射面组成。主反射面为旋转抛物面,副反射面为双曲面。主副反射面的对称轴重合,双曲面的实焦点位于抛物面的

顶点附近，和馈源的相位中心重合，其虚焦点和抛物面的焦点重合。

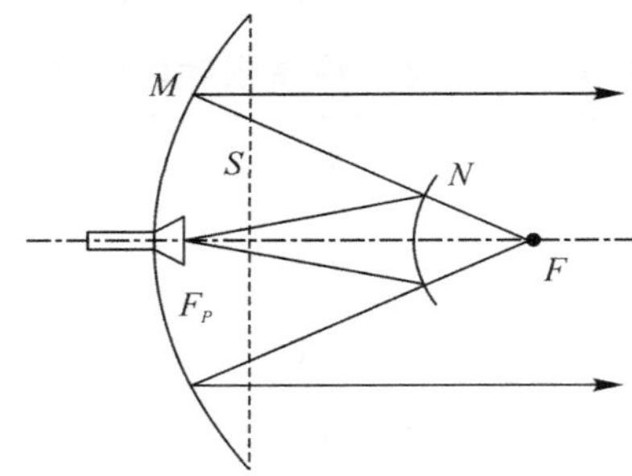

图 4-59　卡塞格伦天线

2. 卡塞格仑工作原理

置于双曲面实焦点 F_p 上的馈源向双曲面辐射球面波，经双曲面反射后，所有反射线的反响延长线会聚于虚焦点 F，且反射波的等相位面为以 F 点为中心的球面。由于抛物面的焦点与 F 点重合，相当于在抛物面的焦点放置一个等效球面波源，抛物面的口径面为一等相位面。

3. 天线特点

卡塞格仑天线以较短的纵向尺寸实现了长焦距抛物面天线的口径场分布，因而具有高增益和锐波束；由于馈源后置，缩短了馈线长度，减小了由于传输线带来的噪声和馈线遮挡；天线设计时可改变主、副反射面的形状，对波束赋形；副反射面边缘绕射大，影响口径场的分布；副反射面的遮挡，影响方向图的形状；副面的反射给馈源匹配带来一定的困难。

为改善卡塞格仑天线的某些性能，工程设计时往往采取对天线的主、副反射面进行赋形，以获取高增益或低副瓣。

(二)其他典型超高频天线

具有代表性的典型超高频天线见表 4-14 和图 4-60。

表 4-14　典型超高频频段雷达表

设备名称	设备编号	频率/GHz
海基 X 波段雷达	SBX	9.3～10.6
宙斯盾雷达	AN/SPY-6	3.1～3.5
THAAD 雷达	AN/TPY-2	8.55～10
爱国者雷达	AN/MPQ-53	4～8
微波超视距雷达	LJQ-366	8～10

卫星通信天线

SBX 雷达

AN/SPY－6 雷达

AN/TPY－2 雷达

AN/MPQ－53

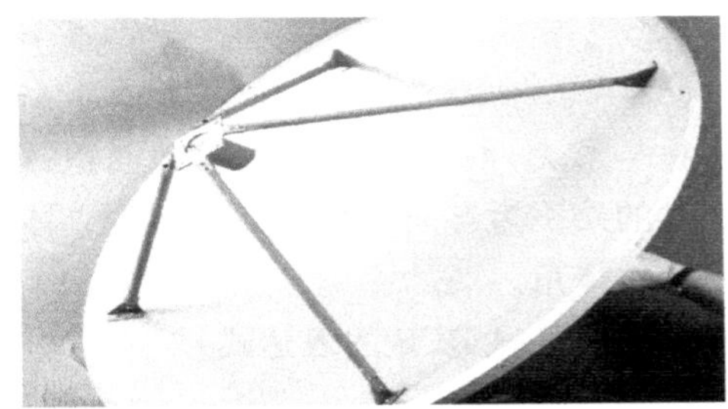
卫星通信天线

图 4－60　典型超高频雷达天线

第四节　目标散射特性

目标电磁特性技术的进步与雷达技术的发展呈相互促进，相辅相成。一方面，多目标、假诱饵、隐身与低空突防等手段的出现，促使雷达发展了相控阵、宽带、多基地、脉冲多普勒等多种先进体制；另一方面，目标识别、雷达对抗、隐身与反隐身等战术应用的兴起，也促进了目标特性技术的进步。RCS 特性是最为重要的目标特性之一。

一、目标 RCS 经验模型

隐身飞机要尽量减少其向外辐射并能为外界感知的特征信息，所以隐身技术应包括雷达隐身、光学隐身(可见光、激光和红外线等)和声学隐身等方面。最被重视的是雷达隐身，因为雷达是目前远距离发现飞机的主要设备。雷达对不同飞机的发现距离不同，除雷达本身及环境因素外，与飞机关系很大。而飞机外形十分复杂，大小不一。为便于对比，所以建立了一个人为的参数,称为“雷达截面积”σ,也可称为雷达切面积。

雷达散射截面是雷达隐身技术中最关键的概念,它表征了目标在雷达波照射下所产生回波强度的一种物理量。RCS是一个假想的量,我们将RCS等效为一个截面,将其放置在一个与电磁波传播方向垂直的平面上,它可以无损耗地把入射功率全部地、均匀地向各个方向传播出去。在接收处的回波功率密度与实际目标产生的功率密度相等。

(一)RCS定义

RCS定义为单位立体角内目标朝接收方向散射的功率与从给定方向入射于该目标的平面波功率密度之比的4π倍。RCS表征了电磁波从入射到目标,与目标发生相互作用,再到被目标散射的全过程。雷达接收到的信号功率强度为

$$P_r = \frac{P_t G_t}{L_t} \frac{1}{4\pi R_t^2 L_{mt}} \sigma \frac{1}{4\pi R_r^2 L_{mr}} \frac{G_r \lambda_0^2}{4\pi L_r}$$

式中:P_t为发射机功率;G_t、G_r分别为发射天线与接收天线的增益;L_t、L_r分别为发射机内馈线与发射天线到目标传播途径的损耗;L_{mt}、L_{mr}分别为接收机内馈线与目标到接收天线传播途径的损耗;R_t、R_r分别为发射天线到目标与目标到接收天线的距离(单站时,$R_t = R_r$);λ_0为雷达工作波长。

若忽略各种损耗可将上式简化为

$$P_r = \frac{P_t G_t}{4\pi R_t^2} \frac{A_r}{4\pi R_r^2} \sigma$$

式中:$A_r = G_r \lambda_0^2 / 4\pi$为接收天线有效面积;第一个因式为目标处照射电磁波的功率密度,前两个因式的乘积为各向同性条件下单位立体角的散射功率;第三个因式为接收天线有效孔径所张的立体角。

根据上式可得RCS的表达式:

$$\sigma = \frac{4\pi R_t^2}{P_t G_t} \frac{4\pi R_r^2}{A_r} P_r$$

式中:第二个因式表示接收天线处单位立体角内的散射功率;第三个因式分母表示目标处照射功率密度。可见上式与RCS的定义是一致的。上式的表示方法适合用相对标定法来测量目标RCS。

实际外场测量步骤是:将待测目标和已知RCS值σ_0的定标体轮换置于同一距离点上,当测量雷达的威力系数(即P_t、G_t和A_r)相同时,分别测得待测目标和定标体的接收功率P_r、P_{r0},则:

$$\sigma = \frac{P_r}{P_{r0}} \sigma_0$$

(二)点状目标RCS模型

若目标为点状(近似圆形),其几何特征尺寸为r,则βr为其电尺寸,其中$\beta = 2\pi/\lambda$。目标σ随电尺寸的变化分为三个区域。以金属球为例,令:

$$\sigma^0 = \frac{\sigma}{\pi r^2}$$

式中,r是金属球的半径,λ为入射波波长。

1)瑞利区：$\beta r < 1$，目标远小于波长，σ 与 λ^{-4} 成正比，且不随观察方向变换而变化；

2)谐振区：$1 < \beta r < 20$，特征尺寸与波长同一数量级，σ 随频率变化，变化范围可达10 dB；

3)光学区：$\beta r > 20$，遵循几何光学原理，σ 与特征面积成正比。

目标尺寸相对于波长很小时，$2\pi r$ 远小于λ，将呈现出瑞利区特性，$\sigma \propto \lambda^{-4}$，绝大多数雷达目标都不在这一区域内。处于瑞利区的目标，决定它们 RCS 的主要参数不是形状而是体积。在实际应用中，气象微粒常用的雷达波长就是其特征尺寸远远小于雷达波长。通常的雷达目标尺寸较气象微粒来讲要大得多，故降低雷达的工作频率可以降低气象回波(云雾、雨滴等)的影响，并且不会明显减小正常雷达回波的 RCS。

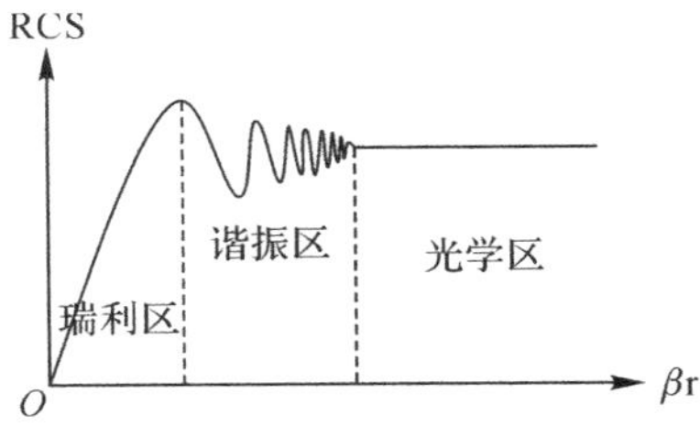

图 4-61　点目标 RCS 特征

在波长减小到 $2\pi \approx \lambda$ 附近，即物体尺寸与雷达波长相比拟时，就进入谐振区。入射长的相位沿物体长度变化显著，场的耦合现象严重。

实际中大多数雷达的目标都处在光学区($2\pi r \gg \lambda$)。光学区，即当目标尺寸比波长大得多时，如果表面比较光滑，那么就可以利用几何光学原理来确定目标 RCS。按照几何光学原理，表面反射最强的区域是对电磁波波前镜像反射的点，该区域大小与该点曲率半径成正比。曲率半径越大反射区就越大，这一反射区在光学中称为“亮斑”。当物体在“亮斑”附近旋转对称，其截面面积为 $2\pi r^2$ 。RCS 不再随着频率的提高而变化。

(三)简单形状目标 RCS 模型

几何形状比较简单的目标，如球体、圆板、锥体等，它们的雷达截面积可以直接计算出来。如球体的截面积等于其几何投影面积 πr^2，与视角无关，也与波长无关。对于其他形状简单的目标，当反射面的曲率半径大于波长时，也可以用几何光学的方法来计算它们在光学区的截面积，其计算的经验公式见表 4-15。

表 4-15　简单几何形状物体 RCS

目　标	方向(相对入射波)	雷达截面积
面积为 A 大平板	法线	$\frac{4\pi A^2}{\lambda^2}$
边长为 a 的三角形角反射器	对称轴平行于照射方向	$\frac{4\pi a^4}{3\lambda^2}$
长为 L，半径为 a 的圆柱	垂直于对称轴	$\frac{2\pi a L^2}{\lambda}$

续 表

目　标	方向(相对入射波)	雷达截面积
长半轴为 a，短半轴为 b 的椭球	轴	$\pi \frac{b^4}{a^2}$
顶部曲率半径为 ρ_0 的抛物面	轴	$\pi \rho_0^2$
长为 L，半径为 a 的圆柱 (在 θ 角范围内的平均值)	与垂直于对称轴的法线成 θ 角	$\frac{a\lambda}{2\pi\theta^2}$
半锥角为 θ_0 的有限锥		$\frac{\lambda^2}{16\pi} + a\,\pi^4 \theta_0$

对于其他形状简单的目标，当反射面的曲率半径大于波长时，也可以应用几何光学的方法来计算它们在光学区的雷达截面积。一般情况下，其反射面在“亮斑”附近不是旋转对称的，可通过“亮斑”并包含视线作互相垂直的两个平面，这两个切面上的曲率半径为 ρ_1 、ρ_2，则雷达截面积为

$$\sigma = \rho_1 \rho_2$$

更为一般的几何形状 RCS 计算公式见表 4－16。

表 4－16　几何形状物体 RCS

几何形状	反射面积
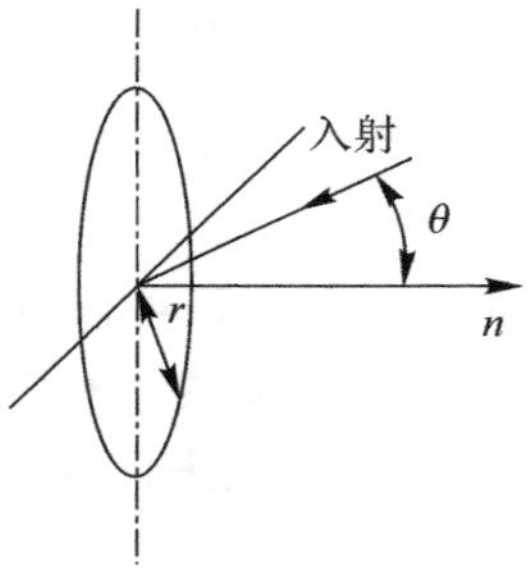 入射　θ　r　n	$\sigma = \frac{4\pi^3 r^4}{\lambda^2}\cos^2\theta \left[\frac{J_1(2\beta r\sin\theta)}{2\beta r\sin\theta}\right]^2$
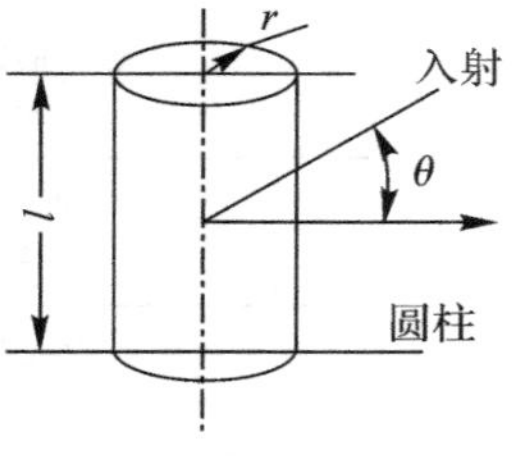 r　入射　θ　l　圆柱	$\sigma = \frac{4\pi l^2 r}{\lambda}\cos\theta \left[\frac{\sin(2\beta r\sin\theta)}{\beta l\sin\theta}\right]^2$

续 表

几何形状	反射面积
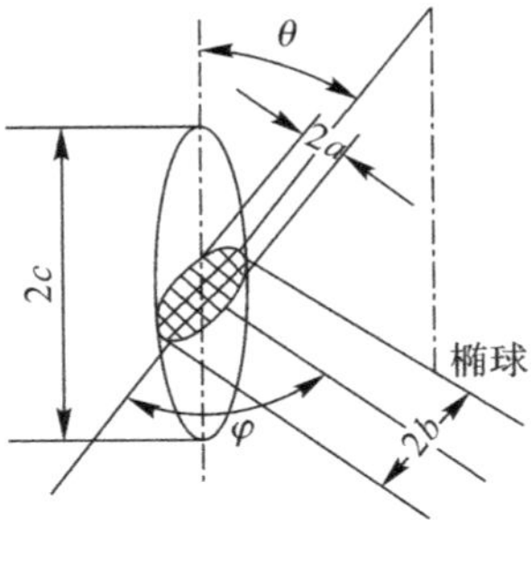 椭球	$\sigma=\dfrac{\pi a^2 b^2 c^2}{(a^2\sin^2\theta\cos^2\varphi+b^2\sin^2\theta\sin^2\varphi+c^2\cos^2\theta)^2}$
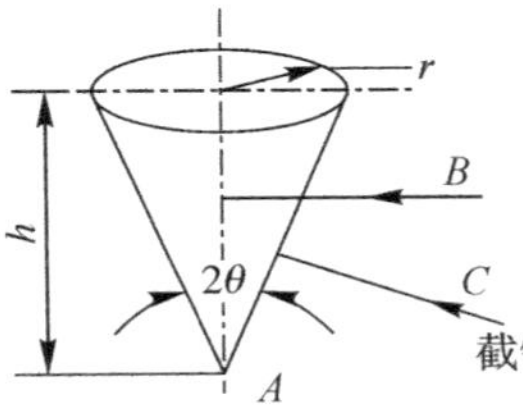 截锥	A 方向照射：$\sigma=\dfrac{\pi r^4}{h^2}$ B 方向照射：$\sigma=\dfrac{h^2\lambda}{2\pi r}$ C 方向照射：$\sigma=\dfrac{8\pi r}{9\lambda h}(r^2+h^2)^{\frac{3}{2}}$
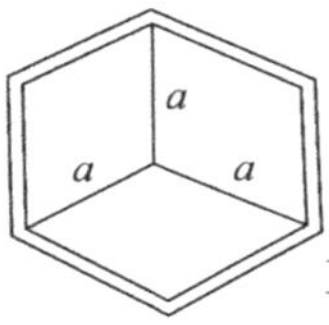 直角反射器	入射角小于 15°时 $\sigma=12\pi\dfrac{a^4}{\lambda^4}$
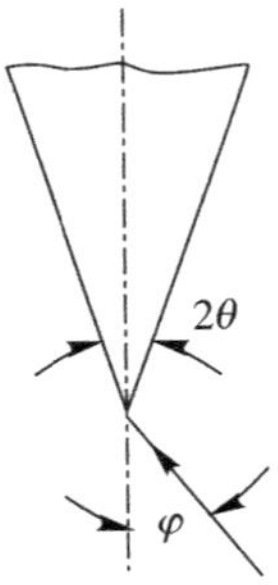 无穷锥	当 $\varphi<\pi/2-\theta$ 时 $\sigma=\dfrac{\lambda^2\tan^4\theta}{16(\cos^2\varphi-\sin^2\varphi\sin^2\theta)^2}$
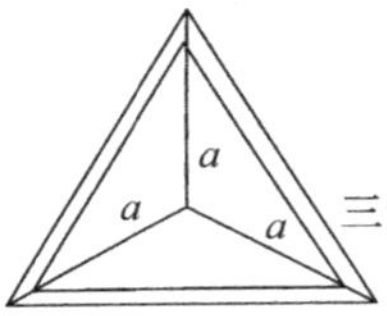 三角形角反射器	入射角小于 25°时 $\sigma=\dfrac{4\pi a^4}{3\lambda^2}$

续 表

几何形状	反射面积
半圆角反射器	入射角小于 35°时 $\sigma = \frac{r^4}{\lambda}$
龙勃透镜反射器	在 90°～180°范围内时 $\sigma = \frac{\pi^2 d^4}{4\lambda}$

(四)目标特性与极化关系

目标的散射特性通常与入射场的极化有关。先讨论天线辐射线极化的情况。照射到远区目标上的是线极化平面波，而任意方向的线极化波都可以分解为两个正交分量，即垂直极化分量和水平极化分量，分别用 E_H^T 和 E_V^T 表示在目标处天线所辐射的水平极化和垂直极化电场，其中上标 T 表示发射天线产生的电场，下标 H 和 V 分别代表水平方向和垂直方向。一般，在水平照射场的作用下，目标的散射场 E 将由两部分(即水平极化散射场 E_{SH}，和垂直极化散射场 E_{SV})组成，并且有：

$$E_H^S = \alpha_{HH} E_H^T$$
$$E_V^S = \alpha_{HV} E_H^T$$

式中：α_{HH}表示水平极化入射场产生水平极化散射场的散射系数；α_{HV}表示水平极化入射场产生垂直极化散射场的散射系数。同理，在垂直照射场作用下，目标的散射场也有两部分：

$$E_H^S = \alpha_{VH} E_V^T$$
$$E_V^S = \alpha_{VV} E_V^T$$

式中：α_{VH}表示垂直极化入射场产生水平极化散射场的散射系数；α_{VV}表示垂直极化入射场产生垂直极化散射场的散射系数。

显然，这四种散射成分中，水平散射场可被水平极化天线所接收，垂直散射场可被垂直极化天线所接收，所以有：

$$E_H^r = \alpha_{HH} E_H^T + \alpha_{VH} E_V^T$$
$$E_H^r = \alpha_{HV} E_H^T + \alpha_{VV} E_V^T$$

式中：E_H^T，E_V^T 分别表示接收天线所收到的目标散射场中的水平极化成分和垂直极化成分，用矩阵表示时可写成

$$\begin{bmatrix} E_H^r \\ E_V^r \end{bmatrix} = \begin{bmatrix} \alpha_{HH} & \alpha_{VH} \\ \alpha_{HV} & \alpha_{VV} \end{bmatrix} \begin{bmatrix} E_H^T \\ E_V^T \end{bmatrix}$$

上式中的中间一项表示目标散射特性与极化有关的系数，称为散射矩阵。

下面讨论散射矩阵中各系数的意义。我们定义 σ_{HH} 为水平极化照射时同极化的雷达截面积：

$$\sigma_{HH} = 4\pi R^2 \frac{|E_H^r|^2}{|E_H^T|^2} = 4\pi R^2 \alpha_{HH}^2$$

σ_{HV} 为水平极化照射时正交极化的雷达截面积：

$$\sigma_{HV} = 4\pi R^2 \frac{|E_H^r|^2}{|E_H^T|} = 4\pi R^2 \alpha_{HV}^2$$

σ_{VV} 为垂直极化照射时同极化的雷达截面积：

$$\sigma_{VV} = 4\pi R^2 \frac{|E_H^r|^2}{|E_V^T|^2} = 4\pi R^2 \alpha_{VV}^2$$

σ_{VH} 为垂直极化照射时正交极化的雷达截面积：

$$\sigma_{VH} = 4\pi R^2 \frac{|E_H^r|^2}{|E_V^T|^2} = 4\pi R^2 \alpha_{VH}^2$$

由此看出，系数 α_{HH}、α_{HV}、α_{VV} 和 α_{VH} 分别正比于各种极化之间的雷达截面积，散射矩阵还可以表示成如下形式：

$$\begin{bmatrix} \sqrt{\sigma_{HH}}\,e^{j\rho_{HH}} & \sqrt{\sigma_{VH}}\,e^{j\rho_{VH}} \\ \sqrt{\sigma_{HV}}\,e^{j\rho_{HV}} & \sqrt{\sigma_{VV}}\,e^{j\rho_{VV}} \end{bmatrix}$$

由于雷达截面积严格表示应该是一个复数，其中 $\sqrt{\sigma_{HH}}$ 等表示散射矩阵单元的幅度，ρ_{HH} 表示相对应的相位。

天线的互易原理告诉我们，不论收发天线各采用什么样的极化，当收发天线互易时，可以得到同样效果。特殊情况，比如发射天线是垂直极化，接收天线是水平极化，当发射天线作为接收而接收天线作为发射时，效果相同，可知 $\alpha_{HV}=\alpha_{VH}$，说明散射矩阵交叉项具有对称性。

散射矩阵表明了目标散射特性与极化方向的关系，因而它和目标的几何形状间有密切的联系。下面举一些例子加以说明。

一个各向同性的物体（如球体），当它被电磁波照射时，可以推断其散射强度不受电波极化方向的影响，例如用水平极化波或垂直极化波时，其散射强度是相等的，由此可知其 $\alpha_{HH}=\alpha_{VV}$。

当被照射物体的几何形状对包括视线的入射波的极化平面对称，则交叉项反射系数为零，即 $\alpha_{HV}=\alpha_{VH}=0$，这时因为物体的几何形状对极化平面对称，则该物体上的电流分布必然与极化平面对称，故目标上的极化取向必定与入射波的极化取向一致。为了进一步说明，假设散射体对水平极化平面对称，入射场采用水平极化，由于对称性，散射场中向上的分量应与向下的分量相等，因而相加的结果是垂直分量的散射场为零，即 $\alpha_{HV}=\alpha_{VH}=0$。

故对于各向同性的球体，其散射矩阵的形式可简化为

$$\begin{bmatrix} \alpha & 0 \\ 0 & \alpha \end{bmatrix}$$

又若物体分别对水平和垂直轴对称，如平置的椭圆体，入射场极化不同时自然反射场强不同，因而 $\alpha_{HH}\neq\alpha_{VV}$，但由于对称性，故而散射场中只可能有与入射场相同的分量，而不可

能有正交的分量，所以它的散射矩阵可表示成

$$\begin{bmatrix} \alpha_{HH} & 0 \\ 0 & \alpha_{VV} \end{bmatrix}$$

α_{RR}、α_{RL}、α_{LR}、α_{LL}分别代表各种圆极化之间的反射系数。对于相对于视线轴对称的目标，$\alpha_{RR}=\alpha_{LL}=0$，$\alpha_{RL}=\alpha_{LR}\neq 0$，这时因为目标的对称性，反射场的极化取向与入射场一致并有相同的旋转方向，但由于传播方向相反，因而相对于传播方向其旋转方向亦相反，即对应于入射场的右（左）旋极化反射场则变为左（右）旋极化，因此，$\alpha_{RR}=\alpha_{LL}=0$，$\alpha_{RL}=\alpha_{LR}\neq 0$。

这一性质是很重要的，如果我们采用相同极化的圆极化天线作为发射和接收天线，那么对于一个近似为球体的目标，接收功率很小或为零。我们知道，气象微粒如雨等就是球形或椭圆形，为了滤除雨回波的干扰，收发天线常采用同极化的圆极化天线。不管目标是否对称，根据互易原理，都有 $\alpha_{LR}=\alpha_{RL}$。

诸如飞机、舰艇、地物等复杂目标的雷达截面积，是视角和工作波长的复杂函数。尺寸大的复杂反射体常常可以近似分解成许多独立的散射体，每一个独立散射体的尺寸仍处于光学区，各部分没有相互作用，在这样的条件下，总的雷达截面积就是各部分截面积的矢量和，即如图 4-62 所示，典型飞机的 RCS 随雷达照射的方位角变化剧烈，其原因是对于飞机这类尺寸大的复杂反射

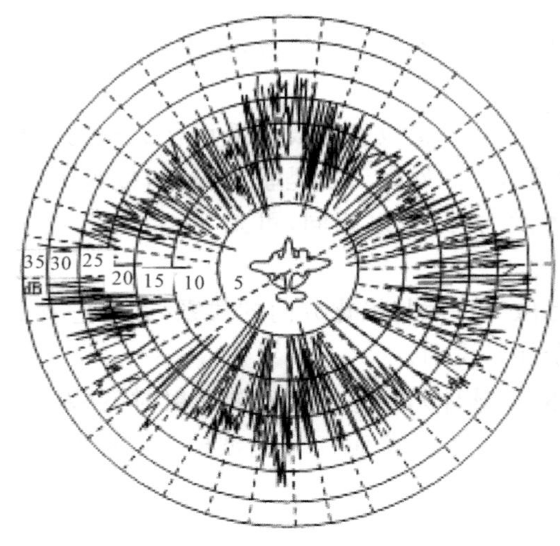

图 4-62　飞机的雷达截面积

$$\sigma = \left| \sum_k \sqrt{\sigma_k} \exp\left(\frac{j4\pi d_k}{\lambda}\right) \right|^2$$

这里，σ_k是第 k 个散射体的截面积；d_k 是第 k 个散射体与接收机之间的距离，这一公式对确定散射器阵的截面积有很大的用途。各独立单元的反射回波由于其相对相位关系，可以是相加，给出大的雷达截面积，也可能相减而得到小的雷达截面积。对于复杂目标，各散射单元的间隔是可以和工作波长相比的，因此当观察方向改变时，在接收机输入端收到的各单元散射信号间的相位也在变化，使其矢量和相应改变，这就形成了起伏的回波信号。

从上面的讨论中可看出，对于复杂目标的雷达截面积，只要稍微变动观察角或工作频

率，就会引起截面积大的起伏。但有时为了估算作用距离，必须对各类复杂目标给出一个代表其截面积大小的数值 σ。至今尚无一个一致的标准来确定飞机等复杂目标截面积的单值表示值。可以采用其各方向截面积的平均值或中值作为截面积的单值表示值，有时也用“最小值”(即差不多 95%以上时间的截面积都超过该值)来表示。也可能是根据实验测量的作用距离反过来确定其雷达截面积。表 4－17 列出了几种目标在微波波段时的雷达截面积作为参考例子，而这些数据不能完全反映复杂目标截面积的性质，只是截面积“平均”值的一个度量。

表 4－17　目标雷达截面积(微波波段)

类别	σ/m^2
普通无人驾驶带翼导弹	0.5
小型单引擎飞机	1
小型歼击机或四座喷气机	2
大型歼击机	6
中型轰炸机或中型喷气客机	20
大型轰炸机或大型喷气客机	40
小船(艇)	0.02～2
巡逻艇	10

复杂目标的雷达截面积是视角的函数，通常雷达工作时，精确的目标姿态及视角是不知道的，因为目标运动时，视角随时间变化。因此，最好是用统计的概念来描述雷达截面积，所用统计模型应尽量和实际目标雷达截面积的分布规律相同。大量试验表明，大型飞机截面积的概率分布接近瑞利分布。当然也有例外，小型飞机和各种飞机侧面截面积的分布与瑞利分布差别较大(见表 4－17)。

导弹和卫星的表面结构比飞机简单，它们的截面积处于简单几何形状与复杂目标之间，这类目标截面积的分布比较接近对数正态分布。

船舶是复杂目标，它与空中目标不同之处在于海浪对电磁波反射产生多径效应，雷达所能收到的功率与天线高度有关，因而目标截面积也和天线高度有一定的关系。在多数场合，船舶截面积的概率分布比较接近对数正态分布。

(五)目标 RCS 起伏模型

对于复杂的目标外形，由于目标散射机理复杂，其 RCS 是随机变量，通常用统计的均值或 95%的小值来表示。对于复杂目标的 RCS，可以用随机量的概率密度模型(Swerling 模型，施威林模型)来描述。

由于雷达需要探测的目标十分复杂而且多种多样，很难准确地得到各种目标截面积的概率分布和相关函数。通常是用一个接近而又合理的模型来估计目标起伏的影响并进行数学上的分析。最早提出而且目前仍然常用的起伏模型是施威林(Swerling)模型。他把典型的目标起伏分为四种类型，有两种不同的概率密度函数，同时又有两种不同的相关情况，一种是在天线一次扫描期间回波起伏是完全相关的，而扫描至扫描间完全不相关，称为慢起伏目标；另一种是快起伏目标，它们的回波起伏，在脉冲与脉冲之间是完全不相关的。如表4-18所示，四种起伏模型区分如下。

表 4-18　Swerling 模型

模型名称	分布特性	相关性
Swerling Ⅰ	$p(\sigma)=\frac{1}{\bar{\sigma}}e^{-\frac{\sigma}{\bar{\sigma}}}$	扫描间(慢起伏)
Swerling Ⅱ		脉冲间(快起伏)
Swerling Ⅲ	$p(\sigma)=\frac{4\sigma}{\bar{\sigma}^2}e^{-\frac{2\sigma}{\bar{\sigma}}}$	扫描间(慢起伏)
Swerling Ⅳ		脉冲间(快起伏)

1)第一类称施威林Ⅰ型，慢起伏，瑞利分布。接收到的目标回波在任意一次扫描期间都是恒定的(完全相关)，但是从一次扫描到下一次扫描是独立的(不相关的)。假设不计天线波束形状对回波振幅的影响，截面积 σ 的概率密度函数服从以下分布：

$$p(\sigma)=\frac{1}{\bar{\sigma}}e^{-\frac{\sigma}{\bar{\sigma}}} \tag{4-10}$$

式中，$\bar{\sigma}$ 为目标起伏全过程的平均值。

式(4-10)表示截面积 σ 按指数函数分布，目标截面积与回波功率成比例，而回波振幅 A 的分布则为瑞利分布。由于 $A^2=\sigma$，即得到

$$p(A)=\frac{1}{A_0^2}\exp\left[-\frac{A^2}{2A_0^2}\right]$$

与式(4-10)对照，上式中 A_0 为平均回波振幅。

2)第二类称施威林Ⅱ型，快起伏，瑞利分布。目标截面积的概率分布与式(4-10)同，但为快起伏，假定脉冲与脉冲间的起伏是统计独立的。

3)第三类称施威林Ⅲ型，慢起伏，截面积的概率密度函数为

$$p(\sigma)=\frac{4\sigma}{\bar{\sigma}^2}\exp\left(-\frac{2\sigma}{\bar{\sigma}}\right) \tag{4-11}$$

这类截面积起伏所对应的回波振幅 A 满足以下概率密度函数($A^2=\sigma$)：

$$p(A)=\frac{9A^3}{2A_0^4}\exp\left(-\frac{3A^2}{2A_0^2}\right)$$

与式(4-11)对应，有关系式 $\bar{\sigma}=4A_0^2/3$。

4)第四类称施威林Ⅳ型，快起伏，截面积的概率分布服从式(4-11)。

扫描间表示一次扫描周期内的各个脉冲是相关的，脉冲之间的强关联性致使其RCS变化不是太过剧烈，因此是慢变化。脉冲间是在同一个扫描周期内，对同一个目标的多个脉冲反应处的RCS均发生变化，属于快起伏。

Swerling 模型适用于不同的目标类型和雷达扫描模式。Swerling 模型Ⅰ、Ⅲ适用于雷达脉冲与脉冲间相参的情况。Swerling 模型Ⅱ、Ⅳ适用于雷达脉冲与脉冲间非相参的情况。

Swerling 模型Ⅰ、Ⅱ适用于复杂目标是由大量近似相等单元散射体组成的情况，虽然理论上要求独立散射体的数量很大，实际上只需四、五个即可。许多复杂目标的截面积如飞

机，就属于这一类型。

Swerling 模型Ⅲ、Ⅳ适用于目标具有一个较大反射体和许多小反射体合成，或者一个大的反射体在方位上有小变化的情况。用上述四类起伏模型时，代入雷达方程中的雷达截面积是其平均值 σ。

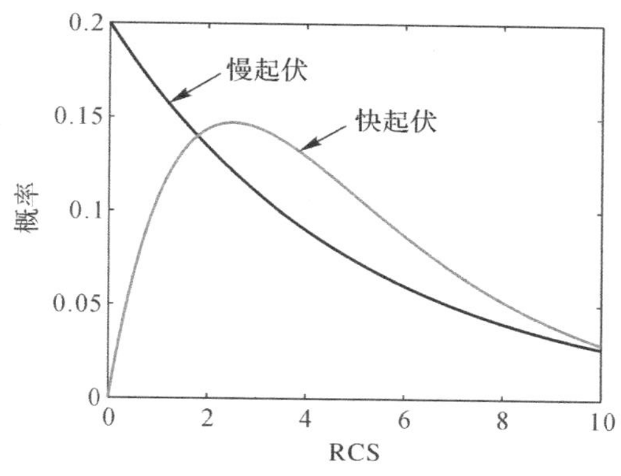

图 4－63　慢起伏快起伏比较图

二、目标电磁散射机理

目标的 RCS 值是由目标上许多散射中心或称局部散射源决定的。这些散射源分布在目标机体的各部分，是一个三维的分布。如要减少 RCS，必须将各散射源弄清楚，先着手改进最强的反射源。目标主要散射源有五种。

（一）镜面反射

镜面反射是光学区域中最重要的反射形式，就像光照射镜子一样，大多数入射雷达波的能量都是根据镜面反射定律反射出来的（反射角等于入射角）。这种反射可以通过塑性显著减少。如机身侧面、外挂架、垂直尾翼等容易产生镜面反射，见图 4－64。

（二）爬行波绕射

爬行波绕射是行波的一种形式，当沿着物体表面行进时没有遇到表面不连续或障碍物，因此它能够绕物体行进并返回雷达。爬行波主要绕弯曲或圆形物体移动。因此，隐身战斗机和隐身巡航导弹不使用管状机身，见图 4－64。

（三）行波散射

行波散射是照射到飞机机身上的入射雷达波可以在其表面产生行进电流，该行进电流沿着路径传播到表面边界，例如前缘，表面不连续处等。这样的表面边界可以导致后向行波或者向多个方向散射。这种反射可以通过雷达吸收材料，雷达吸收结构，减少表面间隙或边缘对齐来减少。

（四）尖顶衍射

尖顶衍射是电磁波照射到非常尖锐的表面或边缘被散射而不遵循反射定律。飞机目标散射机理示意图见图 4－65。

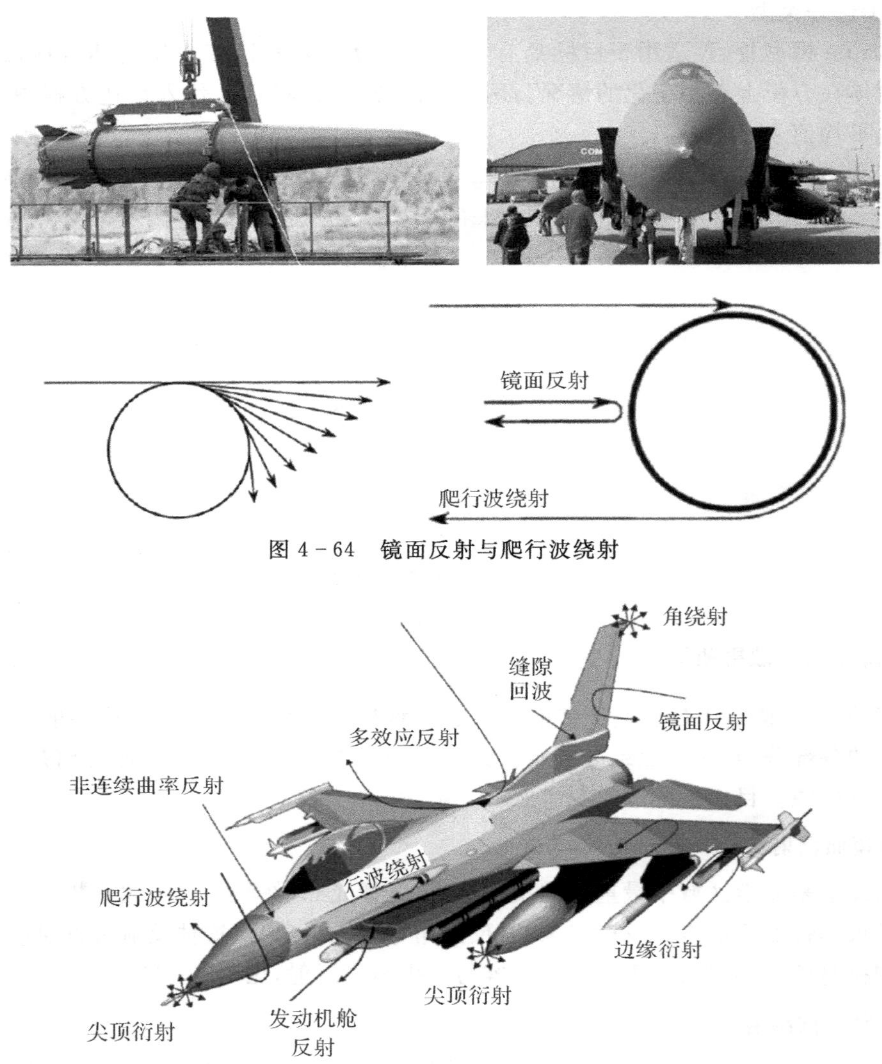

图 4－64　镜面反射与爬行波绕射

图 4－65　飞机目标散射机理示意图

三、复杂目标的雷达截面积计算

获取雷达目标特性的途径主要有两种：一种是实验测量，即对实体或缩比目标在外场或微波暗室进行实际测量；另一种是基于计算电磁学的计算机仿真计算与分析，即先借助计算机辅助设计软件对目标的几何外形进行精确建模，再用计算机代码编程实现电磁计算方法，通过仿真计算得到目标电磁散射回波特性。与实验测量相比，计算机仿真分析方法所具有的仿真周期短、耗费资源少、灵活多变的优点就得以体现。特别是随着近年来计算机科学技术的迅猛发展和计算能力的大幅提高，计算机辅助设计几何建模和数值仿真电磁计算越来越容易实现。这使得计算电磁学成为雷达目标特性问题研究的一个重要的辅助手段，为雷达目标电磁特性获取与分析提供了新的途径。

计算机仿真分析雷达目标特性的问题实际上就是要计算出目标在给定入射波照射下所产生的散射场，常见的分析方法主要包括严格的经典解法、积分方程的数值方法，以及各种高频近似方法。用于估计雷达目标 RCS 的传统高频方法有：几何光学（GO，Geometric Optics），物理光学（POI，Physical Optics），物理绕射理论（PTD，Physical Theory of Diffraction），射线追踪（RT，Ray Tracing）等。多散射中心模型是一种比较简单实用的方法。

（一）基于多散射中心模型的 RCS 建模

美国学者 MARichards 提出了一个简单的目标模型：在宽为 5 m，长为 10 m 的矩形平面内，均匀分布有 50 个散射中心。通过分析该目标的 RCS 特性，得出了一系列有益结论。多散射中心模型的 RCS 建模弥补了其目标模型过于简单，适用范围和理论解释力有限的不足。以某型战机为研究对象，基于几何外形建立多散射中心模型，力争在几何参数、电磁散射特性等方面逼近实际情况。

理论计算和实验测量均表明，在高频区，目标总的电磁散射可以认为是由某些局部位置上的电磁散射所合成的，这些局部性的散射源通常被称为等效多散射中心。每个散射中心相当于斯特拉顿-朱（Stratton－chu）积分中的一个数字不连续处，在几何上就是一些曲率不连续处与表面不连续处。首先以最基本的双散射中心为例，利用回波相位相干叠加原理仿真目标 RCS。

多球结构与双球结构一样，相干叠加仿真的 RCS 结果均体现出明显的周期性。复杂目标的 RCS 随发射频率和视线角变化。目标信号的一个重要特性是时间、频率和角度上的相关“长度”，它是使回波幅度去相关到一定程度的时间、频率或者角度的变化量。对于刚体目标，RCS 的去相关主要是由距离和视线角变化引起的；对于自然杂波，去相关是由杂波的内部运动构成的，去相关的速度受雷达以外的因素影响，如风速。在大多数情况下，当目标连续回波去相关时，检测性能将得到提高，因此很多雷达采用“频率捷变”技术迫使雷达的连续测量去相关。多散射中心模型的提出为研究目标 RCS 的相关特性带来了极大便利。

根据某型战斗机缩比模型三视图及其公开的技术指标（机身长度、翼展等），利用图形处理软件进行比例计算，获得建模需要的几何参数。忽略了空速管、起落架、武器挂点等特殊部件。分别在进气道、机身、座舱、尾喷管、主翼、水平尾翼和垂直尾翼位置布置等散射强度的散射中心。根据七种基本回波机制，对座舱、进气道、尾喷管等处格外布置了散射中心加以修正。图 4－66 给出了模型原图和基于外形的多散射中心模型效果图。

（二）基于电磁计算的 RCS 建模

FEKO 是德语 FEldberechnung bei Korpern mit beliebiger Oberflache 的缩写，意思是任意复杂电磁场计算，适用于复杂形状三维物体的电磁场分析。

FEKO 是一款用于 3D 结构电磁场分析的仿真工具。它提供多种核心算法，矩量法（MoM）、多层快速多极子方法（MLFMM）、物理光学法（PO）、一致性绕射理论（UTD）、有限元（FEM）、平面多层介质的格林函数，以及它们的混合算法来高效处理各类不同的问题。

FEKO 界面主要有三个组成部分：CADFEKO、EDITFEKO、POSTFEKO。CADFEKO 用于建立几何模型和网格剖分。文件编辑器 EDITFEKO 用来设置求解参数，还可以用命令定义几何模型，形成一个以.pre 为后缀的文件。前处理器/剖分器 POSTFEKO 用来处理.pre为后缀的文件，并生成.fek文件，即FEKO实际计算的代码；它还可以用于在求解前显示FEKO的几何模型、激励源、所定义的近场点分布情况以及求解后得到的场值和电流。

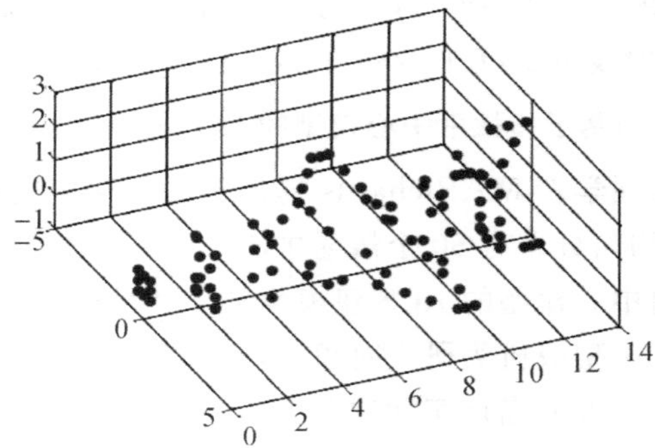

图 4-66　多散射中心模型效果图

1. 基于FEKO的RCS计算

(1)建立目标几何模型

利用FEKO建模时，一般采用由上而下的建模方法。在CADFEKO窗口左侧工具栏中的模型建立工具栏中提供了各种各样的基本模型，如球、立方体、圆柱、圆锥、直线、面等。当建立复杂目标的几何模型时，将复杂目标看作基本模型的组合，先构建基本模型如面、体。然后通过CADFEKO窗口左侧的修改模型工具栏中的旋转、镜像以及布尔运算来建立最终目标。如模型是介质的，则在建立好模型之后在左侧工具栏中选择所要添加的介质，或者使用主菜单中的Model→Add medium来选择所要添加的介质。介质体在剖分时一般是生成四面体网格，一般用FEM算法计算。

(2)设置频率

在CADFEKO窗口中的方案工具栏中右键选择"Frequency"，弹出频率设置对话框，输入频率后，点击"ok"，确定入射波频率。

(3)入射波设置

单击左侧工具栏激励中的平面波选项，或者是在树形结构中右键Excitation选择Plane wave，也可以通过主菜单中Solution→Add excitation→Plane wave选择激励平面波，弹出入射波设置对话框。在对话框中可设置入射波俯仰角θ和方位角φ，也可设置极化方式。

对话框中Magnitude和Phase分别是设置入射波的幅度和初始相位的。Single incident wave是指入射波的入射方向是单一的，此时只需要输入起始角度即可；而Loop over multiple directions是指入射波入射方向可以在0°～360°连续设置，此时需要输入入射角、终止角以及增量。

(4)设置观察点

单击左侧工具栏按钮选择远区观察点，或者在树形结构中右键选择calculation，然后选择request far field，也可以通过主菜单中Solution→request far field选择。

(5)网格剖分

在主菜单中选择"mesh"，然后"create mesh"。Mesh what可以选择剖分的形式是全部剖分还是部分剖分，同一个的模型的不同部分可以选择不同的剖分尺寸。

Edge length 是指剖分的三角形或者是四面体边默认网格的大小，一般剖分尺寸为 0.1λ 到 0.125λ 时是最优的尺寸，当剖分尺寸大于 0.3λ 时计算会出现警告，当大于 0.38 时计算会报错，不能进行。但是一些边界可能会比规定的值大 30%。

Segment length 给定导线部分的长度，如果所有不形成表面边界的边缘为导线，并被网格划分为几段，则分段长度指定了这些分段的最大长度，一般设置为与剖分长度相当的即可。Wire segment radius：导线的分段半径，指定了多有没有指定局部坐标半径的导线的半径。Enable volume meshing：激活体单元剖分，如果此选项被选中，所有的绝缘体用四面体进行网格化，以便使用有限元(FEM)方法处理。

Small features 即小特征设置区，允许对小的几何细节进行特殊处理，此处的参数指定所认为的小特征为它所属的部件的一部分的极限。默认选项是 Default，是指对这些结构进行正常的网格化，这可能会使用很小的元素实现对几何的精确表达。当几何具有紧密结合在一起的长而窄的细片或表面时，优化设计，即 Optimise 项很有用。如果选择了这一项，CADFEKO 将会尽量对准小特征相反一侧的顶角。若选中 Ignore 则会忽略小特征，在几何精确表达的前提下，可以忽略小细节。这个选项有时也会允许网格化有缺陷的表面，这种有缺陷的表面在默认的设置下不能进行网格化，而且忽略小特征不适用于封闭的边缘。

如果选择了 Enable mesh smoothing，则会应用一个附加的光滑算法。这样会导致网格质量更好，但是会增加网格化的时间，一般要选用此项。

Mesh size growth factor(网格大小增长因子)控制网格大小变化的快慢。Fast 允许从小网格突然跳跃到大网格，而 Slow 每个三角形的大小不大于它所连接到的三角形大小的两倍。网格式当前几何的离散表示，网格化完成后，几何的任何变化不会反映到网格。几何上创建的端口在部件被网格化完成前不显示网格。

(6)求解设置

FEKO 默认的求解方法是矩量法(MOM)，另外还有多层快速多极子方法(MLFMM)、物理光学法(PO)、一致性绕射理论(UTD)、有限元(FEM)等计算方法。通过选择主菜单 solution 中的 solution settings 或者在树形结构中右键点击 solution 选择 solution settings 来设置数据存储精度和计算方法，若需要用矩量法进行计算，则不需要设置算法。

(7)保存并运行 FEKO

通过 Save 或 Save as 命令保存生成的模型，然后就可以运行 FEKO 了。计算过程中的信息包括本机条件与 FEKO 版本信息、剖分信息、入射波信息、求解方法信息、预处理相关信息、待求解问题的描述、迭代、内存消耗、时间占用、计算结果等会被保存在.out 文件中。

计算结果均可显示在“POSTFEKO”中，在主菜单中选择“run”，然后选择“POSTFEKO”，弹出 POSTFEKO 界面。其中，主要的显示项目包括表面电流分布、近场辐射场强分布、RCS 数值结果与曲线等。

2. *RCS 数据的表示*

需要通过数据表格或者多波段、多极化、多站、多状态的散射方向图进行精确描述。以 FEKO 仿真获取的 4 种收/发极化状态组合条件下单站、单频(430 MHz)、全向(方位角间隔为 0.1°)散射数据为例研究目标 RCS 数据的表示方法。目标 RCS 特性数据的表示方法包括极坐标散射图、归一化的极坐标散射图、线性空间直角坐标散射图和对数空间直角坐标散射图。

(1)坐标散射图

极坐标散射图具有空间形象性的优势,如图 4-67 所示。

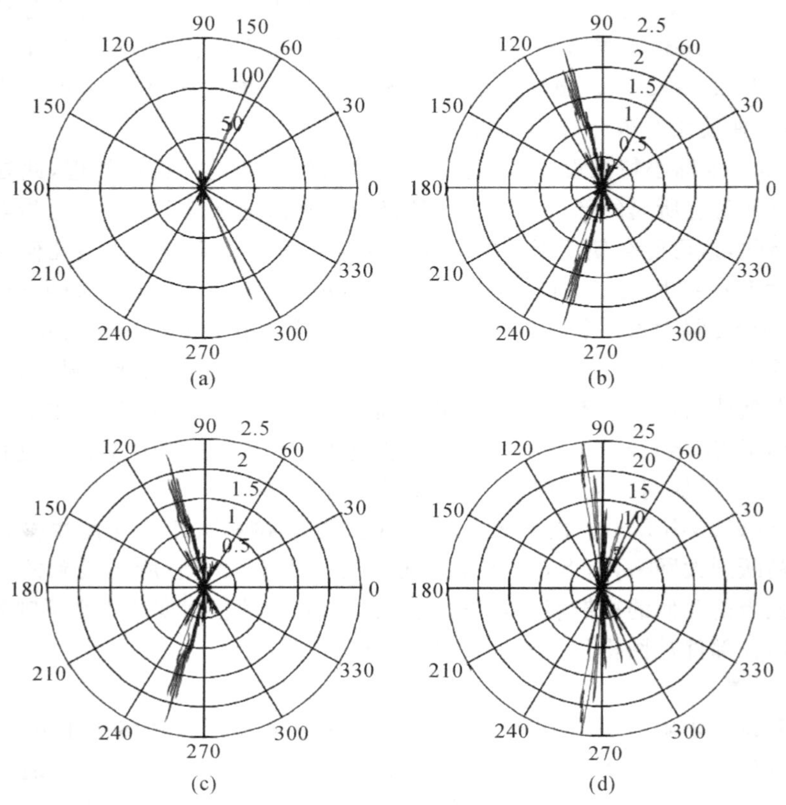

图 4-67　极坐标散射图

极坐标散射图相对 1 m² 归一化,存在以下弊端:一是若按上图的做法采用不同的径向刻度,不利于相互比较;若采用统一的径向刻度,则强散射目标的外圆直径很大,弱散射目标的外圆直径很小。二是表示 RCS 减缩效果时,散射图向圆心收缩,形状发生了变化,散射波瓣变密,使人产生散射波瓣变窄的错觉。三是难以表示目标姿态范围的散射特性。

(2)归一化的极坐标散射图

在极坐标散射图的基础上相对于自身的主瓣最大值归一化,得到归一化的极坐标散射图,如图 4-68 所示。

归一化的极坐标散射图可以较好地表示目标的全向散射特性,隐身目标在方位上的隐身区和非隐身区得到了清晰呈现。根据图 4-68 反映的结果,将目标按方位角范围划分为四段,即 0°～60°对应的鼻锥方向,60°～90°对应的机身前段,90°～150°对应的机身后段和 150°～180°对应的机尾方向。通常认为飞机目标的主要威胁扇区是 0°～±50°,由上图可见

目标在这个范围内能实现较好的隐身效果。

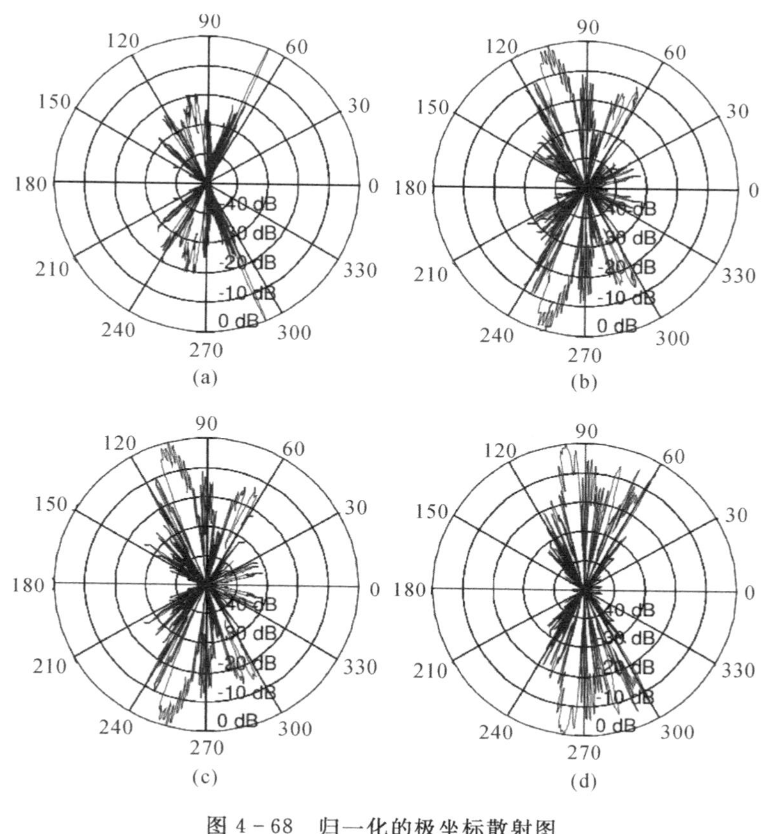

图 4－68　归一化的极坐标散射图

(a)HH;(b)HV;(c)VH;(d)VV

(3)空间直角坐标散射图

线性空间直角坐标散射图在散射特性细节刻画方面有优势。如图 4－69 所示，由于隐身目标不同方位向上 RCS 差异明显，将全向 RCS 数据放在线性空间统一表示，鼻锥和机尾方向的数据普遍偏小，在图中几乎与横坐标重合，难以反映出这些分段 RCS 的起伏情况，这是在线性空间表示 RCS 数据的一个弊端。在对数空间表示数据会克服这一问题。

(4)对数空间直角坐标散射图

无论 RCS 特性数据大小，其起伏情况均可以统一在对数空间很好地表示，如图 4－70 所示。

综上所述，目标 RCS 数据的四种常用表示方法各具优势又都存在一定的局限性。通常根据实际需要选择一种或几种表示方法直观准确地反映目标 RCS 特性。

3. RCS 数据的简化

目标 RCS 特性研究目的之一是确定雷达对目标的检测能力。作为一个统计处理过程，检测与雷达接收机内的信号电平有关。接收机对于目标回波的典型响应是在目标威胁区上的空间立体角进行平均。因此对于原始 RCS 数据要在一定角度窗口上做平滑。为了便于检测分析，通常用均值、分位值、标准差、概率密度函数(PDF)和累积分布函数(CDF)等简化处理方法表征目标在给定威胁区的散射特性。

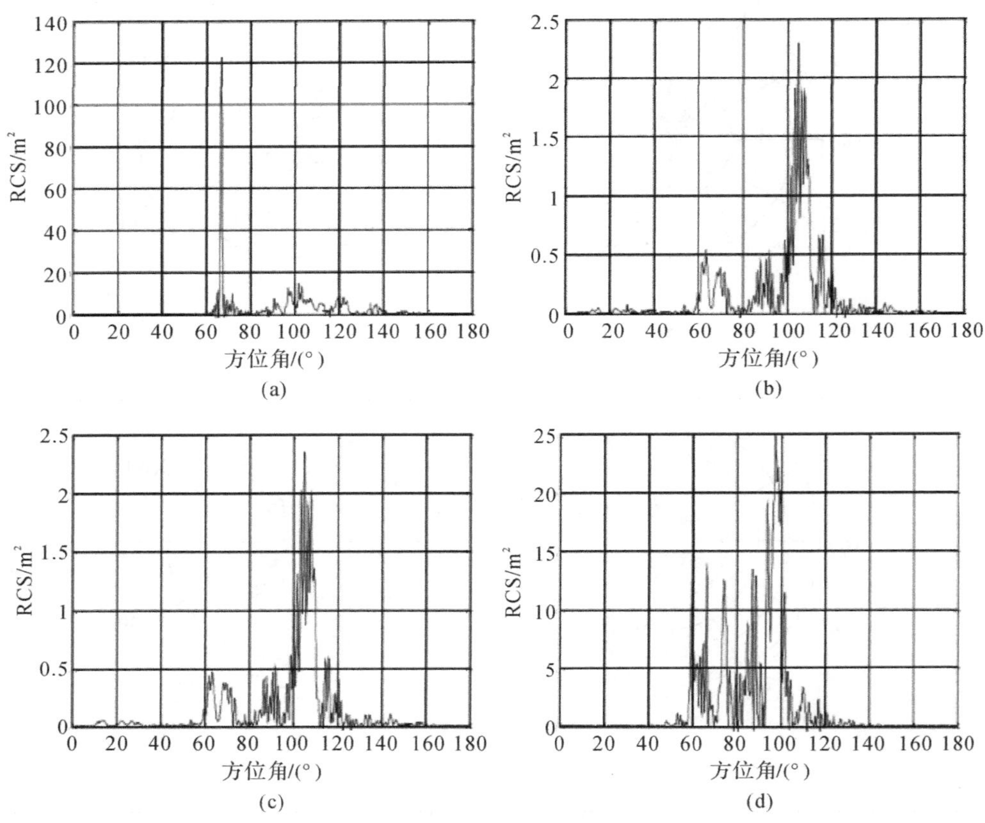

图 4-69 空间直角坐标散射图

(a)HH;(b)HV;(c)VH;(d)VV

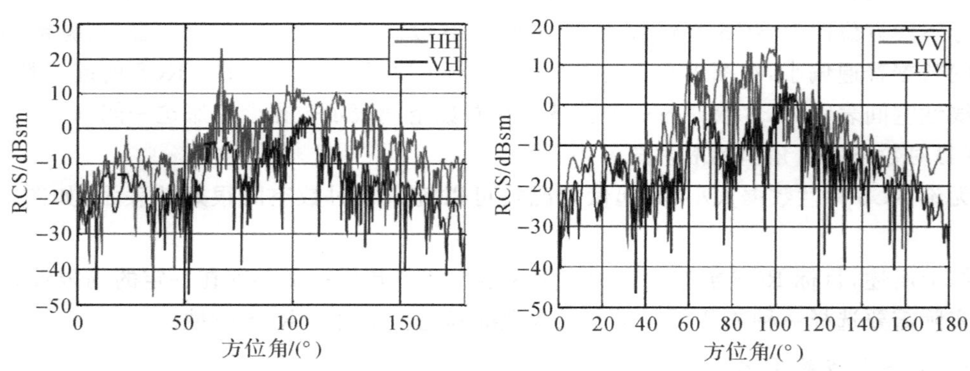

图 4-70 对数空间直角坐标散射图

(1)线性均值和对数均值

尽管采用对数值表示线性均值，但线性均值与对数均值并非同一概念，对于给定的一组

数据，线性均值必然大于对数均值。线性均值 $\bar{\sigma}(m^2)$ 的对数表示为

$$\bar{\sigma}(m^2) = 10\ \lg\bar{\sigma}(m^2) = 10\ \lg\left[\frac{1}{N}\sum_{i=1}^{N}\sigma_i(m^2)\right] \tag{4-12}$$

式中：N 为数据点数；σ_i 为某一点的 RCS 数值；对数均值 $\bar{\sigma}(\mathrm{dBsm})$ 表示为

$$\bar{\sigma}(\mathrm{dBsm}) = \frac{1}{N}\left[\sum_{i=1}^{N}\sigma_i(\mathrm{dBsm})\right] = \frac{1}{N}\left[\sum_{i=1}^{N}10\ \lg\sigma_i(m^2)\right] = 10\ \lg\left[\prod_{i=1}^{N}\sigma_i(m^2)\right]^{\frac{1}{N}} \tag{4-13}$$

式(4－12)是数据算数平均值的对数，式(4－13)是数据几何平均值的对数。算数平均值对大数据的加权倾向大于几何平均值。因此在对数空间求解线性均值，必须按照先取反对数、后平均、再求对数的步骤进行。

(2)分段均值

具体方法是设定窗口宽度和滑动步长，逐段求取均值，绘出分段均值曲线。其中窗口宽度是指均值计算时一次连续取的数据点数，对于随姿态角变化的 RCS 数据，实质是选择一个进行统计的角度窗口宽度。为了较好地反映出起伏特性，其理论准则是选定的窗口内至少包含 3～4 个起伏波瓣。通常这个窗口的典型值在 1°～10°。滑动步长指确定窗口宽度的基础上，窗口每次沿 RCS 散射图的移动量。为保证将每一个数据纳入统计，滑动步长不应大于窗口宽度。当两者相等时意味着每次处理的都是一套全新的数据。若滑动步长小于窗口宽度，可使得到的分段均值曲线较为平滑。这里选取窗口宽度为 10°，滑动步长为 5°。图 4－71 给出了在线性空间表示的主极化和交叉极化通道分段均值曲线，为清晰展示隐身方位段的数据，图中放大了鼻锥和机尾方向结果。

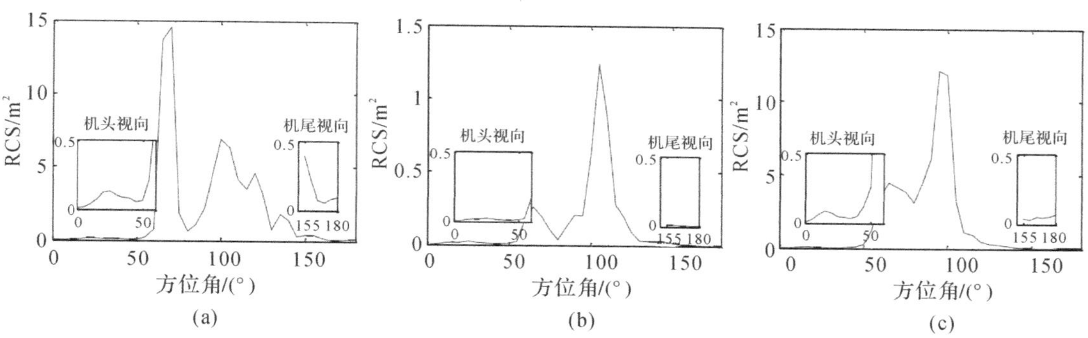

图 4－71　分段均值

(a)主极化(HH)；(b)交叉极化；(c)主极化(VV)

(3)分位值

分位值定义与中值类似，可通过 CDF 求得。常用的有十分位值和九十分位值，记为 $\sigma_{10\%}$ 和 $\sigma_{90\%}$，其求解公式为

$$\mathrm{CDF}(\sigma_{10\%})\int_{-\infty}^{\sigma_{10\%}}P(\sigma)\mathrm{d}\sigma = 10\%$$

$$\mathrm{CDF}(\sigma_{90\%})\int_{-\infty}^{\sigma_{90\%}}P(\sigma)\mathrm{d}\sigma = 90\%$$

图 4－72 给出了各极化通道每个数据窗口对应的统计参数，包括均值、中值、十分位值和九十分位值。统计参数的求解一般在对数空间进行。

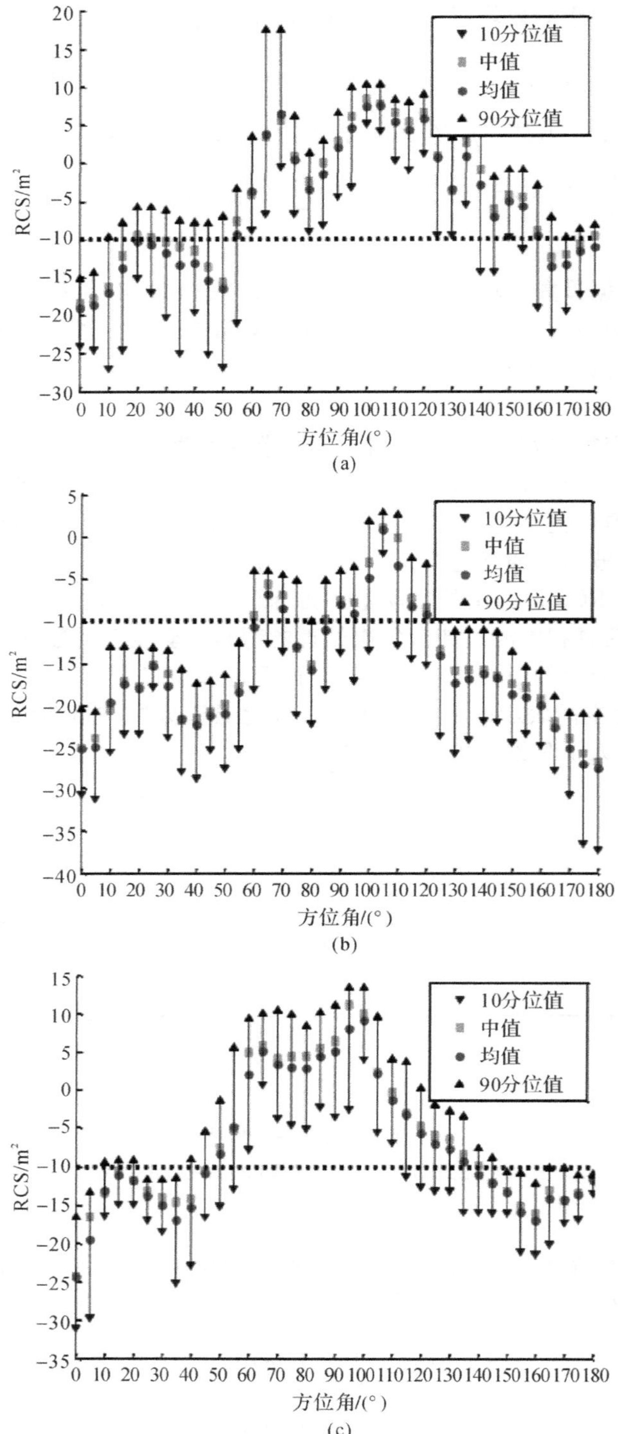

图 4-72 分位值

(a)主极化(HH);(b)交叉极化;(c)主极化(VV)

图中黑色虚线对应的 RCS 为 0.1 m^2，可粗略认为是隐身性能的临界值。据此可以判断各方位角范围的隐身性。统计分析中引入分位值，好处是剔除了野值的影响，合理地反映了各数据段的动态范围和离散程度。如果两分位值间隔较小，表明 RCS 随姿态角慢变；如果间隔较大，则表明 RCS 随姿态角有较大的起伏。可见分位值既是一种平滑处理手段，也可以定性描述 RCS 的起伏特性。

习 题

1. 对于紫铜，其磁导率 $\mu_r = 4\pi \times 10^{-7}$ (H/m^{-1})，电导率 $\sigma = 5.8 \times 10^7$ (S/m^{-1})，对于 1 kHz 的信号，要想电场衰减为 1%，需要多厚的紫铜板材？

2. 设计一个对数周期阵子阵天线，工作频率为 200～600 MHz，设计增益为 9 dB。

3. 已知均匀直线阵由 N 个天线元沿 y 轴排列成一行构成，且相邻阵元之间的距离相等都为 d，电流激励为 $I_n = I_{n-1}\,e^{j\xi}$ $(n=1,2,3,\cdots,N)$，如下图：

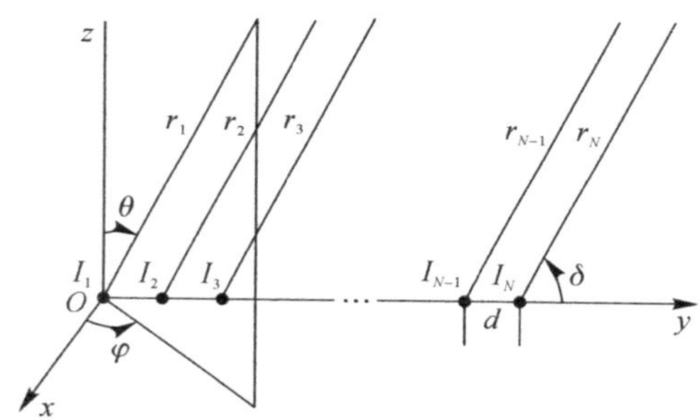

题 3 图

请给出图中均匀直线阵天线的归一化阵因子函数 $F_a(\theta,\varphi) = \dfrac{\sin(N\psi/2)}{N\sin(\psi/2)}$ 的推导过程。

4. 基本点振子矢量磁位 A 表达式中各参数的物理意义是什么？

$$A(r,t) = \frac{\mu I\,dz}{4\pi}\frac{e^{-j\omega\frac{r}{v}}}{r}a_z$$

5. 对称振子的辐射场方向函数表达式中各参数的物理意义是什么？

$$f(\theta,\varphi) = \frac{\cos(\beta l\cos\theta) - \cos(\beta l)}{\sin\theta}$$

6. 有两个半波振子组成一个平行二元阵，其间隔距离 $d=0.25\lambda$，电流比 $I_{m2} = I_{m2}e^{j\frac{\pi}{2}}$，求其 E 面的方向函数。

7. 米波、分米波、厘米波的优点、缺点、用途和典型应用分别是什么？

8. 求半波天线的方向性系数及半功率波瓣宽度。

9. 抛物面天线和卡塞格仑天线的异同分别是什么？

第五章 高光谱图像特性

高光谱图像是一种特殊类型的图像，它结合了成像技术与光谱探测技术，在获取目标的空间特征成像的同时，对每个空间像元经过色散形成几十个乃至几百个窄波段以进行连续的光谱覆盖。这种图像技术使得图像信息不仅可以反应样本大小、形状、缺陷等外部品质特征，而且可以通过光谱信息反应样本内部的物理结构、化学成分的差异。

第一节 高光谱遥感概述

一、定义

高光谱遥感(Hyperspectral Remote Sensing)是通过成像光谱仪记录地物光谱信息的太阳辐射信号，在可见光、近红外、中红外等电磁波谱范围内利用狭窄的光谱间隔成像，获取近似连续、反应地物属性的光谱特征曲线，将表征地物属性特征的光谱信息与表征地物几何位置关系的空间信息有机地结合在一起，使得用户能够提取地物细节并进行精确定量分析。高光谱遥感是高光谱分辨率遥感的简称，可以同时获取描述地物分布的二维空间信息和描述地物光谱特征属性的一维光谱信息，其光谱分辨率为纳米级，使得用户能够探测到许多原本在多光谱遥感图像中无法获取的光谱信息。

高光谱遥感的基础是测谱学(Spectroscopy)。测谱学早在20世纪初就被用于识别分子和原子及其结构，20世纪80年代才开始建立成像光谱学。成像光谱仪是将成像传感器的空间表示与光谱仪的分析能力结合在一起遥感仪器，能为每个像素提供数十至数百个窄波段的光谱信息，并生成一条完整、连续的光谱曲线。图5-1展示成像光谱学的基本概念。成像光谱仪将视域中观测到的各种地物以完整的光谱曲线记录下来。这种记录的光谱数据能用于多学科的研究和应用中。

高光谱遥感的出现是遥感界的一场革命。它使本来在宽波段遥感中不可探测的物质，在高光谱遥感中能被探测。研究表明许多地表物质(虽然并不包括全部)的吸收特征在吸收峰深度一半处的宽度为20～40 nm。由于成像光谱系统获得的连续波段宽度一般在10 nm以内，因此这种数据能以足够的光谱分辨率区分出那些具有诊断性光谱特征的地表物质。这一点在地质矿物分类及成图上具有广泛的应用前景。而陆地卫星传感器，像MSS和TM，则无法探测这些具有诊断性光谱吸收特征的物质，因为它们的波段宽度一般在100～

200 nm(远宽于诊断性光谱宽度),且在光谱上并不连续。类似地,假如矿物成分有特殊的光谱特征,用这种高光谱分辨率数据也能将混合矿物或矿物像元中混有植被光谱的情形,在单个像元内计算出各种成分的比例。在地物探测和环境监测研究中,利用高光谱遥感数据,可采用确定性方法(模型),而不像宽波段遥感采用的统计方法(模型)。其主要原因也是成像光谱测定法能提供丰富的光谱信息,并借此定义特殊的光谱特征。

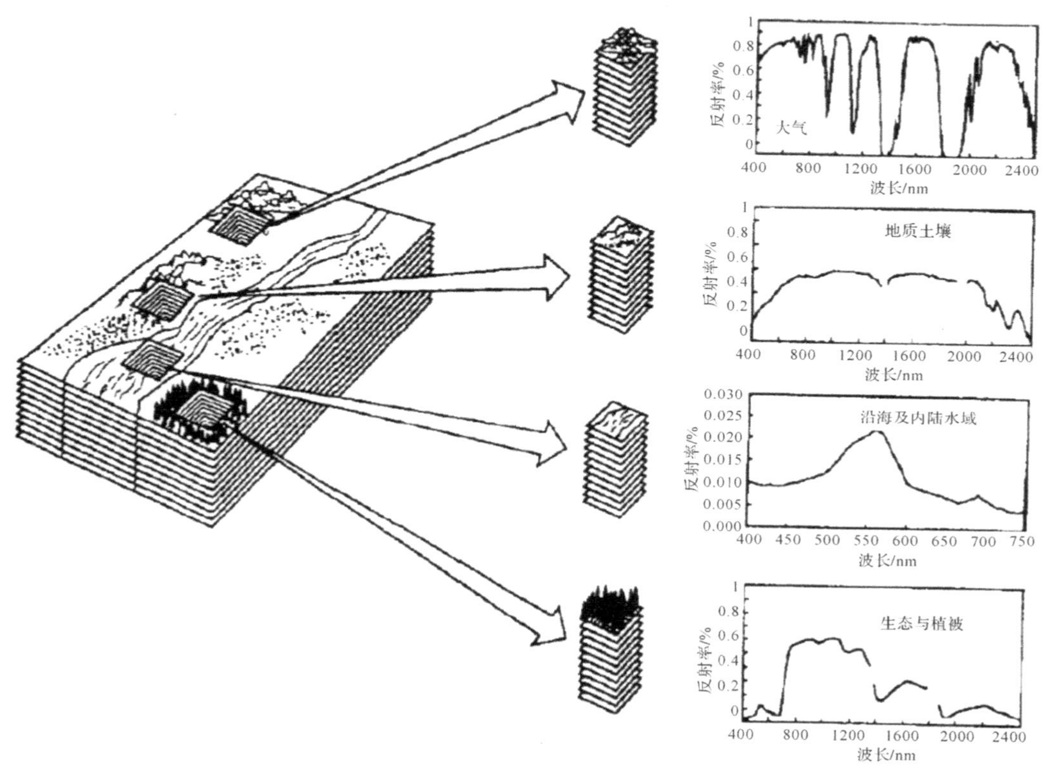

图 5-1 成像光谱学的基本概念

二、主要特性

与传统的多光谱扫描仪相比,成像光谱仪能够得到上百波段的连续图像,且每个图像像元都可以提取一条光谱曲线。成像光谱技术把传统的二维成像遥感技术和光谱技术有机地结合在一起,在用成像系统获得被测物空间信息的同时,通过光谱仪系统把被测物的辐射分解成不同波长的谱辐射,能在一个光谱区间内获得每个像元几十甚至几百个连续的窄波段信息。与地面光谱辐射计相比,成像光谱仪不是在"点"上的光谱测员,而是在连续空间上进行光谱测量,因此它是光谱成像的;与传统多光谱遥感相比,其波段不是离散的而是连续的,因此从它的每个像元均能提取一条平滑而完整的光谱曲线,如图 5-2 所示。成像光谱仪的出现解决了传统科学领域"成像元光谱"和"光谱不成像"的历史问题。

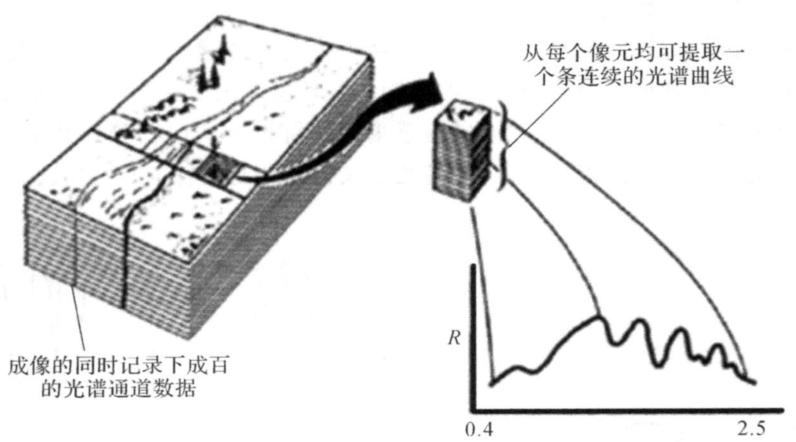

图 5-2　成像光谱仪的图像结构

高光谱遥感的突出特点如下：

(一)光谱分辨率高

通常的多光谱遥感器，如陆地遥感卫星的专题制图仪传感器和地球观测试验系统的高分辨率可见光传感器只有几个波段，其光谱分辨率一般大于 100 nm。高光谱遥感器成像光谱仪能获得整个可见光、近红外、短波红外、热红外波段的多而窄的连续光谱，波段数多至几十甚至数百个，光谱分辨率可以达到纳米级，一般为 10～20 nm，个别达 2.5 nm，如加拿大的荧光线成像仪 PMI、小型机载成像光谱仪、德国的反射光学系统成像光谱仪和中国的推扫式高光谱成像仪的光谱分辨率都不大于 5 nm。由于光谱分常率高，数十数百个光谱图像就可以获得影像中每个像元的精细光谱、地物波谱研究表明、地表物质在 0.4～2.5 μm 光谱区间内均有可以作为识别标志的光谱吸收带，其带宽约 20～40 nm，成像光谱仪的高分辨率可以捕捉到这信息。

(二)图谱合一

高光谱遥感获取的地表图像包含了地物丰富的空间，辐射和光谱三重信息，这些信息表现了地物空间分布的影像特征，同时也可能以其中某一像元或像元组为目标获得它们的辐射强度以及光谱特征。影像、辐射与光谱这三个遥感最重要的特征的结合就成为高光谱成像，特别是成像光谱进而作为成像光谱辐射遥感信息最重要的特点。图 5-3 直观地表达了上述这三种最重要的信息要素间的关系以及由它们的组合形成的各种遥感系统的情况。

(三)光谱波段多，在某一光谱段范围内连续成像

传统的全色和多光谱遥感器在光谱波段数上是非常有限的，在可见光和反射红外区，其光谱分辨率通常在 100 nm 量级。而成像光谱仪的光谱波段多，一般是几十个或者几百个，有的甚至高达上千个，而且这些光谱波段一般在成像范围内都是连续成像，因此，成像光谱仪能够获得地物在一定范围内连续的、精细的光谱曲线。以图 5-4 所示的先进的机载可见光/红外成像光谱仪(AVIRIS)为例，在 400～2 500 nm 的区间内，AVIRIS 有 224 个光谱波段，可以连续测量地物相邻的光谱信号。这些光谱信号可以转化成光谱反射率曲线，或称之为反射光谱，它真实地记录了入射光被物体所反射回来的能量百分比随波长的变化规律。图 5－5 是几种典型地物的反射光谱和吸收光谱，对于不同的遥感器波段设置，遥感数据对地物光谱特征的反映程度也明显不同。不同物质间这种千差万别的光谱特征和形态也正是利用高光谱遥感技术实现地物精细探测的应用基础。

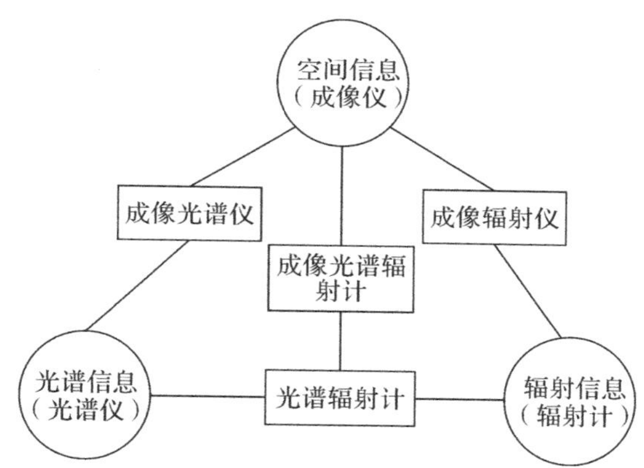

图 5－3　光学遥感信息的组成及其与遥感器的关系

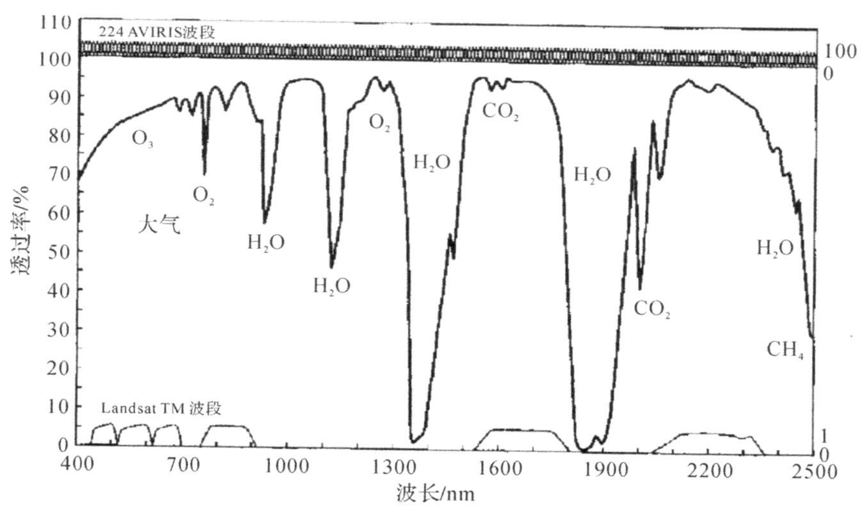

图 5－4　AVIRIS 与 TM 光谱波段比较

基于上述特点，高光谱图像携带的光谱信息提供了区别地物光谱细微差别的能力，使人们可以识别诸如树木的种类、道路的类型、不同湿润度的土壤等地物以及鉴别伪装和诱饵目标等。随着现代战争战场环境的日益复杂化，各类新型光电武器及装备的不断发展，各种隐身技术的不断创新，迫切需要发展先进的侦察手段来对战区威胁进行准确的情报获取。高光谱图像与单波段图像相比，多出了一维光谱信息，从而使获得的信息更加完备，高光谱图像的这一特点及采用合适的算法必然使得高光谱侦察技术具有广阔的应用前景。

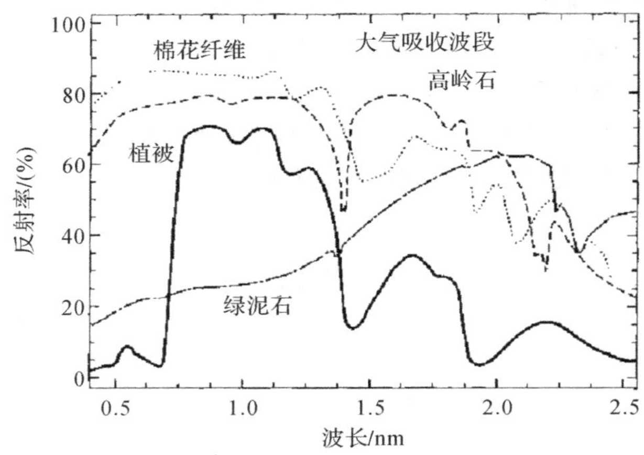

图 5－5　地物光谱与不同遥感器波段设置

三、成像机理

高光谱遥感成像是指具有较高的光谱分辨率的遥感科学和成像技术，是一门新兴的、交叉学科。该学科以计算机、传感器、航空航天等技术为基础，涉及电磁波理论、物理科学、光谱学与几何光学、信息学、地理与地球科学等多个学科。其中，电磁波理论是最重要的基础，通过准确接收和记录电磁波与地物间复杂的相互作用提供丰富的地物信息，进而得到高光谱图像数据立方。

高光谱成像技术是建立在成像光谱学基础上的全新综合遥感技术，集光谱分光技术、光电转换技术、空间成像技术、探测器技术、精密光学技术、微弱信号检测技术、光学成像技术与计算机处理技术于一体。高光谱成像仪又称作成像光谱仪，能够对视域范围内各种地物的几十甚至上百个波段同时成像，并对地物的空间几何分布信息和光谱信息进行同步获取，它将待测地物以完整的光谱曲线记录下来。光谱成像仪获取的光谱立方图像数据能够应用于多学科的研究工作中。

依据光谱分光原理的不同，成像光谱仪有色散型、干涉型以及滤光片型三种光谱分光技术；依据空间成像方式的不同，成像光谱仪主要有摆扫式、推扫式、框幅式和窗扫式四类。

(一)摆扫式成像光谱仪

摆扫式又称为垂直航迹扫描。摆扫式成像光谱仪采用线性阵列探测器同时获取瞬时视场像素的所有光谱维信息，由系统的左右摆动扫描与平台的沿轨道运动共同完成二维空间成像，如图 5－6 所示。图中 FOV 表示视域，GFOV 为相应投影到地面的视域。

摆扫式成像光谱仪是逐像素成像的，具有总视场范围宽及宽幅成像等优点。并且，在某特定时刻，光谱只凝视一个像素并完成所有光谱维的数据获取，因此获取的数据比较稳定。但是由于每个像元的数据信息获取时间较短，再加上信噪比的增加与积分时间二次方根成正比，因此这种成像方式获得的数据通常信噪比较低，不易提高高光谱分辨率和辐射灵敏度。由于跨轨方向扫描成像，造成跨轨方向图像边缘被压缩，且离星下点越远则压缩畸变越严重，会形成固有畸变。采用摆扫式成像方式的成像光谱仪有中国科学院上海技术物理研究所 OMIS 系统、美国的 AVIRIS 和 MODIS 等。

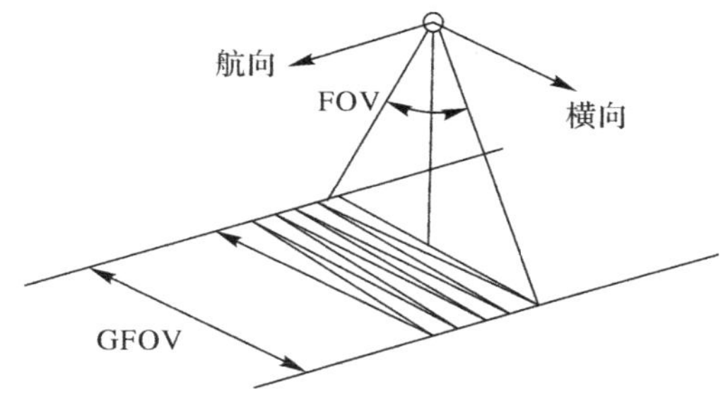

图 5-6　摆扫式成像光谱仪

(二)推扫式成像光谱仪

推扫式扫描又称沿航迹扫描。推扫式面阵列成像光谱仪的工作原理如图 5-7 所示。图中二维面阵列,一维用作光谱仪,另一维为一线性阵列,以推扫的形式(沿航迹进行扫描),图像一次建立一行而不需要移动元件。传感器使用的二维 CCD 面阵列探测元件被分布在光谱仪的焦平面上。地面目标物的辐射能通过指向镜,由物镜收集并通过狭缝增强准直照射到色散元件上。它们根据波长分散并聚焦到探测器面阵列元件上。在这种情况下,成像装置测量横向 m 个像元上逐像元 n 个波段上的辐射强度。因此在扫描一景内的每个地面格网有相应 72 个探测元件。面阵列横向宽度(m 个像元)由确定景宽的狭缝增强测定。

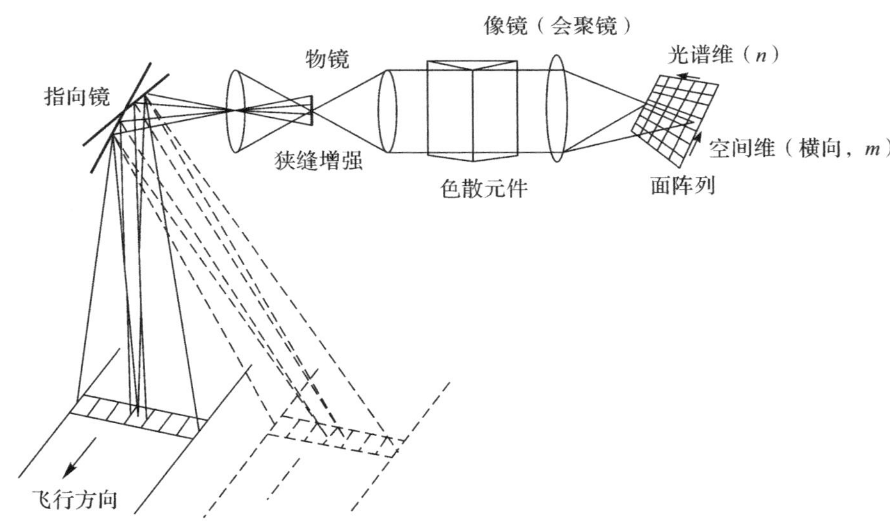

图 5-7　推扫式成像示意图

推扫式扫描原理的其它部分与摆扫式相同,即通过前快门在一定的曝光时间(滞留时间)内积聚辐射能,然后充足的辐射能被很快地传输到移位寄存器,即可读出探测器阵列所截获的地表辐射能。推扫式扫描使用的光电探测器材料与摆扫式方式也相同,即可见光-近红外(VNIR,0.4～1.1 μm)区用硅片(CCD),而短波红外(SWIR)区则用汞-镉-碲/CCD 混合器件。

因此，这类成像光谱仪的特点是：

1)空间扫描由器件的固体扫描完成，像元的摄像时间较长，信噪比较光机扫描高得多，这样系统的灵敏度和空间分辨率均可以得到提高；

2)记录在每一条扫描线上的探测器元件之间有确定的关系，沿着每一数据行(扫描线)的排列与摄影成像所得的单张影像是相似的，因此此类成像光谱仪采集的数据具有更好的几何完整性；

3)由于CCD元件材料技术成熟并且集成程度较高，因此在可见光范围光谱分辨率可以提高到1～2 nm；

4)由于运动部件少，相较于摆扫式成像光谱仪，推扫式更轻便。

其主要缺点是：由于CCD器件限制，短波红外灵敏度低，热红外暂时还不可能感应；由于光学设计上的困难，总视场受到限制；由于需要大量探测器进行校准，工作比较复杂、费时。

第一代推扫式成像光谱仪是机载成像光谱仪(AIS)。AIS以推扫式方式使用一个色散光栅(棱镜)和二维阵列工作。芬兰的多用途航空成像光谱仪(AISA)、加拿大的CASI和FLI、美国的HYDICE和TRW的高光谱成像仪(HSI)及中国的推扫式高光谱成像仪(PHI)均采用这种成像原理工作。由于加拿大研究公司研制的CASI已成为世界上销量最大的高光谱成像仪以及它的独特工作方式。

小型机载成像光谱仪(CASI)在可见光-近红外光区域成像。当飞机飞行时，二维面阵列元件上一行图像以高光谱分辨率被重复读出，进而得到覆盖相应地面的高光谱遥感图像。CASI的技术参数见表5-1。CASI可用两种工作方式成像：多光谱和高光谱。当以多光谱方式工作时，可产生高达19个非重叠的波段和最多每行512个像元，其中波段中心波长位置和波段宽度是可程控的。表5-2给出了CASI空间工作方式成像的6个波段设置。当满高光谱工作时，高达288个波段覆盖可见光-近红外光区域。测量光谱是在横向，以至少4个像元为间隔的，至多39个所谓“观测方向”上进行。称之为满像幅的工作方式，提供全部CCD面阵列读出的功能，主要用于仪器本身定标。CASI的最新版本已改进了光谱工作方式，并称之为增强型光谱工作方式，它允许连续的空间取样和光谱取样，结合了多光谱、高光谱两种工作方式的长处，大有发展前途。

表5-1　CASI仪器技术参数说明

参　数	参数值
视场(横向)	35.4°
空间抽样	512像元
光谱抽样	288波段
光谱范围	385～900 nm
光谱分辨率	在650 nm处为2.2 nm
光谱抽样间隔	1.8 nm

续 表

参　数	参数值
信噪比(峰值)	420:1
辐射精度	470～800 nm,绝对值±2% 385～900 nm,绝对值±5%
电源支持	28VDC/13A
温度范围	5～40℃
重量	55 kg

表 5—2　多光谱方式 6 个波段范围

波段	波长范围/nm
1	450.0～480.5
2	533.4～562.3
3	658.5～680.5
4	741.3～756.2
5	770.2～792.3
6	844.4～872.1

(三)框幅式成像光谱仪

框幅式成像光谱仪又称作凝视型成像光谱仪。该类成像仪使用面阵探测器依次记录二维空间各个波段的图像数据。框幅式成像光谱仪采集空间二维数据时,不需要采用动镜或通过平台轨迹运动;但是由于其采用逐个波段依次获取数据的方式,每次只能获得图像的一个波段数据,因此需要更多的时间获得像素的全部光谱信息。因此,该类成像光谱仪不适用于探测快速变化的目标;并且,为了保证平台在成像过程中的稳定性,框幅式成像仪在采集每个波段数据的过程中都要保持同一凝视状态。

(四)窗扫式成像光谱仪

窗扫式成像光谱仪采用了一种全新的空间成像方式,其可以同时采集二维空间信息和光谱维信息,即可以在面阵探测器采集二维空间信息的同时获取相应的光谱信息,实现图像空间信息与光谱信息的结合。该类成像光谱仪获取所有光谱波段信息的方式是时间调制型的,因此其不适用于变化速度快的目标,但是在数据采集过程中不用保持同一凝视状态。中国科学院西安光学精密机械研究所研制的 USPIIS 系统、美国的 SBRC 和 TIRIS 系统均采用该类成像方式。

第二节　高光谱成像设备

一、概述

高光谱成像技术是20世纪80年代兴起的新型成像技术,典型的设备是成像光谱仪。这类成像光谱仪能够采集大量窄的、连续光谱波段(光谱波段覆盖了可见光、近红外、中红外和热红外区域的全部光谱带)的图像数据,图像中的每个像元均具有几乎连续的光谱数据(反射率曲线)。高光谱图像既能体现目标图像二维空间景像信息,又能够反映高分辨率的一维表征像元物理属性的光谱信息,即图谱合一。至今成像光谱仪主要应用于高光谱航空遥感,其种类多样,工作原理(依据扫描方式)也存在差异。

二、典型成像设备

20世纪80年代高光谱成像仪诞生。随着90年代计算机技术的迅速发展,很多航空高光谱遥感传感器(见表5-3)相继问世并投入使用,其特点是能取得好的光谱分辨率(1%~5%)和高空间分辨率(1~20 m),也可进行卫星高光谱遥感仿真。

表5-3　一些主要的航空高光谱遥感器

传感器	时间	波段数	光谱范围/nm	传感器	时间	波段数	光谱范围/nm
AAHIS	1994	288	432~832	EPS-H	1995	152	430~12 500
AHI	1994	256	7 500~11 700	HYDICE	1995	210	400~2 500
AIS-1	1982	128	900~2 100 1 200~2 400	HYMAP	1996	126	450~2 500
AISA+	1997	244	400~970	MAIS	1991	71	450~12 200
AISA Hawk	2003	240	1 000~2 400	MIVIS	1993	102	433~12 700
ASAS	1987	62	400~1 060	OMIS	1999	128	460~12 500
APEX	预计2005	300	380~2 500	PHI-1	1994	244	400~800
AVIRIS	1987	224	400~2 450	ROSIS	1993	128	440~850
AVIS-2	2001	64	400~850	SASI	2002	160	850~2 450
CASI	1989	288	400~1 050	SFSI	1994	22~120	1230~2 380
DAIS 7915	1994	79	498~12 300	V1FIS	1994	64	420~870

相比于航空高光谱传感器空间分辨率高、方便快捷的优点,卫星高光谱遥感具备运行稳定、能够有规律重复观察、减少图像扭曲和大气影响、低成本采集全球数据、以太阳同步的轨道确保一致光照条件等优点。目前,Hyperion、CHRIS以及FTHSI高光谱仪是提供连续光谱曲线的卫星传感器,其它部分传感器也具有高光谱能力,一些卫星系统也正在发展中(见表5-4)。

表 5-4　主要卫星高光谱遥感器

传感器	发射时间	平台	波段数	光谱范围/nm	空间分辨率/m
ASTER	1999	Terra (EOS)	14	520～1 165	15,30, 90
MODIS	1999	Terra (EOS)	36	405～14 385	250,500,1 000
FTHSI	2000	MightySat	146	475～1 050	30
CHRIS	2001	ESA PROBA	62	410～1 050	18～36
GLI	2002	NASDA DEOS-Ⅱ	40	380～1 200	250～1 000
HYPERION	2002	EO-1	220	400～2 500	30
MERIS	2002	ENVISAT	15 (moveable)	390～1 040	300
ARIES	发展中	ARIES-Ⅰ	105	400～2 500	30
COTS	发展中	NEMO	200	400～2 500	30

(一)机载成像光谱仪(AIS)

AIS 由美国喷气推进实验室(JPL)研制，是最早的航空成像光谱仪之一，也是第一台能以推扫成像模式获取地面数据的成像光谱仪。AIS-1 和 AIS-2 分别在 1983—1985 年与 1986—1987 年试用。AIS-1 覆盖的光谱范围分为两段：900～2 100 nm(即“树”方式)和 1 200～2 400 nm(即“岩石”方式)，有 128 个光谱波段，波段宽度为 9.3 nm，其空间分辨率取决于飞机飞行高度。AIS-2“树”方式的光谱范围不同于 AIS-1，为 800～1 600 nm，“岩石”方式的光谱范围与 AIS-1 相同，它的波段宽度为 10.6 nm，比 AIS-1 宽 1.3 nm。AIS 主要应用于地球科学、矿物识别以及地球植物、植被受害影响、变性岩石等识别。

(二)多用途航空成像光谱仪(AISA)

AISA 是芬兰 Spectral Imaging 公司研制的商用成像光谱仪，1993 年起投入使用。AISA能向用户提供多种用途，主要用于农业、地质、林业、水文方面的测量。依据 CCD(推扫式)技术，AISA 属于程控可调成像光谱仪，它的选择可调特征包括通道数(1～286)、光谱范围(450～900 nm)以及波段宽(1.6～9.4 nm)。

(三)先进的固态阵列成像光谱仪(ASAS)

ASAS 是 NASA 戈达德太空飞行中心陆地物理实验室研制/运维的一种机载的多角度成像光谱仪，其能够多角度测量目标的辐射观测数据。ASAS 从 455～871 nm 光谱范围以 29 个光谱段获取数据，其光谱分辨率约为 15 nm。ASAS 在 1987 年首次使用，在 1992 年得到了改进，采用了新的探测阵列子系统，因此能够探测 400～1 061 nm 间的 62 个光谱段，光谱分辨率为 11.5 nm；并且其新的光学探头向前倾斜高达 75°，后向达 60°。ASAS 采集的数据主要应用于：土地覆盖分类、森林冠层光谱模型研究、植被营养活力指数构建、大气参数反演以及几何配准算法测试等。

(四)机载可见光/红外成像光谱仪(AVIRIS)

AVIRIS 由 NASA/JPL 研制，是 AIS 的继承者。AVIRIS 的覆盖光谱范围为 280～

2 500 nm，有 224 个光谱波段，光谱分辨率在 9.7～12.0 nm 之间，空间分辨率为 20 m。AVIRIS 被认作第一台生产性的高光谱仪器。AVIRIS 的观测数据可用于生态学、地质学、海洋学、水文学、冰、雪、云和大气的研究，也可以用于卫星定标、模拟、建立并验证算法等。AVIRIS 观测数据的相关研究与全球环境、气候变化问题有直接关系。AVIRIS 在 1986 年首次试飞，并在 1992 年得到了改进。

(五)小型高分辨率成像光谱制图仪(CHRISS)

CHRISS 是美国研制的、用于商业性目的的高光谱成像仪。该仪器在 1991 年开始研制，是一台指向星下点的 CCD 推扫式二维成像光谱仪。CHRISS 的光谱范围为 430～860 nm(紫外到近红外)，其空间分辨率和光谱分辨率是可调的。空间维上从 192 到 385 像元可供选择，光谱维上的波段数可从 79 变到 144。CHRISS 能够应用于石油渗漏、植被识别、森林调查、海洋水色和环境监测等方面。

(六)数字式航空成像光谱仪(DAIS－7915)

DAIS－7915 是由欧洲共同体资助、美国制造的，其具有 79 通道和 15 比特像元量化能力。DAIS－7915 探测光谱的范围从可见光到热红外区，空间分辨率为 2～30 m。该成像光谱仪能用于植被受害研究、农林业资源制图、地质制图、矿藏勘测、陆地和海洋生态系统的环境监测，并且能够为 GIS 提供数据。DAIS－16115 则是具有 161 通道、15 比特量化级的成像光谱仪，其主要应用范围与 DAIS－7915 相同。

(七)高光谱数字图像收集实验仪(HYDICE)

HYDICE 由美国于 1992 年开始研制，使用的是 CCD 推扫式技术。HYDICE 的光谱探测范围是 400～2 500nm，包含 206 个探测波段。HYDICE 计划适用于军、民领域，包括资源管理(土地利用，矿物识别)，制图(地域分类、湿地识别)及灾害管理(损失评估)，农业(作物分析、虫害控制和病害分析)，林业(资源清查、虫害控制和森林恢复)，环境(有毒废物、酸雨、大气污染、水污染监测及水土保持)等。

(八)高光谱成像仪(Hyperion)

Hyperion 是美国研制的星载高光谱成像仪。Hyperion 可以提供高质量的地球观测数据以便于探测地表特性。Hyperion 能获取 400～2 500 nm 范围内、220 个连续光谱通道的观测数据，其空间分辨率为 30 m。Hyperion 采集的每一幅图像能够覆盖地面面积 7.5×100 km^2。Hyperion 采集的数据能够广泛应用于地质、矿物开采、农林业以及环境保护等领域，能用于复杂的陆地生态系统成图和精确分类。

(九)外成像光谱仪(ISM)

ISM 在 1991 年首次试用，是由法国研制的一种成像光谱仪。ISM 的光谱工作范围是 800～3 200 nm(近红外和中红外区域)，具备 128 个光谱波段，光谱分辨率有 12.5 nm 和 25.0 nm 两种。ISM 采用电子-机械扫描技术设计，主要目的是用于地质、植被(农林业)、云和冰雪的观测，强调中红外波段探测植物冠层化学成分(木质素、氮、纤维素)的能力。

(十)反射光学系统成像光谱仪(ROSIS)

ROSIS 是由德国研制的小型航空成像光谱仪，其光谱工作范围为 430～830 nm，波段宽度是 4～12 nm。ROSIS 被设计用于探测沿海地区阳光激发的叶绿素荧光辐射，航空ROSIS传感器亦被用于监测陆地或大气特征。ROSIS 有多光谱和高光谱两种工作方式；其中，多光谱工作方式是从 84 个通道中选取最多 32 个通道，而高光谱工作方式使用所有的 84 个通道，但像元分辨率有所下降。

(十一)短波红外满光谱制图成像仪(SFSI)

SFSI 是由加拿大研制的、着重探测短波红外电磁波的成像光谱仪，其第一次试验是在 1994 年。SFSI 的工作光谱范围为 1 200～2 400 nm，波段宽为 10 nm，具有 122 个连续光谱段。SFSI 能获取空间分辨率为 0.5～4 m 的图像，图像框幅尺寸为 512×512 像元。SFSI 可以测量吸收波段特征深度，测定 1 200～1 300 nm 和 1 500～1 790 nm 窗口的大部分目标类型(树木和土壤等)的光谱特征。

(十二)TRW 成像光谱仪(TRWIS - TRW)

TRWIS 是美国研制的高光谱成像光谱仪，它能实时显示植被或矿物，或定量(作物健康、生物量等)特征的测量数据。TRWIS -Ⅱ有两个光谱工作范围：900～1 800 nm 和 1 500～2 500 nm，有 128 个波段，波段宽为 12 nm；TRWIS - B 的光谱范围是 450～880 nm，有 90 个波段，波段宽为 4.8 nm。TRWIS 主要应用于自然资源管理(植被识别、生物量估计、火灾、渔业、浮游植物调查及冰雪调查等)、环境保护(油溢出、有毒物质溢出倾倒、废水物溢出等监测)以及自然资源勘探(石油、矿物及水)等。

第三节　高光谱遥感应用

在世界各国科技发展计划中，对地探测技术都居于核心地位，遥感技术是对地观测的重中之重。高光谱图像因其丰富的地表信息及其独特谱像表示方式，被广泛应用于民用、军事领域。高光谱分辨率成像的光谱遥感起源于地质矿物识别填图研究，之后被扩展到植被研究、海洋海岸水色、土壤及大气的研究中，为自然灾害监测、农业应用、林业遥感、海洋光学遥感器评价、宇宙和天文学等领域提供重要数据支撑。高光谱遥感技术在军事中的应用主要包括情报侦察、探测核生化武器、打击效果评估研究、动向情报分析等方面，其中情报侦察中的目标伪装技术早已出现在现代高技术战争中。目前，高光谱遥感在军事领域的研究与应用趋势正在加快。

一、情报侦察

战场侦察方面有目标识别、地雷探测、搜索营救等。利用高光谱遥感技术，参照地物波谱数据库能够识别出目标的表面物质，进而识别出伪装器材和伪装目标。因此在识别伪装方面，它能够根据目标与伪装物或者自然物不同的光谱特性发现真正目标，包括没有先验特征目标的异常探测和识别，这对军事目标探测以及目标伪装反探测极其重要。高光谱探雷不仅因为地面物体材质不同，还因为高光谱成像仪能探测到地面被扰动的痕迹。战场逃生的飞行员或失踪人员如果撒一些特殊物质粉末于藏匿环境中，将有利于在高光谱图像中找到该区域，便于搜寻营救，而且不用发射敌方也能接收信号。还有战场情报准备的地形分类，基于高光谱图像的地形特征和特殊背景的算法研究是一个重要应用方面，军用高光谱系统准确的地形分类能力能为军事行动提供有力支持。

二、探测核生化武器

高光谱遥感是防止大规模杀伤性武器的技术选项，以对核查人员无害的方式，通过高光谱遥感可以探测工厂的烟雾等排放物，高光谱成像仪不但可探测目标的光谱特性，还可分析识别其物质成分。

三、导弹预警

高光谱遥感能够提供可见光、近红外、短波红外以及中红外等电磁波谱范围内的目标的空间信息和光谱信息，其较宽的波谱覆盖范围使得处理高光谱数据时能够选择特定的波段来凸显目标。高光谱遥感中的红外波段数据能够为导弹预警提供目标探测数据，监视和发现敌方战略弹道导弹发射情况，辅助导弹预警工作。

四、打击效果评估研究

打击效果评估是军事决策的重要依据，高光谱具有很强的侦察能力，将其用于打击效果评估，尤其是对地下建筑的破坏评估是可发展的技术。

五、海军作战

美国海军设计的高光谱成像仪能够在 0.4～2.5 μm 光谱范围内提供 210 个波段的光谱数据。利用高光谱数据可获得近海环境的动态特性，对海滩特征、海水透明度、海深探测、海底类型、水下危险物、洋流、潮汐、海洋生物发光场、油泄、海洋大气能见度和低能见度卷云等特性进行舰上自动化分析处理和特征提取的研究，为海军近海作战提供情报参考信息，这对海军作战具有重大意义。

六、动向情报分析

高光谱成像仪能在连续的工作波段上同时对战场进行探测，可以直接地反映出被测物体的精细光谱特征，分辨出目标表面的成分及其状态，能够得到空间探测信息与地面实际目标之间存在的精确对应关系，分析出战场环境中的情报信息，如目标或战场环境的变化检测(或异常检测)。以色列科学家通过 CASI 高光谱成像仪对特拉维夫市进行了研究，从采集的 CASI 图像中选择典型地物作为端元数据，能够有效地识别出河流、路面、沙土、植被等地物。

第四节　高光谱数据分析处理——ENVI 软件

一、软件概述

ENVI(The Environment for Visualizing Images)是基于交互式数据语言 IDL(Interactive Data Language)开发的一套功能强大的遥感图像处理软件，其包含齐全的遥感影像处理功能：图像数据的输入/输出、辐射定标、几何校正、图像裁剪、图像增强、图像解译、图像分类、变化监测、矢量处理、高光谱分析、地形特征提取及分析、雷达数据处理、制图、与 GIS 整合等功能。ENVI 软件支持所有的 UNIX、Linux、Mac OS X 系统，以及 PC 机的 Windows 2000/XP/7/8/Vista 操作系统。ENVI 软件能够快速、准确、便捷地从遥感图像中获得所需的信息，并提供先进的、人性化的实用工具供用户读取、分析、共享图像中的信息。用户还能利用 IDL 为 ENVI 编写扩展功能。

(一)ENVI 的特点

ENVI 软具有以下显著特点：

1)操作简单、易学——ENVI 具有灵活的、人性化的界面，使其简单易学、便于操作和使用。

2)可靠、先进的图像分析工具——ENVI 具有全套的图像信息智能提取工具，能全面提升图像价值。

3)专业的光谱分析——高光谱分析一直处于世界领先地位。

4)灵活扩展新功能——底层的 IDL 语言能帮助用户轻松添加、扩展 ENVI 的功能，甚至可以开发/定制自己的专业遥感平台。

5)流程化、向导式的图像处理工具——ENVI 软件将众多主流图像处理过程集成到流程化图像处理工具中，进一步提高了图像处理的效率。

6)与 ArcGIS 的完美结合——从 2007 年开始与 Esri 公司全面合作，为遥感和 GIS 的一体化集成提供了一个典型的解决方案。

(二)ENVI 工程化应用

ENVI 软件提供的这套完整的、实用图像处理分析工具便于用户读取、处理、探测、分析和共享图像信息。

1. 读取几乎任何图像类型和格式

ENVI 支持各种类型航天和航空传感器的图像，包括全色、多光谱、高光谱、热红外、雷达、激光雷达、地形数据和 GPS 数据等。ENVI 支持上百种图像以及矢量数据格式，包括 Geodatabase、GeoTIFF、HDF5、JITC 认证的 NITF、SICD 等格式。ENVI 的企业级性能可以让用户通过内部组织机构或互联网快速、轻松地访问 JPIP 和 OGC 兼容服务器上的图像。

2. 预处理图像

ENVI 具有自动预处理工具，能快速、轻松地对图像进行预处理，以便进行查看或其他分析。ENVI 软件能够对图像进行以下处理：

几何/正射校正，图像(自动)配准，辐射定标，大气校正，创建矢量叠加，图像融合、掩膜和镶嵌，确定/强化感兴趣区(ROI)，创建数字高程模型(DEM)，调整大小、旋转或数据类型转换。

3. 探测图像

ENVI 提供了一个直观的用户界面和易用的工具，能够轻松、快速地浏览和探测图像。

使用 ENVI 完成的工作有:浏览大型数据集和元数据、对图像进行视觉对比、创建三维地形可视化场景、创建散点图、探测像素特征等。

4.分析图像

ENVI 提供了一套经科学实践证明的、齐全的、成熟的用于图像分析的工具。

(1)数据分析工具。ENVI 提供的这套综合数据分析工具能够实现以下功能:

创建图像统计资料,如协方差和自相关系数;计算图像统计信息,如平均值、标准差、最小/最大值;提取线性特征;合成雷达图像;计算主成分;变化检测;空间特征测量;地形建模和特征提取;应用通用或自定义的滤波器;执行自定义的波段和光谱数学函数。

(2)光谱分析工具。光谱分析是通过物质在不同波长范围上的反应,来获取物质的相关信息。ENVI 拥有目前最先进的、易于操作使用的光谱分析工具,能快速地对图像进行科学的分析。ENVI 中的光谱分析工具具备以下功能:

非监督和监督方法进行图像分类,使用强大的光谱库识别光谱特征,检测/识别目标,识别感兴趣的特征,对感兴趣物质进行分析和制图,执行像素级/亚像素级的分析,利用分类后处理工具完善分类结果,使用植被分析工具计算森林健康度。

5. 共享用户的信息

ENVI 能够轻松地整合现有的工作流,让用户能在各种环境中分享地图和报告。所处理的图像能输出成常见的矢量格式和栅格图像,便于协同和演示。

6. 自定义遥感图像应用

IDL 是进行二维或多维数据可视化、分析和应用开发的理想软件工具。基于 IDL 语言,能够对 ENVI 的特性和功能进行自定义或扩展,以便于符合用户的具体要求(比如:自定义菜单、添加算法/工具、创建批处理等),甚至可以将 Java 和 C++代码集成到用户的工具中。

二、软件使用典型案例

以 ENVI 5.3.1 为例,介绍 ENVI 软件的几种典型操作案例。

(一)图像镶嵌

1)打开经过辐射定标和大气校正的两幅影像图(郑州地区 FLAASH_result.dat 和开封商丘地区 FLAASH_result_2.dat),ENVI 软件操作界面如图 5-8 所示。

2)导入待镶嵌的影像。以无缝镶嵌为例,操作如下:打开工具箱中的 Basic Tools—Mosaicking—Seamless Mosaic(Seamless Mosaic 为无缝镶嵌),单击 Add Scenes 按钮,在 File Selection 对话框中选择需要镶嵌的两幅影像,操作界面如图 5-9 所示。若影像背景存在黑色部分,可以在 Edit Entry 对话框中将 Data Ignore value 设置为 0,从而忽略黑色背景。

3)选择影像镶嵌方式。在 Color Correction 选项卡中依次选择 Histogram Matching 选项和 Entire Scene 选项。Overlap Area Only 是统计重叠区直方图进行匹配,Entire Scene 是统计整幅图像直方图进行匹配。操作界面如图 5-10 所示。随后如果需要添加接边线,则在 Seamlines/Feathering 窗口中选择中 Auto Create Seamlines(即选择自动生成接边线选项),则影像上自动生成接边线。

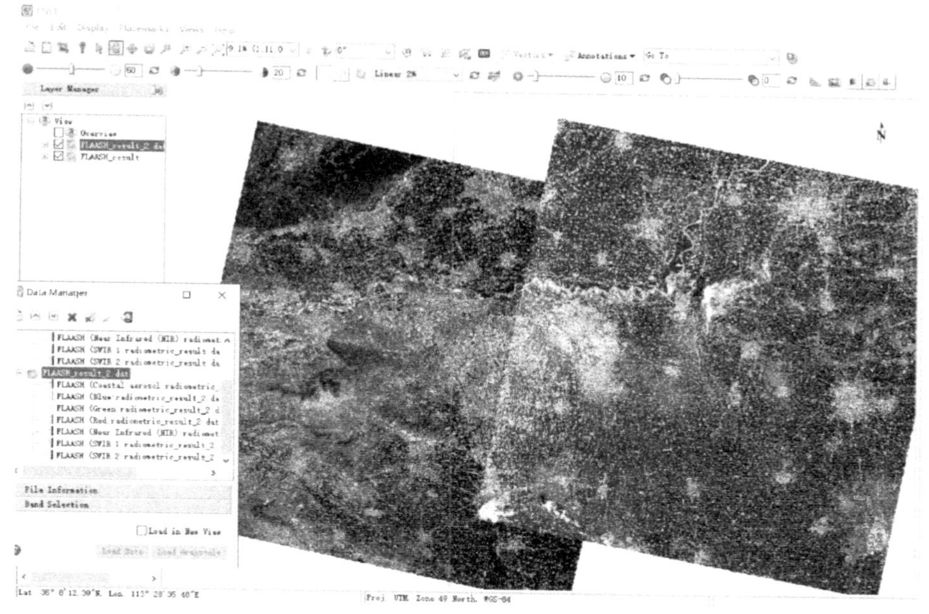

图 5-8　镶嵌前的两幅影像

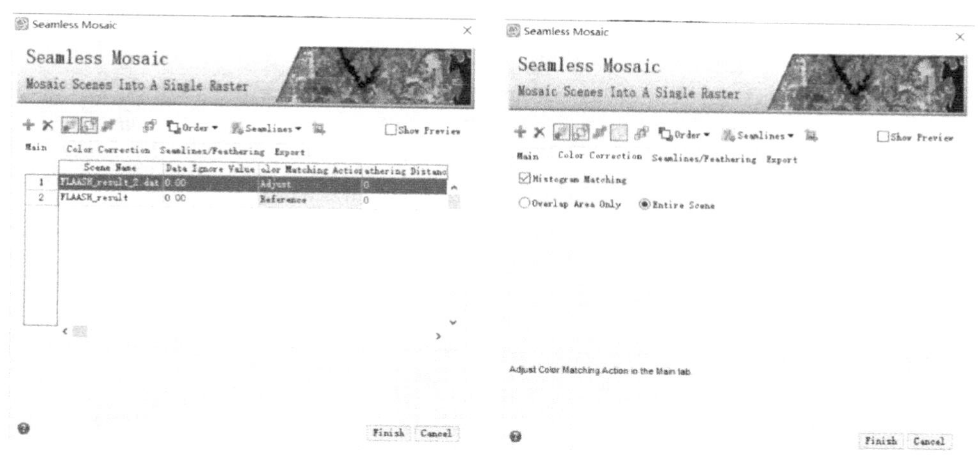

图 5-9　需要镶嵌的两幅影像的导入界面　　　图 5-10　镶嵌方式选择界面

4)设置羽化距离。返回 Seamless Mosaic 窗口下的 Main 选项,在 Feathering Distance 选项下设置羽化距离,羽化距离的单位是像素。值得注意的是,如果边缘或接边线附近图像的青光现象比较明显,则建议羽化距离设大一点儿。同时在 Seamlines/Feathering 窗口的 Feathering 选项处选择羽化模式,Edge Feathering 为边缘羽化,Seamline Feathering 为接边线羽化。本实例中选择接边线羽化模式,羽化距离设为 500 个像素,如图 5-11 所示。

5)输出镶嵌结果。在 Export 窗口设置输出格式、输出文件名和路径、背景值以重采样方式(本实例中重采样方式选择的 Cubic Convolution 双三次卷积)等参数,如图 5-12 所示。设置参数后,点击 Finish 按钮完成镶嵌任务,导出镶嵌结果,如图 5-13 所示。

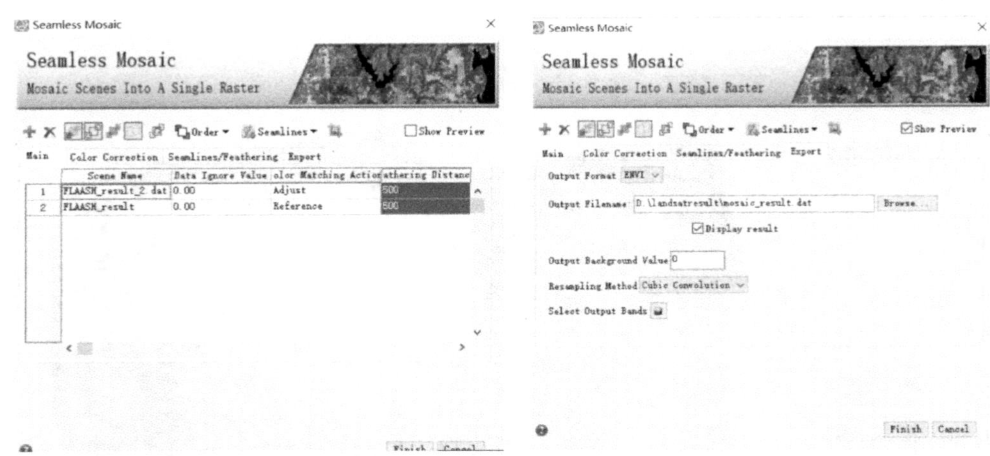

图 5 - 11　羽化距离设置界面　　　　图 5 - 12　参数输出设置界面

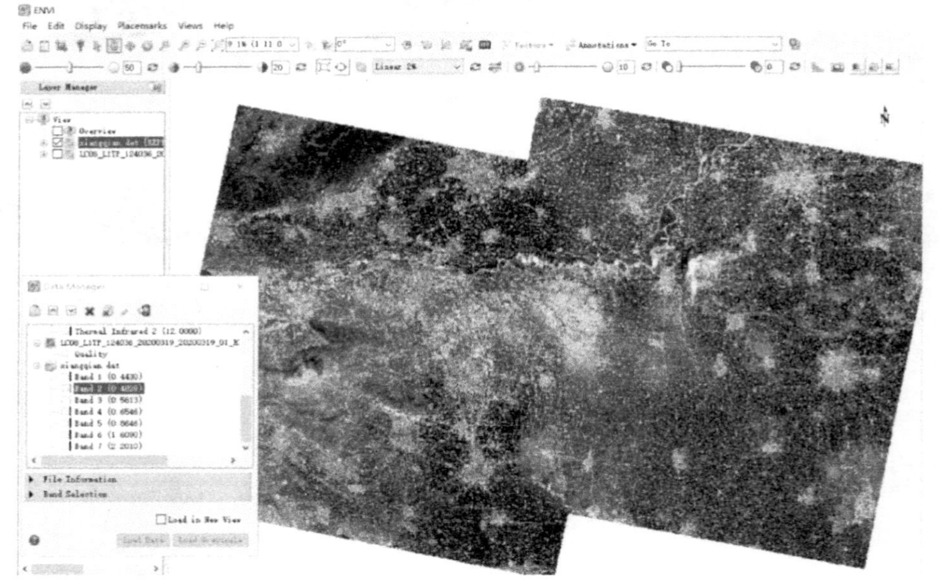

图 5 - 13　镶嵌结果

(二)图像融合

单一传感器采集的图像信息有限,经常难以满足应用需求。通过图像融合,将多源传感器采集的关于同一目标的数据按照一定的算法,最大限度地提取各个传感器采集的数据信息,最后综合生成高质量的图像。全色图像通常具有较高的空间分辨率,而多光谱图像的光谱信息比较丰富,为了提高多光谱图像的空间分辨率,选择将多光谱图像与全色图像融合,从而既保留了其光谱特征,又提高了其空间分辨率。

Landsat8 的多光谱波段空间分辨率和全色波段空间分辨率分别为 30 m 和 15 m。因此可以考虑把全色波段融合到多光谱波段来提高空间分辨率,同时保持多光谱信息。

下面以 2020 年 3 月 19 日 Landsat8 OLI 采集的郑州地区卫星图像为例，介绍 ENVI 软件的图像融合操作。

1．导入待融合的图像

启动 ENVI 软件，打开待融合的 30 m 分辨率和 15 m 分辨率影像文件。

图 5－14 给出了 30 m 分辨率和 15 m 分辨率的局部影像。

图 5－14　待融合影像

2．选择融合方法

在 ENVI 软件的 Transform 选项界面选择 Image Sharpening 功能，并在 Image Sharpening 选项卡处选择要选择的图像融合方法。ENVI 软件中提供的图像融合方法有 HSV 融合、Brovery 融合、PCA 融合、Cram－Schmide Pan Sharpening（CS）融合等，如图 5－15 所示。

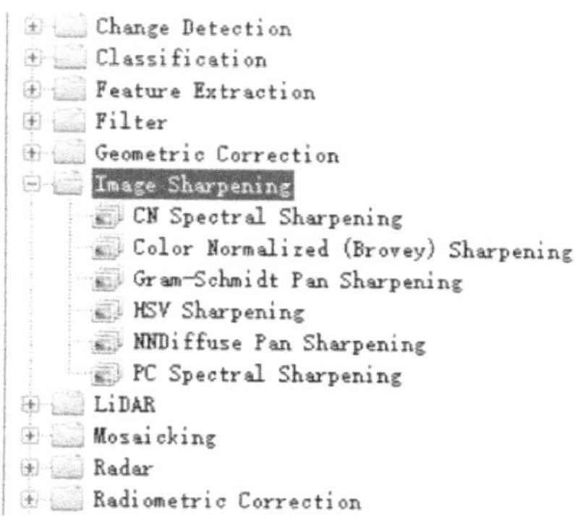

图 5－15　ENVI 软件提供的融合方法

3．进行图像融合

融合对话框中可以选择的图像重采样方法有最近邻重采样、双线性重采样和双三次卷积重采样三种方法，本实例中选择双三次卷积重采样方法，如图 5－16 所示。

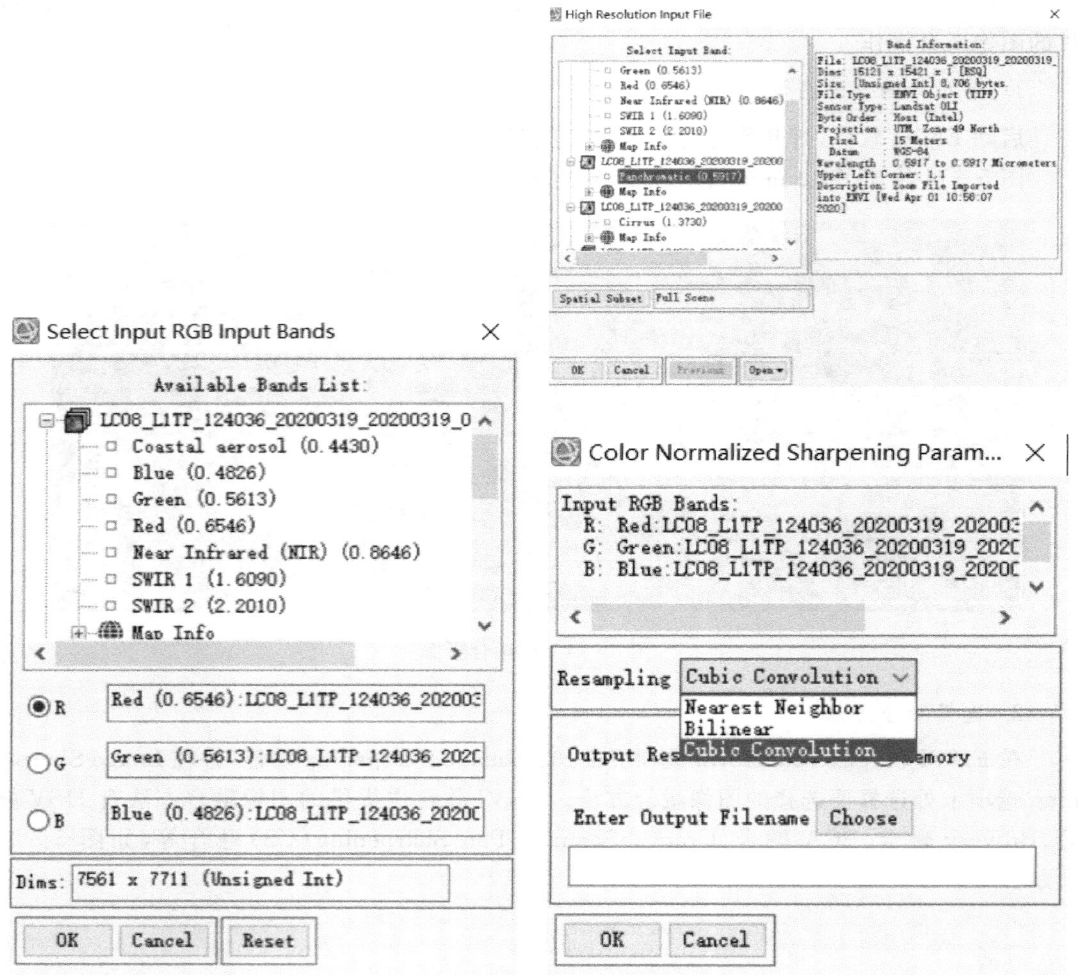

图 5-16　ENVI 软件 Brovery 图像融合

Brovery 融合结果如图 5-17 所示。

(三)监督分类及评价

高光谱图像分类是遥感处理技术起步最早的研究内容之一。作为高光谱图像的基础研究,高光谱图像分类一直是获取高光谱图像重要数据信息的关键手段。根据分类过程是否包括训练样本,高光谱图像分类可以分为监督分类和非监督分类。常见的监督分类有:最小距离分类法、支持向量机、最大似然判别分类、Fisher 判别准则分类、相关向量机等。常见的非监督分类有:K 均值聚类法、平行管道法、ISODATA 动态聚类法等。

以监督分类为例,对 TM 影像(指的是美国陆地卫星 4~5 号专题制图仪 Thematic Mapper 获取的多波段扫描影像)进行分类。

1. 导入 TM 影像数据

TM 影像有 7 个波段(见图 5-18),在打开 TM 影像时,需要选择其中三个波段合成显示 TM 影像。

(a)

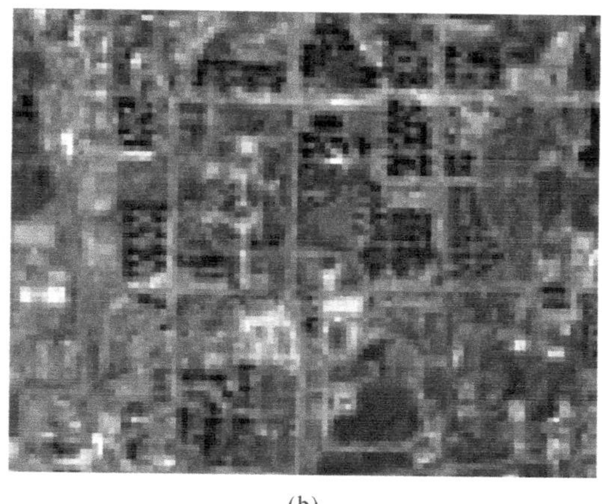

(b)

图 5-17　ENVI 软件 Brovery 融合结果

(a)融合后的图像;(b)融合前的图像

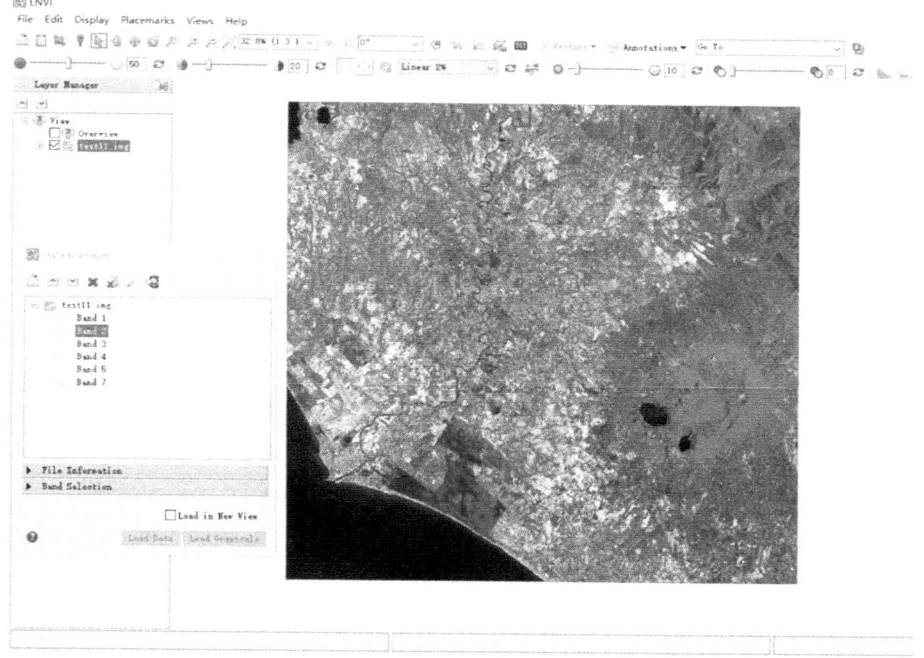

图 5-18　ENVI 界面 TM 影像图

2. 应用 ROI Tool 创建感兴趣区

在图层管理器 Layer Manager 中,选择 New Region of Interest 菜单,打开 ROI Tool 对话框。在 ROI Tool 对话框内设置感兴趣区的样本名称(如“水体”)和样本颜色(如“红色”),并在 Geometry 选项处选择“多边形”类型,在影像窗口中目视确定水体区域并绘制感兴趣区。

在 ROI Tool 对话框中，单击 New Region 选项，新建一个训练样本种类。依照上述步骤分别选取其它感兴趣区(样本尽量均匀分布在整幅影像中)，并导出(在 File 选项下，依次选择 Export 与 Export to Classic 选项，选择所有地物、设置输出路径和文件名)文件。

3. 评价训练样本

ENVI 通过 ROI 可分离性(Compute ROI Separability)工具来计算任意类别间的统计距离，这个距离用于确定两个类别间的差异性程度。这个距离是基于 Jeffries - Matusita 距离和转换分离度来衡量训练样本(ROI)的可分离性。

在 ROI Tool 对话框中，依次选择 Options 和 Compute ROI Separability 选项，选择影像后，在 ROI Separability Calculation 对话框中选择所有 ROI 进行可分离性计算，得出类别间的可分离性，如图 5 - 19 所示。

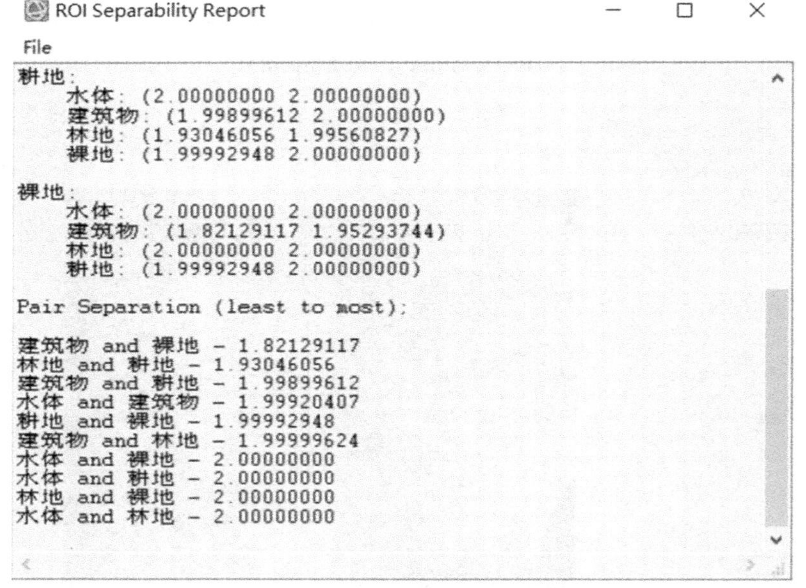

图 5 - 19　TM 影像类别间可分离性

4. 执行监督分类

根据分类的精度需求与复杂度等选择一种分类器。ENVI 软件中提供的分类器有：平行六面体、最小距离、马氏距离、最大似然、神经网络、支持向量机，以及能应用于高光谱数据的自适应一致估计、最小能力约束、二进制编码、正交子空间投影、光谱信息散度和光谱角分类方法。

以最小距离分类为例，在 Toolbox 工具箱中，依次双击 Classification、Supervised Classification 和 Minimum Distance Classification 选项，选择 TM 影像，在参数设置对话框中选择所有地物类别并设置标准差阈值和最大距离误差，如图 5 - 20 所示。

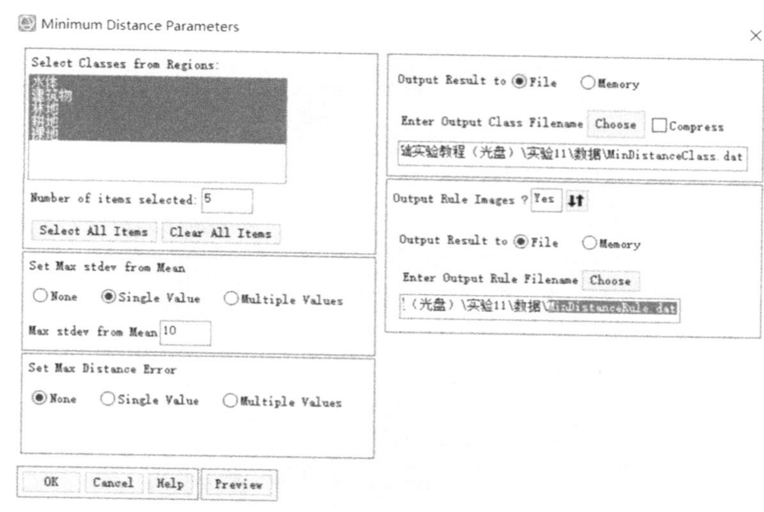

图 5-20　设置最小距离分类法参数

5. 分类后处理

上述分类后得到的分类结果通常不易达到最终的应用目的。进一步对获得的分类结果进行处理,能得到更好的、便于应用的分类处理。这些处理过程被称为分类后处理。常用的分类后处理包括:更改分类颜色、分类统计分析、栅矢转换以及小斑点处理等。

以更改分类颜色为例,右键点击“类别”、Edit Class Names and Colors,依次修改类别颜色,并输出修改颜色后的分类结果,如图 5-21 所示。

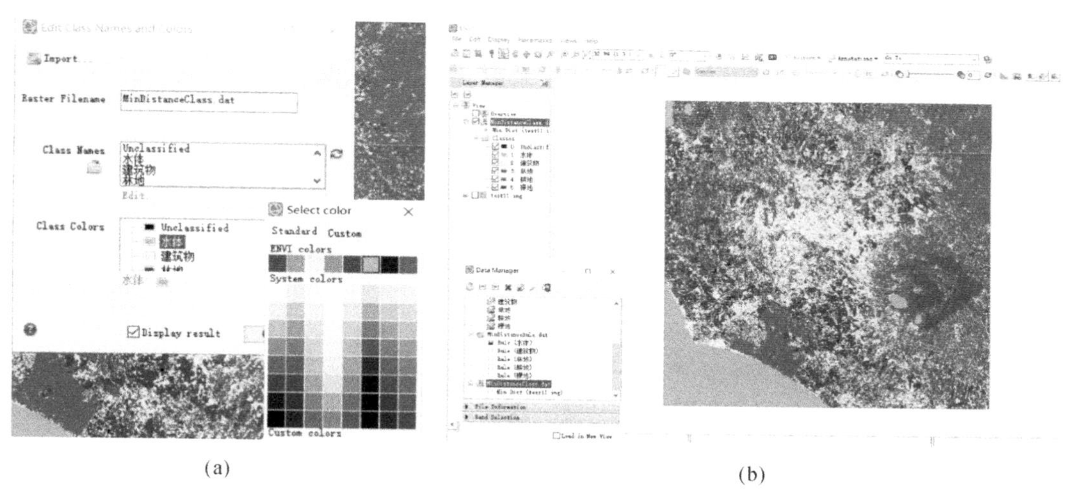

(a)　　(b)

图 5-21　ENVI 软件最小距离分类结果

(a)修改分类结果颜色;(b)修改颜色后的分类结果

工具箱中依次选择 Classification、Post Classification 和 Clump Classes 选项进行类别集群处理。在对话框中选择所有类别,并设置集群结果的输出路径和文件名。之后在 Post Classification 界面,点击 Combines Classess 选项,设置类别合并参数,将未分类的区域合并到裸地中，其他分类结果保持不变，得到集群处理后的最终分类结果，如图 5－22 所示。

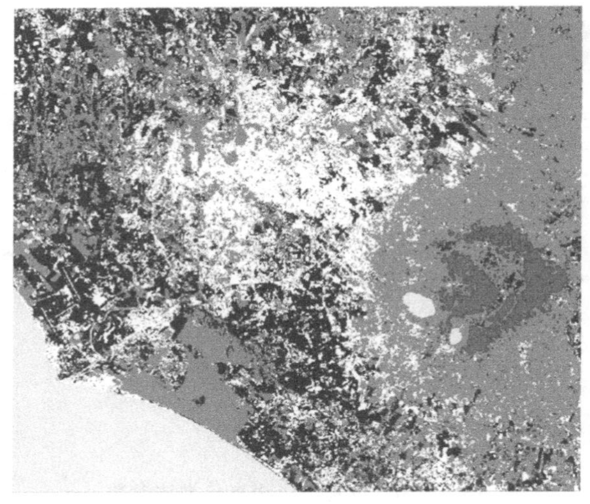

图 5－22　类别合并处理结果

6. 评价分类结果

打开已有的分类. roi 文件，将其加载到类别合并结果的影像中。在工具箱中依次选择 Classification、Post Classification、Confusion Matrix、Using Ground Truth ROIs 选项，输入合并结果文件。在匹配类别对话框中依次选择相匹配的类别，并点击 Add Combination 将所选类别添加至 Matched Classess 中，如图 5－23 所示。在之后出现混淆矩阵参数设置对话框内，选择默认设置。混淆矩阵精度报表如图 5－24 所示。

混淆矩阵中给出了分类总体精度、Kappa 系数、错分误差、漏分误差、制图精度和用户硬度等数据。

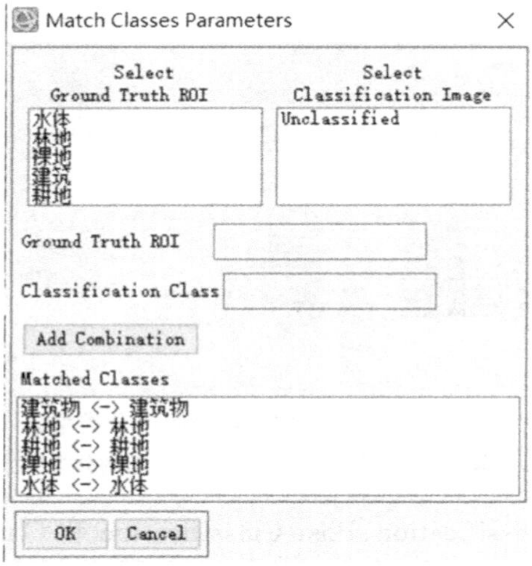

Match Classes Parameters

Select Ground Truth ROI
水体
林地
裸地
建筑
耕地

Select Classification Image
Unclassified

Ground Truth ROI

Classification Class

Add Combination

Matched Classes
建筑物 <-> 建筑物
林地 <-> 林地
耕地 <-> 耕地
裸地 <-> 裸地
水体 <-> 水体

OK　Cancel

图 5－23　类别匹配参数设置界面

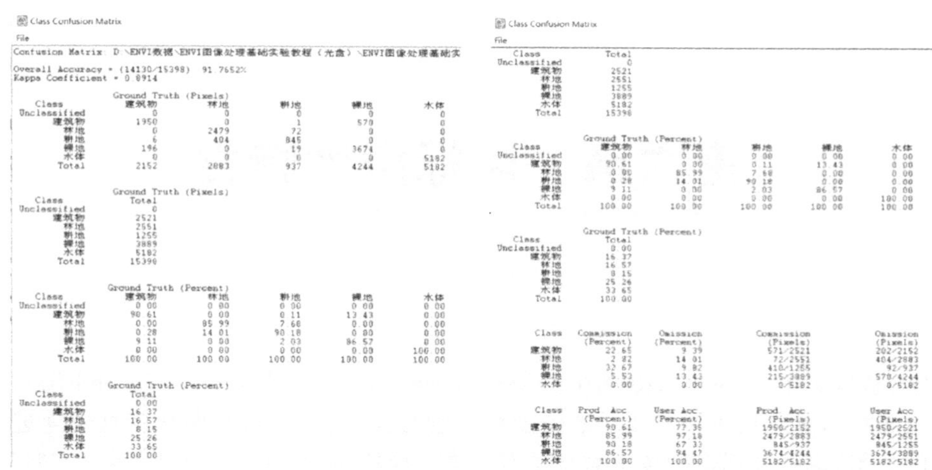

Class Confusion Matrix

File

Confusion Matrix: D:\ENVI数据\ENVI图像处理基础实验教程（光盘）\ENVI图像处理基础实

Overall Accuracy = (14130/15398) 91.7652%
Kappa Coefficient = 0.8914

Ground Truth (Pixels)					
Class	建筑物	林地	耕地	裸地	水体
Unclassified	0	0	0	0	0
建筑物	1950	0	1	570	0
林地	0	2479	72	0	0
耕地	6	404	845	0	0
裸地	196	0	19	3674	0
水体	0	0	0	0	5182
Total	2152	2883	937	4244	5182

Ground Truth (Pixels)	
Class	Total
Unclassified	0
建筑物	2521
林地	2551
耕地	1255
裸地	3889
水体	5182
Total	15398

Ground Truth (Percent)					
Class	建筑物	林地	耕地	裸地	水体
Unclassified	0.00	0.00	0.00	0.00	0.00
建筑物	90.61	0.00	0.11	13.43	0.00
林地	0.00	85.99	7.68	0.00	0.00
耕地	0.28	14.01	90.18	0.00	0.00
裸地	9.11	0.00	2.03	86.57	0.00
水体	0.00	0.00	0.00	0.00	100.00
Total	100.00	100.00	100.00	100.00	100.00

Ground Truth (Percent)	
Class	Total
Unclassified	0.00
建筑物	16.37
林地	16.57
耕地	8.15
裸地	25.26
水体	33.65
Total	100.00

Class Confusion Matrix

File

Class	Total
Unclassified	0
建筑物	2521
林地	2551
耕地	1255
裸地	3889
水体	5182
Total	15398

Ground Truth (Percent)					
Class	建筑物	林地	耕地	裸地	水体
Unclassified	0.00	0.00	0.00	0.00	0.00
建筑物	90.61	0.00	0.11	13.43	0.00
林地	0.00	85.99	7.68	0.00	0.00
耕地	0.28	14.01	90.18	0.00	0.00
裸地	9.11	0.00	2.03	86.57	0.00
水体	0.00	0.00	0.00	0.00	100.00
Total	100.00	100.00	100.00	100.00	100.00

Ground Truth (Percent)	
Class	Total
Unclassified	0.00
建筑物	16.37
林地	16.57
耕地	8.15
裸地	25.26
水体	33.65
Total	100.00

Class	Commission (Percent)	Omission (Percent)	Commission (Pixels)	Omission (Pixels)
建筑物	22.65	9.39	571/2521	202/2152
林地	2.82	14.01	72/2551	404/2883
耕地	32.67	9.82	410/1255	92/937
裸地	5.53	13.43	215/3889	570/4244
水体	0.00	0.00	0/5182	0/5182

Class	Prod. Acc. (Percent)	User Acc. (Percent)	Prod. Acc. (Pixels)	User Acc. (Pixels)
建筑物	90.61	77.35	1950/2152	1950/2521
林地	85.99	97.18	2479/2883	2479/2551
耕地	90.18	67.33	845/937	845/1255
裸地	86.57	94.47	3674/4244	3674/3889
水体	100.00	100.00	5182/5182	5182/5182

图 5-24　混淆矩阵计算结果

习　　题

1. 简述高光谱遥感定义、特点和存储方式。

2. 简述高光谱遥感与全色、多光谱遥感的区别。

3. 简述高光谱数据处理的关键技术。

4. 简述高光谱遥感成像的关键技术。

5. 简述成像光谱仪的空间成像方式及其优缺点

6. 简述摆扫式、推扫式、框幅式和窗扫式成像仪的区别与联系。

7. 高光谱遥感器的光谱分光技术与空间扫描成像模式是互相影响、互相制约的。简述不同光谱分光与空间成像方法组合而成的成像光谱仪类型。

8. 概括高光谱遥感图像数据表达方式。

9. 总结我国的高光谱成像仪发展历程。

10. 总结高光谱遥感在社会、军事发展中的应用。

11. 分析高光谱遥感应用存在的问题。

12. 自选影像数据，利用 ENVI 软件实现影像定标。

13. 通过 ENVI 软件，利用 PCA 融合方法完成全色影像与多光谱影像的融合。

14. 自选影像数据，并利用 ENVI 软件中最大似然法对影像数据进行监督分类。

15. 利用 ENVI 软件实现图像的配准。

第六章 目标声呐特性

声呐，是英文缩写“SONAR”的中文音译，其全称为：Sound Navigation and Ranging(声音导航与测距)，是利用声波在水中的传播和反射特性，通过电声转换和信息处理进行导航和测距的技术，也指利用这种技术对水下目标进行探测(存在、位置、性质、运动方向等)和通信的电子设备，是水声学中应用最广泛、最重要的一种装置，有主动式和被动式两种类型。

在军事方面，水下目标识别是世界各国海防情报处理的重要组成，是武器分配、反潜和鱼雷防御的前提。声呐能通过水下目标水声信号确定目标的属性，达到水下目标识别的目的。

第一节 声呐技术

一、声波

我们所熟知的声音本质上是一种波，称作声波。声波是声音的传播形式，是一种机械波，发出声音的物体称为声源。声波由声源振动产生，声波传播的空间就称为声场。

声源产生的振动可在空气或其他介质中传播，声波在不同介质中传播速度显著不同(见表 6-1)。现在已经测得空气中常温常压下声波速度是 344 m/s，海水中声速是 1 500 m/s。

表 6-1 声波在不同介质中的传播速度

序号	介 质	声速/($m \cdot s^{-1}$)	序号	介 质	声速/($m \cdot s^{-1}$)
1	标准大气	344	5	铝	6 400
2	淡 水	1 430	6	石英玻璃	5 370
3	海 水	1 500	7	橡 胶	30～50
4	钢 铁	5 800	8	软 木	500

介质的温度、压力变化，声速也随着改变。通常所指的常温是指 20℃时的气温，当气温降到零度，声波在空气中传播的速度将为 331.5 m/s，而气温每升高 1℃，声速就增加 0.607 m/s。

从本质上讲，声速是介质中微弱压强扰动的传播速度，由热力学知识，空气中声速计算公式为

$$c=\sqrt{\gamma RT}=\sqrt{\gamma \frac{p}{\rho}} \tag{6-1}$$

式中：γ 为比热比；p 为压强；ρ 为密度。

声波是一种机械波，具有机械波的性质。机械波和电磁波都是波，具有很多共同规律，它们由于产生机理不同，也应有各自的特点。机械波传播的是振动形式，通过振动形式传递能量，其本身不是物质，故不能在真空中传播；电磁波是电磁场在空间的传播，本身就是物质，在真空中可以传播，而在介质中传播速度反而受影响。

（一）机械波和电磁波的相同点

都有波的一切特性，如：都能产生反射、折射、干涉、衍射等现象；波速、波长、频率之间具有同样的关系。

（二）机械波和电磁波的不同点

1. 产生机理不同

机械波是由机械振动产生的；电磁波产生机理也不同，有电子的周期性运动产生（无线电波）；有原子的外层电子受激发后产生（红外线、可见光、紫外线）；有原子的内层电子受激发后产生（伦琴射线）；有原子核受激发后产生（射线）。

2. 介质对传播速度的影响不同

机械波的传播速度由介质决定，与频率无关，即同种介质不同频率的机械波传播速度相同。电磁波在真空中传播速度相同，均为 3×10^8 m/s。机械波不能在真空中传播，电磁波能在真空中传播。

二、声呐技术

在水中进行观察和测量，具有得天独厚条件的只有声波。这是由于其他探测手段的作用距离都很短，光在水中的穿透能力很有限，即使在最清澈的海水中，人们也只能看到十几米到几十米内的物体。电磁波在水中也衰减太快，而且波长越短，损失越大，即使用大功率的低频电磁波，也只能传播几十米。然而，声波在水中传播的衰减就小得多，在深海声道中爆炸一个几千克的炸弹，在两万千米外还可以收到信号，低频的声波还可以穿透海底几千米的地层，并且得到地层中的信息。在水中进行测量和观察，迄今还未发现比声波更有效的手段。

声呐就是利用水中声波对水下目标进行探测、定位、跟踪、识别、通信、导航、制导、指挥、对抗等方面的水声设备，是水声学中应用最广泛、最重要的一种装置，它可以看作是一种水下雷达。

声呐技术已有超过 100 年的历史，它是 1906 年由英国海军的刘易斯·尼克森所发明。他发明的第一部声呐仪是一种被动式的聆听装置，主要用来侦测冰山。到第一次世界大战时开始被应用到战场上，用来侦测潜藏在水底的潜水艇，这些声呐只能被动听音，属于被动声呐，或者叫做“水听器”。

1915 年，法国物理学家 Paul Langevin 与俄国电气工程师 Constantin Chilowski 合作发明了第一部用于侦测潜艇的主动式声呐设备。尽管后来压电式变换器取代了他们一开始使用的静电变换器，但他们的工作成果仍然影响了未来的声呐设计。

1916 年，加拿大物理学家 Robert Boyle 承揽下一个属于英国发明研究协会的声呐项目，Robert Boyle 在 1917 年年中制作出了一个用于测试的原始型号主动声呐，由于该项目很快就划归 ASDIC（反潜/盟军潜艇侦测调查委员会）管辖，此种主动声呐亦被称英国人称为“ASDIC”，为区别于 SONAR 的音译“声呐”，将 ASDIC 翻译为“潜艇探测器”。

1918 年，英国和美国都生产出了成品。1920 年英国在皇家海军 HMS Antrim 号上测试了他们仍称为“ASDIC”的声呐设备，1922 年开始投产，1923 年第六驱逐舰支队装备了拥有 ASDIC 的舰艇。

1924 年在波特兰成立了一所反潜学校，皇家海军 Ospery 号（HMS Osprey），并且设立了一支有四艘装备了潜艇探测器的舰艇的训练舰队。

1931 年，美国研究出了类似的装置，称为 SONAR（声呐），后来英国人也接受了此叫法。

目前，声呐是各国海军进行水下监视使用的主要技术，用于对水下目标进行探测、分类、定位和跟踪，进行水下通信和导航，保障舰艇、反潜飞机和反潜直升机的战术机动，以及水中武器的使用。

第二节　目标声呐特性机理

一、声呐特性的影响因素

声波在不同介质中的传播速度有很大差异，声波在海水中的传播速度与海水的温度、盐度和压力等因素有关，其中任何一个参数的改变都会导致声速的变化。大洋中，盐度的变化不大，相应的声速变化在 3 m/s 左右。从海面到 3 000 m 的深海，压力引起的声速变化约为 50 m/s。对温度 25℃的变化，相应的对声速变化范围为 80 m/s，可见，海水中的声速主要取决于温度和压力，如图 6－1 所示。

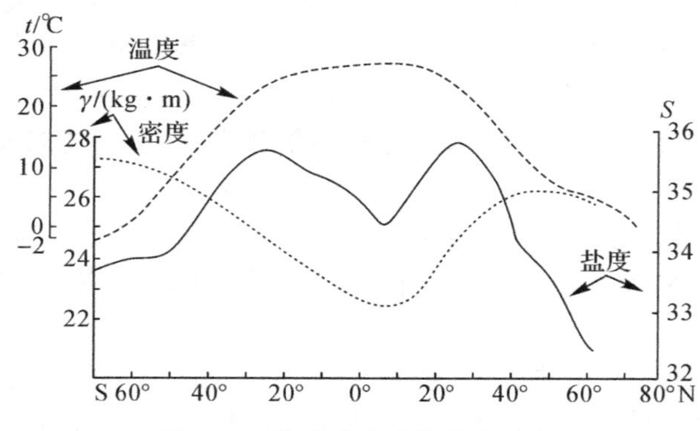

图 6－1　海水中声速的影响因素

声源与观察者之间有相对运动时，听到的声音频率发生变化的现象，这一现象是多普勒在 1842 年首先发现的，所以称为多普勒效应。

对于机械波和电磁波而言，多普勒效应是由于波源和观察者之间发生相对运动而引起的观察者接收到的声波频率发生变化的一种物理现象。当波源、观察者不动，而传播介质运动时，或者波源、观察者、传播介质都在运动时，也会发生多普勒效应。同时波源与观察者之间的相对运动也会产生明显的多普勒效应，从不同方向听到的同一波源的频率不同。

影响声呐工作性能的因素除声呐本身的技术状况外，外界条件的影响也很严重。比较直接的因素有传播衰减、多路径效应、混响干扰、海洋噪声、自噪声、目标反射特征或辐射噪声强度等，它们大多与海洋环境因素有关。

二、声呐的分类

声呐的分类可按其工作方式、装备对象、战术用途、基阵携带方式和技术特点等分类方法分成各种不同的声呐。例如按工作方式可分为主动声呐和被动声呐；按装备对象可分为水面舰艇声呐、潜艇声呐、航空声呐和海岸声呐等，如图 6－2 所示。

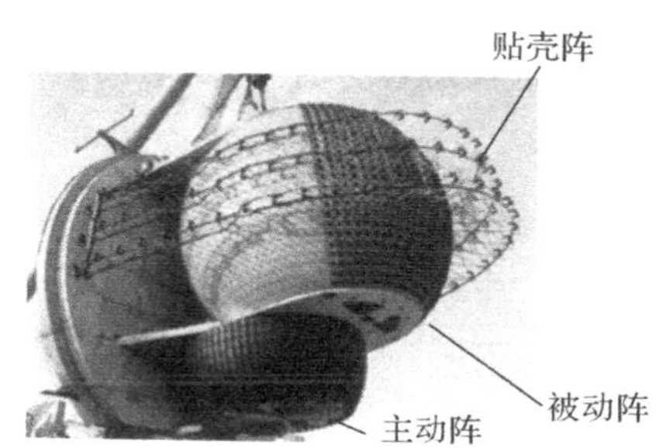

图 6－2　声呐的分类

（一）按工作方式分

1. 主动声呐

主动声呐技术是指声呐主动发射声波“照射”目标，而后接收水中目标反射的回波时间，以及回波参数以测定目标的参数。有目的地主动从系统中发射声波的声呐称为主动声呐。它可用来探测水下目标，并测定其距离、方位、航速、航向等运动要素。

主动声呐发射某种形式的声信号，利用信号在水下传播途中障碍物或目标反射的回波来进行探测。由于目标信息保存在回波之中，所以可根据接收到的回波信号来判断目标的存在，并测量或估计目标的距离、方位、速度等参量。具体地说，可通过回波信号与发射信号间的时延推知目标的距离，由回波波前法线方向可推知目标的方向，而由回波信号与发射信号之间的频移可推知目标的径向速度。此外由回波的幅度、相位及变化规律，可以识别出目标的外形、大小、性质和运动状态。主动声呐主要由换能器基阵（常为收发兼用）、发射机（包括波形发生器、发射波束形成器）、定时中心、接收机、显示器、控制器等几个部分组成，如图 6－3 所示。

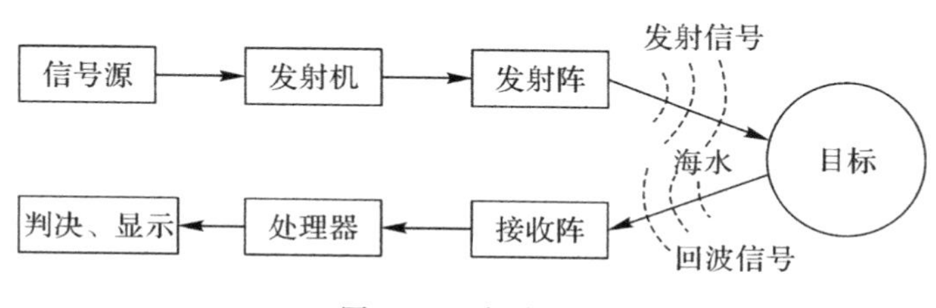

图 6－3　主动声呐

2. 被动声呐

被动声呐技术是指声呐被动接收舰船等水中目标产生的辐射噪声和水声设备发射的信号,以测定目标的方位和距离,如图 6-4 所示。它由简单的水听器演变而来,它收听目标发出的噪声,判断出目标的位置和某些特性,特别适用于不能发声暴露自己而又要探测敌舰活动的潜艇。

利用接收换能器基阵接收目标自身发出的噪声或信号来探测目标的声呐称为被动声呐。由于被动声呐本身不发射信号,所以目标将不会觉察声呐的存在及其意图。目标发出的声音及其特征,在声呐设计时并不为设计者所控制,对其了解也往往不全面。声呐设计者只能对某预定目标的声音进行设计,如目标为潜艇,那么目标自身发出的噪声包括螺旋桨转动噪声、艇体与水流摩擦产生的动水噪声,以及各种发动机的机械振动引起的辐射噪声等。

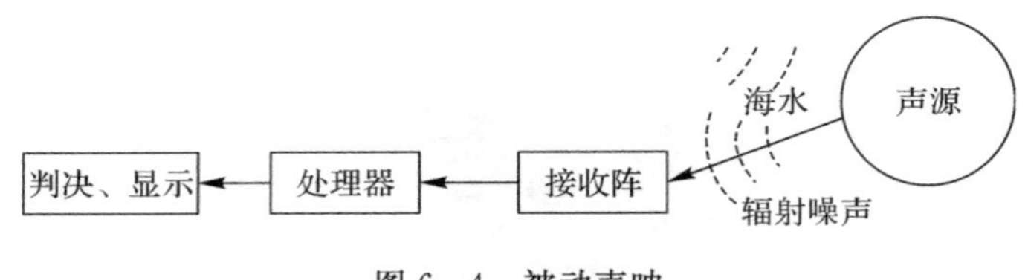

图 6-4　被动声呐

因此被动声呐与主动声呐最根本的区别在于它在本舰噪声背景下接收远场目标发出的噪声。此时,目标噪声作为信号,且经远距传播后变得十分微弱。由此可知,被动声呐往往工作于低信噪比情况下,因而需要采用比主动声呐更多的信号处理措施。被动声呐没有发射机部分。回音站、测深仪、通信仪、探雷器等等均可归入主动声呐类,而噪声站、侦察仪等则归入被动声呐类。

(二)按装备对象分

1. 水面舰艇声呐

水面舰艇声呐装备在水面舰艇上,用于水面舰艇对水下目标进行搜索、识别、跟踪和水声通信等,是水面舰艇反潜探测的主要装备。水面舰艇声呐根据基阵安装方式分为舰壳声呐和拖曳阵声呐。舰壳声呐的换能器基阵安装在舰艇壳体上的不同部位,换能器基阵多为圆柱形或球形,以主动工作方式为主,兼有被动工作方式。拖曳阵声呐的换能器基阵施曳在运载平台后面,通过控制舰艇航速和拖缆长度可调节基阵入水深度,有拖曳体和拖曳线列阵两种基阵形式和主、被动两种工作方式。

2. 潜艇声呐

潜艇声呐装备在潜艇上,用于潜艇在水下对水面舰艇、潜艇和其他水中目标进行搜索、识别、跟踪和水声通信等。潜艇上装备的声呐种类较多,典型的潜艇声呐系统由警戒声呐、攻击声呐、探雷声呐、通信声呐、识别声呐、被动测距声呐、环境噪声记录分析仪、声速测量仪、声线轨迹仪和有关计算机设备等组成。潜艇声呐的换能器基阵多采用贴镶式,布设在艇壳表面,如在艇箱外壳布设马蹄形阵,或沿整个舷侧或耐压壳体上部布设线列阵。为保持潜艇的隐蔽性,潜艇声呐在大多数情况下以被动工作方式工作。

3. 航空声呐

航空声呐装备于反潜巡逻机、反潜直升机和反水雷直升机等平台，是航空反潜和反水雷的主要探测设备，包括吊放声呐和声呐浮标两类，用于对水下潜艇进行搜索、定位、识别、跟踪和监视，保障机载反潜武器的使用，也可以引导其他反潜兵力对潜艇攻击，还用于直升机扫雷时对水雷的探测和识别。

4. 海岸声呐

岸基声呐是以海岸为基地把水下基阵布放在近岸或敏感水域的固定声呐，用于海峡、基地、港口、航道和近岸水域对敌方潜艇的活动进行远程警戒和监视，引导反潜兵力实施对潜攻击，是反潜预警系统的重要组成部分。由换能器基阵、海底电缆、岸上电子设备及电源等组成。以被动工作方式为主，有的也设有主动工作方式，基阵信号可以通过海底电缆或光缆传输到岸上，也可以采用无线电传输的方式。岸基声呐有隐蔽性好，背景噪声低，便于使用大孔径基阵，能长期连续工作等诸多优点。但其基阵庞大，海上施工维修复杂，使用上不灵活，设置地点受海区水文地理条件限制，而且一旦暴露就易遭破坏。近年来，开始出现布放更加灵活的机动式水下警戒系统。

第三节 声呐方程

潜艇对其他军舰具有极大的威慑力，因此，潜艇是海军不可或缺的装备。若要充分发挥潜艇的威胁性，则迫切地需要提高潜艇的隐身性能，隐身性能是现代潜艇重要性能之一，隐身性能的好坏直接影响了潜艇的作战能力。对于潜艇来说，隐身性能主要是指潜艇的声学隐身性能。虽然现在各国的潜艇具备了一定的隐身性能，但是随着各国的声呐探测技术的持续发展，潜艇被发现的概率随之增加。二战后，各国海军改进了潜艇的隐身效果，其噪声水平已经接近海洋环境噪声，被动的探测设备(如被动声呐)很难发现它们。

一、噪声和信号

(一)噪声

对于反潜作战来说，类型识别的准确性极其重要。水下目标回声类型主要包括：水下潜艇、沉船、水雷、水中生物、水下礁石和假回声。要从信号特征差异准确识别潜艇目标，需要首先了解潜艇的噪声来源。

从产生根源有两个大方面，一是由本艇设备运作引起的噪声，二是由潜艇运动和海水相互作用后产生的噪声。

1. 机械噪声

机械噪声是由于潜艇内主、辅机和轴系的运转，以及与其相连的基座、管路和潜艇结构的振动而引起的。这种振动辐射到舱室引起舱室空气噪声，辐射到水中，构成潜艇的辐射噪声，自噪声等。

2. 螺旋桨噪声

螺旋桨噪声一般是潜艇中高速航行的主要噪声源，即使在较低速度航行时，螺旋桨噪声也是潜艇的主要噪声源。与机械噪声不同，螺旋桨噪声产生在艇体外面，由螺旋桨转动引起的，即主要由螺旋桨叶片振动和螺旋桨空泡产生的。

3. *水动力噪声*

水动力噪声是由不规则或起伏的水流流过运动着的潜艇产生的。当不规则的水流流过艇体时。与之有关的压力起伏，作为声波直接辐射出去。

(二)信号

声呐接收机是一套复杂的设备，典型构成为：一只水听器或水听器阵列，将水下压力扰动转换为电信号起伏；一系列信号处理算法，用于提高信噪比；一个显示单元，可以帮助声呐操作员判别是否出现感兴趣的(目标)物体。

接收机处的压力起伏可以认为是由目标引起的压力起伏(信号)和所有其他的压力起伏(噪声)两种不同声场的新型叠加和。把噪声定义为“不是信号部分的所有声音”，意味着许多不同的潜在声源均需要加以考虑。每一种情况均不同，一个模型中究竟应该包含哪些噪声源的知识都是从经验中获得的。常见的环境噪声声源是由风和行船产生的。自噪声也同样重要，特别是来自声呐平台本身的噪声。

此外，还有一种主动声呐所特有的噪声，被称作混响。它源于声呐发射机，是由水下边界和除目标外的阻碍物散射而到达接收机的声信号。环境噪声、自噪声和混响的组合构成了所谓的背景。

声呐方程是对信噪比(或者更广义上说是信号与背景的比率)的一种描述，写成能量比率的乘积形式，通常用 dB 表示。采用 dB 表示可以将比率相乘的形式转化为这些比率对数和的形式。

二、声呐方程

为了便于计算目标信息，需建立声呐设备、海水介质和目标之间的关系，这个关系就是声呐方程。

声呐方程具有指定检测性能时输出信噪比与输入信噪比的关系式，通常用分贝形式表示。当把关系式中有关的量用声呐设备、海水介质和目标的参数(如发射功率和频率、基阵尺寸、海区水文条件及传播损失、目标距离和反向散射强度等)表述时，声呐方程定量地体现诸多参数之间的相互作用与制约，广泛应用于声呐综合分析和设计。

实际应用中的声呐方程通常简化处理：

假设声呐设备可分解为空间处理器和时间处理器两个独立的部分，声呐信噪比增益相应地等于空间增益(GS)与时间增益(GT)之和；假设环境噪声场是各向同性的，因而空间增益等于接收指向性指数(DI)；引入声呐检测阈(DT 或 DTs)，其意义为时间处理器输入端要求的信噪比级。

经过简化处理后的声呐方程，具有以下 4 种常用形式：

1)被动声呐(窄带方式)

$$(SL-TL)-(NLs-DI)=DTs \tag{6-2}$$

2)被动声呐(宽带方式)

$$(SL-TL)-(NL-DI)=DT \tag{6-3}$$

3)主动声呐(噪声限制)

$$(SL-2TL+TS)-(NLs-DI)=DTs \tag{6-4}$$

4)主动声呐(混响限制)

$$(SL-2TL+TS)-RL=DT \tag{6-5}$$

声呐方程中的各项是声呐设备、海水介质和目标的参数的复杂函数,体现了声呐工作全过程中不同阶段的作用。其中:SL 为主动声呐发射声源级或被动声呐目标辐射声源级;TS 为表征目标反向散射能力的目标强度;NLs 为环境噪声谱级;NL 为环境噪声级;RL 为混响级;DT 为检测阈;DTs 为用噪声谱强度表述的检测阈;TL 为从声呐到目标的单程传播损失;DI 为接收指向性指数。窄带工作时,TL 和 DI 采用窄带中心频率处的数值;宽带工作时,采用接收带宽内某一等效频率处的数值。

声呐方程主要用于预报声呐的性能,如在对介质和目标特性以及检测性能要求作出假设后,估算声呐的作用距离;声呐设计,即根据要求的作用距离,利用声呐方程反复计算和权衡折衷,定出声呐设备的各项参数。

声呐设备通过处理回波信号或噪声信号的特征差异来确定目标的性质(如回声目标是水下潜艇还是礁石),反潜声呐很多采用主动方式工作。

三、被动声呐

(一)声源级

声压级(Sound Pressure Level,SPL)即为用 dB 表示的均方声压。dB 为功率或能量的对数单位。换算 dB 包括以下三个运算:首先除以标准参考值,然后取以 10 为底的对数,最后再乘以 10。因此声压级为

$$SPL = 10\lg \frac{Q}{p_{ref}^2} \tag{6-6}$$

式中:p_{ref}^2 为均方声压的参考值;Q 为均方声压。

声源功率的测度,称为声源级(Source Level,SL),其表达式为

$$SL = 10\lg S_0 \tag{6-7}$$

式中 S_0 为乘积,则

$$S_0 = p_0^2 s_0^2 \tag{6-8}$$

其中,p_0 为距离声源还很小距离 s_0 处的均方根声压。

不同寻常的是,像 S_0 这样对声呐而言是如此基础又重要的参量却没有一个广泛认同的名称,在这里将其称作源因子,更为常用的是将声源级定义为距离声源——标准参考距离(r_{ref})处的声压级(ASA)。对于自由空间中的一个点声源,不论使用的单位制如何,只要采用的参考距离 r_{ref} 是单位距离,两种定义的声源级的数值是相同的。但是传统的定义在应用于如船舶或者声呐发射器阵列这样的扩展声源时会出现困难。因为 p_0 会随距离的变化而变化,而乘积 $p_0 s_0$ 为常量,所以源因子也是一个常量,与靠近声源的测量位置无关,因此它可以作为一个自然物理量来表征声源。

(二)传播损失

传播损失(Propagation Loss,PL)的表达式为

$$\mathrm{PL} = \mathrm{SL} - \mathrm{SPL} = -10\lg F(x) \tag{6-9}$$

或者等同于

$$\mathrm{PL} = 10\lg \frac{S_0}{Q} \tag{6-10}$$

这一项担任着声源和接收机之间传递函数的角色,比值 S_0/Q 具有面积的量纲。

(三)噪声谱级和阵列响应

背景噪声在特定带宽内的均方声压记作 Q^N,因此在同样带宽内背景噪声的声压级即噪声级(Noise Level,NL),有

$$\mathrm{NL} = 10\lg Q^N \tag{6-11}$$

背景噪声通常是宽带的,因此更方便的是考虑使用噪声谱密度(记作 Q_f^N)和相应的噪声谱密度级(或噪声谱级) NL_f,定义为

$$\mathrm{NL}_f = 10\lg Q_f^N \tag{6-12}$$

信号检测所针对的背景是位于波束形成器的输出位置(即阵列响应,记为 Y^N),而不是位于水听器处。这个量的谱密度(记为 Y_f^N)可以写成噪声谱密度经由波束指向性图 $B(\Omega)$ 加权后在所有立体角 Ω 上的积分,即

$$Q_{f\Omega}^N = \frac{Q_f^N}{4\pi} \tag{6-13}$$

对于各向同性噪声这种特殊情况,意味着噪声谱密度的幅度大小与方向无关,则有

$$Q_{f\Omega}^N = Q_f^N \frac{\delta\Omega}{4\pi} \tag{6-14}$$

从而得出

$$Y_f^N = Q_f^N \frac{\delta\Omega}{4\pi} \tag{6-15}$$

式中,$\delta\Omega$ 为波束指向性图(以球面角度表示)的等效立体角覆盖区,定位为

$$\delta\Omega = \int B(\Omega)\mathrm{d}\Omega \tag{6-16}$$

(四)信噪比、阵增益和指向性指数

现在考虑一个单频信号,其单位立体角的均方声压为 Q_Ω^S,这个信号的阵列响应(记作 Y^S)为

$$Y^S = \int Q_\Omega^S B(\Omega)\mathrm{d}\Omega \tag{6-17}$$

进一步假设这个信号是从 $\Omega^S = (\theta^S, \phi^S)$ 方向上入射的平面波,则有

$$Q_\Omega^S = Q^S \delta(\Omega - \Omega^S) \tag{6-18}$$

式中,$\delta(x)$ 为狄拉克 δ 函数,于是阵列响应为

$$Y^S = \int Q^S \delta(\Omega - \Omega^S) B(\Omega)\mathrm{d}\Omega = Q^S B(\Omega^S) \tag{6-19}$$

信噪比的值取决于它在处理过程的哪个环节测量,在波束形成后的值(记作 R_{arr})与在

作任何处理之前自水听器处测量的值（R_{hp}）是不同的。用 dB 表示的这两个信噪比的比值就是阵增益（Array Gain，AG），即

$$AG = 10\lg G_A \tag{6-20}$$

式中

$$G_A = \frac{R_{arr}}{R_{hp}} \tag{6-21}$$

这里，水听器处的信噪比（R_{hp}）定义为在接收水听器处信号的均方声压与噪声均方声压之比，即

$$R_{hp} = \frac{Q^S}{Q^N} \tag{6-22}$$

式中，Q^N 为在声呐处理带宽内的噪声均方声压，即

$$Q^N = \int Q_f^N \mathrm{d}f \tag{6-23}$$

同理，对于一个“平坦响应的滤波器”，R_{arr} 为波束形成器输出端的信噪比，有

$$R_{arr} = \frac{Y^S}{Y^N} \tag{6-24}$$

一个与之相关的参数是阵列的指向性指数（Directivity Index，DI），也就是在平面波信号和各向同性噪声条件下的阵增益。与阵增益不同，指向性指数仅仅与阵列和声波频率有关，与介质和目标特性无关，并且更容易计算。因此，在声呐方程中通常使用指向性指数作为阵增益的一个近似。

（五）信号增益和噪声增益

阵增益可以用信号增益（Signal Gain，SG）和噪声增益（Noise Gain，NG）表示，有

$$SG = 10\lg \frac{Y^S}{Q^S} \tag{6-25}$$

$$NG = 10\lg \frac{Y^N}{Q^N} \tag{6-26}$$

最后得到

$$AG=SG-NG \tag{6-27}$$

根据这些定义，SG 和 NG 都是负的，对于一个设计良好的波束形成器，通常 NG 的绝对值比 SG 的绝对值大，结果 AG 为正值。

（六）检测域和信号余量

信噪比阈值 R_{50} 是正好达到 50％检测概率时所需要的 R_{arr} 取值，当用 dB 表示时，这个量就称为检测域（Detection Threshold，DT），有

$$DT = 10\lg R_{50} \tag{6-28}$$

信号余量（Signal Excess，SE）定义为用 dB 表示的信噪比超过检测阈的量

$$SE = 10\lg R_{arr} - DT \tag{6-29}$$

根据关于阵增益的定义，有

$$SE = 10\lg R_{hp} + AG - DT \tag{6-30}$$

式（6－30）就是声呐方程。

四、主动声呐

对于主动声呐(一般地,对于瞬态波形),有效的方法是使用与总能量而不是功率(或者强度)成比例的量来表征声呐方程。这样做的原因是能量是一个守恒的量,而功率不是。如果一个有限持续时间信号在时间上伸展了,它的强度就会降低,但是在不考虑任何吸收的情况下,其总能量仍然保持不变。在下文中,将用术语"能量"来简略地表示声压二次方对时间的积分,即

$$\text{能量} = \int q^2(t)\mathrm{d}t \tag{6-31}$$

(一)信号能量、能量源级、总路径损失

考虑一个由单个点声源组成的声呐发射器,在很小距离 s_0 处的发射波形为 $q_0(t)$,这个脉冲经过海洋介质传播到达目标后产生反射或散射。回波再经由同样的介质向回传播,经过一段等于双程传播时间的时间延迟后返回到接收机位置,在该位置的扰动表示为 $q^{\mathrm{S}}(t)$。这些量通过时间积分的形式建立联系

$$\int [q^{\mathrm{S}}(t)]^2 \mathrm{d}t = \int [q_0(t)]^2 s_0^2 \mathrm{d}t F_2 \tag{6-32}$$

上式给出了针对点声源的双程能量传播因子 F_2 的定义,即接收机处的能量(即声压平方的时间积分)与距发射器单位距离上能量的比率。选择时间间隔使其涵盖整个发射脉冲(就发射器来说)或者目标回波(对接收机而言),并假设延迟时间与脉冲持续时间相比很大,使得发射脉冲可以很容易地从目标回波中分离出来。

现在定义接收到的信号能量为

$$Q_{\mathrm{E}}^{\mathrm{S}} = \int [q^{\mathrm{S}}(x,t)]^2 \mathrm{d}t \tag{6-33}$$

定义能量源级为

$$\mathrm{SL_E} = 10\lg[s_0^2 \int q_0(t)^2 \mathrm{d}t] \tag{6-34}$$

更进一步,用类似于在被动声呐方程中定义传播损失的方法来定义总路径损失(Total Path Loss,TPL)为

$$\mathrm{TPL} = -10\lg F_2 \tag{6-35}$$

然后便有

$$10\lg Q_{\mathrm{E}}^{\mathrm{S}} = \mathrm{SL_E} - \mathrm{TPL} \tag{6-36}$$

上式的左边项称为信号能级。

如果在整个脉冲持续时间内发射功率是恒定的,那么能量源级可以简化为

$$\mathrm{SL_E} = \mathrm{SL} + 10\lg\delta t \tag{6-37}$$

式中,SL 为声源级。

(二)背景能量和背景能级

在任何时刻总的背景(声)压强 $q^{\mathrm{B}}(t)$ 可以写成噪声和混响各自贡献的总和

$$q^{\mathrm{B}}(t) = q^{\mathrm{N}}(t) + q^{\mathrm{R}}(t) \tag{6-38}$$

且有

$$\overline{(q^{B})^{2}} = \overline{(q^{N})^{2}} + \overline{(q^{R})^{2}} \tag{6-39}$$

式中,上划线的含义为取时间上的平均。

假设噪声和混响互不相关,则交叉项可以被忽略,如果由发射到接收延迟时间为 τ,总的背景变成

$$Q^{B}(\tau) = Q^{N} + Q^{R}(\tau) \tag{6-40}$$

式中,Q^{X} 表示参数 $(q^{X})^{2}$ 在接收回波持续时间上的平均值。假设声呐有一个固有的处理带宽,仅该频段内的背景(包括噪声和混响)与声呐性能有关。

对于混响,其到达延迟时间 τ 越长,声波传播得就越远,而且一般来讲,声波就会经历更多的边界反射。声波在每次经历反射后会变弱,因此混响 Q^{R} 会随着 τ 的增加下降。只要混响能够高于噪声,总的背景也就因此是关于延迟时间的函数。

与信号能量一样,背景能量 Q_{E}^{B} 定义为相应的声压二次方的时间积分,即

$$Q_{E}^{B} = 10\lg Q_{E}^{B} \tag{6-41}$$

或者用 dB 表示,即背景能级(Background Level,BL)为

$$BL_{E} = 10\lg Q_{E}^{B} \tag{6-42}$$

(三)信号背景比和阵增益

对信号能量的阵列响应可以写成

$$Y_{E}^{S} = \delta t\int Q_{\Omega}^{S}B(\Omega)\,d\Omega \tag{6-43}$$

式中,下标 Ω 为对立体角的导数。同理,对背景谱密度的阵列响应为

$$Y_{f}^{B}(\tau) = \int Q_{f\Omega}^{B}(\tau,\Omega)B(\Omega)\,d\Omega \tag{6-44}$$

式中,下标 f 为对频率的导数。

信噪比和信号背景比(Signal to Background Ratio,SBR)有着明显的区别,其中信号背景比是信号功率与总背景功率(噪声与混响的总和)之比。水听器处的信号背景比为

$$R_{hp} = \frac{Q_{E}^{S}}{Q_{E}^{B}} \tag{6-45}$$

波束形成之后为

$$R_{arr} = \frac{Y_{E}^{S}}{\int (Y_{E}^{B})_{f}\,df} \tag{6-46}$$

用与处理被动声呐相类似的方法,可定义主动声呐的接收阵增益

$$G_{A} = \frac{R_{arr}}{R_{hp}} \tag{6-47}$$

因此有

$$AG = 10\lg G_{A} = 10\lg \frac{Y_{E}^{S}}{\int (Y_{E}^{B})\,df} - 10\lg \frac{Q_{E}^{S}}{\int (Q_{E}^{S})_{f}\,df} \tag{6-48}$$

假设有一个入射的平面波信号到达接收阵列的主波束中,Y^{S} 和 Q^{S} 是相等的,于是有

$$AG = 10\lg \frac{\int (Q_E^R)_f \mathrm{d}f}{\int (Y_E^B)_f \mathrm{d}f} \tag{6-49}$$

(四)目标强度

考虑一个平面波入射到目标的情况,目标强度(Target Strength,TS)是有多少入射声波被散射回到声呐所在方向的度量。用 $q_{in}^{tgt}(t)$ 表示入射波在目标处的瞬时声压,用 $q_0^{tgt}(t)$ 表示距离目标很小距离 s_0 处散射声场的瞬时声压。一个适用于点目标的定义为

$$TS_{MSP} = 10\lg = \frac{s_0^2 \overline{[q_0^{tgt}(t)]^2}}{\overline{[q_{in}^{tgt}(t)]^2}} \tag{6-50}$$

分母和分子可以分别用入射强度 I_{in} 和散射辐射强度 W_Ω 表示,即

$$\overline{[q_{in}^{tgt}(t)]^2} = \rho c I_{in} \tag{6-51}$$

$$s_0^2 \overline{[q_0^{tgt}(t)]^2} = \rho c W_\Omega \tag{6-52}$$

由反向散射界面 σ^{back} 的定义可以得到

$$TS_{MSP} = 10\lg \frac{\sigma^{back}}{4\pi} \tag{6-53}$$

式中

$$\sigma^{back}(\theta) = 4\pi\sigma_\Omega(\theta;\theta,\pi) \tag{6-54}$$

并且

$$\sigma_\Omega(\theta_{in};\theta_{out},\phi) = \frac{W_\Omega(\theta_{out},\phi)}{I(\theta_{in})} \tag{6-55}$$

为了使 TS 的定义与上面介绍的能量形式定义的其他参数相兼容,这里需要做一个微小的修正,即

$$TS_E = 10\lg \frac{s_0^2 \int [q_0^{tgt}(t)]^2 \mathrm{d}t}{[q_{in}^{tgt}(t)]^2 \mathrm{d}t} \tag{6-56}$$

第四节　声呐特性运用

舰船噪声的主要来源为螺旋桨噪声、机械噪声、水动力噪声和瞬态噪声,其中螺旋桨噪声为主要噪声来源。识别目标的主要手段是:噪声的特点(主机是柴油机、涡轮机还是电机)、目标航速与螺旋桨转速的对应关系、随着深度的改变、噪声级变化的特点、潜望镜观察的结果(潜望镜也是一种识别手段)、发现声呐和水下通信设备的单个信号、听到微弱的噪声。

一、潜艇声学特征

通过分析敌潜艇噪声、噪声频谱、声调、螺旋桨转速和其他信号对其进行分类。

(一)常规潜艇

对于常规潜艇,其在水下航行且航速较低,无空化噪声或空化噪声很小,受海面风浪及

海洋自噪声影响小，所以听起来杂音少，节拍清晰纯净，而且潜艇航深越大，声音越清晰纯净，这是区分水下潜艇和水面舰艇的主要特征。

（二）核动力潜艇

核动力潜艇属于水下大型舰艇，其与常规动力潜艇的主要差别是由核动力装置代替机械装置，由于排水量和动力装置的功率比常规潜艇大得多，其噪声强度比常规潜艇要强。因为深度大、速度低、无空化，节拍声非常清晰纯净，声音低沉悦耳，沉稳强劲的大桨推进的声音特点非常明显，常伴有主循环泵噪声和划水声。

二、潜艇降噪技术

（一）改进螺旋桨结构

采用大侧斜、变距、多叶（一般为 7 叶）螺旋桨。这样可使叶片周向载荷均匀，减少空泡，尾部伴流分布均匀。俄罗斯 AK 级潜艇的螺旋桨叶片为曲面，还可减少涡凹声音。

（二）叶片采用新材料

叶片选用高阻尼合金材料，可抑制桨叶振动，降低辐射噪声。如美国的镍锑合金，日本的铁铬铝合金等，使减振效果提高了 20 倍。

（三）气幕降噪

该技术是西方国家海军较为推崇的一种用来提高舰艇水下声隐蔽性的高技术。其原理是通过在舰壳水下部分和螺旋桨部位向水中喷射压缩空气，从而形成一定厚度的气幕来有效屏蔽、衰减和散射舰艇的水下宽频带辐射噪声。该技术可大幅度地降低舰艇水下辐射噪声（达 6～10 dB），改变水下辐射噪声特征，衰减敌主动声呐信号的反射。由于该技术降噪效果显著、造价低廉，因而广受各国海军青睐。

（四）泵喷推进

随着潜艇航速的不断提高，有可能使螺旋桨重新产生空泡，此外螺旋桨尾流的旋转，使小部分耗散的能量转化为声能。为此，国外研制了一种新型的低噪声推进器，即泵喷推进器来取代螺旋桨推进。泵喷推进器由转子、定子和减速阻尼导管组成。转子、定子产生的噪声被导管遮蔽，转子后的定子又可减少尾流旋转能量的损失。减速型导管能够延迟转子空泡的起始，最终达到降噪的目的。

三、声呐的局限性

由于声呐自身的特点，声呐目标识别比较难，其原因有如下几个方面：

（1）可分性问题：有没有分类的可能性（如：军舰和商船）；

（2）舰船工况复杂：航速的大小、服役时间的长短都会有一定的影响；

（3）海洋环境对舰船辐射噪声的影响：尤其是噪声特征畸变，其理论还不够完善；

（4）舰船数据保密性要求：数据库建立困难，增加了自动识别难度；

（5）声呐信息获取能力先天不足：船舶辐射噪声频段与声呐作用距离强相关，且声呐只能获取局部信息；

(6)对抗性使得问题进一步复杂化：目前，多数军用舰艇采用了降噪技术，弱化了声呐特征信息。

四、发展趋势

冷战结束之后的海战场已进入了信息战时代。声呐的发展也迈向了知识和信息时代，主要表现在以下方面：

1)续向低频、大功率、大基阵方向发展。鉴于声波在海水中的传播特性以及低频大功率与基阵的关系，开发大孔径低频声呐技术是解决远程探潜、进行有效反潜的前提。

2)向系统性、综合性发展。舰艇声呐系统将由单项功能的单部声呐逐步发展为由多部声呐组成的收发分置、多基地、多传感器的综合声呐系统，并进而构成潜艇战和反潜战声知识基作战系统。如美国水面舰艇装备的反潜综合作战系统，它是由舰壳主动声呐、战术拖曳线阵列声呐、舰载直升机搜潜系统和声呐信号处理机、反潜火控系统和声呐状态方式评估系统等组成。该系统于1991年开始装备“阿利伯克”级驱逐舰。

3)向系列化、模块化、标准化、高可靠性和可维修性发展。现代声呐设备，无论是换能器基阵、还是信号处理机柜及显控台，都趋向采用标准化的模块式结构。这种结构具有扩展性好、互换性强、便于维修、可靠性强、研制周期短、研制经费少的优点。

4)计算机的应用使声呐向智能化方向发展。用计算机进行声呐波束形成、信号处理、目标跟踪与识别、系统控制、性能监测、故障检测等，可大大提高声呐的性能。随着第五代计算机(即人工智能计算机)的问世，声呐也正在向智能化方向发展。神经网络的研究已取得令人瞩目的进展，它与计算机技术和信号处理技术相结合，使声呐智能化成为可能。

习　　题

1. 声呐是一种水下雷达，它的作用是什么？
2. 简述声波和电磁波的异同点。
3. 声音的传播速度受哪些因素的影响？声音在海水中的传播速度是多少？
4. 查找多普勒效应相关资料，简要说明多普勒效应对声呐工作性能的影响。
5. 按工作方式、装备对象、战术用途、基阵携带方式和技术特点等分类方法，声呐分成哪些类型？
6. 简述主动声呐探测目标的主要设备和基本过程。
7. 声呐探测时，水下目标回声类型包含哪些？噪声的主要来源有哪些？
8. 简述常见形式的被动声呐和主动声呐，并说明它们的异同点。
9. 在潜艇目标识别过程中，常规潜艇和核动力潜艇声呐特征存在哪些不同？
10. 为对抗声呐探测，潜艇一般采用的降噪技术有哪些？
11. 根据所学知识，简述声呐目标识别的难点问题。
12. 查阅相关文献，简述声呐探测和对抗方面的发展趋势。

附　　录

附录 A　分贝的计算

分贝是个较常使用的计量单位，分贝最初来源于长途电信的计算测量，后被广泛应用于电工、无线电、力学、冲击振动、机械功率和声学等领域。不少工程技术人员都熟知它，但很多人都对它感到生疏和奥秘，为此，有必要重温这一术语，弄请它的涵义。

一、分贝的定义

分贝是国家选定的非国际单位制单位。它是我国法定计量单位中的级差单位。其定义为：两个同类功率量或可与功率类比的量之比值的常用对数乘以 10 等于 1 时的级差。这一分贝定义中的“可与功率类比的量”，通常是指振幅二次方、场强二次方、电流二次方、电压二次方、声压二次方、位移二次方、加速度二次方、声强和声能密度等。

分贝是表示电气、机械和声学等信号在传输过程中的功率增加（增益）与减小（损耗）的计量单位。把前后所测的两个功率比值（P/P_0）。取以 10 为底的常用对数就是此功率差的贝尔数。用公式表示贝尔数为

$$N_b = \lg(P/P_0)$$

式中：P 为类似功率的输出量；P_0 是基准输入功率；N_b 是以贝尔为单位的数。

贝尔（Bel）简称“贝”。它不是我国的法定计量单位。在实际使用中，发现贝尔这个单位太大，故采用十分之一贝尔为单位，称之为分贝（decibel），其符号为 dB，是我国法定计量单位中的级差单位。用数学公式表示分贝数为

$$N_d = 10N_b = 10\lg(P/P_0)$$

其中：N_d 是以分贝为单位的数。

某一分贝数对应一定的功率比值，同样，某一功率比值也与一定的分贝数相对应，分贝数与功率比值可以互相换算。分贝与功率相比较只是同一物理量采用不同的计量单位表示而已，如长度可用 m 或 cm 来表示一样。类似功率的量可以是电功率、机械功率、声功率和加速度密度谱（又称功率密度谱）等。

二、不同的分贝表示形式

另一类量就是电压量，它的分贝表示形式可由类功率量的分贝表示形式推导出来。因

为功率 P 与电压 V、电流 I 和电阻 R 之间存在以下关系：

$$P = V^2/R = I^2 R$$

故电路中两点间的分贝数为

$$N_d = 10\lg(P/P_0) = 10\lg\left(\frac{I^2 R}{I_0^2 R_0}\right)$$

如果输入端电阻 R_0 与输出端电阻 R 相等（$R = R_0$），或者只在输出端电阻上测定电压、电流，则：

$$N_d = 20\lg\frac{I}{I_0}$$

可以看出，上述两式的形式相同，只是相差两倍，也就是类功率量的比值与类电压量的比值相等时，后者的分贝数要比前者的分贝数大两倍。

类电压量可以是电流、电荷、力、应变、位移、速度、加速度、声压等。

三、相对值与绝对值

分贝是两个电压量或两个功率量比值，称为相对电压级（电平）或相对功率级（电平）。相对级（电平）只能说明两个电压或两个功率的相对关系，仍无法知道其绝对值。

为此，需要规定一个基准值，使每一个类电压量与类功率量与给定的基准值相比较后，便得到一个相应的分贝数，记以 NdBm（在电工学上称为分贝毫），称为绝对级（电平）。在电功率测量中，P 的基准值多是 1 mW 或 1 W；在随机振动测量时，P 的基准值为 0.001 g/Hz；在声功率测量时，P 的基准值为 10～12 W（老标准规定为 10～13 W）；在声压测量时，V 的基准值是 2×10^{-5} Pa（20 微帕）；在动态电压测量时，V 的基准值是 100 mV。如果只表明某量的分贝数，而不给出其基准值，一般没有什么实际价值。

四、分贝的运算法则

（一）直接相加

只要两个以上的比率是相乘关系，其对应的分贝数就可以直接相加。如由数个网络组成的电子线路，其各级网络的放大量分别为 V_0/V_1，V_1/V_2，V_2/V_3，…，V_{n-1}/V_n 总的放大量为

$$\frac{V_0}{V_1}\times\frac{V_1}{V_2}\times\cdots\times\frac{V_{n-1}}{V_n} = \frac{V_1}{V_n}$$

则相应的分贝数为

$$N_{dB} = 20\lg\frac{V_1}{V_n} = 20\lg + \frac{V_0}{V_1} + 20\lg\frac{V_1}{V_2} + 20\lg + \cdots + 20\lg\frac{V_{n-1}}{V_n}$$

即总的分贝数为各个网络分贝数的总和。

（二）间接加减

这种运算多用于声学计量的音响叠加。若声场中有两个以上的声源，其声压级（或声功率级）并不是各个声源声压级（或声功率级）的代数和。因为声压级（或声功率级）是对数量。在求声压级总和时，必须首先求出各个声压级的反对数，然后相加，其反对数和的对数才是

声压级的总和。

例如有三个声源，其声压级分别为 N_1(dB)，N_2(dB)，N_2(dB)，其总的声压级为

$$N_{dB}=10\lg(10^{N_1/10}+10^{N_2/10}+10^{N_3/10})$$

附录 B　正弦量的相量表示法

一、复数的形式及其相互转换

(一)代数形式(直角坐标形式)

$$A=a+\mathrm{j}b$$

式中，a 为实部；$a=\mathrm{Re}[A]$；b 为虚部，$b=\mathrm{Im}[A]$。每一个复数在复平面上都可找到唯一的点与之对应，而复平面上的每一点也都对应着唯一的复数。

复数还可以用复平面上的一个矢量来表示。复数 $A=a+jb$，可以用一个从原点 O 到 P 点的矢量来表示，这种矢量称为复矢量。

复数 A 的模，矢量的长度：

$$r=|A|=\sqrt{a^2+b^2}$$

复数 A 的辐角，矢量和实轴正方向的夹角 φ：规定

$$|\varphi|\leqslant\pi$$

$$\varphi=\arctan\frac{b}{a}\text{（复数落于第Ⅰ、Ⅳ象限）}$$

或

$$\varphi=\arctan\frac{b}{a}\pm\pi\text{（复数落于第Ⅱ、Ⅲ象限）}$$

$$\text{实部：}a=r\cos\varphi=|A|\cos\varphi$$

$$\text{虚步：}b=r\sin\varphi=|A|\sin\varphi$$

(二)复数的三角形式

$$A=|A|\cos\varphi+\mathrm{j}|A|\sin\varphi=|A|(\cos\varphi+\mathrm{j}\sin\varphi)$$

(三)复数的指数形式

$$A=|A|\mathrm{e}^{\mathrm{j}\varphi}\text{（欧拉公式：}\mathrm{e}^{\mathrm{j}\varphi}=\cos\varphi+\mathrm{j}\sin\varphi\text{）}$$

(四)复数的极坐标形式

$$A=|A|\angle\varphi$$

二、复数的运算

$$\text{设 }A_1=a_1+\mathrm{j}b_1=|A_1|\angle\varphi_1$$

$$A_2=a_2+\mathrm{j}b_2=|A_2|\angle\varphi_2$$

(一)复数相等

两个复数相等，则其实部和虚部分别对应相等或模、辅角相等。即：若 $A_1=A_2$，则一定

有：$a_1 = a_2$，$b_1 = b_2$ 或 $|A_1| = |A_2|$，$\varphi_1 = \varphi_2$。

(二)复数的加减法

实部和实部相加减，虚部和虚部相加减。

$$A_1 \pm A_2 = (a_1 \pm a_2) + \mathrm{j}(b_1 \pm b_2)$$

复数的加减运算也可用几何作图法，即平行四边形法和三角形法。

(三)复数的乘法运算

模相乘，辐角相加。

$$A_1 \cdot A_2 = |A_1| \angle \varphi_1 \cdot |A_2| \angle \varphi_2 = |A_1| \cdot |A_2| \angle (\varphi_1 + \varphi_2)$$

(四)复数的除法运算

复数相除就是其模相除，辐角相减。

$$\frac{A_1}{A_2} = \frac{|A_1| \angle \varphi_1}{|A_2| \angle \varphi_2} = \frac{|A_1|}{|A_2|} \angle (\varphi_1 - \varphi_2)$$

一般来说，复数的乘除运算用极坐标形式较为方便，加减运算用代数形式较为方便。

三、旋转因子

旋转因子 $\mathrm{e}^{\mathrm{j}\varphi} = 1\angle\varphi$，即它是一个模为 1、辐角为 φ 的复数。

任何一个复数 $A = r\angle\varphi'$ 乘以 $\mathrm{e}^{\mathrm{j}\varphi}$，即：$A\,\mathrm{e}^{\mathrm{j}\varphi}$，相当于复数 A 逆时针旋转 φ 角度，而模不变；当复数 $A = r\angle\varphi'$ 除以 $\mathrm{e}^{\mathrm{j}\varphi}$ 时，即：$A/\mathrm{e}^{\mathrm{j}\varphi}$，相当于把 A 顺时针旋转 φ 角度，而模不变。如下图(a)所示。

当 $\varphi = \pm\pi/2$ 时，$\mathrm{e}^{\pm\mathrm{j}\pi/2} = \pm\mathrm{j}$。若一个复数乘以 j，就等于这个复数向量在复平面上按逆时针方向旋转 $\pi/2$，如附图 B-1(b)所示；若一个复数除以 j，就等于该复数乘以 $-\mathrm{j}$，即该复数在复平面中按顺时针旋转 $\pi/2$，如附图 B-1(c)所示。

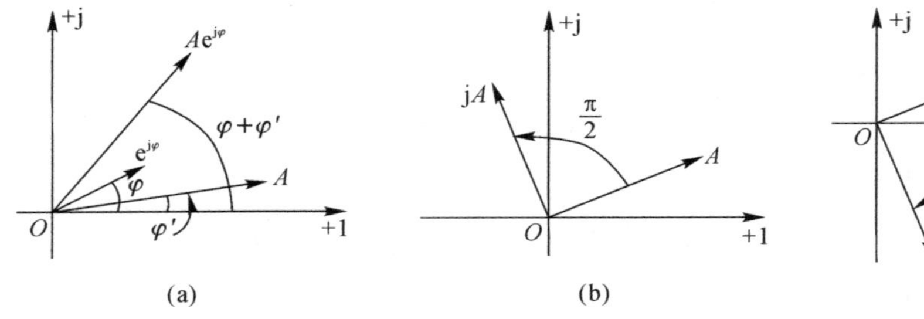

附图 B-1　旋转因子示意图

四、正弦量的相量表示

设 $u = U_m \sin(\omega t + \varphi)$，在复平面上做一个矢量，如下图所示，矢量的长度按比例等于振幅 U_m；矢量和横轴正方向之间的夹角等于初相角 φ；矢量以角速度 ω 绕坐标原点逆时针方向旋转。当时间 $t = 0$，该矢量在纵轴上的投影为 $O'a = U_m \sin\varphi$。经过一定时间 $t = t_1$，矢量从 OA 转到 OB，这时矢量在纵轴上的投影为 $O'b = U_m \sin(\omega t_1 + \varphi)$，即为 t_1 时刻正弦量的瞬时值。由此可见,上述旋转矢量既能反映正弦量的三要素,又能通过它在纵轴上的投影确定正弦量的瞬时值,所以复平面上一个旋转矢量可以完整地表示一个正弦量。

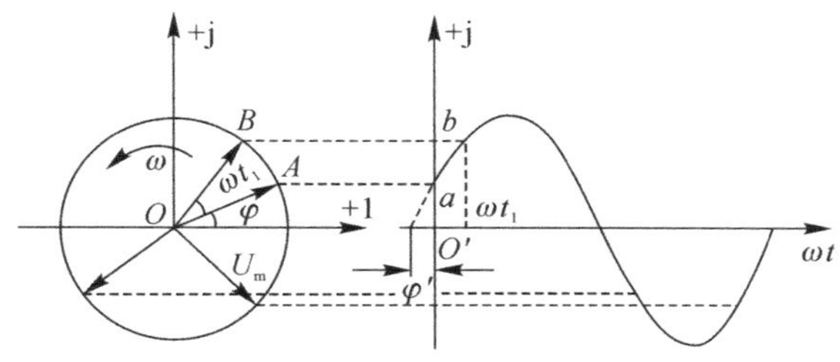

附图 B-2　正弦量的相量表示

复平面上的矢量与复数是一一对应的,用复数 $U_m e^{j\varphi}$ 来表示复数的起始位置,再乘以旋转因子 $e^{j\omega t}$ 便为上述旋转矢量,即

$$U_m e^{j\varphi} \cdot e^{j\omega t} = U_m e^{j(\omega t+\varphi)} = U_m \cos(\omega t+\varphi) + j U_m \sin(\omega t+\varphi)$$

则

$$u = \sqrt{2}U\sin(\omega t+\varphi) = \mathrm{Im}[\sqrt{2}U e^{j\varphi} \cdot e^{j\omega t}]$$

可见,复指数函数中的 $U e^{j\varphi}$ 是以正弦量的有效值为模,以初相为辐角的一个复常数,这个复常数定义为正弦量的有效值相量,记为 $\dot{U}$, $\dot{U} = U e^{j\varphi} = U\angle\varphi$。

同理,设 $i = I_m \sin(\omega t+\varphi)$,则正弦电流的有效值电流相量为 $\dot{I} = I\angle\varphi$。

例:电流 $i = 22\sqrt{2}\sin(100t+30^\circ)$ A,则其有效值相量为 $\dot{I} = 22\angle 30^\circ$A。

已知角频率 $\omega = 100$ rad/s 的正弦量 u 的有效值相量为 $\dot{U} = 10\angle -45^\circ$ V,则其正弦量瞬时值表达式为 $u = 10\sqrt{2}\sin(100t-45^\circ)$ V。

正弦量的相量是复数,可以将相量在复平面上用矢量表示。相量在复平面上的表示图称为相量图。

注意:只有同频率的正弦量所对应的相量才能画在同一复平面上。

五、正弦量的基本运算

(一)同频率正弦量的代数和

设 $i_1 = \sqrt{2}I_1\sin(\omega t+\varphi_1)$, $i_2 = \sqrt{2}I_2\sin(\omega t+\varphi_2)$,…,这些正弦量的和设为正弦量 i,则

$$\begin{aligned} i &= i_1 + i_2 + \cdots \\ &= \mathrm{Im}[\sqrt{2}\dot{I}_1 e^{j\omega t}] + \mathrm{Im}[\sqrt{2}\dot{I}_2 e^{j\omega t}] + \cdots \\ &= \mathrm{Im}[\sqrt{2}(\dot{I}_1 + \dot{I}_2 + \cdots) e^{j\omega t}] \end{aligned}$$

而 $i = \mathrm{Im}[\sqrt{2}\dot{I} e^{j\omega t}]$,有

$$\mathrm{Im}[\sqrt{2}\dot{I} e^{j\omega t}] = \mathrm{Im}[\sqrt{2}(\dot{I}_1 + \dot{I}_2 + \cdots) e^{j\omega t}]$$

上式对于任何时刻都成立,故有

$$\dot{I} = \dot{I}_1 + \dot{I}_2 + \cdots$$

(二)正弦量的微分

设正弦电流 $i = \sqrt{2}I\sin(\omega t + \varphi_i)$，对 i 求导，有

$$i' = \frac{\mathrm{d}i}{\mathrm{d}t} = \frac{\mathrm{d}}{\mathrm{d}t}[\sqrt{2}I\sin(\omega t + \varphi_i)]$$
$$= \sqrt{2}I\omega\sin(\omega t + \varphi_i + \pi/2)$$
$$= \sqrt{2}I'\sin(\omega t + \varphi_i + \pi/2)$$

其中 $I' = I\omega$，则

$$\dot{I}' = I\omega\angle(\varphi_i + \pi/2) = \mathrm{j}\omega\dot{I}$$

上式表明，正弦量的导数是一个同频率正弦量，其相量等于原正弦量的相量乘以 $\mathrm{j}\omega$，此相量的模为原来的 ω 倍，辐角则超前原相量 $\pi/2$。

(三)正弦量的积分

设正弦电流 $i = \sqrt{2}I\sin(\omega t + \varphi_i)$，对 i 积分，有

$$i' = \int i\mathrm{d}t = \int \sqrt{2}I\sin(\omega t + \varphi_i)\mathrm{d}t$$
$$= \sqrt{2}\,\frac{I}{\omega}\sin(\omega t + \varphi_i - \frac{\pi}{2})$$
$$= \sqrt{2}I'\sin(\omega t + \varphi_i - \frac{\pi}{2})$$

$$\dot{I}' = \frac{I}{\omega}\angle(\varphi_i - \pi/2) = \frac{\dot{I}}{\mathrm{j}\omega}\angle\varphi_i$$

上式表明，正弦量的积分结果为同频率正弦量，其相量等于原正弦量的相量除以 $\mathrm{j}\omega$，其模为原正弦量有效值的 $1/\omega$，其辐角滞后原正弦量 $\pi/2$。

参 考 文 献

[1] 陈晓盼,孙辉,董雁冰.国外目标与环境光学特性建模技术[M].北京:国防工业出版社,2018.

[3] 玻恩,沃耳夫.光学原理[M].杨葭荪,译.北京:电子工业出版社,2017.

[4] 苏克哈雷夫斯基.空中及地面雷达目标电磁波散射特性[M].尚社,等,译.北京:国防工业出版社,2018.

[5] 宣益民,韩玉阁.地面目标与背景的红外特性[M].北京:国防工业出版社,2020.

[6] 许小剑.雷达目标散射特性测量与处理新技术[M].北京:国防工业出版社,2017.

[7] 郑娜娥.目标特性与传感原理[M].北京:电子工业出版社,2020.

[8] 张竞成.高光谱遥感基础与应用[M].北京:高等教育出版社.2020.

[9] 周天.声呐电子系统设计导论[M].北京:科学出版社,2021.

[10] 胡金华,张卫.声呐电子技术[M].北京:兵器工业出版社,2020.

[11] 姚直象,姜可宇.声呐被动定位技术[M].北京:兵器工业出版社,2020.

参考文献

[1] [illegible]

[2] [illegible]

[3] [illegible]

[4] [illegible]

[5] [illegible]

[6] [illegible]

[7] [illegible]

[8] [illegible]

[9] [illegible]

[10] [illegible]

[11] [illegible]